"十四五"职业教育国家规划教材

"十三五"职业教育国家规划教材
"十二五"职业教育国家规划教材
经全国职业教育教材审定委员会审定

钢结构基础

（第2版）

主　编　杜绍堂

重庆大学出版社

内容提要

本书是高职高专系列规划教材之一,根据现行《钢结构设计标准》(GB 50017—2017)编写。全书共 6 章,主要包括:绪论、钢结构用钢材、钢结构的连接、钢结构的基本构件设计、钢屋盖结构、钢结构工程施工。

本书可作为高职高专土建类专业的主干教材,也可供相关工程技术人员参考。

图书在版编目(CIP)数据

钢结构基础/杜绍堂主编 . --2 版.--重庆:重庆大学出版社,2019.10(2025.1 重印)
高职高专建筑工程技术专业系列教材
ISBN 978-7-5624-8073-0

Ⅰ.①钢… Ⅱ.①杜… Ⅲ.①钢结构—高等职业教育—教材Ⅳ.①TU391

中国版本图书馆 CIP 数据核字(2019)第 232199 号

钢结构基础
(第 2 版)

主 编 杜绍堂
责任编辑:范 琪 版式设计:范 琪
责任校对:谢 芳 责任印制:张 策

*

重庆大学出版社出版发行
出版人:陈晓阳
社址:重庆市沙坪坝区大学城西路 21 号
邮编:401331
电话:(023) 88617190 88617185(中小学)
传真:(023) 88617186 88617166
网址:http://www.cqup.com.cn
邮箱:fxk@ cqup.com.cn (营销中心)
全国新华书店经销
重庆市国丰印务有限责任公司印刷

*

开本:787mm×1092mm 1/16 印张:18 字数:458 千 插页:8 开 1 页
2014 年 12 月第 1 版 2019 年 10 月第 2 版 2025 年 1 月第 12 次印刷
印数:14 901—15 900
ISBN 978-7-5624-8073-0 定价:48.00 元

第2版前言

　　本书根据现行《钢结构设计标准》（GB 50017—2017）编写，教材的基本内容是：绪论、钢结构用钢材、钢结构的连接、钢结构的基本构件设计、钢屋盖结构、钢结构工程施工。

　　如何做到理论够用为度、突出实用性特点，一直是高职高专教材建设的课题，本书力求在讲清基本概念、公式、设计思路的同时，加强了实例的训练，做到概念清晰，思路简捷，便于学生学习掌握。考虑到学生毕业后大部分从事工程施工工作，加强了钢结构工程施工的内容。

　　《钢结构》于2004年3月出版发行，2011年5月完成第2版修订，2013年8月根据《钢结构设计规范》及国家最新相关规范进行第3次修订，由于课程调整，故更名为《钢结构基础》，2018年10月根据《钢结构设计标准》（GB 50017—2017）进行第4次修订，恳请读者对本书存在的错误和缺点给予批评指正。

编　者

2019 年 5 月

第1版前言

本书是根据《钢结构设计规范》（GB 50017—2003）所编写，教材的基本内容是：绪论、钢结构用钢材、钢结构连接、钢结构基本构件设计、钢屋盖结构、钢结构施工。

如何做到理论够用为度、突出实用性特点，一直是高职高专教材建设的课题，本书力求在讲清基本概念、公式、设计思路的同时，加强了实例的训练，做到概念清晰，思路简捷，便于学生学习掌握。考虑到学生毕业后大部分从事工程施工工作，加强了钢结构施工的编写工作。

本书由昆明冶金高等专科学校杜绍堂任主编，昆明大学朱旭焰任副主编。第1章、2章由昆明大学朱旭焰编写，第3章由大同职业技术学院睢志玲编写，第4章由昆明冶金高等专科学校杜绍堂编写，第5章由昆明大学宋高丽编写，第6章由十四冶安装工程公司张中华和云南弘邓金属材料公司江国锋编写，全书由昆明冶金高等专科学校杜绍堂统稿，恳请读者对本书存在的错误和缺点给予批评指正。

编 者
2014 年 1 月

目录

第1章　绪论 ……………………………………………… 1
1.1　钢结构的应用范围与发展 …………………………… 1
1.2　钢结构的组成与特点 ………………………………… 5
1.3　钢结构的基本设计原理 ……………………………… 8
1.4　钢结构基础的学习方法 …………………………… 15
本章小结 ………………………………………………… 16
习题 ……………………………………………………… 16

第2章　钢结构用钢材 ………………………………… 17
2.1　钢材的基本要求和主要性能 ……………………… 17
2.2　影响钢材性能的主要因素 ………………………… 21
2.3　钢材的种类、规格与选用 ………………………… 23
本章小结 ………………………………………………… 28
习题 ……………………………………………………… 28

第3章　钢结构的连接 ………………………………… 29
3.1　钢结构的连接方法和特点 ………………………… 29
3.2　焊缝连接和焊接结构的特性 ……………………… 30
3.3　对接焊缝的设计 …………………………………… 46
3.4　角焊缝的设计 ……………………………………… 50
3.5　普通螺栓连接的设计 ……………………………… 61
3.6　高强度螺栓连接的设计 …………………………… 72
本章小结 ………………………………………………… 79
习题 ……………………………………………………… 79

第4章　钢结构的基本构件设计 ……………………… 81
4.1　受弯构件——钢梁 ………………………………… 81
4.2　轴心受力构件 ……………………………………… 103
4.3　拉弯和压弯构件 …………………………………… 127
本章小结 ………………………………………………… 136
习题 ……………………………………………………… 138

第5章　钢屋盖结构 …………………………………… 140
5.1　概述 ………………………………………………… 140

5.2 屋架的形式和主要尺寸 ············· 143

5.3 钢屋盖支撑 ····················· 145

5.4 钢檩条设计 ····················· 148

5.5 钢屋架杆件设计 ················· 155

5.6 屋架节点设计 ··················· 160

5.7 钢屋架施工图 ··················· 168

5.8 普通钢屋架设计实例 ············· 168

5.9 网架结构 ······················· 179

本章小结 ····························· 184

习题 ································· 186

第6章 钢结构工程施工 ··············· 187

6.1 钢结构制作的特点及流程 ········· 187

6.2 钢结构制作前的准备工作 ········· 189

6.3 钢结构制作 ····················· 191

6.4 钢结构的安装 ··················· 214

6.5 钢结构的施工质量验收 ··········· 225

本章小结 ····························· 240

习题 ································· 240

附录 ··································· 241

附录1 设计指标和设计参数 ········· 241

附录2 轴心受压构件的截面分类 ····· 246

附录3 截面塑性发展系数 ··········· 249

附录4 结构或构件的变形容许值 ····· 250

附录5 轴心受压构件的稳定系数 ····· 252

附录6 柱的计算长度系数 ··········· 257

附录7 疲劳计算的构件和连接分类 ··· 259

附录8 截面回转半径 ··············· 262

附录9 型钢规格表 ················· 263

附录10 热轧不等边角钢 ··········· 268

附录11 热轧普通工字钢 ··········· 272

附录12 热轧普通槽钢 ············· 275

附录13 热轧宽翼缘 H 型钢截面性(GB/T 11263—2017)

···································· 278

附录14 锚栓规格 ················· 280

附录15 螺栓的有效面积 ··········· 280

参考文献 ····························· 281

第 **1** 章
绪 论

1.1 钢结构的应用范围与发展

钢结构是用钢材制成的结构。钢结构通常由钢板、型钢或冷加工成形的薄壁型钢等制成，其基本构件是拉杆、压杆、梁、柱、桁架等，各构件或部件间采用焊接、铆接或螺栓连接等方式连接。

1.1.1 钢结构的应用范围

钢结构的应用范围和钢材供应情况密切相关。我国 20 世纪 60—70 年代，钢材供应短缺，节约钢材、少用钢材成为当时的重要任务，致使钢结构的应用范围受到很大限制。20 世纪 80 年代以来，钢产量逐年提高，钢材品种不断增加，使钢结构应用范围不断扩大。目前，钢结构常用于大跨、超高、过重、振动、密闭、高耸、空间和轻型的工程结构中，其应用范围大致为：

1）厂房结构

对于单层厂房一般用于重型、大型车间的承重骨架。例如冶金工厂的平炉车间，重型机械厂的铸钢车间、锻压车间等。通常由檩条、天窗架、屋架、托架、柱、吊车梁、制动梁（桁架）、各种支撑及墙架等构件组成。

2）大跨度结构

体育馆、影剧院、大会堂等公共建筑以及飞机装配车间或检修库等工业建筑要求有较大的内部自由空间，故屋盖结构的跨度很大，减轻屋盖结构自重成为结构设计的主要问题，因而采用材料强度高而重量轻的钢结构。其结构体系主要有框架结构、拱架结构、网架结构、悬索结构、预应力钢结构等。如 2008 年北京奥运会主体馆"鸟巢"图 1.1，钢结构总质量达 4.2 万 t，最大跨度 343 m，外形结构主要由巨大的门式钢架组成，共有 24 根桁架柱，柱距为 37.96 m，使用 Q460 规格的钢材，钢板厚度达到 110 mm。

图 1.1　2008 年北京奥运会主体馆"鸟巢"

3）多层、高层结构

对于高层建筑来说，当层数多、高度大时，常常采用钢结构，如酒店、公寓等高层建筑。

高层钢结构建筑作为一个城市标志性建筑，20 世纪 80 年代至今已在全国各大城市得到广泛应用。如：上海中心大厦（127 层，高度为 632 m，用钢量 12 万 t，图 1.2）；上海环球金融中心（101 层，高度为 492 m，用钢量 6.5 万 t，图 1.3）；北京电视中心（建筑面积 18.3 万 m^2，高度为 41 层，227.05 m，用钢量 3.8 万 t）；国贸中心三期（建筑面积 54 万 m^2、高度为 330 m）；央视新大楼等（建筑面积 5 万 m^2，高度为 234 m，用钢量 12.8 万 t）。

4）高耸构筑物

高耸结构包括塔架和桅杆结构，如高压输电线路塔架，广播和电视发射用的塔架和桅杆，多采用钢结构。这类结构的特点是高度大，主要承受风荷载，采用钢结构可以减轻自重，方便架设和安装，并因构件截面小而使风荷载大大减小，从而取得更大的经济效益。

如巴黎埃菲尔铁塔塔身为钢架镂空结构，重达 9 000 t，共用了 1.8 万余个金属部件，以 100 余万个铆钉铆成一体，全靠四条粗大的用水泥浇灌的塔墩支撑。全塔分为三层：第一层高 57 m，第二层高 115 m，第三层高 276 m。每层都设有带高栏的平台，供游人眺望那独具风采的巴黎市区美景。

5）密闭压力容器

用于要求密闭的容器，如大型储液库、煤气库等，要求能承受较大的内力，另外温度急剧变化的高炉结构、大直径高压输油管和煤气管等均采用钢结构。

6）移动结构

钢结构不仅重量轻，还可以用螺栓或其他便于拆装的手段来连接，需要搬迁或移动的结构,如流动式展览馆和活动房屋,采用钢结构最适宜。另外,钢结构还广泛用于水工闸门、桥式吊车和各种塔式起重机、缆绳起重机等。

图1.2　上海中心(127层、高632 m)

7)桥梁结构

钢结构广泛应用于中等跨度和大跨度的桥梁结构中,如上海卢浦大桥、重庆菜园坝长江大桥(世界第一座公路、轻轨两用城市大桥)、武汉天兴湖大桥、矮寨大桥、港珠澳大桥等。

8)轻钢结构

用于跨度较小,屋面较轻的工业和商业用房,常采用冷弯薄壁型钢、小角钢;圆钢等焊接而成。轻型钢结构因具有用钢量省、造价低、供货迅速、安装方便、外形美观、内部空旷等特点,在近年来得到迅速的发展。

9)住宅钢结构

用钢结构建造的住宅重量是钢筋混凝土住宅的1/2左右,可满足住宅大开间的需求,使用面积比钢筋混凝土住宅提高4%左右。钢材可以回收,建造和拆除时对环境污染较少,符合推进住宅产业化发展节能省地型住宅的国家政策。国务院1999第72号文件明确提出:发展钢结构住宅,扩大钢结构住宅的市场占有率。此后,在北京、上海、天津、河北、武汉、新疆、湖南、安徽、山东等地建了低层、多层、高层钢结构住宅试点示范工程。

1.1.2　钢结构的发展

钢结构是由生铁结构逐步发展起来的,中国是最早用铁制造承重结构的国家。远在秦始皇时代（公元前200多年），就有了用铁建造的桥墩。

图 1.3 上海环球金融中心（101层、高492 m、用钢量6.5万 t）

我国工程技术人员在金属结构方面创造了卓越的成就，1927年建成的沈阳黄姑屯机车厂钢结构厂房，1928—1931年建成的广州中心纪念堂圆屋顶，1934—1937年建成的杭州钱塘江大桥等。

20世纪50年代后，钢结构的设计、制造、安装水平有了很大提高，建成了大量钢结构工程，有些在规模上和技术上已达到世界先进水平。如采用大跨度网架结构的首都体育馆、上海体育馆、深圳体育馆，大跨度三角拱形式的西安秦始皇陵兵马俑陈列馆，悬索结构的北京工人体育馆、浙江体育馆，高耸结构中的200 m高广州广播电视塔、上海建成的东方明珠广播电视塔高420 m，板壳结构中有效容积达54 000 m³的湿式储气柜等。

高层建筑钢结构近年来雨后春笋般地拔地而起，发展很迅速。我国20世纪80年代建成的高层建筑钢结构最高为208 m，90年代建造或设计的高层建筑钢结构最高的达400多米，20世纪已达600多米。大跨度空间钢结构最先让人们了解的是网架工程，其发展的速度较快，计算也比较成熟，国内有许多专用网架计算和绘图程序，是其迅速发展的重要原因。悬索及斜拉结构、膜和索膜结构在国内应用也较多，主要用于体育馆、车站等大空间公共建筑中。其他大跨度空间钢结构还包括立体桁架、预应力拱结构、弓式结构、悬吊结构、网格结构、索杆杂交结构、索穹顶结构等在全国各地均有实例。

轻钢结构是近十年来发展最快的。这种结构工业化、商品化程度高，施工快，综合效益高，市场需求量很大，已引起结构设计人员注意。轻钢住宅的研究开发已在各地试点，是轻型钢结构发展的一个重要方向，目前已经有多种的低层、多层和高层的设计方案和实例。因其可做到大跨度、大空间，分隔使用灵活，而且施工速度快、抗震有利的特点，必将对我国传统的住宅结构模式产生较大影响。

钢结构的发展潜力巨大，前景广阔，我国 40 年来的改革开放和经济发展，已经为钢结构体系的应用创造了极为有利的发展环境。

首先，从发展钢结构的主要物质基础来看，自 1996 年开始我国钢材的总产量就已超过 1 亿t，2021 年我国钢材产量达到 13.366 7 亿 t，占全球总钢材产量的 50%，居世界首位。随着钢材产量和质量的持续提高，其价格正逐步下降，钢结构的造价也相应有较大幅度的降低。与之相应的是，钢结构配套的新型建材也得到了迅速发展。其次，从发展钢结构的技术基础来看，在普通钢结构、薄壁轻钢结构、高层民用建筑钢结构、门式刚架轻型房屋钢结构、网架结构、压型钢板结构、钢结构焊接和高强度螺栓连接、钢与混凝土组合楼盖、钢管混凝土结构及钢骨（型钢）混凝土结构等方面的设计、施工、验收规范规程及行业标准已发行 20 余本。有关钢结构的规范规程的不断完善为钢结构体系的应用奠定了必要的技术基础，为设计提供了依据。最后，从发展钢结构的人才素质来看，经过多年来的发展，专业钢结构设计人员已经形成一定的规模，而且他们的专业素质在实践中得到不断提高。而随着国内外钢结构设计软件的迅猛发展，软件功能日臻完善，为协助设计人员完成结构分析设计，施工图绘制提供了极大的便利条件。

随着社会分工的不断细化，钢结构设计也必将走向专业化发展的道路。专业钢结构设计也可弥补由于不熟悉钢结构形式而无法优化结构设计方案的问题。

1.2 钢结构的组成与特点

1.2.1 钢结构的组成

钢结构是由钢板和型钢经过加工，组合连接制成，如拉杆（有时还包括钢索）、压杆、梁、柱及桁架等，然后将这些基本构件按一定方式通过焊接和螺栓连接组成结构，以满足使用要求。

下面结合单层和多层房屋对如何按一定方式由基本构件组成能满足各种使用功能要求的钢结构作简要说明。

单层钢结构房屋的特点是主要承受重力荷载，水平风荷载及吊车制动力等一般属于次要荷载，对于这类结构，一般的做法是形成一系列竖向的平面承重结构，并用纵向构件和支撑构件把它们联成空间整体。这些构件也同时起到承受和传递纵向水平荷载的作用，图 1.4 是一个单层房屋钢结构组成的示意图，图中屋盖桁架和柱组成一系列的平面承重结构（图 1.4(a)）。这些平面承重结构又用纵向构件和各种支撑（如图中所示的上弦横向支撑、垂直支撑及柱间支撑等）联成一个空间整体（图 1.4(b)），保证整个结构在空间各个方向都成为一个几何不变体系。除此之外还可以由实腹的梁和柱组成框架或拱，框架和拱可以做成三铰、二铰或无铰,跨度大的还可以用桁架拱。

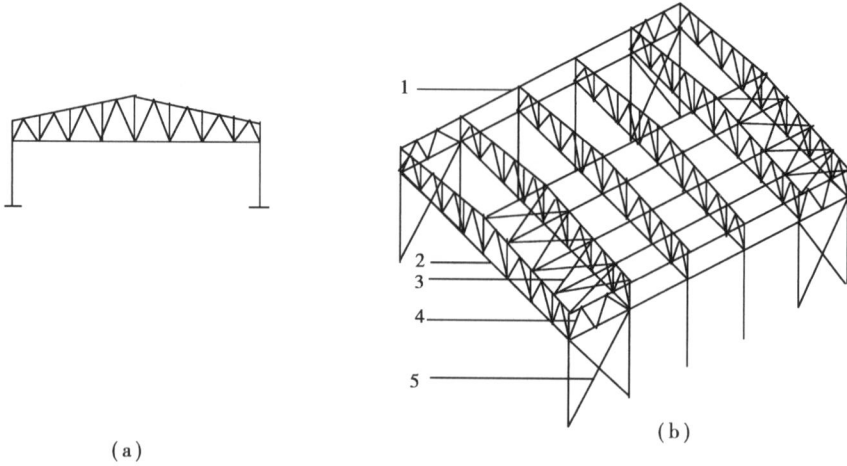

（a）　　　　　　　　　　　　　　　　　　　（b）

图 1.4　单层房屋钢结构组成示意图

1—纵向构件;2—屋架;3—上弦横向支撑;4—垂直支撑;5—柱间支撑

　　上述结构均属于平面结构体系。其特点是结构由承重体系及附加构件两部分组成,其中承重体系是一系列相互平行的平面结构,结构平面内的垂直和横向水平荷载由它承担,并在该结构平面内传递到基础。附加构件(纵向构件及支撑)的作用是将各个平面结构连成整体,同时也承受结构平面外的纵向水平力。当建筑物的长度和宽度尺寸接近,或平面呈圆形时,如果将各个承重构件自身组成为空间几何不变体系并省去附加构件,受力就更为合理。如图 1.5所示平板网架屋盖结构,它由倒置的四角锥体组成,锥底的四边为网架的上弦杆,锥棱为腹杆,连接各锥顶的杆件为下弦杆,屋架的荷载沿两个方向传到四边的柱上,再传至基础,形成一种空间传力体系,因此这种结构也称为空间结构体系;这个平板网架中,所有的构件都是主要承重体系的部件,没有附加构件,因此,内力分布合理,能节省钢材。

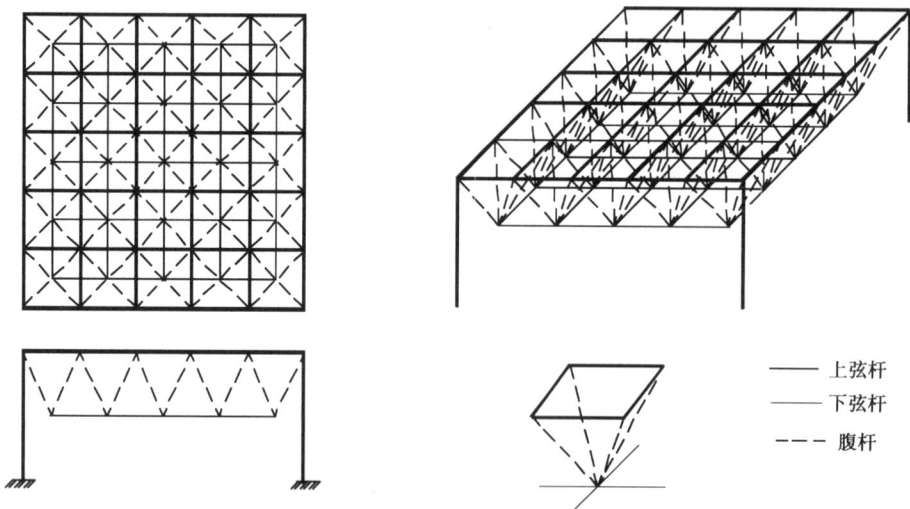

———上弦杆
———下弦杆
- - - 腹杆

图 1.5　平板网架屋盖

　　多层房屋结构的特点是随着房屋高度增加,水平风荷载(以及地震荷载)越来越起重要作用。提高结构抵抗水平荷载的能力,以及控制水平位移不要过大,是这类房屋组成的主要问题。一般多层钢结构房屋组成的体系主要有:框架体系,即由梁和柱组成的多层多跨框架,如图 1.6(a)所示;带刚性加强层的结构,即在两列柱之间设置斜撑,形成竖向悬臂桁架,以便承受更大的水平荷载,如图 1.6(b)所示;悬挂结构体系,即利用房屋中心的内筒承受全部重力和水平荷载,筒顶有悬伸的桁架,楼板用高强钢材的拉杆挂在桁架上,如图 1.6(c)所示。

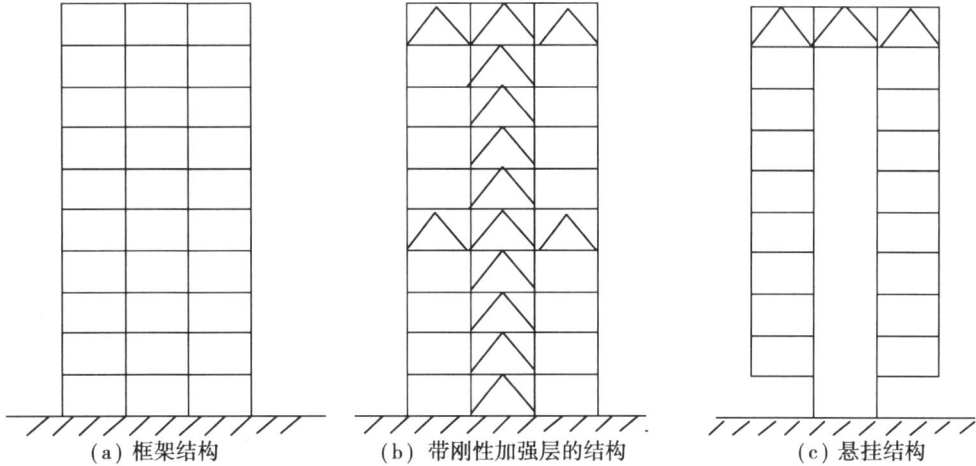

(a) 框架结构　　　　　　　(b) 带刚性加强层的结构　　　　　　(c) 悬挂结构

图 1.6　多层房屋钢结构

　　通过以上对房屋钢结构组成的简要分析,在满足结构使用功能的要求时,结构必须形成空间整体(几何不变体系),才能有效而经济地承受荷载,具有较高的强度、稳定性和刚度,如果主要承重构件本身已经形成空间整体,不需要附加支撑,可以形成十分有效的组成方案。结构方案的适宜性和施工及材料供应条件也有很大关系,应加以考虑。

　　本节仅对单层及多层房屋的钢结构组成作了一些简单介绍,但是其他结构如桥梁、塔架等同样也应遵循这些原则。同时,我们还应看到,随着工程技术不断发展,以及对结构组成规律不断深入的研究,将会创造和开发出更多的新型结构体系。

1.2.2 钢结构的特点

　　钢结构在工程中得到广泛应用和发展,是由于钢结构与其他结构相比有以下的特点:

(1) 轻质高强、质地均匀

　　钢材与混凝土、木材相比,虽然质量密度较大,但其屈服点较混凝土和木材要高得多,其质量密度与屈服点的比值相对较低。在承载力相同的条件下,钢结构与钢筋混凝土结构、木结构相比,构件较小,重量较轻,便于运输和安装。钢材质地均匀,各向同性,弹性模量大,有良好的塑性和韧性,为理想的弹塑性体,完全符合目前所采用的计算方法和基本理论。

(2) 生产、安装工业化程度高,施工周期短

　　钢结构生产具备成批大件生产和高度准确性的特点,可以采用工厂制作、工地安装的施工方法,所以其生产作业面多,可缩短施工周期,进而为降低造价、提高效益创造条件。

(3) 密闭性能好

　　钢材本身组织非常致密,当采用焊接连接,甚至螺栓连接时都可以做到完全密封不渗漏。因此一些要求气密性和水密性好的高压容器、大型油库、气柜、管道等板壳结构都采用钢结构。

（4）抗震及抗动力荷载性能好

钢结构因自重轻、质地均匀，具有较好的延性，因而抗震及抗动力荷载性能好。

（5）钢结构的耐热性好，但防火性差

温度在250 ℃以内，钢的性质变化很小，温度达到300 ℃以上，强度逐渐下降，达到450 ~ 650 ℃时，强度降为零。因此，钢结构可用于温度不高于250 ℃的场合。在自身有特殊防火要求的建筑中，钢结构必须用耐火材料予以维护。当防火设计不当或者当防火层处于破坏的状况下，有可能将产生灾难性的后果。

（6）钢结构抗腐蚀性较差

钢结构的最大缺点是易于锈蚀。新建造的钢结构一般都需仔细除锈、镀锌或刷涂料。以后隔一定时间又要重新刷涂料，这就使钢结构维护费用比钢筋混凝土结构高。目前国内外正在发展不易锈蚀的耐候钢，可大量节省维护费用，但还未能广泛采用。随着高科技的发展，钢结构易锈蚀、防火性能比混凝土差的问题逐渐得到解决。一方面从钢材本身解决，如采用耐候钢和耐火高强度钢；另一方面采用高效防腐涂料，特别是防腐、防火合一的涂料。

1.3 钢结构的基本设计原理

1.3.1 结构设计的目的

结构设计的目的是使所设计的结构满足各种预定的功能要求。预定的功能是指：

1）安全性

结构能承受正常施工和正常使用时可能出现的各种作用，包括荷载、温度变化、基础不均匀沉降以及地震作用等；在偶然事件发生时及发生后仍能保持必需的整体稳定性，不致倒塌。

2）适用性

结构在正常使用时，应具有良好的工作性能，满足预定的使用要求，如不发生影响正常使用的过大变形、振动等。

3）耐久性

结构在正常维护下，随时间变化仍能满足预定功能要求，如不发生严重锈蚀而影响结构的使用寿命等。

上述三方面的功能要求又可概括称为结构的可靠性。结构的可靠性与结构的经济性是经常相互矛盾的，科学的设计方法是在结构的可靠与经济之间选择一种合理的平衡，力求以最经济的途径，适当的可靠度达到结构设计的目的。

1.3.2 结构设计的主要内容

钢结构设计应包括下列内容：

①结构方案设计，包括结构造型，构件布置；

②材料选用及截面选择；

③作用及作用效应分析；

④结构的极限状态预算；

⑤结构、构件及连接的构造;

⑥制作、运输、安装、防腐和防水等要求;

⑦满足特殊要求结构的专门性能设计。

1.3.3　结构的两种极限状态

(1)承载能力极限状态

结构或构件达到最大承载能力、出现疲劳破坏,发生不适于继续承载的变形或因结构局部破坏而引发的连续倒塌。这里有两个极限准则:一个是最大承载力,另一个是不适于继续承载的变形。对于钢结构来说,两个极限准则都采用,且第二个准则主要应用于钢结构。如图 1.7桁架结构中的拉杆,截面无孔削弱,按承载能力、极限状态进行计算时,需进行拉杆的强度计算和端部连接焊缝计算。

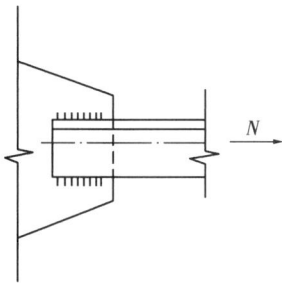

图 1.7　桁架结构中的拉杆　　　　图 1.8　Q235 钢应力-应变曲线

强度计算是以毛截面屈服作为极限状态,即

$$N \leqslant N_y = A \cdot f_y$$

然而截面中的应力达到 f_y 时,此拉杆并没有被拉断,也就是没有达到最大承载能力。但是,从钢材的应力-应变曲线(图 1.8)可看到,应力达到 f_y 后应变可以达到 2.5% 左右,也就是材料每米伸长 25 mm,如果此杆件长为 5 m,则伸长可达 125 mm。拉杆发生这样大的变形,将会使整体桁架下塌,受力体系改变,影响整个桁架的工作。因此,此拉杆的强度计算即属于第二极限准则。

对于端部连接焊接的计算,是以焊缝破坏作为极限状态的,即属于第一准则。

承载能力极限状态应包括:构件或连接的强度破坏,脆性断裂,因过度变形而不适用于继续承载,结构或构件丧失稳定,结构转变为机动体系或结构倾覆。

(2)正常使用极限状态

结构或构件达到正常使用的某项规定限值或耐久性能的某种规定状态。对钢结构来说,主要是控制构件的刚度,避免出现影响正常使用的过大变形或在动力作用下的较大振动。

正常使用极限状态应包括:影响结构、构件、非结构构件正常使用或外观的变形,影响正常使用的振动,影响正常使用或耐久性的局部损坏。

1.3.4　钢结构的计算方法

(1)容许应力计算法

钢结构的计算是以极限状态为准则进行的。设荷载效应的标准值为 S,构件抗力的标准

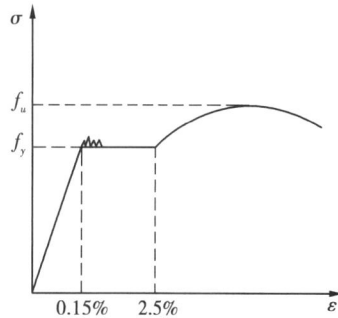

值为 R,一般情况下,荷载的标准值即荷载的最大值,抗力的标准值即抗力的最小值,则计算式应当写成:

$$S \leq R \tag{1.1}$$

由于 S 和 R 都是确定值,这种计算方法是一种确定性方法。钢结构的容许应力计算法就是在此基础上的一种确定性的方法。将式(1.1)两边各除以构件截面几何特征,可得其计算表达式为:

$$\sigma \leq [\sigma] \tag{1.2}$$

式中 σ——荷载标准值作用下的构件应力;

   $[\sigma]$——容许应力,等于钢材强度 f,除以安全系数 K,K 由工程经验确定。

此方法以安全系数 K 来考虑作用效应和结构抗力的变异,即可能荷载超过其标准值,抗力小于其标准值的情况。计算简单方便,缺点是安全系数 K 笼统取为定值。实际上作用效应和结构抗力的变异并不具有比例关系,取为定值势必带来各种情况与实际隐含的可靠度不一致。

(2)概率极限状态设计法

如前所述,作用效应 S 和构件抗力 R 实际为随机变量,它们两者之间的关系存在 3 种情况:

$$\left. \begin{array}{l} S > R \\ S = R \\ S < R \end{array} \right\} \tag{1.3}$$

即有可能出现 $S > R$(结构失效),也就是说结构设计存在风险,不能保证绝对安全。但是,只要存在的风险很小,或者说 $S > R$ 的概率(失效概率)很小,小到人们可以接受的程度,就说这一结构是应当认可的。因此,对结构的安全保证,只能是一定概率的保证,而这概率当然不是百分之百,在此基础上的计算方法叫做概率法。因此,概率法的实质是考虑"$Z = R - S < 0$"这一事件的概率。

根据实际结构的统计资料,可假定 Z 的统计频率(概率密度)分布曲线如图 1.9 所示,即绝大多数的 Z 值都大于 0,也有少数的 Z 值小于 0。

图中阴影部分面积占全部面积的百分率即表示 $Z < 0$ 的失效概率 p_f,实际计算失效概率 p_f 比较困难。由图 1.9 可见,Z 的标准差 σ_Z 和平均值 μ_Z 之间存在下列关系:

$$\mu_Z = \beta \sigma_Z \tag{1.4}$$

即由 $Z = 0$ 到平均值 μ_Z 的距离等于 $\beta \sigma_Z$。只要分布一定,p_f 与 β 就是一一对应关系。β 越大,p_f 就越小;反之,β 越小,p_f 就会越大,这就说明 β 值完全可以作为衡量结构可靠度的一个数量指标。有了结构的失效概率

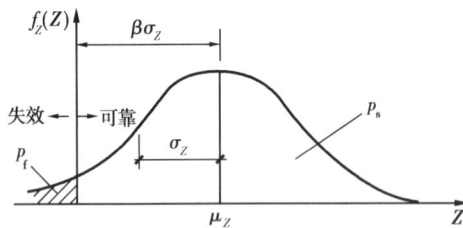

图 1.9 Z 的概率分布曲线

p_f 或可靠指标 β 作为结构的可靠度的定量尺度后,就可以真正从数量上对结构可靠度进行对比分析。但是如何选择一个结构最优的失效概率或者可靠指标,以达到结构可靠度与经济的最佳平衡呢? 由于找不到一种合理的定量分析方法,这是一个难题。目前很多国家都从实际出发,采用"校准法",所谓"校准法",就是对按原有使用多年的规范设计的结构反算其隐含的

可靠指标,再考虑使用经验和经济等因素来确定新的可靠指标。因为它以长期工程实践为基础,所以能为人们所接受。

我国"统一标准"规定,对于承载能力极限状态,结构构件的可靠指标应根据结构构件的破坏类型和安全等级按表 1.1 选用。

表 1.1　结构构件承载能力极限状态设计时的可靠指标 β 值

破坏类型	安全等级		
	一　级	二　级	三　级
延性破坏	3.7	3.2	2.7
脆性破坏	4.2	3.7	3.2

注:①对民用建筑的安全等级可按有关民用建筑等级标准的规定采用;工业建筑钢结构一般为二级。

②现行规范的设计目标可靠度是按可靠指标,不得低于校准值的平均值进行总体控制。

当 R 和 S 为统计独立时

$$\mu_Z = \mu_R - \mu_S \tag{1.5}$$

$$\sigma_Z^2 = \sigma_R^2 + \sigma_S^2 \tag{1.6}$$

将式(1.4)、式(1.6)代入式(1.5)可得:

$$\mu_Z - \mu_S = \beta\sqrt{\sigma_R^2 + \sigma_S^2} \tag{1.7}$$

由式(1.5)、式(1.7)可得:

$$\beta = \frac{\mu_Z}{\sigma_Z} = \frac{\mu_R - \mu_S}{\sqrt{\sigma_R^2 + \sigma_S^2}} \tag{1.8}$$

令

$$\alpha_S = \frac{\sigma_S}{\sqrt{\sigma_R^2 + \sigma_S^2}} \quad \alpha_R = \frac{\sigma_R}{\sqrt{\sigma_R^2 + \sigma_S^2}} \quad \delta_S = \frac{\sigma_S}{\mu_S} \quad \delta_R = \frac{\sigma_R}{\mu_R}$$

引入不等号,得

$$\mu_S(1 + \alpha_S\beta\delta_S) \leqslant \mu_R(1 - \alpha_R\beta\delta_R) \tag{1.9}$$

这就是概率法的设计式。因为这种设计不考虑 Z 的全分布,只考虑平均值(一次矩)和方差(二阶段),故叫作一次二阶矩概率设计法。其主要优点是:可根据结构的重要性和破坏特征直接采用合适的可靠指标,只要掌握各随机变量的平均值和标准差,就可以进行设计。但直接使用此法进行结构设计,目前还有困难,主要是因为有些统计参数不易求得,而且此表达式与设计人员以前习用的计算方法相差甚远,不易被人接受。解决的办法是一次二阶矩法等效地转化为分项系数表达式。

(3)分项系数表达式法

目前规范采用这一设计方法,在简单的荷载情况下,采用标准值的分项系数设计表达式可写成:

$$\gamma_G S_{GK} + \gamma_Q S_{QK} \leqslant \frac{R_K}{\gamma_R} \tag{1.10}$$

式中　R_K——构件的标准抗力;

S_{GK}、S_{QK}——按标准值计算的永久荷载效应值和可变荷载效应值;

γ_R——构件抗力分项系数;

γ_G、γ_Q——相应的永久和可变荷载分项系数。

一次二阶矩法的设计表达式(1.10)可写成:

$$S^* \leqslant R^* \tag{1.11}$$

对于简单荷载情况,上式可写成:

$$S_G^* + S_Q^* \leqslant R^* \tag{1.12}$$

为使一次二阶矩法和分项系数表达式法这两种设计法等价,必须有:

$$\gamma_R = R_K/R^* \qquad \gamma_G = S_G^*/S_{GK} \qquad \gamma_Q = S_Q^*/S_{QK}$$

带星号"$*$"各值不仅与 β 有关,且与各基本变量的统计参数有关,见式(1.10)。因此,在给定 β 的情况下,γ_Q 和 γ_G 将随荷载效应比值 S_{QK}/S_{GK} 变动而为一系列的值,这对于设计显然是不方便的,为此,采用优化的方法求得最佳的分项系数,从而使结构或构件实际的可靠指标与目标可靠指标的误差最小。

《建筑结构可靠性设计统一标准》(GB 50068—2018)规定,建筑结构的作用分项系数按表1.2取值。

表 1.2　建筑结构的作用分项系数

作用分项系数 ＼ 适用情况	当作用效应对承载力不利时	当作用效应对承载力有利时
γ_G	1.3	≤1.0
γ_P	1.3	≤1.0
γ_Q	1.5	0

在荷载分项系数决定后,根据所要求的目标 β 值,再确定最佳的 γ_R 值。现行《钢结构设计标准》(GB 50017—2017)采用的目标可靠指标 $\beta = 3.2$(安全等级为二级的结构物延性破坏时),经分析,得出 Q235 钢、Q345 钢的 $\gamma_R = 1.087$;Q390 钢的 $\gamma_R = 1.11$。

当结构上同时作用多种荷载时,由于这些荷载都同时以其标准值(正常情况最大值)出现的概率小,应对有关标准值进行折减,即乘以小于 1.0 的组合系数,这样才能使该构件所具有的可靠指标与仅有一种可变荷载情况有最佳的一致性。故用分项系数表达的极限状态设计表达式为:

$$\gamma_0 \left(\gamma_G S_{GK} + \gamma_{Q_1} S_{Q1k} + \sum_{j=2}^{m} \gamma_{Q_j} \psi_{cj} Q_{jk} \right) \leqslant \frac{R_K}{\gamma_R} \tag{1.13}$$

式中　γ_0——结构重要性系数,与结构的安全等级相对应,即一级不应小于 1.1,二级不应小于 1.0,三级不应小于 0.9,对设计使用年限为 25 年的结构构件,γ_0 不应小于 0.95;

S_{Q1k}——第一个可变荷载的效应,其在结构或构件中产生的效应值最大;

ψ_{cj}——其他第 i 个可变荷载的组合系数,当有两种或两种以上可变荷载且其中包括风荷载时,取 $\psi_{Q_i} = 0.6$;其他情况取 $\psi_{Q_i} = 1$。

安全等级,按《建筑结构可靠性设计统一标准》(GB 50068—2018)的规定见表 1.3。

表 1.3 工程结构的安全等级

安全等级	破坏后果
一级	很严重
二级	严重
三级	不严重

注：对重要的结构，其安全等级度取为一级；对一般结构，其安全等级宜取为二级；对次要的结构，其安全等级可取为三级。

对于一般的排架、框架结构，由于确定能产生最大荷载效应的第 i 个可变荷载较为复杂，为简便计算，可采用下列简化的设计表达式：

$$\gamma_0\left(\gamma_G S_{GK} + \sum_{j=1}^{m} \gamma_{Qj}\psi_{cj}S_{Qjk}\right) \leq \frac{R_K}{\gamma_R} \qquad (1.14)$$

式中　ψ_{cj}——简化设计表达式采用的荷载组合系数，当参与组合的可变荷载有两种或两种以上并有风荷载时，取 $\psi_{cj}=0.85$，其他情况取 $\psi_{cj}=1.0$。

对于正常使用极限状态，应使结构或构件在荷载标准值及组合值作用下产生的变形和裂缝等不超过相应的容许值。根据不同的情况，分别考虑荷载的短期效应组合或长期效应组合。对钢结构，只需考虑短期效应组合，其组合为：

$$S_S = S_{GK} + S_{Q1k} + \sum_{j>1}^{m} \psi_{qj}S_{Qjk} \qquad (1.15)$$

实际上，式（1.15）和式（1.16）在钢结构设计标准中也不出现，它只是告诉我们荷载计算结构或构件的内力（弯矩、轴力、剪力）时，应分别乘以不同的荷载分项系数和组合系数。

1.3.5 截面板件宽厚比等级

对工字形和箱形截面（图 1.10），截面板件宽厚比指截面板件平直段的宽度和厚度之比，受弯或压弯构件腹板平直段的高度与腹板厚度之比也可称为板件高厚比。

绝大多数钢构件由板件构成，而板件宽厚比大小直接决定了钢构件的承载力和受弯及压弯构件的塑性转动变形能力，因此钢构件截面的分类，是钢结构设计技术的基础，尤其是钢结构抗震设计方法的基础。《钢结构设计标准》（GB 50017—2017）将截面根据其板件宽厚比分为 5 个等级。

S_1 级：可达全截面塑性，保证塑性铰具有塑性设计要求的转动能力，且在转动过程中承载力不降低，称为一级塑性截面，也可称为塑性转动截面；此时图 1.10 所示的曲线 1 可以表示其弯矩-曲率关系，ϕ_{p2} 一般要求达到塑性弯矩 M_p 除以弹性初始刚度得到的曲率 φ_p 的 8～15 倍；

S_2 级截面：可达全截面塑性，但由于局部屈曲，塑性铰转动能力有限，称为二级塑性截面；此时的弯矩-曲率关系见图 1.10 所示的曲线 2，φ_{p1} 大约是 φ_p 的 2～3 倍；

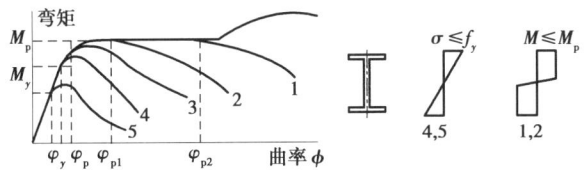

图 1.10　截面的分类及其转动能力

S_3 级截面：翼缘全部屈服，腹板可发展不超过 1/4 截面高度的塑性，称为弹塑性截面；作为梁时，其弯矩-曲率关系如图 1.10 所示的曲线 3；

S_4 级截面:边缘纤维可达屈服强度,但由于局部屈曲而不能发展塑性,称为弹性截面;作为梁时,其弯矩-曲率关系如图 1.10 所示的曲线 4;

S_5 级截面:在边缘纤维达屈服应力前,腹板可能发生局部屈曲,称为薄壁截面;作为梁时,其弯矩-曲率关系为图 1.10 所示的曲线 5。

进行受弯和压弯构件计算时,截面板件宽厚比等级及限值应符合表 1.4 的规定,其中参数 α_0 应按下式计算:

$$\alpha_0 = \frac{\sigma_{max} - \sigma_{min}}{\sigma_{max}} \tag{1.16}$$

式中 σ_{max}——腹板计算边缘的最大压应力(N/mm^2);

σ_{min}——腹板计算高度另一边缘相应的应力(N/mm^2),压应力取正值,拉应力取负值。

表 1.4 压弯和受弯构件的截面板件宽厚比等级及限值

构件	截面板件宽厚比等级		S_1 级	S_2 级	S_3 级	S_4 级	S_5 级
压弯构件(框架柱)	H形截面	翼缘 b/t	$9\varepsilon_k$	$11\varepsilon_k$	$13\varepsilon_k$	$15\varepsilon_k$	20
		腹板 h_0/t_w	$(33 + 13\alpha_0^{1,3})\varepsilon_k$	$(38 + 13\alpha_0^{1,3})\varepsilon_k$	$(40 + 18\alpha_0^{1,3})\varepsilon_k$	$(45 + 25\alpha_0^{1,3})\varepsilon_k$	250
	箱形截面	壁板(腹板)间翼缘 b_0/t	$30\varepsilon_k$	$35\varepsilon_k$	$40\varepsilon_k$	$45\varepsilon_k$	—
	圆钢管截面	径厚比 D/t	$50\varepsilon_k^2$	$70\varepsilon_k^2$	$90\varepsilon_k^2$	$100\varepsilon_k^2$	—
受弯构件(梁)	工字形截面	翼缘 b/t	$9\varepsilon_k$	$11\varepsilon_k$	$13\varepsilon_k$	$15\varepsilon_k$	20
		腹板 h_0/t_w	$65\varepsilon_k$	$72\varepsilon_k$	$93\varepsilon_k$	$124\varepsilon_k$	250
	箱形截面	壁板(腹板)间翼缘 b_0/t	$25\varepsilon_k$	$32\varepsilon_k$	$37\varepsilon_k$	$42\varepsilon_k$	—

注:①ε_k 为钢号修正系数,其值为 235 与钢材牌号中屈服点数值的比值的平方根;

②b 为工字形、H 形截面的翼缘外伸宽度,t、h_0、t_w 分别是翼缘厚度、腹板净高和腹板厚度,对轧制型截面,腹板净高不包括翼缘腹板过渡处圆弧段;对于箱形截面,b_0、t 分别为壁板间的距离和壁板厚度;D 为圆管截面外径;

③箱形截面梁及单向受弯的箱形截面柱,其腹板限值可根据 H 形截面腹板采用;

④腹板的宽厚比可通过设置加劲肋减小;

⑤当按国家标准《建筑抗震设计规范》(GB 50011—2010)第 9.2.14 条第 2 款的规定设计,且 S_5 级截面的板件宽厚比小于 S_4 级经 ε_0 修正的板件宽厚比时,可视作 C 类截面,ε_0 为应力修正因子,$\varepsilon_0 = \sqrt{f_y/\sigma_{max}}$。

当按《钢结构设计标准》(GB 50017—2017)第 17 章进行抗震性能化设计时,支撑截面板件宽厚比等级及限值应符合表 1.5 的规定。

表 1.5 支撑截面板件宽厚比等级及限值

截面板件宽厚比等级		BS1 级	BS2 级	BS3 级
H 形截面	翼缘 b/t	$8\varepsilon_k$	$9\varepsilon_k$	$10\varepsilon_k$
	腹板 h_0/t_w	$30\varepsilon_k$	$35\varepsilon_k$	$42\varepsilon_k$
箱形截面	壁板间翼缘 b_0/t	$25\varepsilon_k$	$28\varepsilon_k$	$32\varepsilon_k$
角钢	角钢肢宽厚比 w/t	$8\varepsilon_k$	$9\varepsilon_k$	$10\varepsilon_k$
圆钢管截面	径厚比 D/t	$40\varepsilon_k^2$	$56\varepsilon_k^2$	$72\varepsilon_k^2$

注: w 为角钢平直段长度。

1.4 钢结构基础的学习方法

钢结构基础是建筑工程技术、钢结构等专业的一门主要专业课程,其任务是通过学习,正确理解钢结构的合理应用范围,初步获得必须具备的钢结构基本理论、基本概念的知识及基本设计能力,为今后从事钢结构工程施工、制造和一般钢结构设计等生产实际工作奠定必要的基础。针对课程的任务学习时应注意:

1)结合钢材的特点掌握钢结构的特点

钢材强度高,在承载力相同的条件下,钢结构自重轻;钢材材质均匀,为理想的弹塑性体,符合工程力学所采用的基本假设,因此,钢结构计算结果准确可靠;钢材的塑性好,钢结构在一般情况下,不会发生突然断裂破坏;钢材韧性好,能很好地承受动力荷载;钢材具有不渗漏的特点,钢结构可以做密闭容器;钢材易腐蚀,不耐高温,因此,钢结构防火性能差,为防腐蚀,需定期维护。

2)结合钢结构的特点掌握其合理应用范围

钢结构承载力大,适用于荷载大的重型厂房高层建筑;钢结构自重轻,适用于大跨度结构,可拆卸和移动式结构;钢结构对动力荷载的适应性强,适用于直接承受动载的结构或对抗震性能要求高的结构;钢结构的密闭性好,适用于制造容器和管道。

3)在选用钢结构时,应注意综合经济效益

钢结构自重轻,使下部基础结构的负担小,并且采用钢结构可缩短工期,使工程提前使用,由此产生的综合效益,可能超出土建投资。

随着我国冶金工业的发展,我国的钢产量目前已达到 10.67 亿 t,居世界首位,这是推动钢结构发展的重要物质基础。对钢材的使用已由"节约钢材"转变为"合理用钢",积极、合理、较快速地发展钢结构并带动相关产业的发展已成为建筑业发展的重要任务。

最后要提及的是,工程结构的设计涉及人民的生命财产安全。当一项工程设计图纸完成以后,经设计人员签字交付施工,这就意味着必须对许多人的生命财产安全负责,因此学习钢结构课程,要注意培养严肃认真的工作作风。近年来出现的一些工程质量事故,造成人员伤亡和财产损失,其中许多就是因为不按科学规律办事和不负责任造成的,这些教训值得吸取和警惕。

本章小结

1. 所有的钢结构都是由一些基本构件(如梁、柱、板、桁架等)按一定方式通过焊接或螺栓连接组成的空间几何不变体系的结构,其目的是:①满足某种功能要求;②以最有效的途径将外荷载及自重传到地基。根据组成方式不同,钢结构设计时有的可按平面结构计算,有的可按空间结构计算。

2. 钢结构的优点是:强度高,自重轻,塑性、韧性好,材质均匀,工作可靠,工业化生产程度高,环保性能好,可重复利用,可节约能源,能制成不渗漏的密闭结构,耐热性能好。最适合于跨度大、高耸、重型、受动力荷载的结构,轻钢结构用于住宅建筑更具有许多其他住宅不具备的优点。钢结构的缺点是:耐火性能差,易锈蚀。

3. 我国钢结构设计方法采用以概率理论为基础、用分项系数表达的极限状态设计法。它要求结构完成预定功能的概率(结构可靠度 p_s)要达到某一规定值,或其失效概率 p_f 要小于某一规定值,才能认为结构是安全的。同时它又将不满足预定功能的状态称为极限状态,并将其分为承载能力极限状态和正常使用极限状态。p_s 和 p_f 可以用可靠指标 β 来衡量,即 β 要达到某一规定值,才认为结构安全。为便于设计计算,我国《钢结构设计标准》(GB 50017—2017)将两种极限状态下的 β 值控制转化为分项系数表达的极限状态设计表达式,满足这个表达式,即等于 β 值、失效概率 p_f 达到要求。

4. 目前我国发展钢结构,主要任务是:①发展建筑钢材,积极增加新钢种和型材。②发展建筑钢结构,要重点发展钢和混凝土的混合结构体系,积极发展钢结构体系;在建立现代化住宅产业工业体系中,要重点开发轻钢结构体系。③发展钢结构施工工艺。

5. 钢结构的学习首先要了解本课程的目的和特点,注意理论联系实际。要将力学及工程制图等课程的知识熟练灵活地应用于本课程,还要通过各种途径了解熟悉工程实践知识。

习　题

1. 钢结构的特点,应用范围,钢结构的类型与组成是什么?
2. 钢结构的可靠性与结构的安全性有何区别?
3. 分项系数设计表达式与可靠指标 β 有何关系?

第2章
钢结构用钢材

2.1 钢材的基本要求和主要性能

2.1.1 建筑钢材的基本要求

承重结构所用的钢材应具有屈服强度、抗拉强度、断后伸长率和硫、磷含量的合格保证,对焊接结构尚应具有碳当量的合格保证。焊接承重结构以及重要的非焊接承重结构采用的钢材应具有冷弯试验的合格保证;对直接承受动力荷载或需验算疲劳的构件所用钢材尚应具有冲击韧性的合格保证。

各类钢种供应的钢材规格分为型材、板材、管材及金属制品四大类,其中钢结构用得最多的是型材和板材。

本章根据对建筑钢材的基本要求和性能,讲述建筑钢材主要机械性能及影响钢材机械性能的各种因素,并介绍我国目前生产的建筑钢材常用的品种及规格。目的是使建造者在设计时能合理地选择和使用钢材,在施工中能按设计要求严格进行钢材的验收管理,并按正确的方法进行加工和制造。

2.1.2 钢材的拉伸试验

钢材的拉伸试验是用规定形式和尺寸的标准试件,在常温(20±5)℃的条件下,按规定的加载速度在拉力试验机上进行,用 x-y 函数记录仪记录试件的应力-应变曲线,曲线的纵坐标为应力 σ,$\sigma = N/A$,横坐标为应变 ε,$\varepsilon = \Delta l/l$。图 2.1 所示为 Q235 钢的典型应力-应变曲线,经历 5 个受力阶段:

1)弹性阶段 图 2.1 中 OB 段,应力与应变呈线性关系,$\sigma = E\varepsilon$;该段称弹性阶段,B 点对应的应力 σ_p 称为比例极限,亦称弹性极限;E 为该直线段的斜率,即钢材的弹性模量,$E = 2.06 \times 10^5 \text{ N/mm}^2$。该阶段卸荷后,变形可完全恢复,称弹性变形。

2)弹塑性阶段 图 2.1 中 BC 段,应力与应变呈曲线关系,表明应变的增长比应力快,钢材的变形包括卸荷后可恢复的弹性变形和不可恢复的塑性变形两部分。

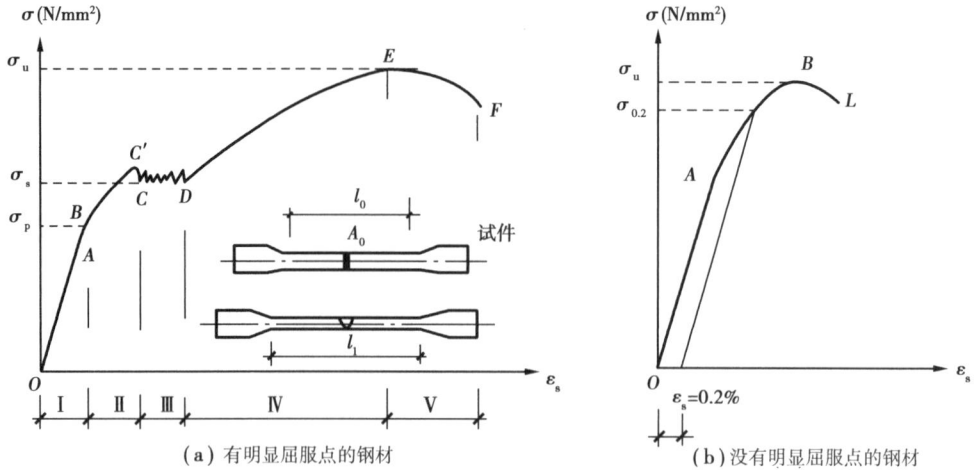

（a）有明显屈服点的钢材　　　　　　　　　（b）没有明显屈服点的钢材

图 2.1　钢材的拉伸试验

Ⅰ—弹性阶段；Ⅱ—弹塑性阶段；Ⅲ—屈服阶段；Ⅳ—强化阶段；Ⅴ—颈缩阶段

3）屈服阶段　图 2.1（a）中 CD 段，当应力越过 C 点后，钢材呈屈服状态，应力不增大，应变却持续增长，故曲线为一屈服平台，变形模量为零，表明钢材受力进入屈服阶段，屈服阶段的应变幅度为 0.2% ~2.5% 即 CD 段，称为流幅。曲线上 C' 点的应力 σ_{su} 称为上屈服点，该点处于不稳定状态，C 点的应力 σ_s 称为下屈服点，为一较稳定的数值，故通常以 σ_s 作为钢材的屈服点，$\sigma_s = N_s/A_0$，N_s 为屈服荷载。对没有明显屈服点的钢材图 2.1（b），取对应于残余应变 $\varepsilon_s = 0.2\%$ 的应力 $\sigma_{0.2}$（或 σ_s），作为该钢材的屈服点，称为条件屈服点或屈服强度。对于钢材厚度或直径不大于 16 mm 的 Q235 钢，其 σ_s 为 235 N/mm^2。

4）强化阶段　图中 2.1（a）DE 段，钢材经屈服阶段的较大塑性变形，内部晶粒结构重新排列后，恢复重新承载的能力，曲线呈上升趋势，E 点达到最大应力值，该点应力 σ_u 称为钢材的抗拉强度，$\sigma_u = N_u/A_0$，N_u 为试件的最大拉力，对于 Q235 钢材，$\sigma_u = 375 ~460$ N/mm^2。

5）颈缩阶段　图中 2.1（a）EF 段，当试件应力达到 σ_u 时，在最薄弱的截面处，钢材急剧收缩变细，称颈缩现象，试件伸长量 Δl 迅速增长，荷载下降，试件拉断，下降段 EF 称为颈缩阶段。试件拉断时的残余应变称为伸长率 δ，对于 Q235 钢，$\delta \geqslant 26\%$。

以上五个阶段是低碳钢单向拉伸试验 σ-ε 曲线的典型特征，说明低碳钢具有理想的弹塑性性能。对于高强度钢材单向拉伸试验的 σ-ε 曲线，则无明显的屈服阶段。

在工程中，钢材的破坏形式可表现出两种：一种呈塑性破坏；另一种则呈脆性破坏。

塑性破坏，也称延性破坏，是指构件在破坏前有较大的塑性变形，吸收较大的能量，从发生变形到最后破坏要持续较长的时间，破坏有明显预告。易于发现和补救，即给人以警告。钢材塑性破坏时，断口呈纤维状，色泽发暗。前述低碳钢在常温下单向均匀拉伸作用下的破坏，属于典型的塑性破坏。

脆性破坏是指构件在破坏前变形很小，没有预兆，突然发生，断口平直呈有光泽的晶粒状。脆性破坏比塑性破坏造成的危害和损失要大得多，故应采取适当措施，避免发生。

2.1.3　钢材的强度

钢材的拉伸试验所得的屈服点 σ_s（用 f_y 表示）、抗拉强度 σ_u（用 f_u 表示）和伸长率 δ 是钢结构设计中对钢材力学性能要求的三项重要指标。

钢结构设计中常把屈服点 f_y 定为构件应力可以达到的限值,即把钢材应力达到屈服强度 f_y 作为承载能力极限状态的标志。这是因为当 $\sigma > f_y$ 时,钢材暂时失去继续承载的能力并伴随产生很大的不适于继续受力或使用的变形。

钢材的抗拉强度 f_u 是钢材抗破坏能力的极限。抗拉强度 f_u 是钢材塑性变形很大且将破坏时的强度,此时已无安全储备,只能作为衡量钢材强度的一个指标。

钢材的屈服点与抗拉强度之比 f_y/f_u 称屈强比,它是表明设计强度储备的一项重要指标,f_y/f_u 越大,强度储备越小,不够安全;反之 f_y/f_u 越小,强度储备越大,结构安全,强度利用率低且不经济。因此,设计中要选定适当的屈强比。

2.1.4　钢材的塑性

钢材的伸长率 δ 是反映钢材塑性的指标,是以试件拉断后,标距长度的伸长量($l_1 - l_0$)与原标距长度 l_0 的比值百分数表达,即

$$\delta = \frac{l_1 - l_0}{l_0} \times 100\%$$

式中　l_0——原标距长度;

　　　l_1——试件拉断后标距部分的长度。

伸长率越大,则塑性越好;需要指出,试件标距长度 l_0 与试件截面直径 d_0 之比,对伸长率有较大影响,l_0/d_0 越大,则 δ 越小。标准试件一般取 $l_0/d_0 = 5$。

截面收缩率 ψ 是塑性性能的另一指标,ψ 是指横截面面积缩小值($A_0 - A_1$)与原截面面积 A_0 比值的百分率,即

$$\psi = \frac{A_0 - A_1}{A_0} \times 100\%$$

ψ 值越大,塑性性能越好。

应当指出,图 2.1 中,σ-ε 曲线的 σ 为按原截面计算的名义应力,即 $\sigma = \dfrac{N}{A_0}$,在拉伸过程中,试件截面逐渐缩小,则实际应力 $\sigma = \dfrac{N}{A_1}$ 比名义应力 σ 将逐渐增大,在颈缩阶段可增大 10 倍以上。

2.1.5　钢材的冷弯性能

钢材的冷弯性能是衡量钢材在常温下弯曲加工产生塑性变形时,对产生裂纹的抵抗能力的一项指标。图 2.2 是冷弯试验示意图。标准试件厚度为 a,放置在冷弯机辊轴上,用弯心直径为 d 的冲头,对试件中部加压,当试件弯曲一定角度 α(一般 $\alpha = 180°$)时,检查弯曲部分外侧,如无裂纹、分层现象,则认为钢材冷弯试验性能合格。

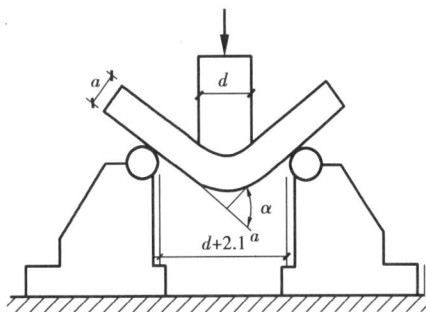

图 2.2　钢材冷弯试验示意图

冷弯试验是检查钢材是否适合冷加工能力和显示钢材内部缺陷状况的指标,也是考察钢材在复杂应力状态(弯曲、挤压和剪切等)下发展塑性变形能力的一项指标。

2.1.6 冲击韧度

钢材的冲击韧度是衡量钢材在冲击荷载作用下,抵抗脆性断裂能力的一项力学性能指标。钢材的冲击韧度通常采用在材料试验机上对标准试件进行冲击荷载试验来测定。常用的标准试件的形式有梅氏(Mesnaqer)U 形缺口试件和夏氏(Charpy)V 形缺口试件两种。U 形缺口试件的冲击韧度用冲击荷载下试件断裂所吸收或消耗的冲击功 A_K 除以缺口处横截面面积的量值 a_k 表达,其单位为 $J \cdot mm^{-2}(N \cdot m \cdot mm^{-2})$ 或 $N \cdot mm \cdot mm^{-2}$。V 形缺口试件的冲击韧度用试件断裂时所吸收的功 A_{KV} 表示,其单位为 J。V 形缺口试件对冲击尤为敏感,更能反映结构类裂纹性缺陷的影响。我国规定钢材的冲击韧性按 V 形试件冲击功 A_{KV} 确定如图 2.3 所示。

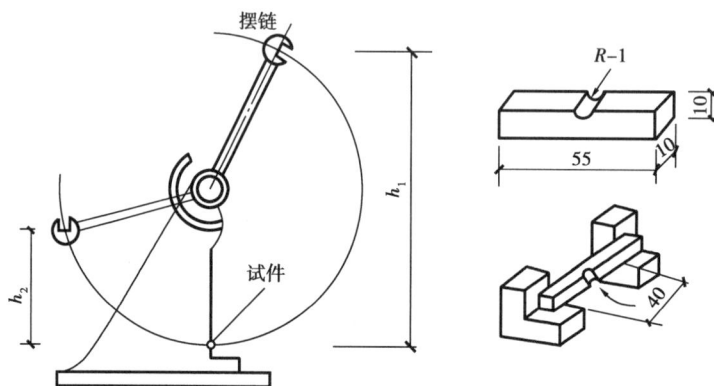

图 2.3 钢材冲击韧性试验示意图

例如:对于碳素结构钢(国家标准 GB/T 700—2006)Q235—A 级钢不做冲击试验;Q235—B、C、D 级钢,分别要求 20 ℃、0 ℃、-20 ℃ 的冲击功 $A_{KV} \geq 27$ J。

实际钢结构还常常承受冲击或振动荷载,为保证结构安全,要求钢材的冲击韧性好。

钢材的冲击韧度与钢材的质量,缺口形状、加载速度、试件厚度有关,特别与温度的影响关系密切。一般顺纵向轧制切取试件较横向切取的冲击韧度高,温度为负值时冲击韧度将急剧降低。

2.1.7 焊接性能

钢材的焊接性能是指在一定的焊接工艺条件下,获得性能良好的焊接接头。焊接过程中要求焊缝及焊缝附近金属不产生热裂纹或冷却收缩裂纹;在使用过程中焊缝处的冲击韧性和热影响区内塑性良好,不低于母材的力学性能。我国《钢结构设计标准》(GB 50017—2017)所规定的几种建筑钢材均有良好的焊接性能。

2.2　影响钢材性能的主要因素

2.2.1　化学成分的影响

钢材的主要成分是铁(Fe),普通碳素钢中铁(Fe)达 99%,其余为碳(C)、硅(Si)、锰(Mn);有害元素尚有硫(S)、磷(P)、氧(O)、氮(N)等。合金钢中还需掺入一定数量的铬、镍、铜、钒、钛、铌等元素以改善钢材的力学性能。

碳是形成钢材强度的重要成分,钢结构所用钢材中碳(C)≤0.2%。

锰元素可提高钢材的强度,改善钢材的冷脆倾向,但会降低焊接性能,应控制含量;低合金在钢中含量为 1.2% ~1.6%。

硅是强脱氧剂,可使钢材粒度变细,提高强度且不影响其他性能。在普通碳素钢中硅(Si)=0.12% ~0.3%,在低合金钢中硅(Si)=0.2% ~0.6%。

钒可提高钢材的强度和抗锈蚀能力,而不显著降低塑性。

硫是有害杂质,能生成易于熔化的硫化铁。温度达 800 ~1 000 ℃时,出现裂纹,称为热脆,还会降低钢材的冲击韧性,影响疲劳性能与抗锈蚀性能,故对硫的质量分数应严格控制在0.05%以内。

磷在普通碳素钢中,在低温下使钢变脆,称为冷脆,高温时则使钢材减少塑性,质量分数应限制在 0.045%以内。

氧和氮也是有害元素,氧能使钢材热脆,氮则使钢材冷脆,故含量都应严加控制。

2.2.2　冶炼、浇注和轧制过程的影响

我国目前结构用钢主要是由平炉和氧气转炉冶炼而成的,侧吹转炉钢质量较差,不宜作承重结构用钢。钢材因冶炼后浇注工艺过程和脱氧程度的不同而分为沸腾钢、镇静钢和特殊镇静钢。沸腾钢因钢锭模中钢液内的氧、氮和一氧化碳等气体大量逸出,而呈剧烈的沸腾状得名。该钢种有杂质聚集的"偏析"现象和非金属夹杂物的存在,质量不如镇静钢,但工艺简单、价格便宜,且能满足一般承重钢结构的要求,故应用较多。镇静钢则是加入适量硅、锰脱氧剂,在钢液铸锭前进行彻底脱氧,不再在钢模中发生沸腾现象而得名,该种钢材质量良好,性能较沸腾钢好,但工艺复杂、价格较高。特殊镇静钢是在用锰和硅脱氧之后,再加铝或钛进行补充脱氧,其性能得到明显改善,尤其是可焊性显著提高。

如果钢材轧制后经过适当程度的热处理,如调质等,则可显著提高钢材强度并保证良好的塑性和韧性。常见的热处理方式有淬火、正火、回火、退火等。用作高强度螺栓的合金钢,如20MnTiB(20 锰钛硼)就要进行热处理调质(淬火后高温回火),使其强度提高,同时又保持良好的塑性和韧性。

2.2.3　残余应力的影响

热轧型钢在冷却过程中,在截面尖角、边缘及薄细部位,率先冷却,其他部位渐次冷却,先冷却部位约束阻止后冷却部位的自由收缩,产生复杂的热轧残余应力分布。不同形状和尺寸规格的型钢残余应力分布不同。

钢材经过气割或焊接后,由于不均匀的加热和冷却,也将引起残余应力。

残余应力是一种自相平衡的应力,钢材截面切割后,将有一定改变,特别是退火处理后可部分乃至全部消除。结构受荷后,残余应力与荷载作用下的应力相叠加,将使构件某些部位提前屈服,将降低构件的刚度和稳定性,降低抗冲击断裂和抗疲劳破坏的能力。

钢材中残余应力的特点是应力自相平衡且与外荷载无关。当外荷载作用于结构时,外荷载产生的应力与残余应力叠加,导致截面某些部分应力增加可能提前到达屈服点进入塑性区。随着外荷载增加,塑性区会逐渐扩展,直到全截面进入塑性达到极限状态,因此残余应力对构件强度极限状态承载力没有影响,计算中不予考虑。但是由于残余应力使部分截面提前进入塑性区,截面弹性区减小,因而刚度也随之减小,导致构件稳定承载力降低。此外残余应力与外荷载应力叠加常常产生二向或三向应力,将使钢材抗冲击断裂能力及抗疲劳破坏能力降低。尤其是低温下受冲击荷载的结构,残余应力存在更容易引起低工作应力状态下的脆性断裂。对钢材进行"退火"热处理,在一定程度上可以消除一些残余应力。

2.2.4 应力集中的影响

钢结构的钢材存在孔洞、槽口、凹角裂纹、厚度变化、形状变化及内部缺陷等构造缺陷,钢材中的应力在缺陷区域的某些部位将出现局部高峰应力,而其他部位出现应力降低,这种在较小区域内应力突然增高的现象称为应力集中。应力集中的高低取决于构件截面改变的急剧程度,如槽孔尖端处的应力集中较圆孔边的应力集中大得多。在静力荷载作用下,随着塑性发展,不均匀应力趋于均匀,因而不影响截面极限承载力,设计时可不予考虑。但在动力荷载作用下,加上残余应力影响,应力集中往往是造成构件脆性破坏的主要原因之一,因此,设计时应避免截面突变,以减小应力集中程度,采取圆滑过渡,防止钢材脆性破坏。

2.2.5 温度影响

钢材的内部晶体组织对温度很敏感,温度升高与降低都会使钢材性能发生变化,故还需要研究温度变化对钢材性能的影响。

温度在100℃以上时总的趋势是强度降低,塑性增大;达250℃左右时,钢材的抗拉强度f_u略有提高,塑性和冲击韧性降低,钢材呈脆性破坏特征,这种现象称为"蓝脆",在此区域加工易产生裂纹。温度在250~350℃时,钢材强度开始显著下降,钢材将产生徐变现象;当温度超过400℃时,强度和弹性模量都急剧降低;达600℃时,其承载能力几乎丧尽。

钢材的温度由常温下降,特别是在负温度范围内,钢材的强度虽略有提高,但其塑性和韧性降低,而脆性增加。所以,钢结构是一种不耐火的结构,《规范》对于受高温作用的钢结构根据不同情况所采取相应的措施有具体的规定。此外,钢材在250℃附近f_u有局部提高,f_y也有回升现象,这时塑性相应降低,钢材性能转脆,由于在这个温度下,钢材表面氧化膜呈蓝色,故称"蓝脆"。在蓝脆温度区加工钢材,可能引起裂纹,故应尽力避免在这个温度区进行热加工。

2.2.6 钢材的冷作硬化和时效

钢材在冷加工过程中使钢材产生很大的塑性变形甚至断裂,再重新加荷时将使屈服点提高,但使塑性和韧性降低,这种现象称为冷作硬化或应变硬化。时效硬化是指钢材仅随时间增长而变脆的现象,冷作硬化的钢材,同时伴生着时效硬化,称为应变时效硬化。人们利用钢材的应变时效硬化的特性采用人工方法加速硬化过程时称为人工时效。用人工时效后的钢材做冲击韧性试验,称为应变时效后的冲击韧性,它能检验钢材抗脆性破坏的能力,有时可作为钢材性能要求的保证项目。在一般钢结构中,不允许利用硬化所提高的强度,有时尚应考虑其不利影响。防止钢材性能变脆。例如经过剪切机剪断的钢板,为消除剪切边缘冷作硬化的影响,常常用火焰烧烤使之"退火",或者将剪切边缘部分钢材用刨、削的方法除去(刨边)。

2.2.7　钢材的防护

1)钢材脆性断裂的预防

选用韧性好的钢材;避免截面剧变,减少应力集中;合理的制造安装,减少裂纹缺陷和焊接残余应力。

2)钢结构的防火保护

常用措施有:在钢构件表面粘贴预制绝热板,喷涂蛭石或石棉水泥防火层,采用型钢混凝土组合结构等。

3)钢结构防腐蚀措施

钢结构在潮湿或腐蚀介质条件下表面会锈蚀。钢材的防腐防锈的主要措施有:将除锈后的钢件涂红丹 1 ~ 2 层,再刷罩面油漆;将金属构件和安装螺栓除锈后在镀锌槽内镀锌,再拼装成结构;阳极保护法,对水下或地下钢结构常采用阳极保护。目前,涂料防腐是最普通最常用的方法。

此外,在构造设计时应妥善处理。

2.3　钢材的种类、规格与选用

2.3.1　钢材的种类

(1)按建筑用途分类

按建筑用途分类时,有碳素结构钢、焊接结构用耐候钢、高耐候性结构钢、桥梁用结构钢等专用结构钢。建筑结构钢中常用的为碳素结构钢、低合金钢和桥梁用结构钢。

(2)按化学成分分类

1)碳素结构钢

含碳量在 0.02% ~ 2.0%,根据钢的含碳量不同划分钢号。一般把含碳量 < 0.25% 的钢称为低碳钢。含碳量在 0.25% ~ 0.6% 的称为中碳钢,含碳量 > 0.6% 的称为高碳钢。建筑钢结构主要使用低碳钢。

按现行国家标准 GB/T 700—2006《碳素结构钢》规定,碳素钢分 4 个牌号,即 Q195、Q215、Q235 和 Q275,《钢结构设计标准》(GB 50017—2017)推荐采用 Q235。

GB/T 700—2006《碳素结构钢》标准中钢材牌号表示方法由屈服强度"屈"字汉语拼音的首位字母 Q、屈服强度数值(N/mm²)、质量等级符号(A、B、C、D)及脱氧方法符号(F、Z、TZ)四个部分组成。质量等级中以 A 级最低、D 级最优,F、Z、TZ 则分别是"沸""镇"及"特镇"汉语拼音的首位字母,分别代表沸腾钢、镇静钢及特殊镇静钢,其中代号 Z、TZ 可以省略。

这样按照国家标准,钢号的代表意义如下:

Q235—A:代表屈服点为 235 N/mm² 的 A 级镇静碳素结构钢;

Q235—BF:代表屈服点为 235 N/mm² 的 B 级沸腾碳素结构钢;

Q235—D:代表屈服点为 235 N/mm² 的 D 级特殊镇静碳素结构钢。

2)低合金结构钢

低合金钢是在冶炼碳素结构钢时增加一些合金元素炼成的钢,目的是提高钢材的强度、冲击韧性、耐腐蚀性等,而不太降低其塑性。根据合金元素含量的多少可分为低合金钢(合金元素的含量 <5%),中合金钢(5% ≤合金元素的含量≤10%)和高合金钢(合金元素的含量 >10%)。

低合金高强度结构钢的牌号表示方法与碳素结构钢一致,即由代表屈服强度的汉语拼音字母 Q、屈服强度数值、质量等级符号 3 个部分按顺序排列表示。钢的牌号共有 Q345、Q390、Q420、Q460、Q500、Q550、Q620 和 Q690 等 8 种(《低合金高强度结构钢》GB/T 1591—2018)。《钢结构设计标准》(GB 50017—2017)推荐采用 Q345、Q390、Q420、Q460、Q345GJ。

3)桥梁用结构钢

按现行国家标准 GB/T 714—2015《桥梁用结构钢》规定,桥梁用结构钢分为 Q235q,Q345q,Q370q,Q420q,Q460q,Q500q,Q550q,Q620q,Q690q 共 9 个牌号。

钢的牌号由代表屈服强度的汉语拼音字母、屈服强度数值、桥字的汉语拼音字母、质量等级符号等几个部分组成。例如:Q420qD。其中:

Q—桥梁用钢屈服强度的"屈"字汉语拼音的首位字母;

420—屈服强度数值,单位 MPa;

q—桥梁用钢的"桥"字汉语拼音的首位字母;

D—质量等级为 D 级。

当要求钢板具有耐候性能或厚度方向性能时,则在上述规定的牌号后分别加上代表耐候的汉语拼音字母"NH"或厚度方向(Z 向)性能级别的符号,例如:Q420qDNH 或 Q420qDZ15。

4)热处理低合金钢

低合金钢可用适当的热处理方法来进一步提高其强度且不显著降低其塑性和韧性,这种钢的屈服点超过 700 N/mm²。

(3)按硫、磷含量及机械性能分类

①普通钢:S 含量≤0.05% ,P 含量≤0.045% 。

②优质钢:S 含量≤0.045% ,P 含量≤0.04% ,同时具有较好的机械性能。

③高级优质钢:S 含量≤0.035% ,P 含量≤0.03% ,同时具有良好的机械性能。

(4)按炼钢炉炉种分类

按炼钢炉炉种分类,有平炉钢、氧气顶吹转炉钢、碱性侧吹转炉钢及电炉钢等。建筑结构用的碳素钢及低合金钢由前两种炉炼成。

(5)按浇注脱氧程度分类

1)沸腾钢

沸腾钢是在钢液中仅用锰铁弱脱氧剂进行脱氧。钢液在铸锭时有相当多的氧化铁,它与碳等化合生成一氧化碳等气体,使钢液沸腾。铸锭后冷却快,气体不能全部逸出,因而有下列缺陷:

①钢锭内存在气泡,轧制时虽容易闭合,但晶粒粗细不匀。

②硫、磷等杂质分布不匀,局部也较集中。

③气泡及杂质不匀,使钢材质量不匀,尤其是使轧制的钢材产生分层,当厚钢板在垂直厚度方向产生拉力时,钢板产生层状撕裂。

2)镇静钢

镇静钢是在钢液中添加适量的硅和锰等强脱氧剂进行较彻底的脱氧而成。铸锭时不发生沸腾现象,浇注时钢液表面平静,冷却速度很慢。因此,相对于沸腾钢而言,镇静钢具有以下优点:

①残留气体少。

②杂质少,质量均匀。

③冲击韧性、可焊性、塑性及抗冷脆等方面均较好。

钢材的性能见附录1:设计指标和设计参数。

2.3.2　钢材的规格

钢结构采用的钢材主要为热轧成型的钢板和型钢,以及冷弯成型的薄壁型钢(图 2.4)。

由工厂生产供应的钢板和型钢等有成套的截面形式和一定的尺寸间隔,称为钢材规格。

1)热轧钢板

厚钢板,厚度为 4.5 ~ 60 mm,宽度为 600 ~ 3 000 mm,长度为 4 ~ 12 m;薄钢板,厚度为 0.35 ~ 4 mm,宽度为 500 ~ 1 500 mm,长度为 0.5 ~ 4 m;扁钢板,厚度为 4 ~ 60 mm,宽度为 12 ~ 200 mm,长度为 3 ~ 9 m;花纹钢板,厚度为 2.5 ~ 8 mm,宽度为 600 ~ 1 800 mm,长度为 0.6 ~ 12 m。

2)热轧型钢

常用形式有角钢、工字钢和槽钢,如图 2.4(a)所示。附录中给出各种型钢规格和截面特性。

角钢:分等边和不等边两种。以边宽和厚度来表示。如∟100 × 10 为肢宽 100 mm,肢厚为 10 mm 的等肢角钢,∟100 × 80 × 8 为长肢宽 100 mm,短肢宽 80 mm,肢厚为 8 mm 的不等肢角钢。角钢的长度一般为 3 ~ 19 m,角钢的规格有∟20 × 20 × 3 ~∟200 × 200 × 24 和∟25 × 16 × 3 ~ ∟200 × 125 × 18。

工字钢:可分为普通、轻型和宽翼缘工字钢三种,用符号"I"后加号数表示,号数代表截面高度的 cm 数,如 I16,代表高度为 16 cm 的工字钢。20 号以上的工字钢,按腹板厚度,同一号数又分为 a、b、c 三种规格,a 类腹板最薄,最经济,如 I32a 高度 32 cm,腹板厚度为 a 类的工字钢。腹板厚度越薄,重量越轻,截面惯性矩相对较大。普通工字钢有 I 10C ~ I63C。轻型工字钢的翼缘宽而薄,截面惯性矩和回转半径较大,构件抗弯强度和整体稳定较为有利,轻型工字钢有 Q I10b ~ Q I70b,Q 表示轻型。宽翼缘工字钢也称 H 型钢,整体稳定和截面抗弯刚度均有较大增加。HK 表示宽翼缘 H 型钢,HZ 表示窄翼缘 H 型钢。

槽钢:可分为普通和轻型两种,用"["后标明截面高度的 mm 数及钢号数表示,如[36a 表示高度为 360 mm 而腹板厚度属 a 类的槽钢。槽钢有[5c ~ [40c(普通)和 Q[5c ~ Q[40c(轻型),同一型号中又可分为 a、b、c 类规格。

钢管:有热轧无缝钢管或由钢板卷焊成的焊接钢管。钢管截面对称,外形圆滑,受力性能良好,规格用外径乘壁厚(mm)表示,如无缝钢管 φ89×5。无缝钢管的外径 32～630 mm,壁厚 2.5～75 mm。

3)冷弯薄壁型钢

冷弯薄壁型钢如图2.4(b)所示。薄壁型钢是用1.5～5 mm厚的薄钢板经模压或弯曲成型,截面形式和尺寸可按工程要求合理设计,通常有角钢、卷边角钢、槽钢、卷边槽钢、卷边Z型钢、圆钢管、方钢管等,其规格用薄壁型钢符号B和高、宽、卷边的外皮尺寸乘壁厚(mm)表示,如 BL 50×3、B[140×60×20×3 等。薄壁型钢受力性能好、节省钢材,但对锈蚀敏感,受压板件可能局部失稳而退出工作。

4)压型钢板

压型钢板如图2.4(b)所示。压型钢板是由热轧薄钢板经冷压或冷轧成型,具有较大宽度及曲折外形,从而增加了惯性矩和刚度,应用日益广泛。主要用于屋面板、楼板、墙板等,尚可制成彩色钢板、保温组合板,有V形、肋形、波形等外形,波高为10～200 mm,板厚为0.4～1.6 mm(屋面板、墙板),2～3 mm以上(楼板)。

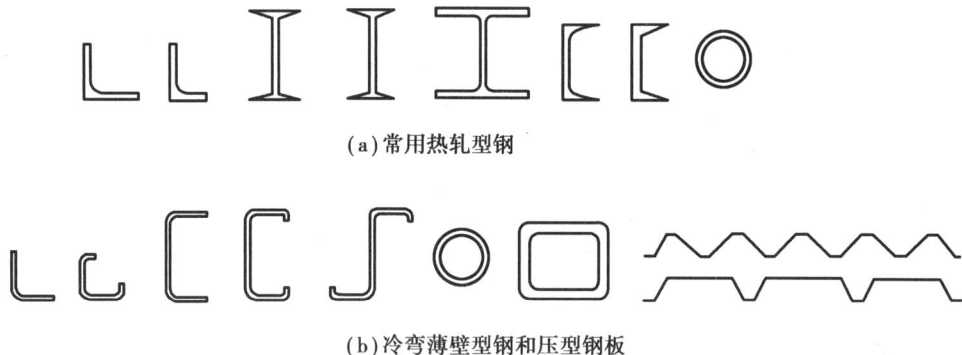

(a)常用热轧型钢

(b)冷弯薄壁型钢和压型钢板

图2.4　钢材的规格

2.3.3　钢材的选用和保证项目

(1)选用的原则

结构钢材的选用应遵循技术可靠,经济合理原则,具体应满足下列要求:

1)结构的重要性。根据建筑结构的重要程度和安全等级选择相应的钢材等级。

2)荷载特征。根据荷载的性质不同选用适当的钢材,包括静力或动力;经常作用还是偶然作用;满载还是不满载等情况,同时提出必要的质量保证措施。

3)结构形式、应力状态。

4)连接方法。焊接连接时要求所用钢材的碳、硫、磷及其他有害化学元素的含量应较低,塑性和韧性指标要高,焊接性能要好。对非焊接连接的结构可适当降低。

5)结构工作环境。对低温下工作的结构,尤其焊接结构,应选用有良好抗低温脆断性能的镇静钢。

6)钢材厚度和价格。厚度大的钢材性能较差,应采用满足设计要求的钢材。

(2)钢结构对钢材的要求

作为钢结构的钢材必须具备下列性能:

1）较高的强度。f_y 较高,可减小构件截面,减轻自重,抗拉强度 f_u 高,可增加结构构件的安全保障。

2）足够的变形能力。塑性、韧性好。

3）良好的加工性能。适合冷、热加工和良好的焊接性能。

（3）钢材的选用

1）承重结构所用的钢材应具有屈服强度、抗拉强度、断后伸长率和硫、磷含量的合格保证,对焊接结构尚应具有碳当量的合格保证。焊接承重结构以及重要的非焊接承重结构采用的钢材应具有冷弯试验的合格保证;对直接承受动力荷载或需验算疲劳的构件所用钢材尚应具有冲击韧性的合格保证。

2）钢材质量等级的选用应符合下列规定:

①A 级钢仅可用于结构工作温度高于 0 ℃的不需要验算疲劳的结构,且 Q235A 钢不宜用于焊接结构。

②需验算疲劳的焊接结构用钢材应符合下列规定:

a. 当工作温度高于 0 ℃时其质量等级不应低于 B 级;

b. 当工作温度不高于 0 ℃但高于 - 20 ℃时,Q235、Q345 钢不应低于 C 级,Q390、Q420 及 Q460 钢不应低于 D 级;

c. 当工作温度不高于 - 20 ℃时,Q235 钢和 Q345 钢不应低于 D 级,Q390 钢、Q420 钢、Q460 钢应选用 E 级。

③需验算疲劳的非焊接结构,其钢材质量等级要求可较上述焊接结构降低一级但不应低于 B 级。吊车起重量不小于 50 t 的中级工作制吊车梁,其质量等级要求应与需要验算疲劳的构件相同。

3）工作温度不高于 - 20 ℃的受拉构件及承重构件的受拉板材应符合下列规定:

①所用钢材厚度或直径不宜大于 40 mm,质量等级不宜低于 C 级;

②当钢材厚度或直径不小于 40 mm 时,其质量等级不宜低于 D 级;

③重要承重结构的受拉板材宜满足现行国家标准《建筑结构用钢板》(GB/T 19879—2015)的要求。

4）在 T 形、十字形和角形焊接的连接节点中,当其板件厚度不小于 40 mm 且沿板厚方向有较高撕裂拉力作用,包括较高约束拉应力作用时,该部位板件钢材宜具有厚度方向抗撕裂性能即 Z 向性能的合格保证,其沿板厚方向断面收缩率不小于按现行国家标准《厚度方向性能钢板》(GB/T 5313—2010)规定的 Z15 级允许限值。钢板厚度方向承载性能等级应根据节点形式、板厚、熔深或焊缝尺寸、焊接时节点拘束度以及预热、后热情况等综合确定。

5）采用塑性设计的结构及进行弯矩调幅的构件,所采用的钢材应符合下列规定:

①屈强比不应大于 0.85;

②钢材应有明显的屈服台阶,且伸长率不应小于 20%。

6）钢管结构中的无加劲直接焊接相贯节点,其管材的屈强比不宜大于 0.8;与受拉构件焊接连接的钢管,当管壁厚度大于 25 mm 且沿厚度方向承受较大拉应力时,应采取措施防止层状撕裂。

(4)钢材的技术标准

国家标准中规定了各种钢号钢材的技术标准,包括力学性能和化学成分的各项指标作为钢材出厂的合格与否的标准限值。每批钢材做规定数量的各种试验,达不到限值标准即为整批不合格。这些标准限值有时称为废品极限值。如国家规定厚度小于 16 mm 的 Q235、Q345、Q390 钢的屈服强度(屈服点)的最低限值为 f_y = 235、345、390 MPa。《钢结构设计标准》(GB 50017—2017)规定,上述 f_y 作为设计时钢材屈服强度标准值,简称为屈服强度。另外,标准还规定设计时对各种钢材统一采用下列物理性能:弹性模量 E = 206 GPa,切变模量 G = 79 GPa,体积质量 ρ = 7 850 kg·m^{-3},线膨胀系数 α_L = 12 × 10^{-6}/℃,泊松比 ν = 0.3。

本章小结

1.建筑钢材要求强度高、塑性韧性好,焊接结构还要求可焊性好。

2.衡量钢材强度的指标是屈服点 f_y、抗拉强度 f_u,衡量钢材塑性的指标是伸长率 δ_5 和冷弯试验合格,衡量钢材韧性的指标是冲击韧性值 A_{KV}。

3.碳素结构钢的主要化学成分是铁和碳,其他为杂质成分;低合金高强度钢主要化学成分除铁和碳外,还有总量不超过5%的合金元素,如锰、钒、铜等,这些元素以合金的形式存在钢中,可以改善钢材性能。此外低合金高强度钢中也有杂质成分,如硫、磷、氧、氮等是有害成分,应严格控制其含量。对于焊接结构,含碳量不宜过高,要求控制在0.2%以下。

4.影响钢材机械性能的因素除化学成分外,还有冶炼轧制工艺(脱氧程度:沸腾钢、镇静钢等,缺陷:偏析、非金属夹渣、裂纹、分层等)、加工工艺(冷作硬化、残余应力)、受力状态(复杂应力)、构造情况(孔洞、截面突变引起应力集中)、重复荷载(疲劳)和环境温度(低温、高温)等因素。

5.钢材有两种破坏形式:塑性破坏和脆性破坏。脆性破坏时变形小,破坏突然发生,危险性大,为此应注意:①要根据具体情况合理选用钢材品种;②采购钢材时严格按规定查验进货钢材的各项指标;③充分了解上述各项影响钢材机械性能的因素,注意钢材在各种因素影响下由塑性转向脆性的可能性,并在设计、制造、安装中采取措施严加防止。

6.随着生产发展,国家标准及产品规格会不断修改,市场供货情况也会因时因地有所变化,因此选购钢材时应注意根据现行国家标准及产品规格,以及当时当地具体情况。

习 题

1.Q235 钢的应力-应变曲线图可以分为哪五个阶段?它与钢结构计算有哪些联系?

2.什么叫塑性破坏和脆性破坏?它对钢结构设计有何影响?

3.影响钢材性能的主要因素有哪些?

4.应力集中是怎样产生的,有什么危害?设计中应如何防止?

5.钢结构对钢材有哪些要求?

第 **3** 章
钢结构的连接

钢结构是通过连接将板材或型钢组合成构件,再由构件组合成整体结构。因此,连接在钢结构中占有重要的地位,设计任何钢结构都会遇到连接问题。

连接设计应符合安全可靠、节省材料、构造简单、施工方便等原则。

3.1 钢结构的连接方法和特点

钢结构的连接方法有:焊接和紧固件(螺栓、锚栓或铆钉)连接,如图3.1所示。

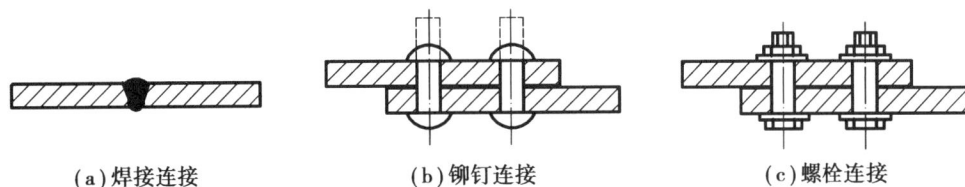

| (a)焊接连接 | (b)铆钉连接 | (c)螺栓连接 |

图3.1 钢结构的连接方法

3.1.1 焊接连接

焊接连接(图3.1(a))是现代钢结构最主要的连接方法,它的优点是:任何形状的结构都可用焊缝连接,省钢省工,不需开孔;能实现自动化操作;连接的密封性好。但也存在以下缺点:在焊缝附近的热影响区内,钢材的金相组织发生改变,导致局部材质变脆;焊件中产生焊接残余应力和残余变形;焊接结构对裂纹很敏感,一旦局部发生裂纹就可能迅速扩展,尤其在低温下易导致结构脆性破坏。焊缝质量易受材料、操作的影响,因此对钢材材料性能要求较高。高强度钢更要有严格的焊接程序,焊缝质量要通过多种途径的检验来保证。

3.1.2　紧固体连接

(1)铆钉连接

铆钉连接(图 3.1(b))需要先在构件上开孔,用加热的铆钉进行铆合。铆钉连接由于费钢费工,现已很少采用,但是,铆钉连接的最大优点是韧性和塑性好,传力可靠,对一些重型和经常受动力荷载作用的结构,有时仍然采用铆接结构。

(2)螺栓连接

螺栓连接(图 3.1(c))分为普通螺栓连接和高强度螺栓连接两种。

1)普通螺栓连接

普通螺栓连接的优点是装卸便利,不需要特殊设备。普通螺栓按加工精度分为 A、B 和 C 级螺栓。A、B 级螺栓受力性能较 C 级螺栓为好,但其安装费时费工,目前建筑结构中已很少使用。C 级螺栓安装简单,但螺杆与钢板孔壁不够紧密,当传递剪力时,连接变形较大,故 C 级螺栓宜用于承受拉力的连接中,或用于次要结构和可拆卸结构的受剪连接。

2)高强度螺栓连接

高强度螺栓连接有两种类型:

①摩擦型连接　只依靠摩擦阻力传力,并以剪力不超过接触面摩擦力作为设计准则。其特点是连接紧密,变形小,不松动,耐疲劳,安装简单。主要用于直接承受动力荷载的结构以及现场拼接和高空安装的一些部位。

②承压型连接　高强度螺栓连接摩擦阻力被克服后允许接触面滑移,依靠栓杆和螺孔之间的承压来传力。承压型连接在摩擦力被克服后剪切变形较大,宜用于承受静力荷载或间接承受动力荷载的结构,以发挥其高承载力的优点。

3.1.3　连接材料的选用

连接材料的选用应符合下列规定:

①焊条或焊丝的型号和性能应与相应母材的性能相适应,其熔敷金属的力学性能应符合设计规定,且不应低于相应母材标准的下限值;

②对直接承受动力荷载或需要验算疲劳的结构,以及低温环境下工作的厚板结构,宜采用低氢型焊条;

③连接薄钢板采用的自攻螺钉、钢拉铆钉(环槽铆钉)、射钉等应符合有关标准的规定。

④锚栓可选用 Q235、Q345、Q390 或强度更高的钢材,其质量等级不宜低于 B 级。

3.2　焊缝连接和焊接结构的特性

3.2.1　焊接方法

钢结构常用的焊接方法是电弧焊,包括手工电弧焊、气体保护焊、埋弧焊等。

(1)手工电弧焊

图 3.2 是手工电弧焊的原理示意图,打火引弧后,在焊条端和焊件间的间隙中产生电弧,

使焊条熔化,同时焊药燃烧,在熔池周围形成保护气体,隔绝熔池中的液体金属和空气中的氧、氮等气体的接触,避免形成脆性易裂的化合物。焊缝金属冷却后就与焊件熔成一体。

手工电弧焊是钢结构中最常用的焊接方法,其设备简单,操作灵活方便,应用极为广泛,对于不同接头形式,短的或曲折的焊缝,均能方便地进行焊接。但生产效率差,焊缝质量取决于焊工的技术水平,劳动条件等。

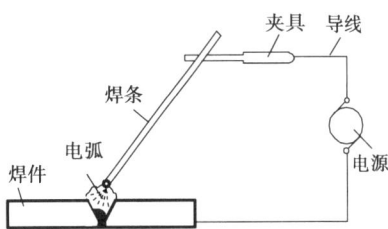

图 3.2　手工电弧焊原理

在选用焊条时,应与主体金属相匹配。一般情况下,对 Q235 钢采用 E43 型焊条,对 Q345 钢采用 E50 型焊条,对 Q390 钢和 Q420 钢采用 E55 型焊条。当不同强度的两种钢材进行连接时,宜采用与低强度钢材相适应的焊条。

(2) 自动或半自动埋弧焊

自动或半自动埋弧焊的原理见图 3.3 所示,自动埋弧焊的全部设备装在一个小车上,小车可以沿轨道按规定速度移动。通电引弧后,电弧使埋在焊剂下的焊丝和附近的焊件熔化,而焊渣则浮在熔化了的金属表面上,有效地保护了熔化金属,使之与空气隔绝,且给焊缝金属提供必要的合金元素,改善了焊缝质量。当焊机的移动须由人工操作时,称为半自动埋弧焊。

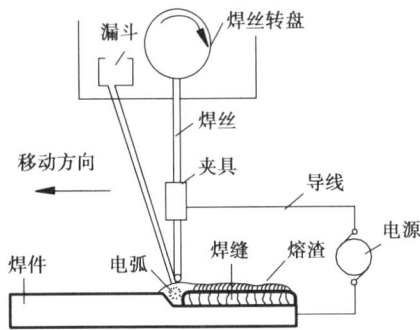

图 3.3　自动或半自动埋弧焊原理

自动焊的焊缝质量稳定,塑性和韧性较好,适用于焊接较长的直线焊缝。半自动焊的质量介于二者之间,故适用于焊曲线或任意形状的焊缝。

(3) 气体保护焊

气体保护焊的原理是在焊接时用喷枪喷出的惰性(或 CO_2)气体把电弧、熔池与大气隔离,从而保持焊接过程的稳定。气体保护焊焊接速度较快,熔池较小,焊接变形较小,焊缝强度比手工焊高,且具有较高的抗锈能力,但设备较复杂,电弧光较强,金属飞溅多,焊缝表面成型不如埋弧焊平滑。

3.2.2　焊缝连接的形式

焊缝连接形式按被连接钢材的相互位置可分为对接、搭接、T 形连接和角部连接四种(图 3.4),这些连接所采用的焊缝主要有对接焊缝和角焊缝。

图 3.4(a)所示为采用对接焊缝的对接连接,传力均匀平缓,没有明显的应力集中,且用料经济,但是焊件边缘需要加工,被连接两板的间隙和坡口尺寸有严格的要求。

图 3.4(b)所示为用角焊缝的搭接连接,特别适用于不同厚度构件的连接,传力不均匀,材料较费,但构造简单,施工方便。

T 形连接常用于制作组合截面(图 3.4(c))。对于直接承受动力荷载的结构,其上翼缘与腹板的连接,应采用如图 3.4(d)所示的 K 形坡口焊缝进行连接。

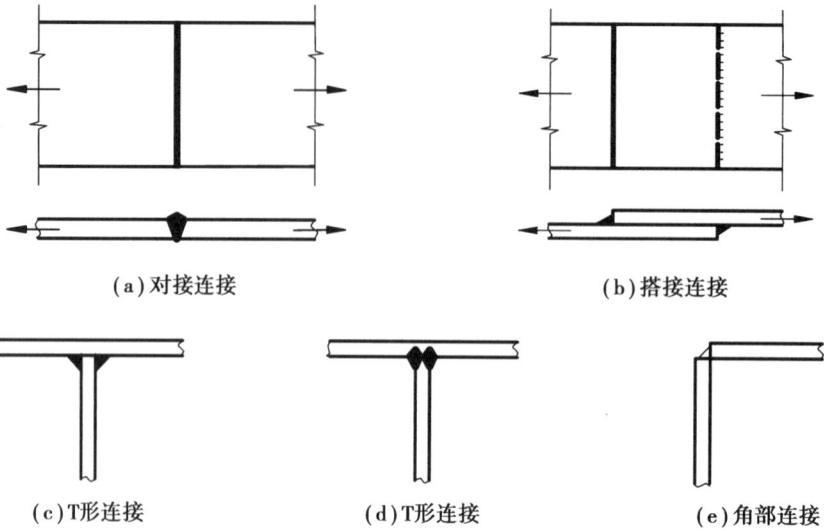

图 3.4　焊缝连接的形式

角部连接(图 3.4(e))主要用于制作箱形截面。

对接焊缝按所受力的方向分为正对接焊缝(图 3.5(a))和斜对接焊缝(图 3.5(b))。角焊缝(图 3.5(c))可分为正面角焊缝、侧面角焊缝和斜焊缝。

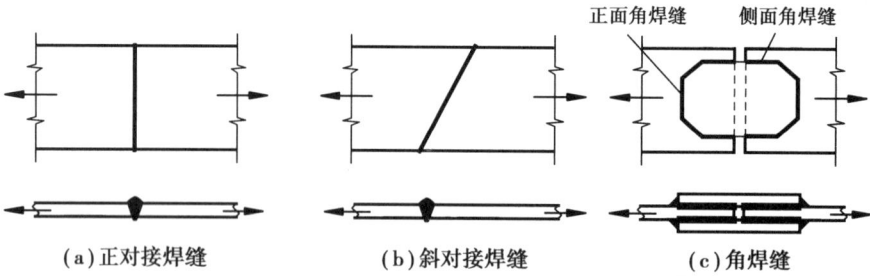

图 3.5　焊缝形式

焊缝按施焊位置(图 3.6)分为平焊(代号 F)、横焊(H)、立焊(V)及仰焊(O)。平焊施焊方便,质量最好,立焊和横焊的质量及生产效率比平焊差一些,仰焊的操作条件最差,因此应尽量避免采用仰焊。

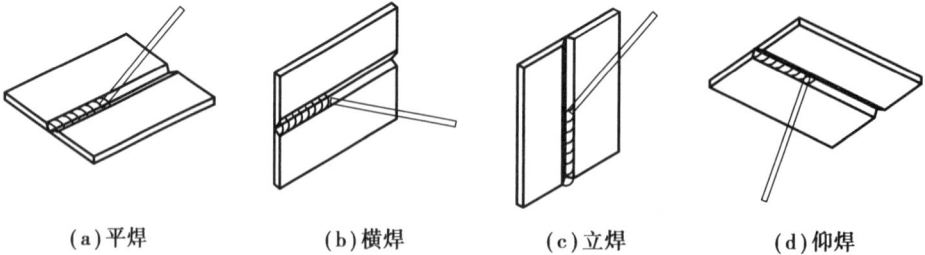

图 3.6　焊缝施焊位置

3.2.3　焊缝缺陷及焊缝质量检验

(1) 焊缝缺陷

焊缝缺陷指焊接过程中,产生于焊缝金属或附近热影响区钢材表面或内部的缺陷(图3.7)。常见的缺陷有裂纹、焊瘤、烧穿、气孔、未焊透、咬边、夹渣、未熔合等;以及焊缝尺寸不符合要求、焊缝成形不良等。裂纹是焊缝连接中最危险的缺陷,产生裂纹的原因很多,如钢材的化学成分不当;焊接工艺条件选择不合适等。

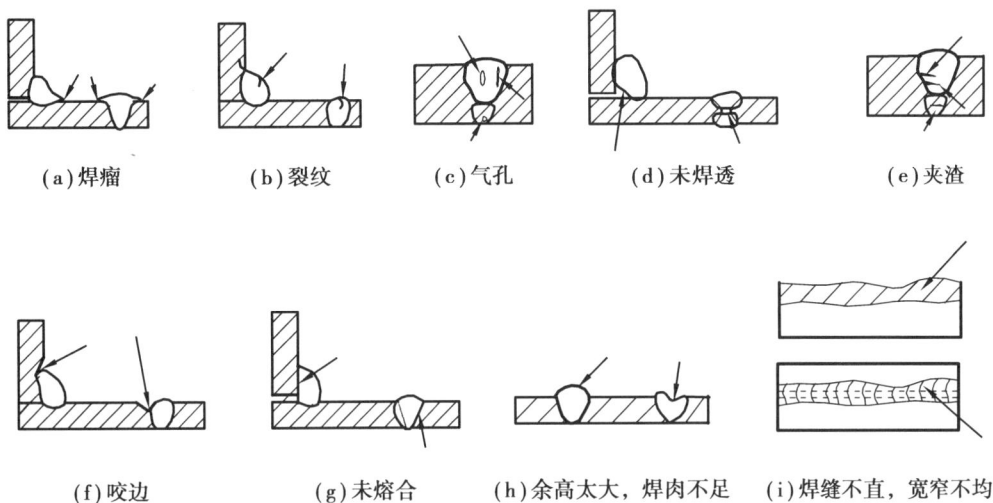

(a)焊瘤　　(b)裂纹　　(c)气孔　　(d)未焊透　　(e)夹渣

(f)咬边　　(g)未熔合　　(h)余高太大,焊肉不足　　(i)焊缝不直,宽窄不均

图 3.7　焊缝缺陷

(2) 焊缝质量检验

焊缝缺陷的存在将削弱焊缝的受力面积,在缺陷处引起应力集中,故对连接的强度、冲击韧性及冷弯性能等均有不利影响。

焊缝按其检验方法和质量要求分为一级、二级和三级。三级焊缝只要求对全部焊缝作外观检查且符合三级质量标准;一级、二级焊缝则除外观检查外,还要求一定数量的超声波检验并符合相应级别的质量标准。

焊缝的质量等级应根据结构的重要性、荷载特性、焊缝形式、工作环境以及应力状态等情况,按下列原则选用:

1)在承受动荷载且需要进行疲劳验算的构件中,凡要求与母材等强连接的焊缝应焊透,其质量等级应符合下列规定:

①作用力垂直于焊缝长度方向的横向对接焊缝或 T 形对接与角接组合焊缝,受拉时应为一级,受压时不应低于二级;

②作用力平行于焊缝长度方向的纵向对接焊缝不应低于二级;

③重级工作制(A6 ~ A8)和起重量 $Q \geqslant 50$ t 的中级工作制(A4、A5)吊车梁的腹板与上翼缘之间以及吊车桁架上弦杆与节点板之间的 T 形连接部位焊缝应焊透,焊缝形式宜为对接与角接的组合焊缝,其质量等级不应低于二级。

2)在工作温度等于或低于 -20 ℃的地区,构件对接焊缝的质量不得低于二级。

3)不需要疲劳验算的构件中,凡要求与母材等强的对接焊缝宜焊透,其质量等级受拉时

33

不应低于二级,受压时不宜低于二级。

4)部分焊透的对接焊缝、采用角焊缝或部分焊透的对接与角接组合焊缝的 T 形连接部位,以及搭接连接角焊缝,其质量等级应符合下列规定:

①直接承受动荷载且需要疲劳验算的结构和吊车起重量等于或大于 50 t 的中级工作制吊车梁以及梁柱、牛腿等重要节点不应低于二级;

②其他结构可为三级。

3.2.4 焊缝符号及标注

焊缝一般应按《焊缝符号表示法》(GB/T 324—2008)和《建筑结构制图标准》(GB/T 50105—2010)的规定,采用焊缝符号在钢结构施工图中标注。

(1)焊缝符号表示法

在技术图样或文件上需要表示焊缝或接头时,推荐采用焊缝符号。必要时,也可采用一般的技术制图方法表示。

焊缝符号应清晰表述所要说明的信息,不使图样增加更多的注解。

完整的焊缝符号包括基本符号、指引线、补充符号、尺寸符号及数据等。为了简化,在图样上标注焊缝时通常只采用基本符号和指引线,其他内容一般在有关的文件中(如焊接工艺规程等)明确。

符号的比例、尺寸及标注位置参见《技术制图 焊缝符号的尺寸、比例及简化表示法》(GB/T 12212—2012)的有关规定。

1)符号

①基本符号

基本符号表示焊缝横截面的基本形式或特征,具体参见表 3.1。

表 3.1 基本符号

序号	名称	示意图	符号
1	卷边焊缝(卷边完全熔化)		
2	I 形焊缝		
3	V 形焊缝		
4	单边 V 形焊缝	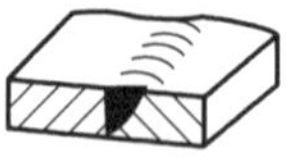	
5	带钝边 V 形焊缝		

续表

序号	名称	示意图	符号
6	带钝边单边 V 形焊缝		
7	带钝边 U 形焊缝		
8	带钝边 J 形焊缝		
9	封底焊缝		
10	角焊缝		
11	塞焊缝或槽焊缝		
12	点焊缝		
13	缝焊缝		
14	陡边 V 形焊缝		
15	陡边单 V 形焊缝		
16	端焊缝		
17	堆焊缝		
18	平面连接(钎焊)		

续表

序号	名称	示意图	符号
19	斜面连接(钎焊)	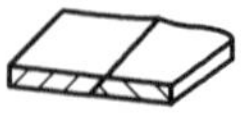	∥
20	折叠连接(钎焊)		 ↄ

②基本符号的组合

标注双面焊焊缝或接头时,基本符号可经组合使用,见表3.2。

表3.2 基本符号的组合

序号	名称	示意图	符号
1	双面V形焊缝(X焊缝)	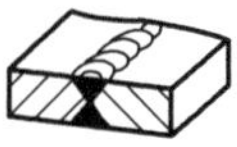	 X
2	双面单V形焊缝(K焊缝)	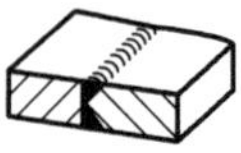	 K
3	带钝边的双面V形焊缝		 Y
4	带钝边的双面单V形焊缝	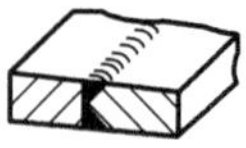	 K
5	双面U形焊缝	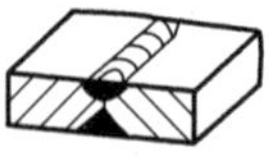	)(

③补充符号

补充符号用来补充说明有关焊缝或接头的某些特征(诸如表面形状、衬垫、焊缝分布、施焊地点等)补充符号参见表3.3。

表3.3 补充符号

序号	名称	符号	说明
1	平面	──	焊缝表面通常经过加工后平整
2	凹面	 ‿	焊缝表面凹陷
3	凸面	 ⌒	焊缝表面凸面
4	圆滑过渡		焊趾处过渡圆滑
5	永久衬垫	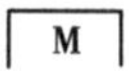 M	衬垫永久保留
6	临时衬垫	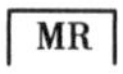 MR	衬垫在焊接完成后拆除

续表

序号	名称	符号	说明
7	三面焊缝	⊏	三面带有焊缝
8	周围焊缝	○	沿着工件周边施焊的焊缝标注位置为基准线与箭头线的交点处
9	现场焊缝	⚑	在现场焊接的焊缝
10	尾部	＜	可以表示所需的信息

2）基本符号和指引线的位置规定

①基本要求

在焊缝符号中,基本符号和指引线为基本要素。焊缝的准确位置通常由基本符号和指引线之间的相对位置决定,具体位置包括:

——箭头线的位置;

——基准线的位置;

——基本符号的位置。

②指引线

指引线由箭头线和基准线(实线和虚线)组成,如图 3.8 所示。

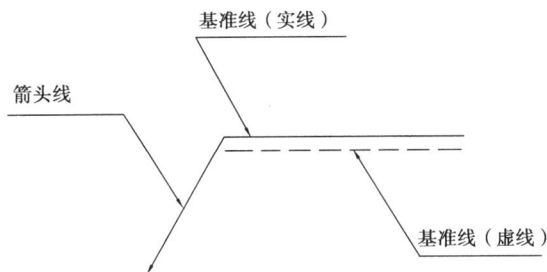

图 3.8　指引线

a. 箭头线

箭头直接指向的接头侧为"接头的箭头侧",与之相对的则为"接头的非箭头侧",参见图 3.9。

b. 基准线

基准线一般应与图样的底边平行,必要时也可与底边垂直。

实线和虚线的位置可根据需要互换。

③基本符号与基准线的相对位置

——基本符号在实线侧时,表示焊缝在箭头侧,参见图 3.10(a);

——基本符号在虚线侧时,表示焊缝在非箭头侧,参见图 3.10(b);

——对称焊缝允许省略虚线,参见图 3.10(c);

——在明确焊缝分布位置的情况下,有些双面焊缝也可省略虚线,参见图3.10(d)。

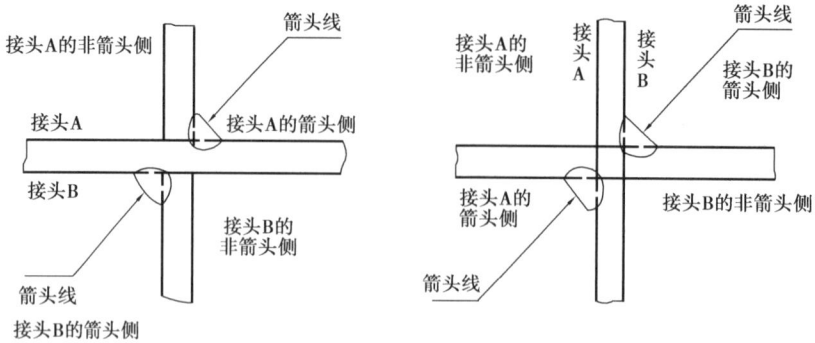

图 3.9 接头的"箭头侧"及"非箭头侧"示例

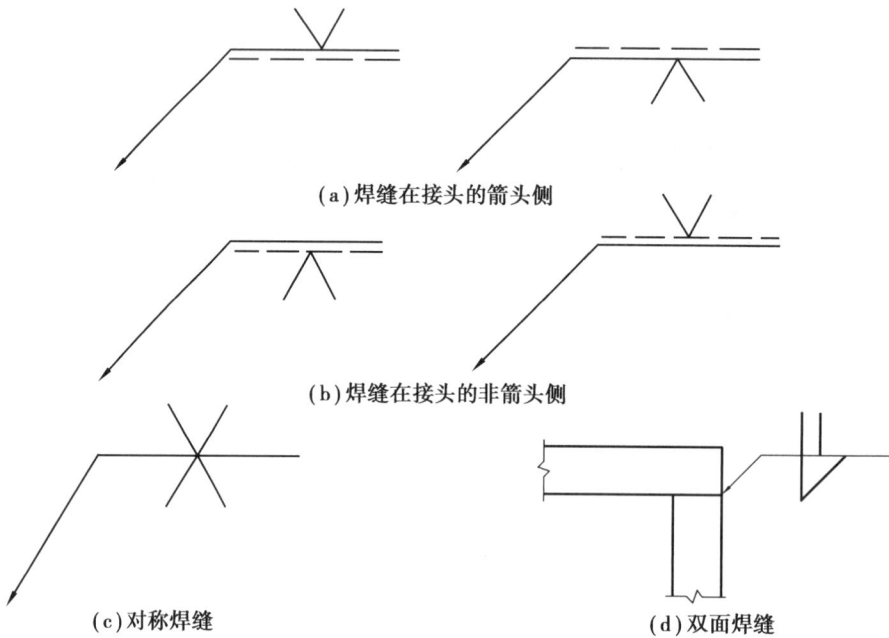

(a)焊缝在接头的箭头侧

(b)焊缝在接头的非箭头侧

(c)对称焊缝　　　　　　　　(d)双面焊缝

图 3.10 基本符号与基准线的相对位置

3)尺寸及标注

①一般规定

必要时,可以在焊缝符号中标注尺寸。尺寸符号参见表3.4。

表 3.4 尺寸符号

符号	名称	示意图	符号	名称	示意图
δ	工作厚度		c	焊缝宽度	
α	坡口角度		K	焊脚尺寸	

续表

符号	名称	示意图	符号	名称	示意图
β	坡口面角度		d	点焊:熔核直径 塞焊:孔径	
b	根部间隙		n	焊缝段数	$n=2$
p	钝边		l	焊缝长度	l
R	根部半径		e	焊缝间距	e
H	坡口深度		N	相同焊缝数量	$N=3$
S	焊缝有效厚度		h	余高	

②标注规则

尺寸的标注方法参见图 3.11。

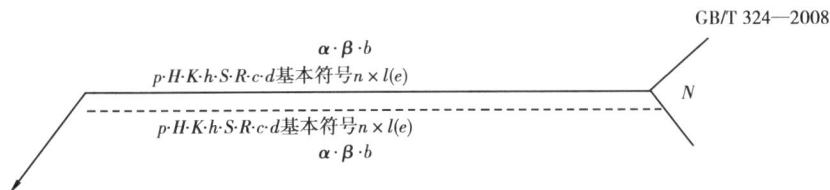

GB/T 324—2008

$$\begin{array}{c} \alpha \cdot \beta \cdot b \\ p \cdot H \cdot K \cdot h \cdot S \cdot R \cdot c \cdot d \text{基本符号} n \times l(e) \end{array}$$

$$\begin{array}{c} p \cdot H \cdot K \cdot h \cdot S \cdot R \cdot c \cdot d \text{基本符号} n \times l(e) \\ \alpha \cdot \beta \cdot b \end{array}$$

N

图 3.11   尺寸标注方法

——横向尺寸标注在基本符号的左侧;

——纵向尺寸标注在基本符号的右侧;

——坡口角度、坡口面角度、根部间隙标注在基本符号的上侧或下侧;

——相同焊缝数量标注在尾部;

——当尺寸较多不易分辨时,可在尺寸数据前标注相应的尺寸符号。

当箭头线方向改变时。上述规则不变。

③关于尺寸的其他规定

确定焊缝位置的尺寸不在焊缝符号中标注,应将其标注在图样上。

在基本符号的右侧无任何尺寸标注又无其他说明时,意味着焊缝在工件的整个长度方向上是连续的。

在基本符号的左侧无任何尺寸标注又无其他说明时,意味着对接焊缝应完全焊透。

塞焊缝、槽焊缝带有斜边时,应标注其底部的尺寸。

(2)常用焊缝的表示方法

焊接钢构件的焊缝除应按现行的国家标准《焊缝符号表示法》(GB/T 324—2008)有关规

定执行外,还应符合本节的各项规定。

1)单面焊缝的标注方法应符合下列规定:

①当箭头指向焊缝所在的一面时,应将图形符号和尺寸标注在横线的上方(图3.12(a));当箭头指向焊缝所在另一面(相对应的那面)时,应按图3.12(b)的规定执行,将图形符号和尺寸标注在横线的下方。

②表示环绕工作件周围的焊缝时,应按图3.12(c)的规定执行,其围焊焊缝符号为圆圈,绘在引出线的转折处,并标注焊角尺寸 K。

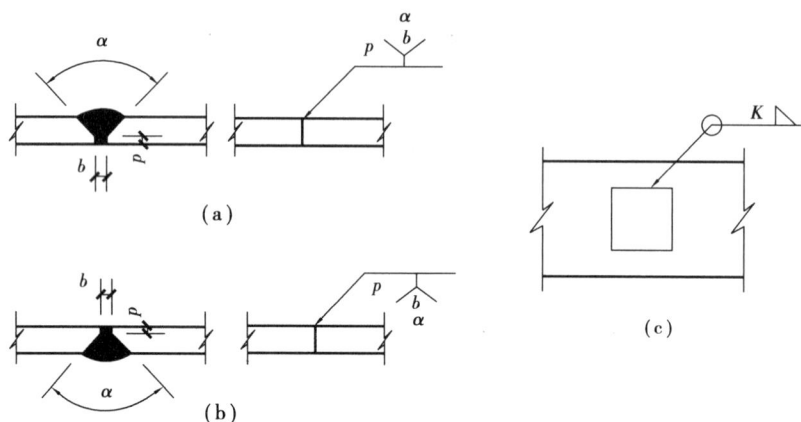

图3.12　单面焊缝的标注方法

2)双面焊缝的标注,应在横线的上、下都标注符号和尺寸。上方表示箭头一面的符号和尺寸,下方表示另一面的符号和尺寸(图3.13(a));当两面的焊缝尺寸相同时,只需在横线上方标注焊缝的符号和尺寸(图3.13(b)、(c)、(d))。

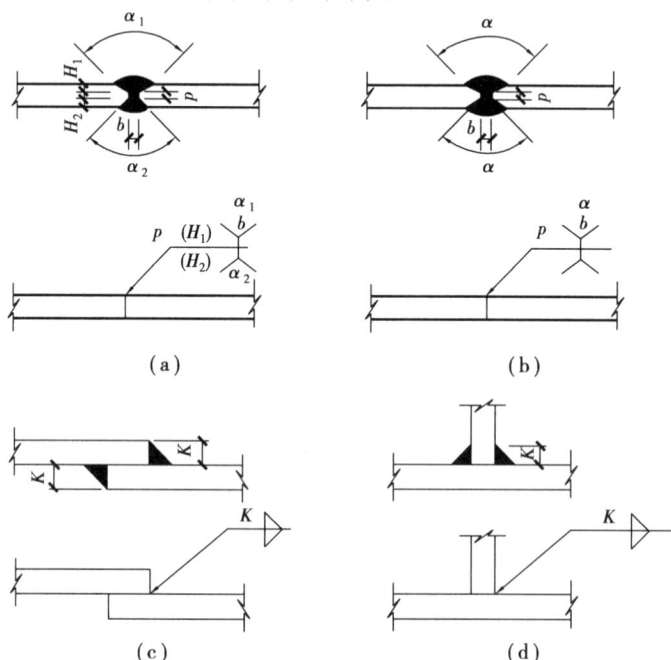

图3.13　双面焊缝的标注方法

3)3 个和 3 个以上的焊件相互焊接的焊缝,不得作为双面焊缝标注。其焊缝符号和尺寸应分别标注(图 3.14)。

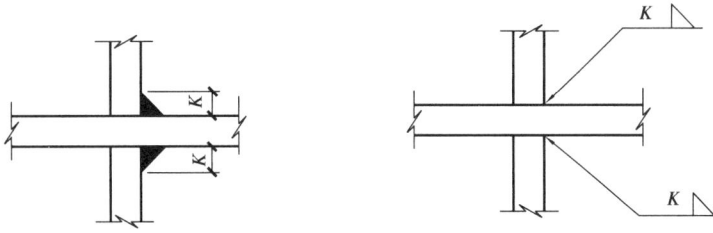

图 3.14　3 个及以上焊件的焊缝标注方法

4)相互焊接的两个焊件中,当只有一个焊件带坡口时(如单面 V 形),引出线箭头必须指向带坡口的焊件(图 3.15)。

5)相互焊接的 2 个焊件,当为单面带双边不对称坡口焊缝时,应按图 3.16 的规定,引出线箭头应指向较大坡口的焊件。

6)当焊缝分布不规则时,在标注焊缝符号的同时,可按图 3.17 的规定,宜在焊缝处加中实线(表示可见焊缝),或加细栅线(表示不可见焊缝)。

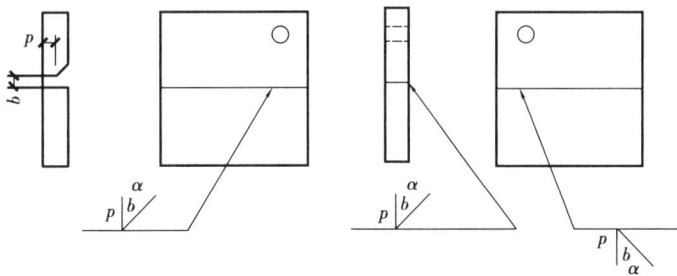

图 3.15　一个焊件带坡口的焊缝标注方法

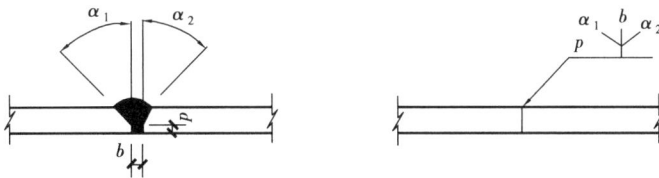

图 3.16　不对称坡口焊缝的标注方法

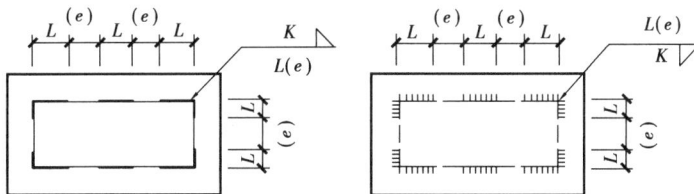

图 3.17　不规则焊缝的标注方法

7)相同焊缝符号应按下列方法表示:

①在同一图形上,当焊缝形式、断面尺寸和辅助要求均相同时,应按图3.18(a)的规定,可只选择一处标注焊缝的符号和尺寸,并加注"相同焊缝符号"。相同焊缝符号为3/4圆弧,绘在引出线的转折处。

②在同一图形上,当有数种相同的焊缝时,宜按图3.18(b)的规定,可将焊缝分类编号标注。在同一类焊缝中可选择一处标注焊缝符号和尺寸。分类编号采用大写的拉丁字母A、B、C。

8)需要在施工现场进行焊接的焊件焊缝,应按图3.19的规定标注"现场焊缝"符号。现场焊缝符号为涂黑的三角形旗号,绘在引出线的转折处。

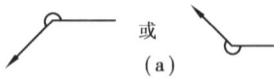

图3.18　相同焊缝的标注方法　　　　　图3.19　现场焊缝的标注方法

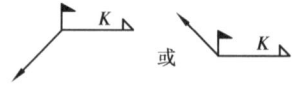

9)当需要标注的焊缝能够用文字表述清楚时,也可采用文字表达的方式。

10)建筑钢结构常用焊缝符号及符号尺寸应符合表3.5的规定。

表3.5　建筑钢结构常用焊缝符号及符号尺寸

序号	焊缝名称	形式	标准法	符号尺寸/mm
1	V形焊缝			
2	单边V形焊缝		注:箭头指向倒口	
3	带钝边单边V形焊缝			
4	带垫板带钝边单边V形焊缝		注:箭头指向剖口	
5	带垫板V形焊缝			
6	Y形焊缝			
7	带垫板Y形焊缝			—

续表

序号	焊缝名称	形式	标准法	符号尺寸/mm
8	双单边 V 形焊缝			—
9	双 V 形焊缝			—
10	带钝边 U 形焊缝			
11	带钝边双 U 形焊缝			—
12	带钝边 J 形焊缝			
13	带钝边双 J 形焊缝			—
14	角焊缝			
15	双面角焊缝			—
16	剖口角焊缝			
17	喇叭形焊缝			
18	双面半喇叭形焊缝			

续表

序号	焊缝名称	形式	标准法	符号尺寸/mm
19	塞焊			

3.2.5　焊接残余应力和残余变形

(1)焊接残余应力和残余变形及其产生的原因

焊接过程是一个不均匀加热和冷却的过程。在施焊时,焊件上产生不均匀的温度场,焊缝及附近温度达 1 600 ℃以上,其邻近区域则温度急剧下降,不均匀的温度场产生了不均匀的膨胀,从而在结构内产生了焊接残余应力和残余应变。它是一组在外荷载作用之前就已产生的自相平衡的内应力。

两块钢板平接连接,产生焊接应力(图 3.20)有纵向焊接应力,横向焊接应力和厚度方向焊接应力。

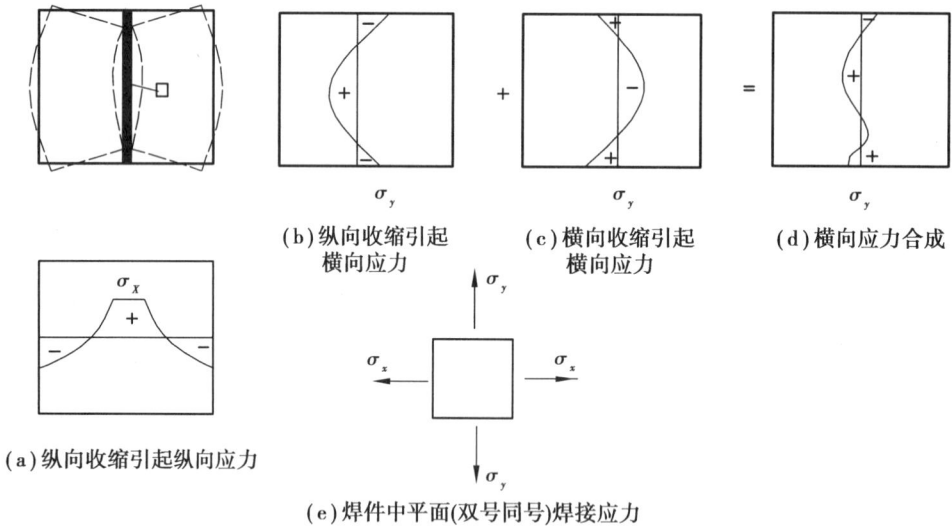

(b)纵向收缩引起横向应力　(c)横向收缩引起横向应力　(d)横向应力合成

(a)纵向收缩引起纵向应力

(e)焊件中平面(双号同号)焊接应力

图 3.20　焊接残余应力

上述仅是焊接残余应力和变形的一个简单示例,在实际焊接结构中,焊接残余变形和残余应力是很复杂的,往往是几种因素综合作用。作为钢结构的课程,简单地讲述它的现象及产生的原因,只是为了了解它的危害,并能在设计、制造中采取适当的措施消除或减少它的影响。

(2)消除和减少焊接残余变形及残余应力的措施

焊接残余变形(图 3.21)及残余应力是焊接结构的主要缺点。焊接残余变形使结构构件不能保持正确的设计尺寸及位置,影响结构正常工作,严重时还可使各个构件无法安装就位。

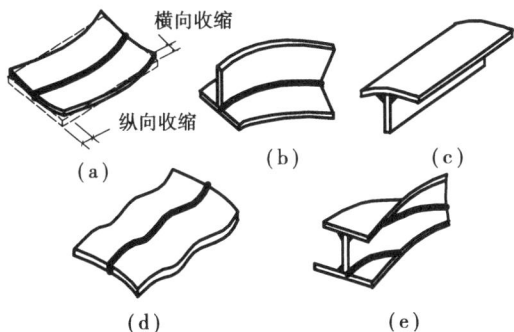

图 3.21　焊接残余变形

1)设计方面

①连接过渡尽量平缓,以减少应力集中。对接焊缝的拼接处见图 3.22(a)、3.22(b),当焊件的宽度不等或厚度相差 4 mm 以上时,应分别在宽度方向或厚度方向从一侧或两侧做成不大于 1/2.5 的坡度。

②尽量避免焊缝密集。图 3.22(c)几块钢板交汇一处进行连接时,由于热量高度集中,会引起过大的焊接变形。图 3.22(d)焊缝过度集中在相交处往往形成三向应力场,使材料变脆。为防止三相焊缝相交,应使次要焊缝中断而主要焊缝连续通过,梁的加劲肋切去一角,让翼缘与腹板的连接焊缝穿过。

③焊缝应尽可能地对称布置于构件截面的中和轴见图 3.22(e)。

④宜采用防止板材层状撕裂的焊接工艺措施。拉力垂直于受力板面时,要考虑板材有分层破坏的可能,应采用见图 3.22(f)。

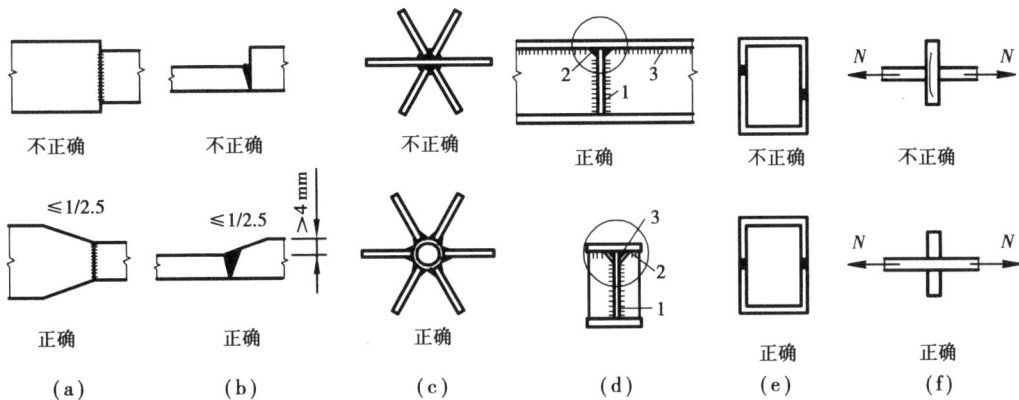

图 3.22　减少焊接应力和变形影响的设计措施

2)制造加工方面

采用合理的施焊次序,对于长焊缝,实行分段退焊法见图 3.23(a);对于厚的焊缝,进行分层施焊见图 3.23(b);钢板分块拼焊见图 3.23(c);工字形翼缘与腹板焊接时采用对称跳焊,见图 3.23(d);对某些构件可采用预先反变形见图 3.23(e);对于已经产生焊接残余变形的结构,可局部加热后用机械方法加以矫正如图 3.23(f)。

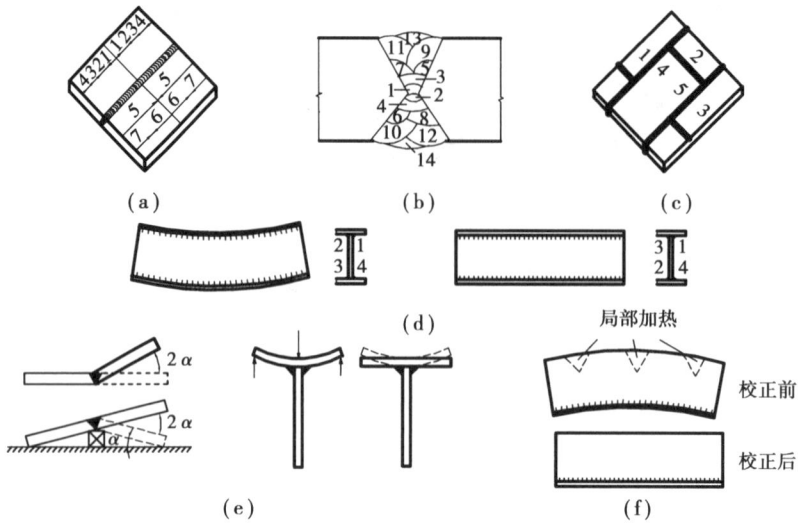

图 3.23 合理的施焊次序及反变形法减少焊接残余变形

3.3 对接焊缝的设计

对接焊缝分焊透和不焊透(图 3.24)的两种。焊透的对接焊缝强度高,受力性能好。不焊透对接焊缝类似于角焊缝,可按角焊缝的方法进行计算,对接焊缝的优点是传力平顺均匀,没有明显的应力集中,对于承受动力荷载作用的焊接结构,采用对接焊缝最为有利。

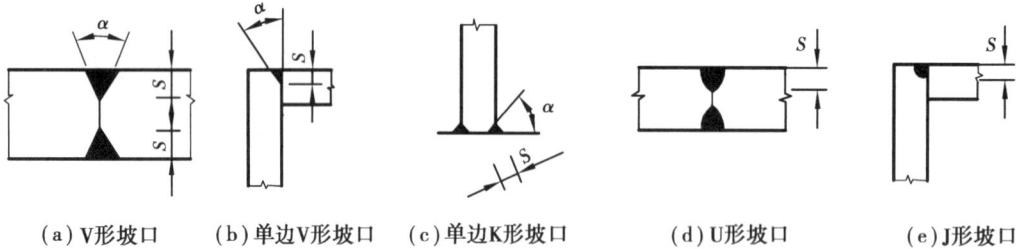

(a)V形坡口   (b)单边V形坡口   (c)单边K形坡口   (d)U形坡口   (e)J形坡口

图 3.24 不焊透的对接焊缝

3.3.1 对接焊缝的构造

对接焊缝的焊件常需做成坡口,坡口形式与焊件厚度有关。当采用手工焊时,焊件厚度较薄($t \leq 6$ mm)时,可用直边缝;对于一般厚度($t = 6 \sim 20$ mm)的焊件可采用单边 V 形或 V 形焊缝;对于较厚的焊件($t > 20$ mm),则采用 U 形、K 形和 X 形坡口(图 3.25)。斜坡口和离缝 b 共同组成一个焊条能够运转的施焊空间,使焊缝易于焊透,钝边 p 有托住熔化金属的作用。

对接焊缝施焊时的起点和终点,常因不易焊透而出现凹陷等缺陷,此处极易产生应力集中和裂纹,对承受动力荷载的结构尤为不利。为避免焊口缺陷,施焊时应在焊缝两端设置引弧板(图 3.26)。凡是要求等强的对接焊缝,施焊时均应采用引弧板,以避免焊缝两端的起、落弧缺陷。无法采用引弧板时,计算每条焊缝长度时应减去 $2t$(t 为焊件的较小厚度,角焊缝每条长

度减去 $2h_f$）。

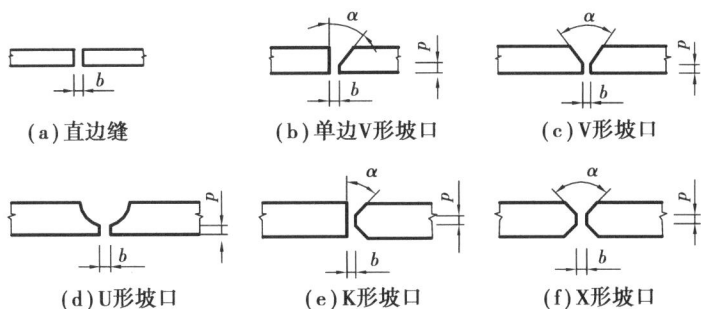

(a)直边缝　　(b)单边V形坡口　　(c)V形坡口

(d)U形坡口　　(e)K形坡口　　(f)X形坡口

图 3.25　对接焊缝的坡口形式

在对接焊缝的拼接处,当焊件的宽度不同或厚度相差 4 mm 以上时,应分别在宽度方向或厚度方向从一侧或两侧做成坡度不大于 1/2.5(直接承受动力荷载且需要进行疲劳计算的结构,所指斜角坡度不应大于 1/4)的斜角(图 3.27)。

图 3.26　对接焊缝施焊用引弧板

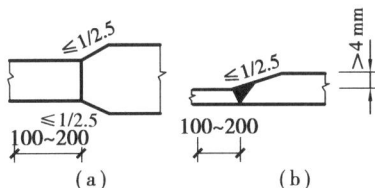

(a)　　　　　(b)

图 3.27　变截面板对接

3.3.2　对接焊缝的计算

对接焊缝中如果不存在任何缺陷,焊缝金属的强度是高于母材的。实验证明,受拉的对接焊缝对缺陷甚为敏感。由于三级检验的焊缝允许存在的缺陷较多,故其抗拉强度为母材强度的 85%,而一、二级检验的焊缝的抗拉强度可认为与母材强度相等。

(1)轴心受力的对接焊缝

轴心受力的对接焊缝(图 3.28),可按下式计算:

$$\sigma = \frac{N}{l_w h_e} \leqslant f_t^w \text{或} f_c^w \tag{3.1}$$

式中　N——轴心拉力或压力(V);

　　　l_w——焊缝的计算长度(mm);

　　　h_e——对接焊缝的计算厚度(mm),在对接接头中连接件的较小厚度;在 T 形接头中为腹板厚度;

　　　f_t^w、f_c^w——对接焊缝的抗拉、抗压强度设计值(N/mm²),按附表 1.5 采用。

由于一、二级检验的焊缝与母材强度相等,只有三级检验的焊缝才需按式(3.1)进行抗拉强度验算。如果直缝不能满足强度要求,可采用如图 3.25 所示的斜对接焊缝。焊缝与作用力间的夹角 θ 满足 $\tan \theta \leqslant 1.5$ 时,斜焊缝的强度不低于母材强度,不再进行验算。

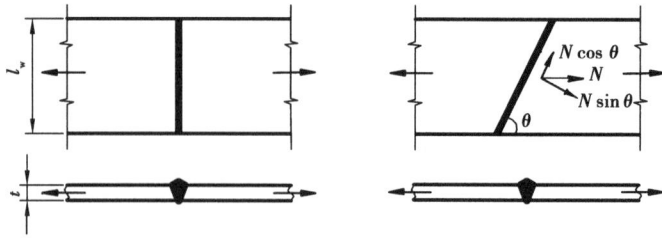

图 3.28 对接焊缝受轴心力

例 3.1 试验算图 3.28 所示钢板的对接焊缝的强度。钢材为 Q235-B·F,手工焊,焊条为 E43 型,三级检验标准的焊缝,施焊时不加引弧板。轴心力的设计值为 $N = 2\,100$ kN,$l_w = 540$ mm,$t = 22$ mm。

解 焊缝正应力为:

$$\sigma = \frac{N}{l_w h_e} = \frac{2\,100 \times 10^3}{(540 - 2 \times 22) \times 22} = 192 \text{ N/mm}^2 > f_t^w = 175 \text{ N/mm}^2$$

不满足要求,改用斜对接焊缝,取 $\tan\theta \leq 1.5$,即焊缝强度能够保证,可不必计算。

(2)承受轴心力、弯矩、和剪力共同作用的对接焊缝

图 3.29(a)所示是矩形截面对接接头受到弯矩、轴心力和剪力的共同作用,其最大值应分别满足下列强度条件:

$$\sigma_{max} = \sigma_M + \sigma_N = \frac{M}{W_w} + \frac{N}{l_w \cdot h_e} \leq f_t^w \tag{3.2}$$

$$\tau_{max} = \frac{VS_w}{I_w h_e} \leq f_v^w \tag{3.3}$$

式中　W_w——焊缝截面抵抗矩;

　　　S_w——焊缝截面面积矩;

　　　I_w——焊缝截面惯性矩。

图 3.29(b)所示是工字形截面梁的接头,除应分别验算最大正应力和剪应力外,腹板与翼缘的交接点,应按下式验算折算应力:

$$\sqrt{(\sigma_N + \sigma_1)^2 + 3\tau_1^2} \leq 1.1 f_t^w \tag{3.4}$$

式中　1.1——考虑到最大折算应力只在局部出现,而将强度设计值适当提高的系数。

例 3.2 焊接工字形梁(图 3.30),腹板上设置一条工厂拼接的对接焊缝,拼接处承受的 $M = 150$ kN·m,$V = 350$ kN,钢材为 Q235-B,焊条为 E43 型,手工焊。焊缝为三级检验标准,加引弧板施焊。

解 对接焊缝的计算截面与腹板截面相同,因而:

$$I_x = \frac{1}{12} \times 1.2 \times 38^3 + 2 \times 1.6 \times 26 \times 19.8^2 = 38\,100 \text{ cm}^4$$

$$I_w = \frac{1}{12} \times 1.2 \times 38^3 = 5\,487.2 \text{ cm}^4$$

拼接处全部剪力由腹板对接焊缝承担,弯矩按腹板与工字形梁截面的抗弯刚度比分配:

（a）

（b）

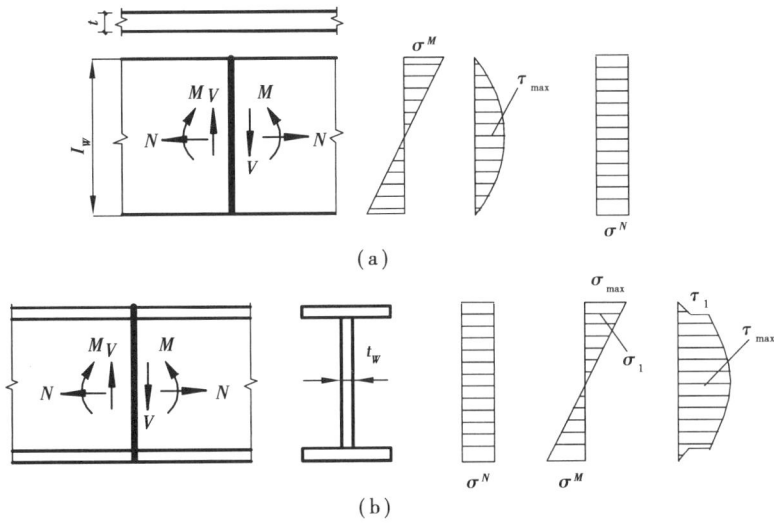

图 3.29　对接焊缝受轴心力、受弯矩和剪力联合作用

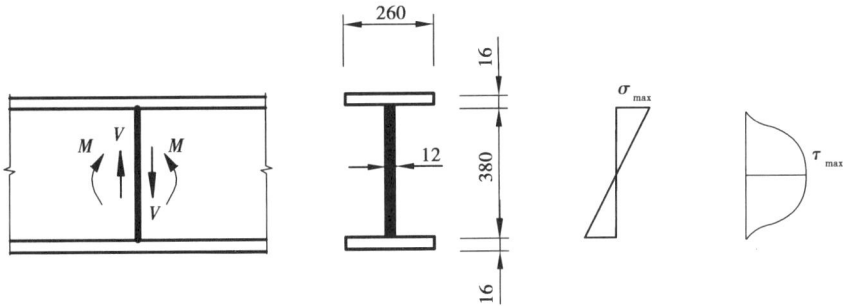

图 3.30　例 3.2 图

$$V = F = 350 \text{ kN}, M_w = \frac{I_w}{I_x}M = \frac{5\,487.2}{38\,100} \times 150 \text{ kN} \cdot \text{m} = 21.6 \text{ kN} \cdot \text{m}$$

最大正应力

$$\sigma_{max} = \frac{M_w}{W_w} = \frac{21.6 \times 10^6 \times 190}{5\,487.2 \times 10^4} = 74.8 \text{ N/mm}^2 < f_t^w = 185 \text{ N/mm}^2$$

最大剪应力

$$\tau_{max} = \frac{VS_w}{I_w h_e} = \frac{350 \times 10^3}{5\,487.2 \times 10^4 \times 12} \times \left(190 \times 12 \times \frac{190}{2}\right)$$
$$= 115.3 \text{ N/mm}^2 \leqslant f_v^w = 125 \text{ N/mm}^2$$

3.4 角焊缝的设计

3.4.1 角焊缝的形式

角焊缝分为平行于力作用方向的侧面角焊缝、垂直于力作用方向的正面角焊缝和与力作用方向斜交的斜向角焊缝 2 种(图 3.31)。

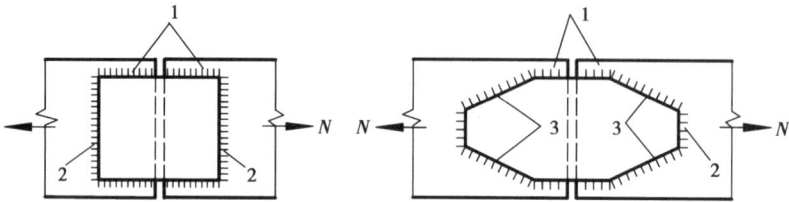

图 3.31　角焊缝的受力形式
1—侧面角焊缝;2—正面角焊缝;3—斜向角焊缝

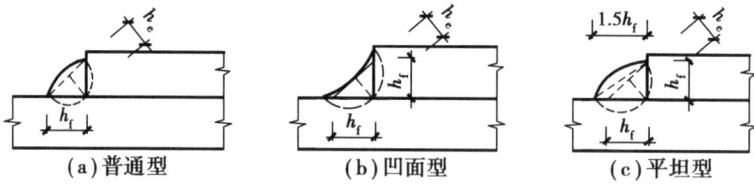

图 3.32　角焊缝的截面形式

角焊缝按两焊脚边的夹角可分为直角角焊缝(图 3.32)和斜角角焊缝 2 种。本节主要对直角角焊缝的构造、工作性能和计算方法加以详细论述。

角焊缝按其截面形式可分为普通型、平坦型和凹面型 3 种(图 3.32)。一般情况下采用普通型角焊缝,但其力线弯折,应力集中严重;对于正面角焊缝也可采用平坦型或凹面型角焊缝;对承受直接动力荷载结构,为使传力平缓,正面角焊缝宜采用平坦型(长边顺内力方向),侧缝则宜采用凹面型角焊缝。

普通型角焊缝截面的两个直角边长 h_f 称为焊脚尺寸。计算焊缝承载力时,按 $\alpha/2$ 角处截面计算,其截面厚度称为有效厚度 h_e(图 3.32(a))。

h_e 直角角焊缝的有效厚度(mm),当两焊件间隙 $b \leq 1.5$ mm 时,$h_e = 0.7h_f$;1.5 mm $< b \leq 5$ mm 时,$h_e = 0.7(h_f - b)$,不计凸出部分的余高。凹面型焊缝和平坦型焊缝的 h_f 和 h_e 按图3.32(b)、(c)采用。

3.4.2 角焊缝的构造要求

(1)角焊缝的尺寸

1)角焊缝的最小计算长度应为其焊脚尺寸 h_f 的 8 倍,且不应小于 40 mm;焊缝计算长度应为扣除引弧、收弧长度后的焊缝长度;

2)断续角焊缝焊段的最小长度不应小于最小计算长度;

3)角焊缝最小焊脚尺寸宜按表 3.6 取值,承受动荷载时角焊缝焊脚尺寸不宜小于 5 mm;

4)被焊构件中较薄板厚度不小于 25 mm 时,宜采用开局部坡口的角焊缝;

5)采用角焊缝焊接连接,不宜将厚板焊接到较薄板上。

表 3.6　角焊缝最小焊脚尺寸/mm

母材厚度 t	角焊缝最小焊脚尺寸 h_f
$t \leq 6$	3
$6 < t \leq 12$	5
$12 < t \leq 20$	6
$t > 20$	8

注:①采用不预热的非低氢焊接方法进行焊接时,t 等于焊接连接部位中较厚件厚度,宜采用单道焊缝;

采用预热的非低氢焊接方法或低氢焊接方法进行焊接时,t 等于焊接连接部位中较薄件厚度。

②焊缝尺寸 h_f 不要求超过焊接连接部位中较薄件厚度的情况除外。

(2)搭接连接角焊缝的尺寸及布置

1)传递轴向力的部件,其搭接连接最小搭接长度应为较薄件厚度的 5 倍,且不应小于 25 mm(图 3.33),并应施焊纵向或横向双角焊缝。

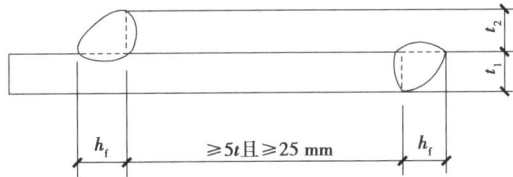

图 3.33　搭接连接双角焊缝的要求

t—t_1 和 t_2 中较小者;h_f—焊脚尺寸,按设计要求

2)只采用纵向角焊缝连接型钢杆件端部时,型钢杆件的宽度不应大于 200 mm,当宽度大于 200 mm 时,应加横向角焊缝或中间塞焊;型钢杆件每一侧纵向角焊缝的长度不应小于型钢杆件的宽度(图 3.34)。

3)型钢杆件搭接连接采用围焊时,在转角处应连续施焊。杆件端部搭接角焊缝作绕焊时,绕焊长度不应小于焊脚尺寸的 2 倍,并应连续施焊(图 3.35)。

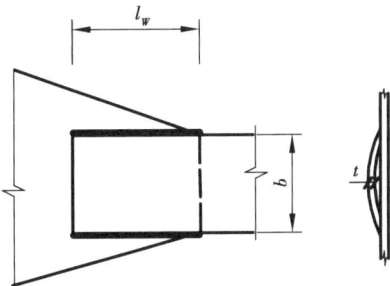

图 3.34　仅用两侧缝连接构造要求

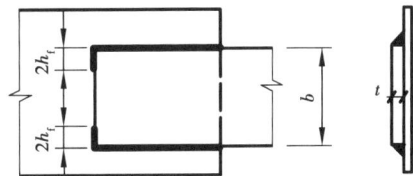

图 3.35　角焊缝的绕角焊

4)搭接焊缝沿母材棱边的最大焊脚尺寸,当板厚不大于 6 mm 时,应为母材厚度,当板厚大于 6 mm 时,应为母材厚度减去 1~2 mm(图 3.36)。

5)用搭接焊缝传递荷载的套管连接可只焊一条角焊缝,其管材搭接长度 L 不应小于 $5(t_1 + t_2)$,且不应小于 25 mm。搭接焊缝焊脚尺寸应符合设计要求(图 3.37)。

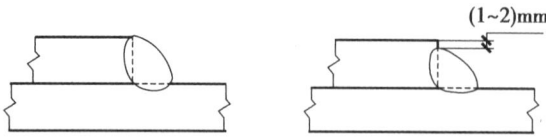

(a)母材厚度小于等于6 mm时 (b)母材厚度大于6 mm时

图 3.36 搭接焊缝沿母材棱边的最大焊脚尺寸

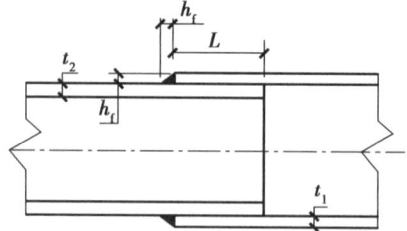

图 3.37 管材套管连接的搭接焊缝最小长度
h_f—焊脚尺寸,按设计要求

3.4.3 角焊缝连接强度的基本计算公式

(1)角焊缝的应力分析

图 3.38(a)所示的侧面角焊缝在轴心力 N 作用下,产生的平行于焊缝长度方向的剪应力 $\tau_{//}$,由于剪应力沿侧缝长度方向的分布不均,两端大中间小,但侧缝的塑性变形性能较好,当焊缝的长度不大时,两端出现塑性变形后将产生应力重分布,故计算时可按均匀分布考虑。破坏的起点在焊缝两端,最终导致焊缝断裂。

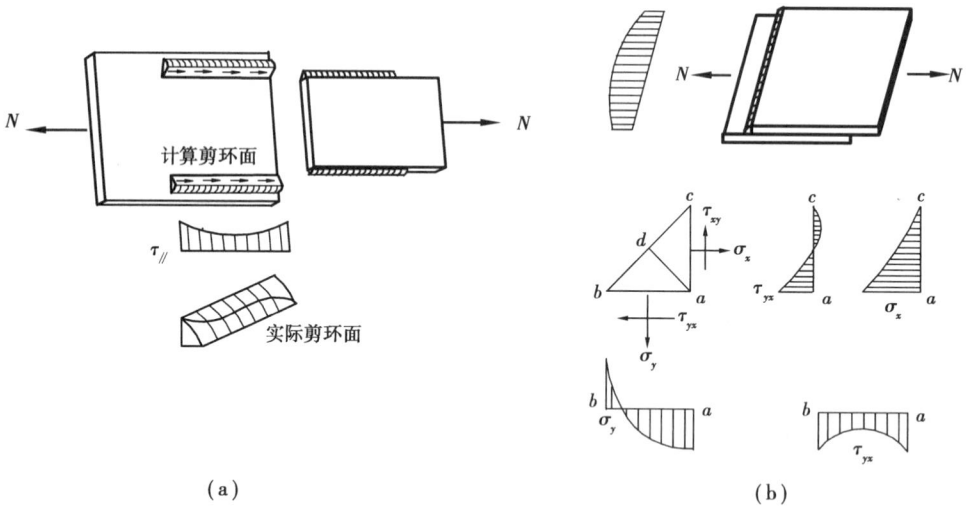

(a)   (b)

图 3.38 角焊缝的应力状态

图 3.38(b)所示为端缝承受轴心力 N 作用下的应力情况。应力沿焊缝长度方向分布比较均匀,中间部分比两端略高,但应力状态比侧缝复杂。在焊缝的根角处(a 点)有正应力和剪应力,应力集中严重,故通常裂纹首先在根角处产生,破坏形式可能是沿焊缝的焊脚 ab 面的剪坏,或 ac 面的拉坏或有效厚度 ad 面的断裂破坏(图 3.38(b))。正面角焊缝刚度大,强度比侧缝高,但塑性变形能力比侧缝差,常呈脆性破坏。

（2）角焊缝的强度

由于角焊缝的应力分布较复杂，端缝与侧缝工作差别较大，因此，采用简化的计算方法，即假定角焊缝的破坏截面均在最小截面（但不计熔深和余高），此截面称为有效截面，其直角角焊缝的有效厚度 $h_e = 0.7h_f$。

图 3.39 所示为一受有垂直于焊缝长度方向的轴心力 N_x 和平行于焊缝长度方向的轴向力 N_y 作用的双面角焊缝 T 形连接。在 N_x 作用下，焊缝有效截面上产生的应力为：$\sigma_f = (N_x / h_e \sum l_w)$。将 σ_f 分解为垂直于焊缝有效截面上的正应力 $\sigma_\perp$ 和垂直于焊缝长度方向的剪应力 $\tau_\perp$，则 $\sigma_\perp = \sigma_f / \sqrt{2}$，$\tau_\perp = \sigma_f / \sqrt{2}$；在 N_y 作用下，焊缝有效截面上产生平行于焊缝长度方向的剪应力为：$\tau_{/\!/} = \tau_f = N_y / h_e \sum l_w$。

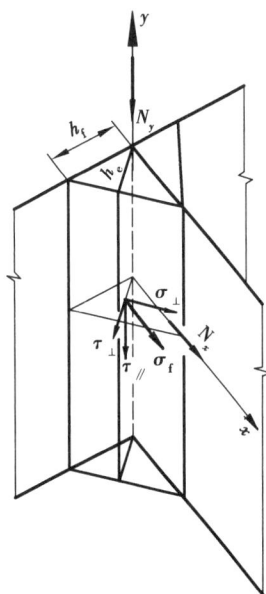

图 3.39　角焊缝的应力分析

在 $\sigma_\perp$、$\tau_\perp$ 和 $\tau_{/\!/}$ 综合作用下，焊缝处于复杂应力状态。角焊缝按折算应力计算：

$$\sqrt{\sigma_\perp^2 + 3(\tau_\perp^2 + \tau_{/\!/}^2)} \leqslant \sqrt{3} f_f^w \qquad (3.5)$$

式中　f_f^w——角焊缝的设计强度，它是按角焊缝受剪确定的，因而乘以 $\sqrt{3}$。

将前述 $\sigma_\perp$、$\tau_\perp$、$\tau_{/\!/}$ 代入上式整理可得：

$$\sqrt{\left(\frac{\sigma_f}{1.22}\right)^2 + \tau_f^2} \leqslant f_f^w \qquad (3.6)$$

式中　1.22 为正面角焊缝的强度设计值增大系数。

考虑端缝的塑性变形能力较差，故直接承受动力荷载的结构的角焊缝不宜考虑端缝强度的提高，应将式（3.6）中的系数 1.22 改为 1.0。

因此，一般强度计算表达式：

$$\sqrt{\left(\frac{\sigma_f}{\beta_f}\right)^2 + \tau_f^2} \leqslant f_f^w \qquad (3.7)$$

式中　σ_f——按焊缝有效截面计算，垂直于焊缝长度方向的应力；

　　　τ_f——按焊缝有效截面计算，平行于焊缝长度方向的剪应力；

　　　β_f——正面角焊缝的强度设计值增大系数。对承受静力或间接承受动力荷载的结构取 $\beta_f = 1.22$；对直接承受动力荷载结构取 $\beta_f = 1.0$；

　　　f_f^w——角焊缝的强度设计值，按附表 1.5 采用。

3.4.4　角焊缝连接的计算

（1）角焊缝受轴心力作用时的计算

1）侧面角焊缝或作用力平行于焊缝长度方向的角焊缝：

$$\tau_f = \frac{N}{h_e \sum l_w} \leqslant f_f^w \qquad (3.8)$$

2)正面角焊缝或作用力垂直于焊缝长度方向的角焊缝:

$$\sigma_f = \frac{N}{h_e \sum l_w} \leqslant \beta_f \cdot f_f^w \qquad (3.9)$$

3)两方向力综合作用的角焊缝,按式(3.7)计算其强度:

$$\sqrt{\left(\frac{\sigma_f}{\beta_f}\right)^2 + \tau_f^2} \leqslant f_f^w \qquad (3.10)$$

4)周围角焊缝

由侧面、正面和斜向各种角焊缝组成的周围角焊缝(图3.31),则:

$$\frac{N}{\sum (\beta_f h_e l_w)} \leqslant f_f^w \qquad (3.11)$$

例3.3 一双盖板拼接接头(图3.40)。已知钢板截面为28 mm×270 mm,拼接盖板厚度$t_2 = 16$ mm。该连接承受的轴心力$N = 1\,600$ kN(设计值),钢材为Q235-B·F,手工焊,焊条为E43型。试按①采用两面侧焊;②采用三面围焊,设计拼接尺寸。

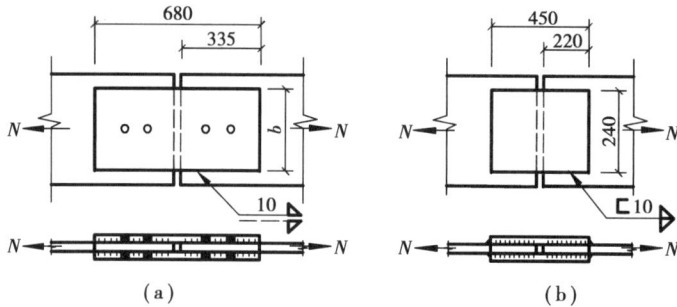

图3.40 例3.3图

解 角焊缝的焊脚尺寸h_f:

$t_2 = 16$ mm,根据表3.6角焊缝最小焊角尺寸的规定:取$h_f = 10$ mm。

查附表1.5得角焊缝强度设计值$f_f^w = 160$ N/mm^2。

①采用两面侧焊时(图3.40(a))

根据强度条件,拼接盖板的截面积A'应等于或大于被连接钢板的截面积。

选定拼接盖板宽度$b = 240$ mm,则

$$A' = 240 \times 2 \times 16 = 7\,680 \text{ mm}^2 > A = 270 \times 28 = 7\,560 \text{ mm}^2$$

满足强度要求。

$b = 240$ mm > 200 mm,根据构造要求,故采用如图3.40(a)所示直径为20 mm的4个电铆钉连接板件中部,电铆钉承担力为$N' = 200$ kN。

连接一侧所需焊缝的总长度,则

$$\sum l_w = \frac{N - N'}{h_e f_f^w} = \frac{(1\,600 - 200) \times 10^3}{0.7 \times 10 \times 160} = 1\,250 \text{ mm}$$

此对接连接采用了上下两块拼接盖板,共有4条侧焊缝,一条侧焊缝的实际长度为:

$$l_w' = \frac{\sum l_w}{4} + 20 = \frac{1\,250}{4} + 20 = 333 \text{ mm} < 60h_f = 60 \times 10 = 600 \text{ mm}$$

所需拼接盖板长度

$$L = 2l'_w + 10 = 2 \times 333 + 10 = 676 \text{ mm,取 } 680 \text{ mm}。$$

式中　10 mm——两块被连接钢板间的间隙。

②采用三面围焊时(图 3.40(b))

采用三面围焊可以减小两侧侧面角焊缝的长度,从而减小拼接盖板的尺寸。正面角焊缝所能承受的内力

$$N' = 2h_e l'_w \beta_f f_f^w = 2 \times 0.7 \times 10 \times 240 \times 1.22 \times 160 = 655 \ 870 \text{ N}$$

所需连接一侧侧面角焊缝的总长度为

$$\sum l_w = \frac{N - N'}{h_e f_f^w} = \frac{(1 \ 600 - 655.9) \times 10^3}{0.7 \times 10 \times 160} = 843 \text{ mm}$$

连接一侧共有 4 条侧面角焊缝,则一条侧面角焊缝的长度为

$$l'_w = \frac{\sum l_w}{4} + 10 = \frac{843}{4} + 10 = 221 \text{ mm,采用 } 220 \text{ mm}。$$

拼接盖板的长度为

$$L = 2l'_w + 10 = 2 \times 220 + 10 = 450 \text{ mm}$$

(2)角钢连接的角焊缝计算

角钢连接板用角焊缝连接采用两侧缝、三面围焊和 L 形围焊。

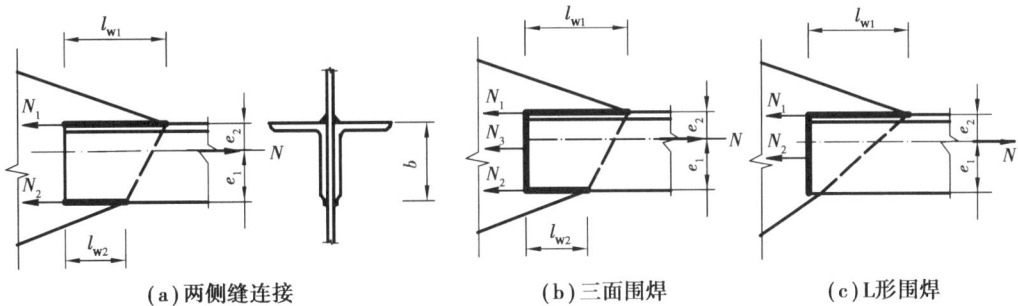

(a)两侧缝连接　　　　　(b)三面围焊　　　　　(c)L形围焊

图 3.41　角钢与钢板的角焊缝连接

1)用两侧缝连接时(图 3.41(a))

设 N_1、N_2 分别为角钢肢背和肢尖焊缝分担的内力,由平衡条件 $\sum M = 0$ 可

$$N_1 = \frac{e_1}{e_1 + e_2} \cdot N = \frac{e_1}{b} \cdot N = K_1 N$$

$$N_2 = \frac{e_2}{e_1 + e_2} \cdot N = \frac{e_2}{b} \cdot N = K_2 N \tag{3.13}$$

算得 N_1、N_2 后,根据构造要求的肢背和肢尖的焊脚尺寸 h_{f1} 和 h_{f2},分别计算角钢肢背和肢尖焊缝所需的计算长度:

$$\sum l_{w1} = \frac{N_1}{0.7 h_{f1} f_f^w} \tag{3.14}$$

$$\sum l_{w2} = \frac{N_2}{0.7 h_{f2} f_f^w} \tag{3.15}$$

式中　K_1、K_2——角钢肢背和肢尖焊缝的内力分配系数,按表 3.7 近似值采用。

表 3.7　角钢角焊缝的内力分配系数

角钢类型	连接形式	内力分配系数	
		肢背 K_1	肢尖 K_2
等肢角钢		0.7	0.3
不等肢角钢短肢连接		0.75	0.25
不等肢角钢长肢连接		0.65	0.35

2）采用三面围焊时（图 3.41(b)）

根据构造要求,首先选取端缝的焊脚尺寸 h_f,并计算其所能承受的内力（设截面为双角钢组成的 T 形截面）:

$$N_3 = 2 \times 0.7 h_f b \beta_f f_f^w \tag{3.16}$$

由平衡条件可得:

$$N_1 = K_1 N - \frac{N_3}{2} \tag{3.17}$$

$$N_2 = K_2 N - \frac{N_3}{2} \tag{3.18}$$

同样,可由 N_1、N_2 算角钢肢背和肢尖的侧面焊缝。

3）采用 L 形围焊时（图 3.41(c)）

$$N_2 = 0$$
$$N_3 = 2K_2 N \tag{3.19}$$
$$N_1 = N - N_3 = (1 - 2K_2)N \tag{3.20}$$

求得 N_3 和 N_1 后,可分别计算角钢正面角焊缝和肢背侧面角焊缝。

例 3.4　图 3.42 所示某桁架的上弦杆与腹杆节点处的角钢与连接板采用三面围焊。腹杆所受轴心力设计值 $N = 700$ kN（静力荷载）,角钢为 $2 \llcorner 110 \times 70 \times 10$（长肢相连）,连接板厚度为 12 mm,钢材 Q235,焊条 E43 型,手工焊。试确定所需焊脚尺寸和焊缝长度。

解　设角钢肢背、肢尖及端部焊脚尺寸相同,根据表 3.6,取 $h_f = 8$ mm。
由附表 1.5 查得角焊缝强度设计值 $f_f^w = 160$ N/mm^2。
端缝能承受的内力为:

$$N_3 = 2 \times 0.7 h_f b \beta_f f_f^w = 2 \times 0.7 \times 8 \times 110 \times 1.22 \times 160 = 240 \text{ kN}$$

肢背和肢尖分担的内力分别为:

$$N_1 = K_1 N - \frac{N_3}{2} = 0.65 \times 700 - \frac{240}{2} = 335 \text{ kN}$$

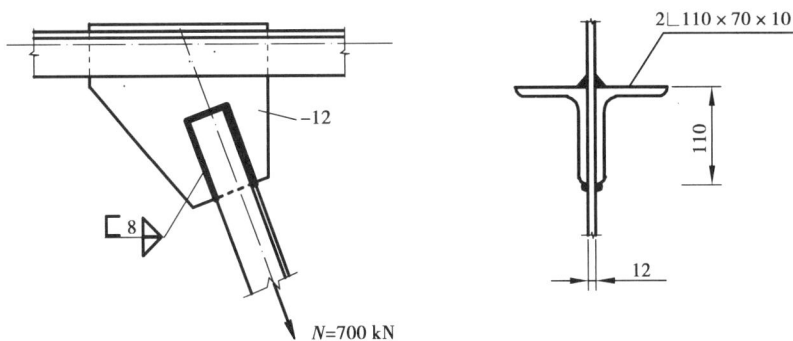

图 3.42 例 3.4 图

$$N_2 = K_2 N - \frac{N_3}{2} = 0.35 \times 700 - \frac{240}{2} = 125 \text{ kN}$$

肢背和肢尖焊缝需要的实际长度为：

$$l_1 = \frac{N_1}{2 \times 0.7 h_f f_f^w} + 8 = \frac{335 \times 10^3}{2 \times 0.7 \times 8 \times 160} + 8 = 195 \text{ mm}$$

$$l_2 = \frac{N_2}{2 \times 0.7 h_f f_f^w} + 8 = \frac{125 \times 10^3}{2 \times 0.7 \times 8 \times 160} + 8 = 78 \text{ mm，取 } 80 \text{ mm}$$

（3）在弯矩、剪力和轴力共同作用下的 T 形连接角焊缝计算

图 3.43 所示为一同时承受轴向力 N、弯矩 M 和剪力 V 的 T 形连接。焊缝的 A 点为最危险点，由轴力 N、剪力 V、弯矩 M 分别产生的应力为：

$$\sigma_f^N = \frac{N}{A_w} = \frac{N}{2h_e l_w} \tag{3.21}$$

$$\tau_f^V = \frac{V}{A_w} = \frac{V}{2h_e l_w} \tag{3.22}$$

$$\sigma_f^M = \frac{M}{W_w} = \frac{6M}{2h_e l_w^2} \tag{3.23}$$

代入式（3.7），则

$$\sqrt{\left(\frac{\sigma_f^N + \sigma_f^M}{\beta_f}\right)^2 + \tau_f^2} \leqslant f_f^w \tag{3.24}$$

式中　A_w——角焊缝的计算截面面积；

　　　W_w——角焊缝的计算截面抵抗矩。

例 3.5 图 3.44 所示角钢，两边用角焊缝和柱相连，钢材为 Q345 钢，焊条 E50 系列，手工焊，承受静力荷载设计值 $F = 390$ kN，试确定焊脚尺寸。

解 将偏心力 F 向焊缝群形心简化，可与 $M = Fe$、$V = F$ 单独作用等效（转角处绕角焊 $2h_f$，焊缝计算长度不考虑弧坑影响，$l_w = 200$ mm）。

①焊缝有效截面的几何特性

$$A_f^w = 2 \times 0.7 h_f l_w = 2 \times 0.7 h_f \times 20 = 28 h_f$$

$$W_f^w = \frac{2 \times 0.7 h_f \times 20^2}{6} = 93.3 h_f$$

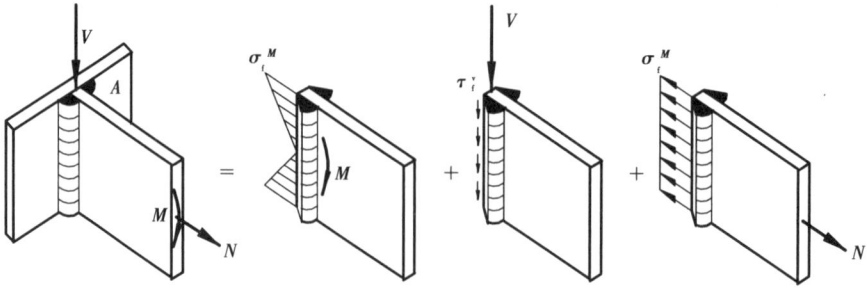

图 3.43 弯矩、剪力和轴力共同作用时 T 形接头角焊缝

图 3.44 例 3.5 图

②确定焊脚尺寸

$$\sigma_{fx}^{w} = \frac{M}{W_f^{w}} = \frac{390 \times 10^3 \times 30}{93.3 h_f \times 10^2} = \frac{1\,254}{h_f}$$

$$\tau_{fy}^{V} = \frac{V}{A_f^{w}} = \frac{390 \times 10^3}{28 h_f \times 10} = \frac{1\,393}{h_f}$$

根据角焊缝基本计算公式,a 点焊缝的合应力小于或等于 f_f^{w},即

$$\sqrt{\left(\frac{\sigma_{fx}^{M}}{\beta_f}\right)^2 + (\tau_{fy}^{V})^2} \leqslant f_f^{w}$$

解得: $h_f = \dfrac{1\,731}{200} = 8.7 \text{ mm}$

取 $h_f = 9$ mm 符合表 3.6 角焊缝最小焊角尺寸规定。

对于工字梁(或牛腿)与钢柱翼缘的角焊缝连接(图 3.45),通常承受弯矩 M 和剪力 V 的联合作用。由于翼缘的竖向刚度较差,在剪力作用下,如果没有腹板焊缝存在,翼缘将发生明显挠曲。这就说明,翼缘板的抗剪能力极差,因此,计算时通常假设腹板焊缝承受全部剪力,而弯矩则由全部焊缝承受。

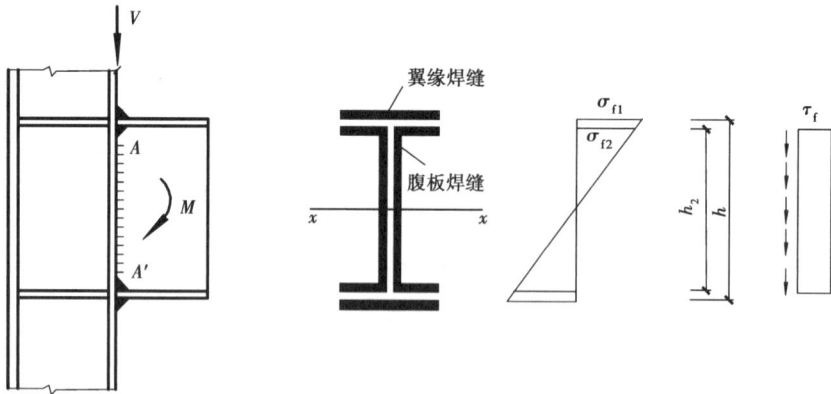

图 3.45 工字形梁(或牛腿)的角焊缝连接

翼缘焊缝最外纤维处的应力满足角焊缝的强度条件,即

$$\sigma_{f1} = \frac{M}{I_w} \cdot \frac{h}{2} \leqslant \beta_f f_f^w \qquad (3.25)$$

式中 M——全部焊缝所承受的弯矩;

I_w——全部焊缝有效截面对中和轴的惯性矩;

h——上下翼缘焊缝有效截面最外纤维之间的距离。

腹板焊缝承受两种应力的联合作用,即弯曲应力和剪应力的作用,设计控制点为翼缘焊缝与腹板焊缝的交点处 A,此处的弯曲应力和剪应力分别按下式计算:

$$\sigma_{f2} = \frac{M}{I_w} \cdot \frac{h_2}{2} \qquad (3.26)$$

$$\tau_f = \frac{V}{\sum (h_{e2} l_{w2})} \qquad (3.27)$$

式中 $\sum (h_{e2} l_{w2})$——腹板焊缝有效截面积之和;

h_2——腹板焊缝的实际长度。

则腹板焊缝在 A 点的强度验算式为:

$$\sqrt{\left(\frac{\sigma_{f2}}{\beta_f}\right)^2 + \tau_f^2} \leqslant f_f^w \qquad (3.28)$$

(4)在扭矩、轴力和剪力共同作用下的搭接连接角焊缝的计算

图 3.46 所示为采用三面围焊搭接连接。该连接角焊缝承受竖向剪力 $V = F$ 和扭矩 $T = F(e_1 + e_2)$ 作用。计算角焊缝在扭矩 T 作用下产生的应力时,是基于下列假定:①被连接件是绝对刚性的,它有绕焊缝形心 O 旋转的趋势,而角焊缝本身是弹性;②角焊缝群上任一点的应力方向垂直于该点与形心的连线,且应力大小与连线长度 r 成正比。图 3.46 中,A 点和 A' 为设计控制点。

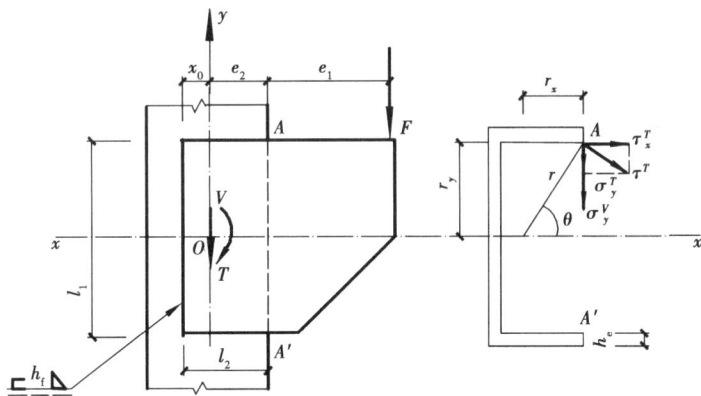

图 3.46 受剪力和扭矩作用的角焊缝

在扭矩 T 作用下,A 点(或 A' 点)的应力为:

$$\tau^T = \frac{Tr}{I_p} = \frac{Tr}{I_x + I_y} \qquad (3.29)$$

将 τ^T 沿 x 轴和 y 轴分解为两分力:

$$\tau_x^T = \tau^T \cdot \sin\theta = \frac{T \cdot r}{I_p} \cdot \frac{r_y}{r} = \frac{T \cdot r_y}{I_p} \tag{3.30}$$

$$\sigma_y^T = \tau^T \cdot \cos\theta = \frac{T \cdot r}{I_p} \cdot \frac{r_x}{r} = \frac{T \cdot r_x}{I_p} \tag{3.31}$$

由剪力 V 在焊缝群引起的剪应力按均匀分布,则在 A 点(或 A' 点)引起的应力为:

$$\sigma_y^V = \frac{V}{\sum h_e l_w}$$

则 A 点的合应力满足的强度条件为:

$$\sqrt{\left(\frac{\sigma_y^T + \sigma_y^V}{\beta_f}\right)^2 + (\tau_x^T)^2} \leqslant f_f^w \tag{3.32}$$

当连接直接承受动态荷载时,取 $\beta_f = 1.0$。

例 3.6 图 3.46 钢板长度 $l_1 = 400$ mm,搭接长度 $l_2 = 300$ mm,荷载设计值 $F = 217$ kN,偏心距 $e_1 = 300$ mm(至柱边缘的距离),钢材为 Q235,手工焊,焊条 E43 型,试确定该焊缝的焊脚尺寸并验算该焊缝的强度。

解 焊缝组成的围焊共同承受剪力 V 和扭矩 $T = F(e_1 + e_2)$ 的作用,设焊缝的焊脚尺寸均为 $h_f = 8$ mm。焊缝计算截面的重心位置:

$$x_0 = \frac{2l_2 \cdot \dfrac{l_2}{2}}{2l_2 + l_1} = \frac{30^2}{60 + 40} = 9 \text{ cm}$$

焊缝截面的极惯性矩为:

$$I_x = \frac{1}{12} \times 0.7 \times 0.8 \times 40^3 + 2 \times 0.7 \times 0.8 \times 30 \times 20^2 = 16\,400 \text{ cm}^4$$

$$I_y = \frac{1}{12} \times 2 \times 0.7 \times 0.8 \times 30^3 + 2 \times 0.7 \times 0.8 \times 30 \times (15 - 9)^2 +$$
$$0.7 \times 0.8 \times 40 \times 9^2 = 5\,500 \text{ cm}^4$$

$$I_p = I_x + I_y = 16\,400 + 5\,500 = 21\,900 \text{ cm}^4$$

由于 $e_2 = l_2 - x_0 = 30 - 9 = 21$ cm,$r_x = 21$ cm,$r_y = 20$ cm

故扭矩

$$T = F(e_1 + e_2) = 217 \times (30 + 21) \times 10^{-2} = 110.7 \text{ kN} \cdot \text{m}$$

$$\tau_x^T = \frac{T \cdot r_y}{I_p} = \frac{110.7 \times 200 \times 10^6}{21\,900 \times 10^4} = 101 \text{ N/mm}^2$$

$$\sigma_y^T = \frac{T \cdot r_x}{I_p} = \frac{110.7 \times 210 \times 10^6}{21\,900 \times 10^4} = 106 \text{ N/mm}^2$$

轴心力 V 在 A 点产生的应力为

$$\sigma_y^V = \frac{V}{\sum h_e l_w} = \frac{217 \times 10^3}{0.7 \times 8 \times (2 \times 300 + 400)} = 38.8 \text{ N/mm}^2$$

$$\sigma_f = \sigma_y^T + \sigma_y^V = 106 + 38.8 = 144.8 \text{ N/mm}^2, \quad \tau_f = \tau_x^T = 101 \text{ N/mm}^2$$

则在 A 点的作用应力

$$\sqrt{\left(\frac{\sigma_{\mathrm{f}}}{\beta_{\mathrm{f}}}\right)^2 + \tau_{\mathrm{f}}^2} = \sqrt{\left(\frac{144.8}{1.22}\right)^2 + 101^2} = 155.8 \text{ N/mm}^2 < f_{\mathrm{f}}^{\mathrm{w}} = 160 \text{ N/mm}^2$$

说明取 $h = 8$ mm 是合适的。

3.5　普通螺栓连接的设计

普通螺栓连结按其传力方式可分为:受剪螺栓连接(图 3.47(a))、受拉螺栓连接(图 3.47(b)),以及同时受剪和受拉的螺栓连接(图 3.47(c))。受剪螺栓依靠栓杆抗剪和栓杆对孔壁的承压传力,受拉螺栓由板件使螺栓张拉传力。

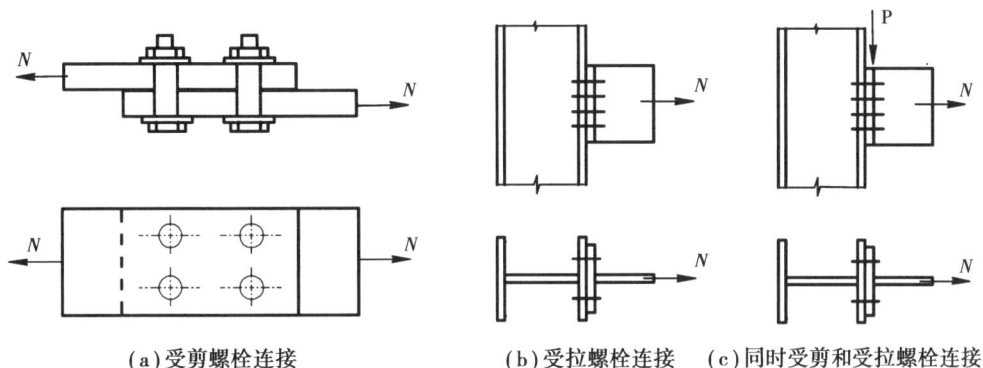

(a)受剪螺栓连接　　　　(b)受拉螺栓连接　　(c)同时受剪和受拉螺栓连接

图 3.47　普通螺栓按传力方式分类

3.5.1　普通螺栓连接的构造

(1)螺栓的规格

钢结构采用的普通螺栓形式为大六角头型,其代号用字母 M 和公称直径的毫米数示。

B 级普通螺栓的孔径 d_0 较螺栓公称直径 d 大 0.2 ~ 0.5 mm,C 级普通螺栓的孔径 d_0 较螺栓公称直径 d 大 1.0 ~ 1.5 mm。

(2)螺栓的排列

螺栓的排列有并列和错列两种基本形式(图 3.48)。螺栓在构件上的排列,应保证螺栓间距不应太小,否则钢板可能沿作用力方向被剪断,也不利于扳手操作。另一方面,螺栓的间距及边矩也不应太大,否则潮气容易侵入缝隙引起钢板锈蚀。对于受压构件,螺栓间距过大还容易引起钢板鼓曲,《标准》规定了螺栓中心间距及边距的最大、最小限值,见表 3.8。

对于角钢、工字钢、槽钢上的螺栓排列(图 3.48、图 3.49),除应满足表 3.8 要求外,还应符合表 3.9、表 3.10 和表 3.11 的要求。

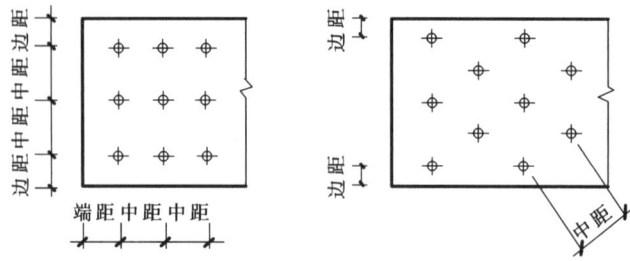

图 3.48　螺栓的排列

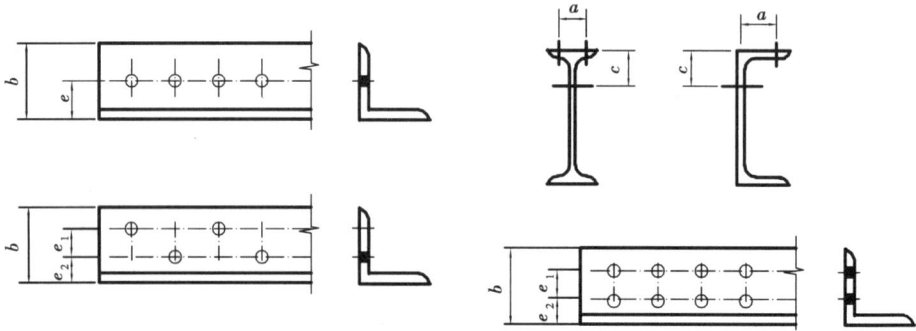

图 3.49　型钢螺栓的排列

表 3.8　**螺栓的最大、最小容许距离**

位置和方向				最大容许距离 (取两者的较小值)	最小容许 距离
中心间距	外排(垂直内力方向或顺内力方向)			$8d_0$ 或 $12t$	$3d_0$
	中间排	垂直内力方向		$16d_0$ 或 $24t$	
		顺内力方向	构件受压力	$12d_0$ 或 $18t$	
			构件受拉力	$16d_0$ 或 $24t$	
	沿对角线方向			—	
中心至 构件边 缘距离	顺内力方向			$4d_0$ 或 $8t$	$2d_0$
	垂直 内力 方向	剪切边或手工气割边			$1.5d_0$
		轧制边、自动 气割或锯割边	高强度螺栓		$1.5d_0$
			其他螺栓		$1.2d_0$

注:①d_0 为螺栓或铆钉的孔径,对槽孔为短向尺寸,t 为外层较薄板件的厚度;
　　②钢板边缘与刚性构件(如角钢、槽钢等)相连的高强度螺栓的最大间距,可按中间排的数值采用;
　　③计算螺栓孔引起的截面削弱时可取 $d+4$ mm 和 d_0 的较大者。

表 3.9 角钢上螺栓线距表/mm

单行排列	b	45	50	56	63	70	75	80	90	100	110	125
	e	25	30	30	35	40	45	45	50	55	60	70
	$d_{0\,max}$	13.5	15.5	17.5	20	22	22	24	24	24	26	26

双行错列	b	125	140	160	180	200	双行并列	b	140	160	180	200
	e_1	55	60	65	65	80		e_1	55	60	65	80
	e_2	35	45	50	80	80		e_2	60	70	80	80
	$d_{0\,max}$	24	26	26	26	26		$d_{0\,max}$	20	22	26	26

表 3.10 普通工字钢上螺栓线距表/mm

型号		10	12.6	14	16	18	20	22	25	28	32	36	40	45	50	56	63
翼缘	a	36	42	44	44	50	54	54	64	64	70	74	80	84	94	104	110
	$d_{0\,max}$	11.5	11.5	13.5	15.5	17.5	17.5	20	22	22	22	24	24	26	26	26	26
腹板	c_{min}	35	35	40	45	50	50	50	60	60	65	65	70	75	75	80	80
	$d_{0\,max}$	9.5	11.5	13.5	15.5	17.5	17.5	20	22	22	22	24	24	26	26	26	26

表 3.11 普通槽钢上螺栓线距表/mm

型号		5	6.3	8	10	12.6	14	16	18	20	22	25	28	32	36	40
翼缘	a	20	22	25	28	30	35	35	40	45	45	50	50	50	60	60
	$d_{0\,max}$	11.5	11.5	13.5	15.5	17.5	17.5	20	22	22	22	22	24	24	26	26
腹板	c_{min}	—	—	—	35	45	45	50	55	55	60	60	65	70	75	75
	$d_{0\,max}$	—	—	—	11.5	13.5	17.5	20	22	22	22	22	24	24	26	26

3.5.2 普通螺栓连接受剪工作性能及计算

(1)受剪工作性能和承载力

抗剪螺栓连接受力后构件之间出现相对滑移,螺杆开始接触孔壁而相互挤压,螺杆则受剪和弯曲。

抗剪螺栓破坏可能有 5 种形式(图 3.50):

①当螺栓的直径较小而板件较厚时,螺栓杆可能被剪坏(图 3.50(a))。

②当螺栓杆直径较大构件相对较薄时,连接由孔壁被挤压而丧失承载力(图 3.50(b))。

③构件本身由于载面开孔削弱过多而被拉断(图 3.50(c))。

④由于板件端部螺栓孔端距太小而被剪坏(图 3.50(d))。

⑤由于连接板叠太厚,螺栓杆太长,杆身可能发生过大的弯曲而破坏(图 3.50(e))。

上述 5 种破坏形式中,使端距 $e \geqslant 2d_0$ 就可避免板端被剪坏,使板叠厚度 $\leqslant 5d$ 就可避免螺栓杆发生过大弯曲而破坏,前 3 种破坏形式必须通过计算加以防止。

(a)杆身被剪坏　　　　(b)板被挤压坏　　　　(c)板被拉坏

(d)板被剪坏　　　　　　(e)杆身受弯破坏

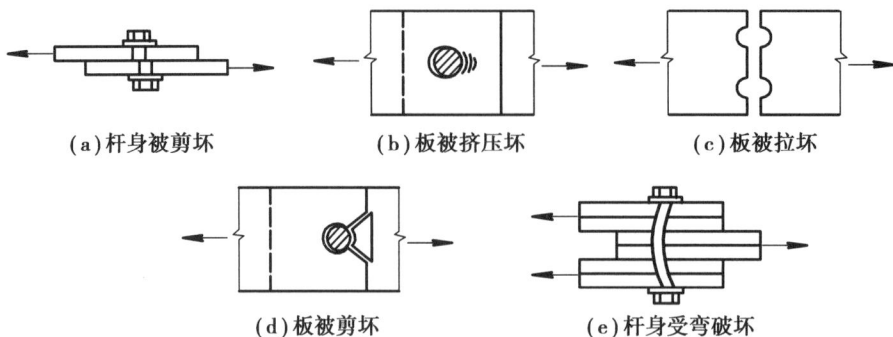

图 3.50　抗剪螺栓破坏形式

假定栓杆剪应力沿受剪面均匀分布,单个抗剪螺栓抗剪的承载力设计值为:

$$N_v^b = n_v \frac{\pi d^2}{4} f_v^b \tag{3.33}$$

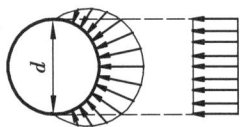

图 3.51　螺栓承压的计算承压面积

由于螺栓的实际承压应力分布情况难以确定,为简化计算,假定螺栓承压分布于螺栓直径平面上(图3.51),而且应力为均匀分布,则单个抗剪螺栓的承压承载力设计值:

$$N_c^b = d \sum t f_c^b \tag{3.34}$$

式中　　$\sum t$——在同一受力方向的承压构件的较小总厚度(mm);

f_v^b、f_c^b——螺栓的抗剪和承压强度设计值,按附表1.6采用。

单个受剪螺栓的承载力设计值应取 N_v^b 和 N_c^b 中的较小值 $N_{min}^b = min(N_v^b, N_c^b)$。

按轴心受力计算的单角钢构件单面连接时,螺栓承载力设计值应降低,乘以0.85折减。

为保证连接能正常工作,每个螺栓受实际剪力不得超过其承载力设计值,即 $N_v \leqslant N_{min}^b$。

(2)抗剪连接计算

1)普通螺栓群轴心受剪

图 3.52(a)所示为两块钢板通过两块盖板用螺栓连接,在轴心拉力作用下,连接一侧所需螺栓数为:

$$n \geqslant \frac{N}{N_{min}^b} \tag{3.35}$$

当拼接一侧螺栓的数目过多(图3.53),各螺栓实际受力会严重不均匀,两端螺栓可能首先达到极限承载力破坏。故《规范》规定,当 $l_1 \geqslant 15 d_0$ 时,螺栓承载力设计值 N_v^b、N_c^b 应乘以折减系数 β(高强螺栓连接也同样如此),即:

$$\beta = 1.1 - \frac{l_1}{150 d_0} \geqslant 0.7 \tag{3.36}$$

螺栓连接中,由于螺栓孔削弱了构件截面,因此需要验算构件开孔处的净截面强度:

$$\sigma = \frac{N}{A_n} \leqslant 0.7 f_u \tag{3.37}$$

式中　　A_n——连接件或构件在所验算截面上的净截面面积;

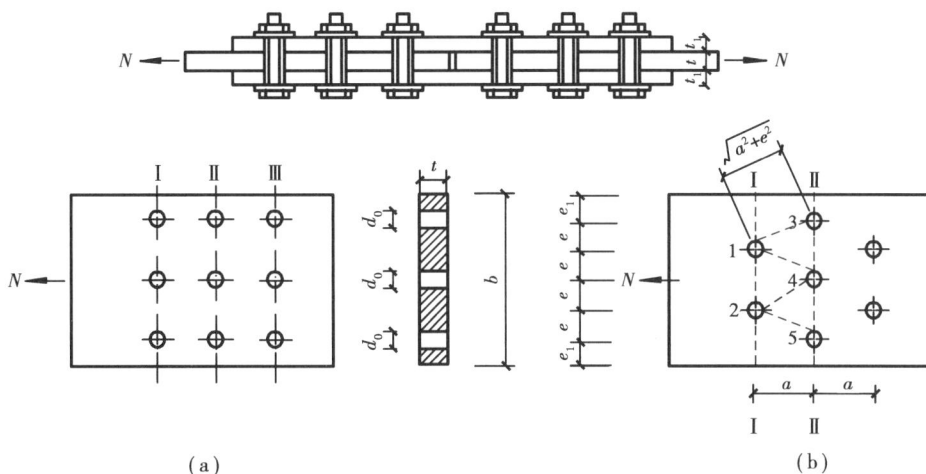

图 3.52 受剪螺栓连接受轴心力作用

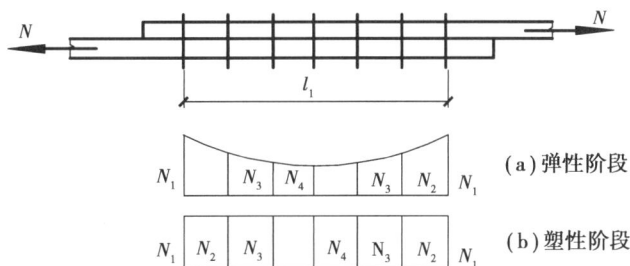

图 3.53 螺栓群的不均匀受力状态

N——连接件或构件验算截面处的轴心力设计值；

f_u——钢材的抗拉强度最小值(N/mm^2)。

净截面强度验算应选择最不利截面。被连接构件截面 I—I：

$$A_n = (b - n_1 d_0)t \tag{3.38}$$

连接盖板截面 III-III：

$$A_n = 2(b - n_3 d_0)t_1 \tag{3.39}$$

式(3.37)、式(3.38)中

t、t_1——被连接构件和连接盖板的厚度；

b——被连接构件和连接盖板的宽度。

图 3.52(b)所示螺栓错列布置时，净截面破坏有多种可能的破坏面，应同时计算出各种可能破坏面的净截面面积，确定最不利截面，然后代入式(3.37)验算。

例 3.7 试设计两角钢拼接的普通 C 级螺栓连接。角钢截面为L 75×5，承受轴心拉力设计值 $N = 115$ kN，拼接角钢采用与构件相同截面。钢材为 Q235，螺栓为 M20。

解 ①单个螺栓受剪承载力设计值：

$$N_v^b = n_v \frac{\pi d^2}{4} f_v^b = 1 \times \frac{\pi \times 20^2}{4} \times 140 = 43\ 982\ N$$

单个螺栓承压承载力设计值：

$$N_c^b = d \sum t f_c^b = 20 \times 5 \times 305 = 30\ 500\ \text{N}$$

则构件连接一侧所需螺栓数目为：

$$n = \frac{N}{N_{min}^b} = \frac{115 \times 10^3}{30\ 500} = 3.77\ \text{个，取}\ n = 5\ \text{个。}$$

为安排紧凑，螺栓在角钢两肢上交错排列，如图3.54所示。螺栓排列的中距、边距和端距均应符合表3.8、表3.9要求。

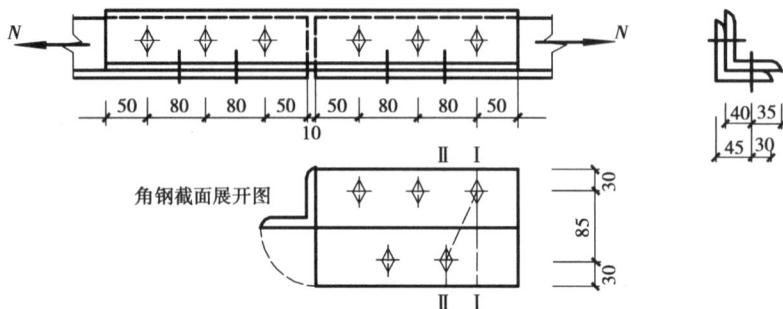

图3.54 例3.7图

②验算构件净截面强度：

将角钢展开，由附表9查得角钢的毛截面面积 $A = 7.412\ \text{cm}^2$。

直线截面 I—I 净截面面积：

$$A_{n1} = A - n_1 d_0 t = 7.412 \times 10^2 - 1 \times 21.5 \times 5 = 633.7\ \text{mm}^2$$

齿状截面 II—II 净截面面积：

$$A_{n1} = [2e_1 + (n_2 - 1)\sqrt{e^2 + a^2} - n_2 d_0]t$$

$$= [2 \times 30 + (2 - 1)\sqrt{40^2 + 85^2} - 2 \times 21.5] \times 5 = 554.7\ \text{mm}^2$$

$$\sigma = \frac{N}{A_{n\,min}} = \frac{115 \times 10^3}{554.7} = 207.4\ \text{N/mm}^2 < 0.7 f_u = 0.7 \times 215 = 150.5\ \text{N/mm}^2$$

不满足要求。

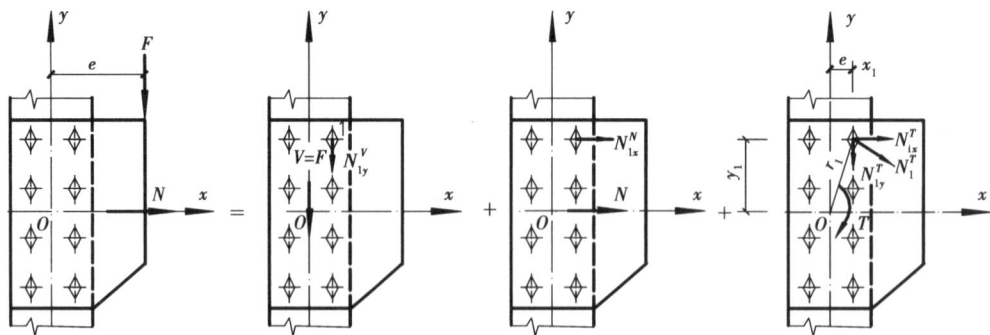

图3.55 受剪螺栓连接受扭矩及轴心力共同作用

2）受剪螺栓连接受扭矩及轴心力共同作用的计算

图3.58所示螺栓连接，受外荷载 F 及 N 作用，将 F 移至螺栓群中心 O，产生扭矩 $T = Fe$ 及竖向轴心力 $V = F$。受扭矩 T 作用时：

$$T = N_1^T r_1 + N_2^T r_2 + N_3^T r_3 + \cdots + N_n^T r_n \tag{3.40}$$

$$\frac{N_1^T}{r_1} = \frac{N_2^T}{r_2} = \frac{N_3^T}{r_3} = \cdots = \frac{N_n^T}{r_n} \tag{3.41}$$

由式(3.41)、式(3.40)得：

$$T = \frac{N_1^T}{r_1}(r_1^2 + r_2^2 + r_3^2 + \cdots + r_n^2) = \frac{N_1^T}{r_1}\sum r_i^2 \tag{3.42}$$

图中 1 号螺栓所受的剪力最大，其值为：

$$N_1^T = \frac{Tr_1}{\sum r_i^2} = \frac{Tr_1}{\sum x_i^2 + \sum y_i^2} \tag{3.43}$$

将 N_1^T 分解成 x 轴方向和 y 轴方向的两个分量 N_{1x}^T 和 N_{1y}^T，即

$$N_{1x}^T = N_1^T \cdot \frac{y_1}{r_1} = \frac{Ty_1}{\sum x_i^2 + \sum y_i^2} \tag{3.44}$$

$$N_{1y}^T = N_1^T \cdot \frac{x_1}{r_1} = \frac{Tx_1}{\sum x_i^2 + \sum y_i^2} \tag{3.45}$$

轴心力 N 和 V 通过螺栓群中心 O，故每个螺栓受力相等，即

$$N_{1x}^N = \frac{N}{n} \tag{3.46}$$

$$N_{1y}^V = \frac{V}{n} \tag{3.47}$$

因此，螺栓群中受力最大的 1 号螺栓所承受的合力和应满足的强度条件为：

$$N_1^{T,N,V} = \sqrt{(N_{1x}^T + N_{1x}^N)^2 + (N_{1y}^T + N_{1y}^V)^2} \leqslant N_{\min}^b \tag{3.48}$$

当螺栓群布置成一狭长带状时，即当 $y_1 > 3x_1$ 时，可近视地取 $\sum x_i^2 = 0$；同理，当 $x_1 > 3y_1$ 时，近似地取 $\sum y_i^2 = 0$，则式(3.44)、式(3.45)可近似地按下式计算：

当 $y_1 > 3x_1$ 时，

$$N_1^T \approx N_{1x}^T = \frac{Ty_1}{\sum y_i^2} \tag{3.49}$$

当 $x_1 > 3y_1$ 时，

$$N_1^T \approx N_{1y}^T = \frac{Tx_1}{\sum x_i^2} \tag{3.50}$$

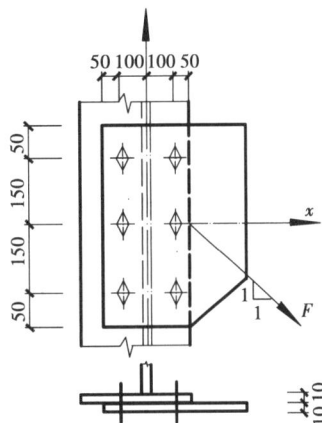

图 3.56　例 3.8 图

例 3.8　试验算一受斜向拉力设计值 $F = 120$ kN 作用的 C 级普通螺栓连接的强度(图 3.56)。螺栓 M20，钢材 Q235。

解　①单个螺栓的承载力由附表 1.6 得

$$f_v^b = 140 \text{ N/mm}^2 \quad f_c^b = 305 \text{ N/mm}^2。$$

$$N_v^b = n_v \frac{\pi d^2}{4} f_v^b = 1 \times \frac{\pi \times 20^2}{4} \times 140 = 43.98 \text{ kN}$$

$$N_c^b = d \sum t f_c^b = 20 \times 10 \times 305 = 61 \text{ kN}$$

②内力计算

将 F 简化到螺栓群形心 O，则作用于螺栓群形心 O 的轴力 N、剪力 V 和扭矩 T 分别为：

$$N = \frac{F}{\sqrt{2}} = \frac{120}{\sqrt{2}} = 84.85 \text{ kN}$$

$$V = \frac{F}{\sqrt{2}} = \frac{120}{\sqrt{2}} = 84.85 \text{ kN}$$

$$T = Ve = 84.85 \times 150 = 12\,728 \text{ kN} \cdot \text{mm}$$

③螺栓强度验算

在上述的轴力 N、剪力 V 和扭矩 T 作用下，1 号螺栓最为不利，

$$N_{1x}^N = \frac{N}{n} = \frac{84.85}{6} = 14.14 \text{ kN}$$

$$N_{1y}^V = \frac{V}{n} = \frac{84.85}{6} = 14.14 \text{ kN}$$

$$N_{1x}^T = \frac{Ty_1}{\sum x_i^2 + \sum y_i^2} = \frac{12\,728 \times 150}{150\,000} = 12.73 \text{ kN}$$

$$N_{1y}^T = \frac{Tx_1}{\sum x_i^2 + \sum y_i^2} = \frac{12\,728 \times 100}{150\,000} = 8.46 \text{ kN}$$

螺栓"1"承受的合力为：

$$\begin{aligned} N_1^{T,N,V} &= \sqrt{(N_{1x}^N + N_{1x}^T)^2 + (N_{1y}^V + N_{1y}^T)^2} \\ &= \sqrt{(14.14 + 12.73)^2 + (14.14 + 8.46)^2} \\ &= 35.13 \text{ kN} < N_{min}^b = 43.98 \text{ kN} \end{aligned}$$

满足要求。

3.5.3 普通螺栓连接的受拉工作性能及计算

(1)受力性能和承载力

图 3.57(a)所示为螺栓 T 形连接。受拉螺栓的破坏形式是栓杆被拉断，拉断的部位通常在螺纹削弱的截面处。

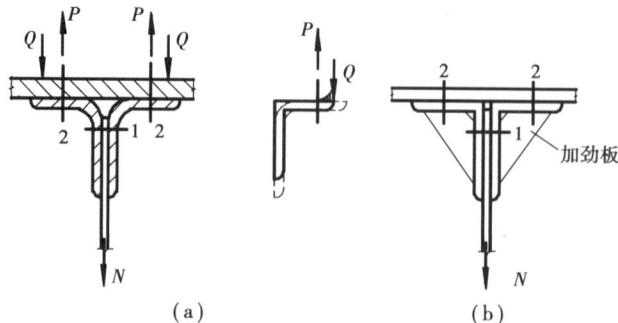

图 3.57 受拉螺栓连接

与受拉螺栓相连的角钢如果刚度不大,总会有一定的弯曲变形,产生"杠杆力"Q,这样,图中螺栓实际所受拉力是 $N/2 + Q$。在《标准》中将螺栓抗拉强度设计值 f_t^b 取值降低,来考虑 Q 力的影响。此外,在构造上设加劲板,或增加角钢的厚度等。

一个受拉螺栓的承载力设计值,即

$$N_t^b = \frac{1}{4}\pi d_e^2 f_t^b = A_e f_t^b \tag{3.51}$$

式中　d_e、A_e——螺栓螺纹处的有效直径和有效面积,按表 3.12 选用。

f_t^b——螺栓抗拉强度设计值,按附表 1.6 采用。

表 3.12　螺栓的有效截面面积

螺栓直径 d/mm	16	18	20	22	24	27	30
螺距 p/mm	2	2.5	2.5	2.5	3	3	3.5
螺栓有效直径 d_e/mm	14.1236	15.6545	17.6545	19.6545	21.1854	24.1854	26.7163
螺栓有效截面面积 A_e/mm²	156.7	192.5	244.8	303.4	352.5	459.4	560.6

注:表中的螺栓有效截面面积 A_e 值系按下式算得

$$A_e = \frac{\pi}{A}\left(d - \frac{13}{14}\sqrt{3}p\right)^2$$

(2)受拉螺栓连接的计算

1)受拉螺栓连接受轴心力的计算

当外力通过螺栓群中心使螺栓受拉时,可以假定各个螺栓所受拉力相等,则所需螺栓数为:

$$n = \frac{N}{N_t^b} \tag{3.52}$$

2)受拉螺栓连接受弯矩作用的计算

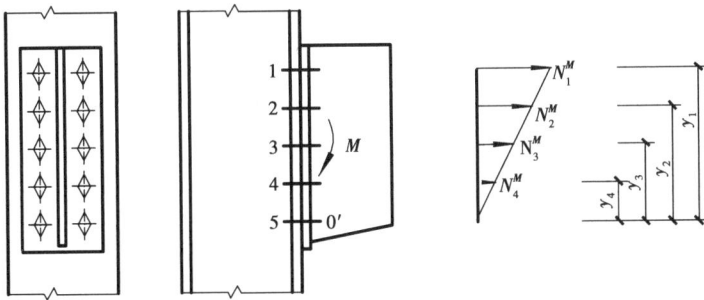

图 3.58　受拉螺栓连接受弯矩作用

图 3.57 所示为一工字形截面柱翼缘与牛腿用螺栓的连接,螺栓群在弯矩作用下,计算时,通常假定牛腿绕最底排螺栓旋转。因此,转动轴 O' 到各排螺栓的距离分别为 $y_1, y_2, y_3, \cdots, y_n$,由平衡条件和基本假定得:

$$N_1^M = \frac{My_1}{m\sum y_i^2} \tag{3.53}$$

设计时最外排螺栓所受拉力不超过一个螺栓的承载力设计值,即

$$N_1^M = \frac{My_1}{m \sum y_i^2} \leqslant N_t^b \qquad (3.54)$$

式中　M——弯矩设计值;

　　　y_1、y_i——最外排螺栓和第 i 排螺栓到转动轴的距离,转动轴通常取在弯矩指向一侧第一排螺栓处;

　　　m——螺栓的纵向列数,图 3.58 中 $m=2$。

3)受拉螺栓连接受偏心拉力作用的计算

图 3.59 所示为牛腿或梁端与柱的连接,螺栓群受偏心拉力 F 以及剪力 V 作用。剪力 V 全部由焊接于柱上的支托承担,螺栓群只承受偏心拉力 F 的作用。根据偏心距的大小按下列两种情况计算。

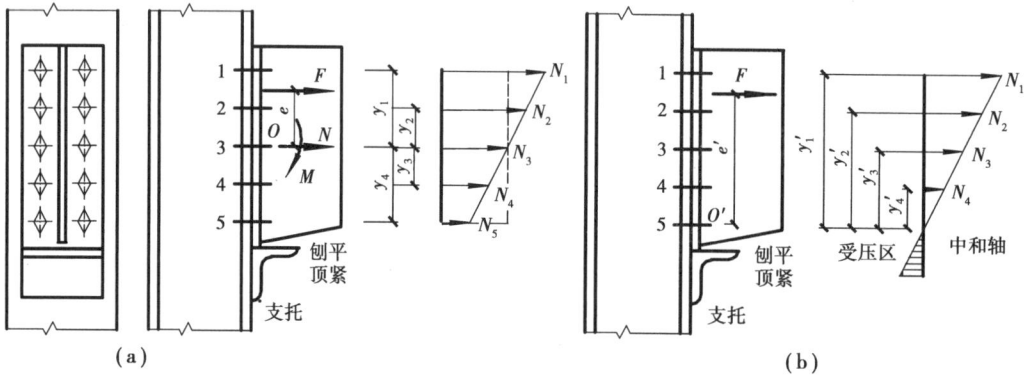

图 3.59　受拉螺栓连接受偏心力作用

①小偏心受拉情况(图 3.59(a))——$N_{min} \geqslant 0$。

当偏心距 e 较小时,连接以承受轴心拉力 N 为主,取螺栓群的转动轴在螺栓群中心位置 O 处,则

$$N_{max} = \frac{F}{n} + \frac{Fey_1}{m \sum y_i^2} \leqslant N_t^b \qquad (3.55)$$

$$N_{min} = \frac{F}{n} - \frac{Fey_1}{m \sum y_i^2} \geqslant 0 \qquad (3.56)$$

式中　F——偏心拉力设计值;

　　　e——偏心拉力至螺栓群中心的距离;

　　　y_1——最外排螺栓到螺栓群中心的距离;

　　　y_i——第 i 排螺栓到螺栓群中心的距离;

　　　m——螺栓的纵向列数,图 3.58 中 $m=2$。

式(3.55)表示最大受力螺栓的拉力不得超过一个受拉螺栓的承载力设计值;式(3.56)则保证全部螺栓受拉。

②大偏心受拉情况(图 3.59(b))——$N_{min} < 0$。

当偏心距 e 较大,式(3.56)不能满足时,端板底部将出现受压区,螺栓群转动轴位置下移。

近似取转动轴在第一排螺栓 O' 处。则

$$N_{1\max} = \frac{Fe'y_1'}{m\sum y_i'^2} \leqslant N_t^b \qquad (3.57)$$

式中　e'——偏心拉力到转动轴的距离；

　　　　y_1'——最外排螺栓到转动轴的距离；

　　　　y_i'——第 i 排螺栓到转动轴的距离；

　　　　m——螺栓的纵向列数，图 3.59 中取 $m=2$。

例 3.9　图 3.60 所示屋架下弦端节点连接，图中下弦、腹板和节点板等在工厂焊成整体，在工地吊装就位与柱的支托处，然后用螺栓与柱连接成整体。钢材 Q235，C 级普通螺栓 M22，试验算该连接的螺栓是否安全。

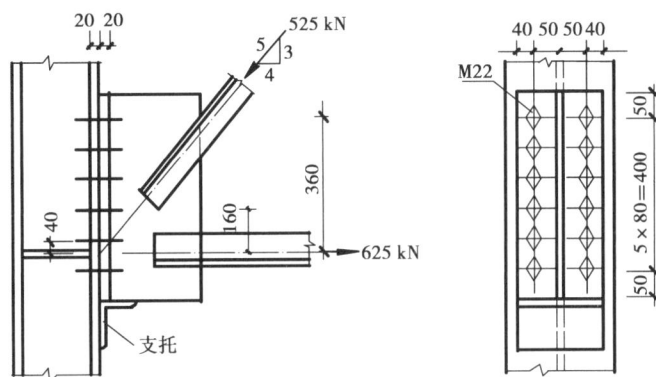

图 3.60　例 3.9 图

解　竖向剪力 $V = 525 \times \frac{3}{5} = 315$ kN 全部由支托承担，水平偏心力 $N = 625 - 525 \times \frac{4}{5} = 205$ kN 由螺栓群连接承受（最底排螺栓受力最大）。

由附表 1.6 查得：$f_t^b = 170$ N/mm²，查表 3.12 螺栓 $A_e = 303.4$ mm²，则单个螺栓的抗拉承载力设计值：

$$N_t^b = A_e f_t^b = 303.4 \times 170 = 51\ 578\ \text{N}$$

$$N_{\min} = \frac{N}{n} - \frac{My_1}{m\sum y_i^2} = \frac{205 \times 10^3}{12} - \frac{205 \times 10^3 \times 160 \times 200}{2 \times (40^2 + 120^2 + 200^2) \times 2}$$

$$= 17\ 083 - 29\ 286 = -12\ 203\ \text{N} < 0$$

由于 $N_{\min} < 0$ 表明端板上部有受压区，属于大偏心情况，此时螺栓群转动轴在最顶排螺栓，最底排螺栓受力最大，其值为：

$$N_{\max} = \frac{Ne'y'}{m\sum y_i'^2} = \frac{205 \times 10^3 \times 360 \times 400}{2 \times (80^2 + 160^2 + 240^2 + 320^2 + 400^2)}$$

$$= 41\ 932\ \text{N} < N_t^b = 51\ 578\ \text{N}$$

满足要求。

3.5.4 普通螺栓连接拉剪工作性能及计算

对 C 级螺栓,螺栓将同时承受剪力 N_v 和偏心拉力或弯矩引起沿螺栓杆轴方向的拉力 N_t 的共同作用。螺栓的强度条件应满足圆曲线相关方程,即

$$\sqrt{\left(\frac{N_v}{N_v^b}\right)^2 + \left(\frac{N_t}{N_t^b}\right)^2} \leqslant 1 \tag{3.58}$$

$$N_v \leqslant N_c^b \tag{3.59}$$

式中 N_v^b、N_c^b、N_t^b——单个螺栓的抗剪、承压和抗拉承载力设计值。

式(3.59)是为防止连接板较薄时,可能因承压强度不足而引起破坏。

例 3.10 将例 3.9 的螺栓连接改用 C 级 M24 普通螺栓,并取消支托,其余条件不变,试验算该螺栓连接是否满足要求。

解 竖向剪力 $V = 315$ kN,由 12 个螺栓均匀分担,$N_v = \dfrac{315}{12} = 26.25$ kN。

由附表 1.6 查得:$f_v^b = 140$ N/mm²,$f_t^b = 170$ N/mm²,$f_c^b = 305$ N/mm²。

查表 3.12 得:$A_e = 352.5$ mm²,则一个螺栓的承载力设计值:

$$N_v^b = n_v \frac{\pi d^2}{4} f_v^b = 1 \times \frac{\pi \times 24^2}{4} \times 140 = 63\ 335 \text{ N}$$

$$N_t^b = A_e f_t^b = 352.5 \times 170 = 59\ 925 \text{ N}$$

$$N_c^b = d \sum t f_c^b = 24 \times 20 \times 305 = 146\ 400 \text{ N}$$

$$\sqrt{\left(\frac{N_v}{N_v^b}\right)^2 + \left(\frac{N_t}{N_t^b}\right)^2} = \sqrt{\left(\frac{26.25 \times 10^3}{63\ 335}\right)^2 + \left(\frac{41.932 \times 10^3}{59\ 925}\right)^2} = 0.81 < 1$$

$$N_v = 26\ 250 \text{ N} < N_c^b = 146\ 400 \text{ N}$$

故取消支托后改用 C 级 M24 普通螺栓,连接的强度能满足要求。

3.6 高强度螺栓连接的设计

3.6.1 概述

高强度螺栓连接分为摩擦型连接和承压型连接。摩擦型高强度螺栓在抗剪连接中,以剪力达到板间最大摩擦力为极限状态,而承压型在受剪时,以栓杆抗剪或孔壁承压的最终破坏为极限状态。

高强度螺栓一般用 II 类孔。采用 1.5 mm($M \leqslant 16$)或 2 mm($M \geqslant 20$);承压型高强度螺栓应比摩擦型相应减小 0.5 mm。高强度螺栓的构造和排列要求,除栓杆与孔径的差值较小外,与普通螺栓相同。

高强度螺栓承压型连接采用标准圆孔时,其孔径 d_0 可按表 3.13 采用。高强度螺栓摩擦型连接可采用标准孔、大圆孔和槽孔,孔型尺寸可按表 3.13 采用。采用扩大孔连接时,同一连接面只能在盖板和芯板其中之一的板上采用大圆孔或槽孔,其余仍采用标准孔。

表 3.13　高强度螺栓连接的孔型尺寸匹配/mm

螺栓公称直径			M12	M16	M20	M22	M24	M27	M30
孔型	标准孔	直径	13.5	17.5	22	24	26	30	33
	大圆孔	直径	16	20	24	28	30	35	38
	槽孔	短向	13.5	17.5	22	24	26	30	33
		长向	22	30	37	40	45	50	55

高强度螺栓摩擦型连接盖板按大圆孔、槽孔制孔时,应增大垫圈厚度或采用连续型垫板,其孔径与标准垫圈相同,对 M24 及以下的螺栓,厚度不宜小于 8 mm;对 M24 以上的螺栓,厚度不宜小于 10 mm。

(1)高强度螺栓的材料和性能等级

8.8 级高强度螺栓推荐采用钢号为 40B 钢,45 号钢,10.9 级高强度螺栓推荐采用的钢号为 20MnTiB 钢和 35VB 钢,扭剪型高强度螺栓性能等级只有 10.9 级,推荐采用的钢号为 20MnTiB 钢。

我国采用的高强度螺栓性能等级,按热处理后的强度分为 10.9 级和 8.8 级两种。其中整数部分表示螺栓抗拉强度 f_u 不低于 1 000 N/mm² 和 800 N/mm²;小数部分则表示其屈强比 f_y/f_u 为 0.9 和 0.8。

(2)高强度螺栓的预拉力

高强度螺栓的预拉力是在安装螺栓时通过紧固螺帽来实现的,为确保其数值准确,施工时应严格控制螺母的紧固程度,通常有转角法、扭矩法和扭掉螺栓尾部的梅花卡头三种紧固方法。

1)转角法　先用扳手将螺母拧到贴紧板面位置(初拧)并做标记线,再用长扳手将螺母转动 1/2 至 3/4 圈(终拧)。此法实际上是通过螺栓的应变来控制预拉力。

2)扭矩法　先用普通扳手初拧,使连接件紧贴,然后用定扭矩测力扳手终拧。

3)扭掉螺栓尾部梅花卡头法　利用特制机动扳手的内外套,分别套住螺杆尾部的卡头和螺母,通过内外套的相对旋转,梅花卡头被剪断扭掉。由于螺栓尾部梅花卡头槽沟的深度是按终拧扭矩和预拉力之间的关系确定的,故当梅花卡头被扭掉时,即达到规定的预拉力值。

预拉力值与螺栓的材料抗拉强度和有效面积等因素有关,即

$$P = \frac{0.9 \times 0.9 \times 0.9 f_u A_e}{1.2} = 0.607\,5 f_u A_e \tag{3.60}$$

式中系数考虑了以下几个因素:

①拧紧螺栓时,除使螺栓产生拉应力外,还产生剪应力。应力的影响系数为 1.2。

②考虑螺栓材质的不均匀性,引进一折减系数 0.9。

③施工时为了补偿螺栓预拉力的松弛,采用一个超张拉系数 0.9。

④由于以螺栓的抗拉强度为准,为安全起见再引入一个附加安全系数 0.9。

3.6.2　摩擦型高强度螺栓连接的计算

高强度螺栓连接可分为受剪螺栓连接、受拉螺栓连接以及同时受剪和受拉的螺栓连接。

(1)受剪摩擦型高强度螺栓连接

1)承载力计算

受剪摩擦型高强度螺栓连接中每个螺栓的承载力,与其预拉力 P、连接中的摩擦面抗滑移

系数 μ,以及摩擦面数 n_f 成正比,因此,计入抗力分项系数后,即可得到螺栓承载力设计值为:

$$N_v^b = 0.9kn_f\mu P \qquad (3.61)$$

式中 N_v^b——一个高强度螺栓的受剪载力设计值(N);

k——孔型系数,标准孔取1.0;大圆孔取0.85;内力与槽孔卡向垂直时取0.7;内力与槽孔卡向平行时取0.6。

n_f——传力摩擦面数目。

P、μ——分别按表3.14、表3.15采用。

表 3.14　一个高强度螺栓的预拉力 P/kN

螺栓的性能等级	螺栓公称直径/mm					
	M16	M20	M22	M24	M27	M30
8.8 级	80	125	150	175	230	280
10.9 级	100	155	190	225	290	355

表 3.15　钢材摩擦面的抗滑移系数 μ

在连接处构件接触面的处理方法	构件的钢号		
	Q235 钢	Q345、Q390 钢	Q420 钢
喷砂(丸)	0.45	0.50	0.50
喷砂(丸)后涂无机富锌漆	0.35	0.40	0.40
喷砂(丸)后生赤锈	0.45	0.50	0.50
用钢丝刷清除浮锈或未经处理的干净轧制表面	0.30	0.35	0.40

注:①钢丝刷除锈方向应与受力方向垂直。
②当连接构件采用不同钢材牌号时,按相应较低强度者取值。
③采用其他方法处理时,其处理工艺及抗滑移系数值均需经试验确定。

2)受剪摩擦型高强螺栓连接的计算

受剪摩擦型高强螺栓连接与受剪普通螺栓连接一样,只需将单个普通螺栓的承载力设计值改为单个受剪摩擦型高强度螺栓连接中的承载力设计值即可。

摩擦型高强度螺栓连接中构件的净截面强度与普通螺栓连接有所区别,应特别注意。

由于摩擦型高强螺栓是摩擦力传递剪力(图3.61),则每个螺栓所传递的内力在螺栓孔中心线的前面和后面各传递一半。图3.61所示连接开孔截面Ⅰ—Ⅰ的净截面强度应按下式验算:

$$\sigma = \frac{N'}{A_n} = \left(1 - 0.5\frac{n_1}{n}\right)\frac{N}{A_n} \le 0.7f_u \qquad (3.62)$$

式中 f_u——钢材的抗拉强度最小值(N/mm²)。

由以上分析可知,最外列以后各列螺栓处构件的内力显著减小,因此通常只须验算最外列螺栓处有孔构件的净截面强度。

例3.11　设计用摩擦型高强度螺栓的双盖板拼接接头。钢板截面为340 mm×20 mm,盖板采用两块截面为340 mm×10 mm,钢材为Q345 钢,采用8.8 级的M22 高强螺栓,孔径 $d_0 =$

24 mm,连接的接触面采用喷砂处理,承受的轴心拉力 $N = 1\ 600$ kN。

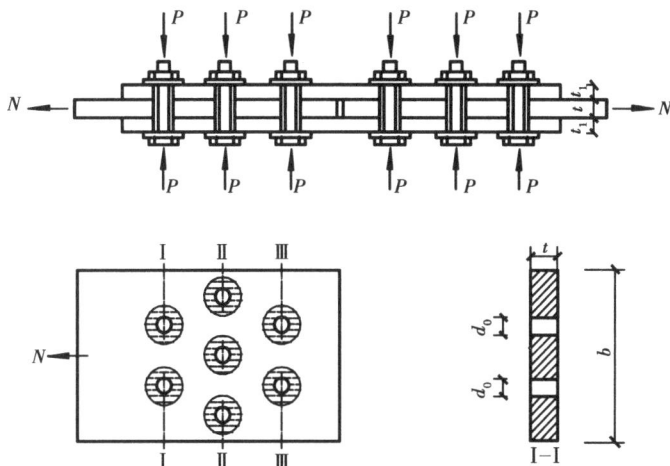

图 3.61 钢板净截面强度

解 由表 3.14 查得预拉力 $P = 150$ kN,由表 3.15 查得 $\mu = 0.5$。一个摩擦型高强度螺栓的抗剪设计承载力值为:

$$N_v^b = 0.9 k n_f \mu P = 0.9 \times 1 \times 2 \times 0.5 \times 150 = 135 \text{ kN}$$

所需螺栓数:

$$n = \frac{N}{N_v^b} = \frac{1\ 600}{135} = 11.85$$

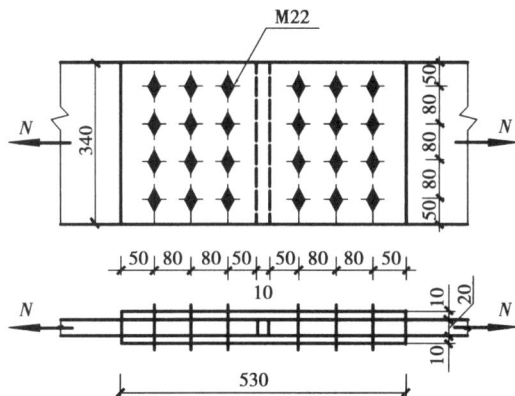

图 3.62 例 3.11 图

用 12 个螺栓,排列如图 3.62 所示,则

$$\sigma = \left(1 - 0.5 \frac{n_1}{n}\right) \frac{N}{A_n} = \left(1 - 0.5 \times \frac{4}{12}\right) \times \frac{1\ 600 \times 10^3}{20 \times (340 - 24 \times 4)} = 273.2 \text{ N/mm}^2$$

$$\sigma < f = 290 \text{ N/mm}^2$$

符合要求。

例 3.12 图 3.63 所示钢板连接于工字型柱的翼缘上。承受荷载设计值 $P_1 = 150$ kN,$P_2 = 200$ kN,其偏心距 $e = 255$ mm,钢材为 Q235,10.9 级 M20 螺栓,喷砂后生赤锈处理接触面,

验算摩擦型高强度螺栓连接是否安全。

解 由表 3.14 查得 $P = 155$ kN，由表 3.15 查得 $\mu = 0.5$。

$$N_v^b = 0.9kn_f\mu P = 0.9 \times 1 \times 1 \times 0.50 \times 155 = 69.75 \text{ kN}$$

作用于螺栓群中心 O 的竖向剪力 V 和扭矩 T 分别为：

$$V = P_1 + P_2 = 150 + 200 = 350 \text{ kN}$$

$$T = 200 \times (0.255 + 0.295) - 150 \times (0.255 + 0.295) = 27.5 \text{ kN} \cdot \text{m}$$

最不利螺栓为 1 和 5，其受力为：

$$N_{1x}^T = \frac{Ty_1}{\sum x_i^2 + \sum y_i^2} = \frac{27.5 \times 10^6 \times 200}{10 \times 150^2 + 4 \times (200^2 + 100^2)} = 12.94 \text{ kN}$$

$$N_{1y}^T = \frac{Tx_1}{\sum x_i^2 + \sum y_i^2} = \frac{27.5 \times 10^6 \times 150}{10 \times 150^2 + 4 \times (200^2 + 100^2)} = 9.71 \text{ kN}$$

$$N_{1y}^V = \frac{V}{n} = \frac{350}{10} = 35 \text{ kN}$$

$$\begin{aligned}
N_1 &= \sqrt{(N_{1x}^T)^2 + (N_{1y}^T + N_{1y}^V)^2} \\
&= \sqrt{12.94^2 + (9.71 + 35)^2} \\
&= 46.54 \text{ kN} < N_v^b = 69.75 \text{ kN}
\end{aligned}$$

满足要求。

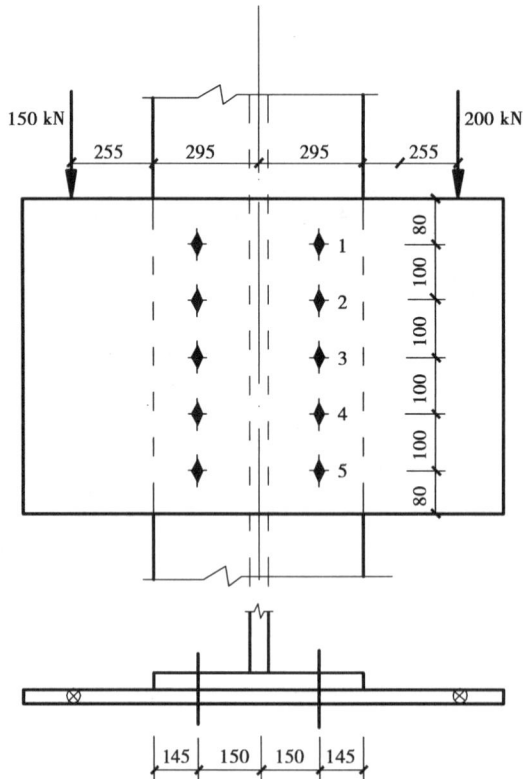

图 3.63　例 3.12 图

（2）受拉摩擦型高强度螺栓连接

高强度螺栓有很高的预拉力，当施加外力使螺栓受拉时，基本上只使板层间压力减小，而对螺栓杆的预拉力没有大的影响。

《标准》规定，一个受拉摩擦型高强度螺栓的承载力设计值 N_t^b 为：

$$N_t^b = 0.8P \tag{3.63}$$

受拉摩擦型高强度螺栓连接受轴心力 N 作用时，则连接所需的螺栓数 n 为：

$$n = \frac{N}{N_t^b} \tag{3.64}$$

受拉摩擦型高强度螺栓连接受弯矩 M 作用时，认为螺栓群在 M 作用下将绕螺栓群中心轴转动。最外排螺栓所受拉力最大。其值 N_t^M 可按下式计算：

$$N_t^M = \frac{My_1}{m\sum y_i^2} \leqslant N_t^b = 0.8P \tag{3.65}$$

式中　y_1——最外排螺栓群中心的距离；

　　　y_i——第 i 排螺栓至螺栓群中心的距离；

　　　m——螺栓纵向列数。

受拉摩擦型高强度螺栓连接受偏心拉力作用时，如前所述，只要螺栓最大拉力不超过 $0.8P$，连接件接触面就能保证紧密结合。因此，均可按受拉普通螺栓连接小偏心受拉情况计算，即按式（3.55）计算，但式中取 $N_t^b = 0.8P$。

（3）同时承受拉力和剪力摩擦型高强度螺栓连接

图3.63所示为一柱与牛腿用高强度螺栓的 T 形连接。当高强度螺栓摩擦型连接同时承受剪力和拉力时，其承载力可以采用直线相关公式表达如下：

$$\frac{N_v}{N_v^b} + \frac{N_t}{N_t^b} \leqslant 1 \tag{3.66}$$

式中　N_v、N_t——某个高强度螺栓所承受的剪力和拉力；

　　　N_v^b、N_t^b——一个高强度螺栓的受剪、受拉承载力设计值。

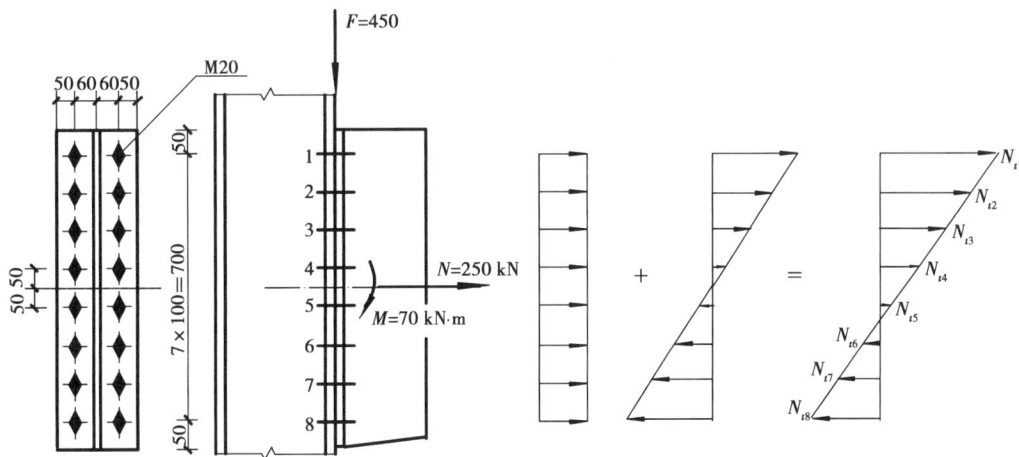

图3.64　同时受拉剪高强度螺栓连接

例 3.13 如图 3.64 所示工形截面柱翼缘与牛腿用摩擦型高强度螺栓连接。连接件钢材为 Q345,螺栓为 8.8 级,M20,接触面采用喷砂处理,试验算该螺栓连接是否满足要求。

解 ①最危险螺栓 1 所受的外力

$$N_{t1} = \frac{N}{n} + \frac{My_1}{m\sum y_i^2} = \frac{250}{16} + \frac{70 \times 10^2 \times 35}{2(35^2 + 25^2 + 15^2 + 5^2) \times 2}$$

$$= 15.6 + 29.2 = 44.8 \text{ kN} < 0.8P = 0.8 \times 125 = 100 \text{ kN}$$

$$N_{v1} = \frac{F}{n} = \frac{450}{16} = 28.1$$

②验算连接承载力

端板沿受力方向的连接长度 $l_1 = 70 \text{ cm} > 15d_0 = 15 \times 2.2 = 33 \text{ cm}$ 故螺栓的承载力设计值应按下列折减系数进行折减:

$$\beta = 1.1 - \frac{l_1}{150d_0} = 1.1 - \frac{70}{150 \times 2.2} = 0.89$$

由表 3.14 查得:$P = 125 \text{ kN}$,由表 3.15 查得:$\mu = 0.5$。

$$N_t^b = 0.8P = 0.8 \times 125 = 100 \text{ kN}$$

$$N_v^b = \beta_f 0.9kn_f \mu P = 0.89 \times 0.9 \times 1 \times 1 \times 0.5 \times 125 = 50.1 \text{ kN}$$

$$\frac{N_{v1}}{N_v^b} + \frac{N_{t1}}{N_t^b} = \frac{28.1}{50.1} + \frac{44.8}{100} = 1.01 \approx 1$$

满足要求。

3.6.3 承压型高强度螺栓的计算

高强度螺栓承压型连接的剪切变形比摩擦型大,所以只适于承受静力荷载或间接承受动力荷载的结构中。

(1)受剪承压型高强度螺栓连接

受剪承压型高强度螺栓连接以栓杆受剪破坏或孔壁承压破坏为极限。

$$N_v^b = n_v \frac{\pi d^2}{4} f_v^b \tag{3.67}$$

$$N_c^b = d \sum t f_c^b \tag{3.68}$$

取二者较小值为其承载力设计值 N_{min}^b。f_v^b、f_c^b 按附表 6 中承压型高强度螺栓取用。当剪切面在螺纹处时,采用螺杆的有效直径 d_e,即按螺纹处的有效截面计算 N_v^b 值。

(2)受拉承压型高强度螺栓连接

$$N_t^b = \frac{\pi d^2}{4} f_t^b \tag{3.69}$$

式中 f_t^b 按附表 1.6 查用。

(3)受拉剪的承压型高强度螺栓连接

按受剪、受拉分别计算出 N_v^b、N_c^b、N_t^b,并符合下列公式:

$$\sqrt{\left(\frac{N_v}{N_v^b}\right)^2 + \left(\frac{N_t}{N_t^b}\right)^2} \leq 1 \tag{3.70}$$

$$N_v \leq N_c^b/1.2 \tag{3.71}$$

承载力设计值除以 1.2,是考虑由于螺栓同时承受外拉力,使连接件之间压紧力减小,导致孔壁承压强度降低的缘故。

本章小结

本章主要介绍了焊接连接和螺栓连接,焊接连接在整个钢结构的制造和安装作业中占有很大的比重。高强度螺栓连接因受力状况好、承载力大、耐疲劳、进度和质量容易保证等优点,使用愈来愈广泛。

对焊接的学习要求应做到根据被连接件的受力情况,按构造要求、对焊缝作必要的抗压、抗拉、抗弯、抗剪强度验算。另外,应能在钢结构施工详图上根据焊缝代号在焊缝位置上,正确标注焊缝代号。

残余应力和残余应变是焊接的一大缺点,这些变形和应力直接影响焊接结构的质量和使用性能。合理的焊接工艺和操作措施,可以减小或消除焊接应力。应重视这方面的知识的学习,它既是难点又是重点。

普通螺栓连接和高强度螺栓连接的学习重点为三种受力性能、破坏形式和计算方法。学习要求应做到能根据被连接件的受力情况选用连接形式并进行设计,包括按构造要求合理地排列螺栓和作相应的承载力计算,其中,还应包括对被连接件的净截面强度验算。

习　题

1. 设计如图 3.65 所示,钢板的对接焊缝拼接。钢板承受轴心拉力,其中恒载和活载标准值分别为 600 kN 和 450 kN,相应的荷载分项系数为 1.2 和 1.4。已知钢材为 Q235-B·F,采用 E43 型焊条,手工电弧焊,三级质量标准,施焊时加引弧板。

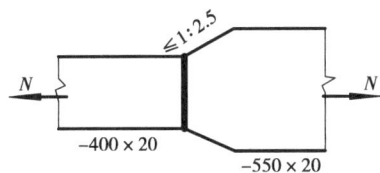

图 3.65　习题 1 图

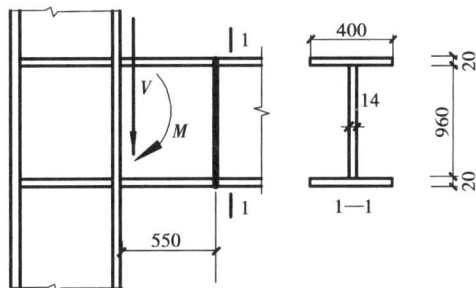

图 3.66　习题 2 图

2. 验算图 3.66 所示钢梁的对接焊缝连接。钢材为 Q235,手工焊,焊条 E43 型,三级质量标准,施焊时加引弧板。$M = 800$ kNm,$V = 80$ kN。

3. 某桁架下弦拼接节点如图 3.67 所示,节点板厚度为 12 mm,拼接角钢 90×8,角钢及节点板钢材均为 Q235,焊条 E43 型,手工焊。$N_1 = 550$ kN,$N_2 = 380$ kN(静力荷载设计值),计算下弦杆与节点板连接的角焊缝。

4. 试验算图 3.68 所示一支托板与柱搭接连接的角焊缝强度。荷载设计值 $N = 30$ kN、$V = 180$ kN(均为静力荷载),钢材为 Q235,焊条 E43 型,手工焊。

5. 图 3.69 所示牛腿,用 C 级普通螺栓连接于钢柱上,螺栓 M22,钢材 Q235。试求:

(1)牛腿下设有支托承受剪力时,该连接所能承受的最大荷载设计值 F。

(2)牛腿下不设支托时,该连接又能承受多大的荷载设计值 F。

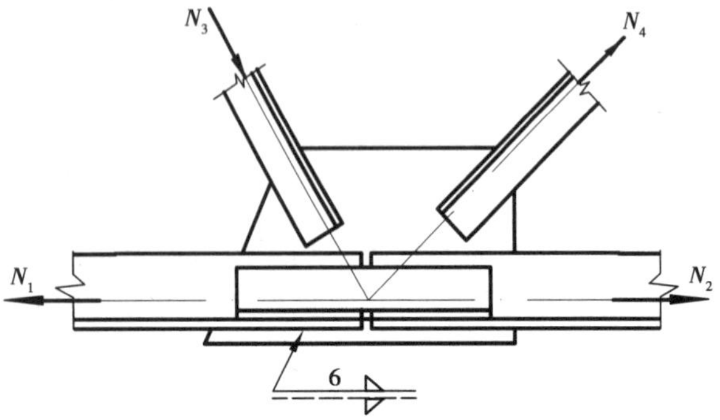

图 3.67 习题 3 图

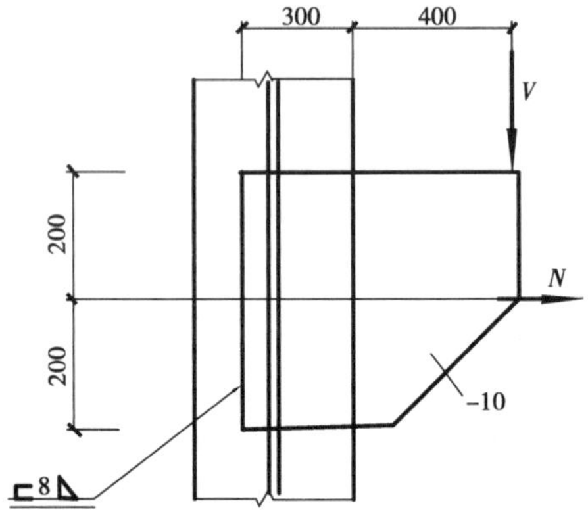

图 3.68 习题 4 图

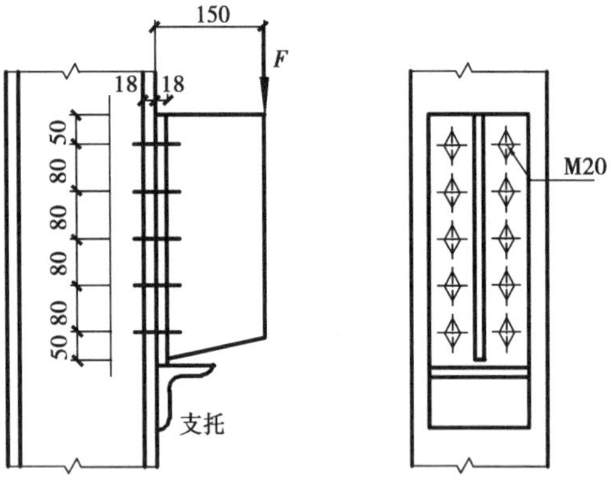

图 3.69 习题 5 图

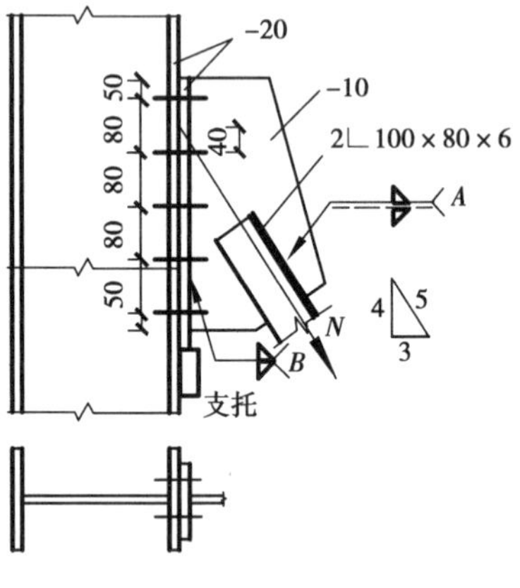

图 3.70 习题 7 图

6. 试设计用摩擦型高强度螺栓连接的钢板拼接连接。采用双盖板,钢板截面为 340×20。钢材为 Q345,螺栓 8.8 级,M22,接触面采用喷砂处理,承受轴心拉力设计值 $N = 1\ 600$ kN。

7. 节点构造如图 3.70 所示,$N = 150$ kN,高强度螺栓 8.8 级,M20,接触面采用喷砂后涂无机富锌漆。钢材为 Q235,焊条 E43 型,手工焊。

(1)设计 A 焊缝,

(2)验算 B 焊缝的强度,

(3)验算摩擦型高强度螺栓连接的强度。

第 **4** 章
钢结构的基本构件设计

建筑结构的基本构件指梁、板、柱、拉(压)杆等结构构件。从受力特点来看,这些构件可分为受弯构件、轴心受力构件(拉、压杆)、偏心受力构件拉弯和压弯构件)等,如果这些构件用钢材来制作,则称为钢结构的基本构件。本章着重讲述这些基本构件的设计要点、计算步骤、计算公式和工程实例。

4.1 受弯构件——钢梁

4.1.1 梁的设计要点

受弯构件是指荷载垂直作用于杆件轴线的构件,如楼板、楼(屋)盖梁等。钢梁按截面形式可分为型钢梁和组合梁两大类,型钢梁指工字钢或槽钢、H 型钢独立组成的钢梁;组合梁指由几块钢板经焊接组成的工字梁、箱形梁等(图 4.1)。

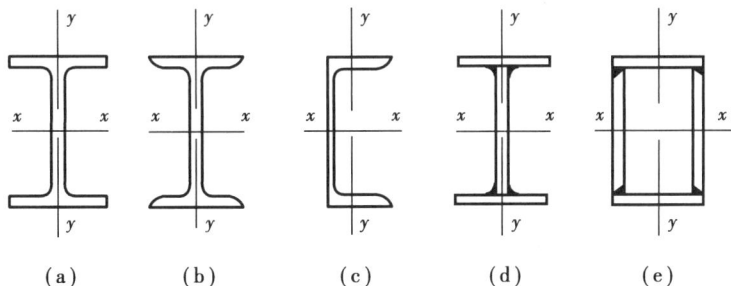

$$
\text{(a)} \qquad \text{(b)} \qquad \text{(c)} \qquad \text{(d)} \qquad \text{(e)}
$$

图 4.1 钢梁的截面形式

钢梁的设计内容有截面选择、强度、刚度、整体稳定、局部稳定、构造设计等几个方面,下面分别予以介绍。

(1)钢梁的强度和刚度

1)梁的强度

梁在荷载作用下,将产生弯矩 M 和剪力 V,因此需进行抗弯强度验算和抗剪强度验算。当梁的上翼缘有荷载作用而又未设横向加劲肋时,应验算腹板边缘的局部压应力强度。对梁中弯曲应力、剪应力和局部压应力共同作用的部位,应验算折算应力。

①拉弯强度

钢梁在弯矩作用下,梁截面的正应力将经历弹性、弹塑性、塑性3个应力阶段(图4.2)。

A. 弹性工作阶段:这时弯矩较小,截面上的弯矩应力是直线分布,其最大正应力 $\sigma = \dfrac{M}{W_n}$ (图4.2(b)、(c))。

B. 弹塑性工作阶段:随着荷载的增加,弯矩引起的正应力 σ 进一步加大,截面外边缘部分逐渐进入塑性状态,中间部分仍保持弹性(图4.2(d))。

C. 塑性工作阶段:如果荷载继续增加,梁截面中间部分的应力 σ 全部达到屈服强度 f_y,弹性区消失,截面全部进入塑性工作阶段形成塑性铰(图4.2(e))。这时梁的截面弯矩称为塑性弯矩 M_p:

$$M_p = W_{pn} f_y \tag{4.1}$$

式中　W_{pn}——梁的净截面塑性模量。

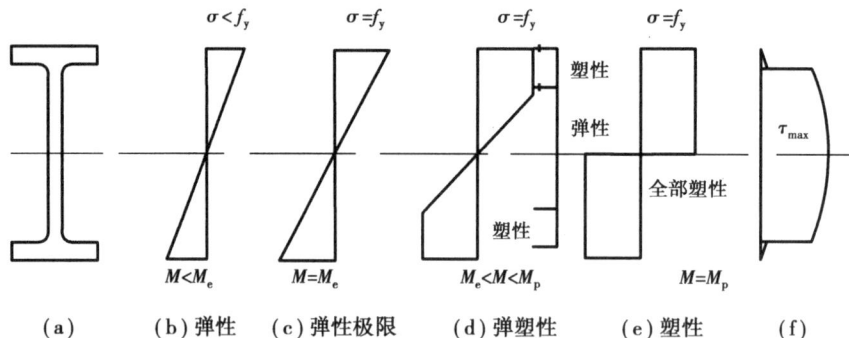

图4.2　梁截面的应力分布

《规范》考虑到梁在塑性阶段变形过大,受压翼缘可能过早丧失局部稳定,而取梁内塑性发展到一定深度(弹塑性阶段)作为梁拉弯设计的依据。取 $W_{pn} \approx \gamma W_n$,$\gamma$ 称为截面塑性发展系数。因此,在主平面内受弯的实腹梁,其抗弯强度应按下列规定计算:

$$\frac{M_x}{\gamma_x W_{nx}} + \frac{M_y}{\gamma_y W_{ny}} \leqslant f \tag{4.2}$$

式中　M_x、M_y——同一截面处绕 x 轴和 y 轴的弯矩(对工字形截面:x 轴为强轴,y 轴为弱轴)。

　　　　W_{nx}、W_{ny}——对 x 轴和 y 轴的净截面模量;当截面板件宽厚比等级为 S_1 级,S_2 级,S_3 级或 S_4 级时,应取全截面模量。当截面板件宽厚比等级为 S_5 级时,应取有效截面模量,均匀受压翼缘有效外伸宽度可取 $15\varepsilon_k$。

　　　　f——钢材的抗弯强度设计值。

　　　　γ_x、γ_y——截面塑性发展系数;对工字形和箱形截面,当截面板件宽厚比等级为 S_4 或 S_5 级时,截面塑性发展系数应取为1.0。当截面板件宽厚比等级为 S_1 级,S_2 级及 S_3 级时,对工字形截面,$\gamma_x = 1.05$,$\gamma_y = 1.20$;对箱形截面,$\gamma_x = \gamma_y = 1.05$;对其他截面,可按附表3采用;对需要计算疲劳的梁,宜取 $\gamma_x = \gamma_y = 1.0$。

②抗剪强度

梁在竖向荷载作用下,会产生剪力 V 而引起剪应力 τ(图 4.2(f))。《标准》规定,在主平面内受弯的实腹构件,其抗剪强度应按下式计算:

$$\tau = \frac{VS}{It_w} \leqslant f_v \tag{4.3}$$

式中　V——计算截面沿腹板平面作用的剪力设计值(N);

　　　S——计算剪应力处以上(或以下)毛截面对中和轴的面积矩(mm^3);

　　　I——毛截面惯性矩(mm^4);

　　　t_w——腹板厚度(mm);

　　　f_v——钢材的抗剪强度设计值(N/mm^2)。

③腹板局部压应力

对工字形截面梁,当梁上翼缘受有沿腹板平面作用的集中荷载、且该荷载处又未设置支承加劲肋时(图 4.3),腹板计算高度上边缘将产生较大的局部压应力 σ_c,此时腹板计算高度的局部压应力应满足下式要求:

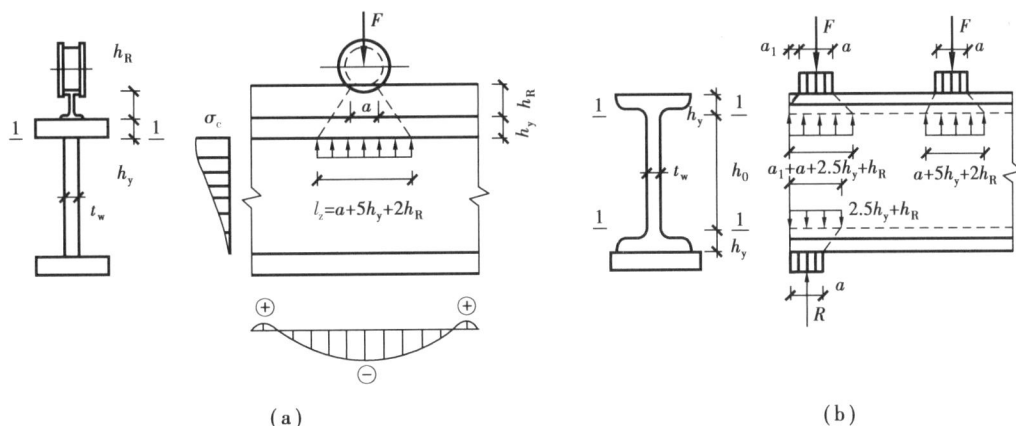

图 4.3　梁腹板局部压应力

$$\sigma_c = \frac{\psi F}{t_w l_z} \leqslant f \tag{4.4}$$

式中　F——集中荷载,对动力荷载应考虑动力系数(N);

　　　ψ——集中荷载增大系数,对重级工作制吊车梁,$\psi = 1.35$,对其他梁,$\psi = 1.0$;

　　　l_z——集中荷载在腹板计算高度上边缘的假定分布长度(mm),按下式计算:

$$l_z = 3.25\sqrt[3]{\frac{I_R + I_f}{t_w}} \quad \text{或} \quad l_z = a + 5h_y + 2h_R \tag{4.5}$$

　　　I_R——轨道绕自身形心轴的惯性矩(mm^4);

　　　I_f——梁上翼缘绕翼缘中面的惯性矩(mm^4);

　　　a——集中荷载沿梁跨度方向的支承长度(mm),对钢轨上的轮压可取 50 mm;

　　　h_y——自梁顶面至腹板计算高度上边缘的距离;对焊接梁为上翼缘厚度,对轧制工字形截面梁,是梁顶面到腹板过渡完成点的距离(mm);

h_R——轨道的高度,对梁顶无轨道的梁 $h_R = 0$;

f——钢材的抗压强度设计值(N/mm^2)。

在梁的支座处,当不设置支承加劲肋时,也应按式(4.4)计算腹板计算高度下边缘的局部压应力,但 ψ 取 1.0;支座集中反力的假定分布长度是根据支座具体尺寸按式(4.5)确定。

关于腹板的计算高度 h_0:对轧制型钢梁,为腹板与上、下翼缘相接处两内弧起点间的距离;对焊接组合梁,为腹板高度;对铆接(或高强度螺栓连接)组合梁,为上、下翼缘与腹板连接的铆钉(或高强度螺栓)线间最近距离。

④折算应力

在组合梁或型钢梁中,对翼缘与腹板交接的部位,若同时承受有较大的正应力、剪应力和局部压应力,或同时承受有较大的正应力和剪应力(如连续梁中部支座处或梁的翼缘截面改变处等)时,应验算其折算应力 σ_{eq}:

$$\sigma_{eq} = \sqrt{\sigma^2 + \sigma_c^2 - \sigma\sigma_c + 3\tau^2} \leqslant \beta_1 f \tag{4.6}$$

式中 σ、τ、σ_c——腹板计算高度边缘同一点上同时产生的正应力、剪应力和局部压应力,τ 和 σ_c 应按式(4.3)和(4.4)计算。其中正应力 σ 按下式计算:

$$\sigma = \frac{M}{I_n} y_1 \tag{4.7}$$

I_n——梁净截面惯性矩(mm^4);

y_1——计算点至梁中和轴的距离(mm);

β_1——计算折算应力的强度设计值增大系数,当 σ 与 σ_c 异号时,取 $\beta_1 = 1.2$,当 σ 与 σ_c 同号或 $\sigma_c = 0$ 时,取 $\beta_1 = 1.1$。

2)梁的刚度

梁的刚度可用正常使用极限状态下,荷载标准值引起的挠度来衡量。挠度过大会影响正常使用,因此,必须限制梁的挠度 ν 不超过《标准》规定的容许挠度 $[\nu]$,即

$$\nu \leqslant [\nu] \tag{4.8}$$

$$\frac{\nu}{l} \leqslant \frac{[\nu]}{l} \tag{4.9}$$

式中 ν——梁的最大挠度,按荷载标准值计算;

$[\nu]$——受弯构件挠度容许值,参见《钢结构设计标准》(GB 50017—2017)附录 B;

l——梁的跨度。

(2)梁的整体稳定

工字形截面梁翼宽、腹板较薄,若无侧向支承,则在竖向荷载作用下,梁将从平面弯曲状态转到同时发生侧向弯曲和扭曲的变形状态,如图 4.4 所示,从而丧失稳定性而破坏。这种梁从平面弯曲状态转变为弯扭状态的现象称为整体失稳。

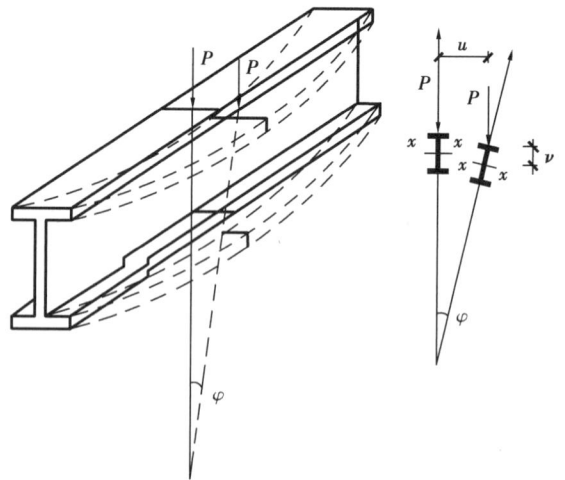

图 4.4 梁丧失整体稳定的情况

表 4.1　工字形截面简支梁的系数 β_b

项次	侧向支承	荷　载		$\xi \leqslant 2.0$	$\xi > 2.0$	适用范围
1	跨中无侧向支承	均布荷载作用在	上翼缘	$0.69 + 0.13\xi$	0.95	图 4.5(a)、(b) 的截面
2			下翼缘	$1.73 - 0.20\xi$	1.33	
3		集中荷载作用在	上翼缘	$0.73 + 0.18\xi$	1.09	
4			下翼缘	$2.23 - 0.28\xi$	1.67	
5	跨度中点有一个侧向支承点	均布荷载作用在	上翼缘	1.15		图 4.5 所有的截面
6			下翼缘	1.40		
7		集中荷载作用在截面高度上任意位置		1.75		
8	跨中有不少于两个等距离侧向支承点	任意荷载作用在	上翼缘	1.20		
9			下翼缘	1.40		
10	梁端有弯矩,但跨中无荷载作用			$1.75 - 1.05\left(\dfrac{M_2}{M_1}\right) + 0.3\left(\dfrac{M_2}{M_1}\right)^2 \leqslant 2.3$		

注:①$\xi = \dfrac{l_1 t_1}{b_1 h}$ ——系数,其中 b 和 l_1 为梁的受压翼缘宽度和其侧向支点的距离。

②M_1 和 M_2 为梁的端弯矩,使梁产生同向曲率时,M_1、M_2 取同号,产生反向曲率时取异号,$|M_1| \geqslant |M_2|$。

③表中项次 3,4 和 7 的集中荷载是指一个或少数几个集中荷载位于跨中央附近的情况,对其他情况的集中荷载,应按表中项次 1,2,5 和 6 内的数值采用。

④表中项次 8,9 的 β_b,当集中荷载作用在侧向支撑点处时,取 $\beta_b = 1.20$。

⑤荷载作用在上翼缘系指荷载作用点在翼缘表面,方向指向截面形心;荷载作用在下翼缘系指荷载作用在翼缘表面,方向背向截面形心。

⑥对 $\alpha_b > 0.8$ 的加强受压翼缘工字形截面,下列情况的 β_b 值应乘以相应的系数。

项次 1　　当 $\xi \leqslant 1.0$ 时,0.95

项次 3　　当 $\xi \leqslant 0.5$ 时,0.90

　　　　　当 $0.5 \leqslant \xi \leqslant 1.0$ 时,0.95

1)梁整体性的计算

①在最大刚度主平面内受弯的构件,其整体稳定性的验算公式为:

$$\frac{M_x}{\varphi_b W_x f} \leqslant 1.0 \tag{4.10}$$

式中　M_x——绕强轴作用的最大弯矩;

　　　W_x——按受压翼缘确定的梁毛截面模量;

　　　φ_b——梁的整体稳定系数。

②在两个主平面受弯的 H 形截面或工字形截面梁的整体稳定验算公式为:

$$\frac{M_x}{\varphi_b W_x f} + \frac{M_y}{\gamma_y W_y f} \leqslant 1.0 \tag{4.11}$$

式中　W_x、W_y——按受压翼缘确定的梁毛截面模量;

　　　φ_b——梁绕强轴弯曲所确定的整体稳定系数;

　　　γ_y——截面塑性发展系数。

2)梁的整体稳定系数 φ_b

①等截面焊接工字形和轧制 H 型钢:

$$\varphi_b = \beta_b \frac{4\,320}{\lambda_y^2} \cdot \frac{Ah}{W_x} \left[\sqrt{1 + \left(\frac{\lambda_y t_1}{4.4h}\right)^2} + \eta_b \right] \varepsilon_k^2 \tag{4.12}$$

式中　β_b——梁整体稳定的等效临界弯矩系数,按表4.1取值;

　　　A——梁毛截面积;

　　　h——梁截面高度;

　　　t——梁受压翼缘厚度;

　　　λ_y——梁对弱轴(y轴)的长细比,$\lambda_y = \dfrac{l_1}{i_y}$,$i_y$ 为梁毛截面对弱轴(y轴)的回转半径;

　　　η_b——截面不对称影响系数;

双轴对称工字形截面(图4.5(a)):$\eta_b = 0$;

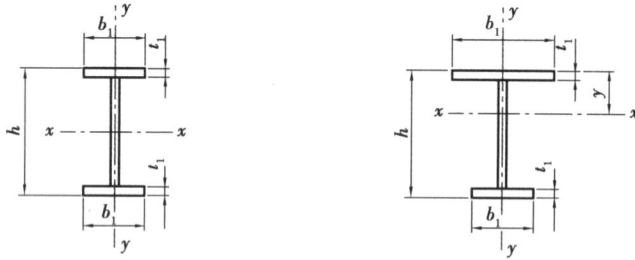

(a)双轴对称焊接工字形截面　　(b)加强受压翼缘的单轴对称焊接工字形截面

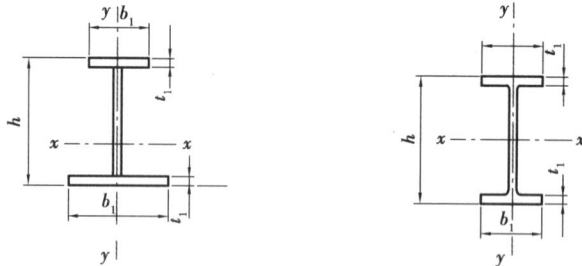

(c)加强受拉翼缘的单轴对称焊接工字形截面　　(d)轧制H型钢截面

图4.5　工字形截面和轧制 H 型钢截面

单轴对称工字形截面,加强受压翼缘:$\eta_b = 0.8(2\alpha_b - 1)$;加强受拉翼缘:$\eta_b = 2\alpha_b - 1$;

$\alpha_b = \dfrac{I_1}{I_1 + I_2}$,$I_1$ 和 I_2 分别为受压翼缘和受拉翼缘对 y 轴的惯性矩。

式(4.12)中,若 $\varphi_b > 0.6$ 时,表明钢梁进入弹塑性工作阶段,《规范》规定应采用下式计算的 φ_b' 代替 φ_b 值,则

$$\varphi_b' = 1.07 - \frac{0.282}{\varphi_b} \leqslant 1.0 \tag{4.13}$$

②轧制普通工字钢简支梁

轧制普通工字钢简支梁的整体稳定性系数 φ_b,按表4.2查用。当 φ_b 值大于0.6时,按式(4.13)算得的 φ_b' 值代替 φ_b 值。

表4.2　轧制普通工字钢简支梁的 φ_b 值

项次	荷载情况		工字钢型号	自由长度 l_1/mm								
				2	3	4	5	6	7	8	9	10
1	跨中无侧向支承点的梁	集中荷载作用于 上翼缘	10~20	2.0	1.30	0.99	0.80	0.68	0.58	0.53	0.48	0.43
			22~32	2.40	1.48	1.09	0.86	0.72	0.62	0.54	0.49	0.45
			36~63	2.80	1.60	1.07	0.83	0.68	0.56	0.50	0.45	0.40
2		下翼缘	10~20	3.10	1.95	1.34	1.01	0.82	0.69	0.63	0.57	0.52
			22~40	5.50	2.80	1.84	1.37	1.07	0.86	0.73	0.64	0.56
			45~63	7.30	3.60	2.30	1.62	1.20	0.96	0.80	0.69	0.60
3		均布荷载作用于 上翼缘	10~20	1.70	1.12	0.84	0.68	0.57	0.50	0.45	0.41	0.37
			20~40	2.10	1.30	0.93	0.73	0.60	0.51	0.45	0.40	0.36
			45~63	2.60	1.45	0.97	0.73	0.59	0.50	0.44	0.38	0.35
4		下翼缘	10~20	2.50	1.55	1.08	0.83	0.68	0.56	0.52	0.47	0.42
			22~40	4.00	2.20	1.45	1.10	0.85	0.70	0.60	0.52	0.46
			45~63	5.60	2.80	1.80	1.25	0.95	0.78	0.65	0.55	0.49
5	跨中有侧向支承点的梁(不考虑荷载作用点在截面高度上的位置)		10~20	2.20	1.39	1.01	0.79	0.66	0.57	0.52	0.47	0.42
			22~40	3.00	1.80	1.24	0.96	0.76	0.65	0.56	0.49	0.43
			45~63	4.00	2.20	1.38	1.01	0.80	0.66	0.56	0.49	0.43

注:①同表4.1的注③和⑤;

②表中的 φ_b 适用于 Q235 钢,对其他钢号,表中数值应乘以 ε_k^2。

③轧制槽钢简支梁

轧制槽钢简支梁的稳定系数与荷载形式和作用点位置无关,均可按下式计算:

$$\varphi_b = \frac{570bt}{l_1 h} \cdot \varepsilon_k^2 \tag{4.14}$$

式中　h、b、t——槽钢截面的高度、翼缘宽度和平均厚度。

按式(4.14)算得的 φ_b 大于0.6时,用式(4.13)算得的 φ_b' 值代替 φ_b 值。

3)可不作整体稳定性验算的条件

①有铺板(各种钢筋混凝土板和钢板)密铺在梁的受压翼缘上并与其牢固相连,能阻止梁受压翼缘的侧向位移时。

②H型钢或等截面工字形简支梁受压翼缘的自由长度 l_1 与其宽度 b_1 之比不超过表4.3所规定的数值时。

表4.3 H型钢或等截面工字形简支梁不需计算整体稳定性的最大 l_1/b_1 值

钢 号	跨中无侧向支承点的梁		跨中受压翼缘有侧向支承点的梁,不论荷载作用于何处
	荷载作用在上翼缘	荷载作用在下翼缘	
Q235	13.0	20.0	16.0
Q345	10.5	16.5	13.0
Q390	10.0	15.5	12.5
Q420	9.5	15.0	12.0

注:其他钢号的梁不需计算整体稳定性的最大 l_1/b_1 值,应取Q235钢的数值乘以 ε_k^2。

对跨中无侧向支承点的梁,l_1 为其跨度;对跨中有侧向支承点的梁,l_1 为受压翼缘侧向支承点间的距离(梁的支座处视为有侧向支承)。

(3)局部稳定

焊接截面组合梁设计时,从强度、刚度和整体稳定性考虑,腹板宜高而薄,翼缘也宜宽而薄,但若设计不好,在荷载作用下,受压应力和剪应力作用的翼缘和腹板的相应区域将产生波形屈曲,即局部失稳,从而影响梁的强度、刚度及整体稳定性,对梁的受力产生不利影响,设计中应加以避免。

1)承受静力荷载和间接承受动力荷载的焊接截面梁可考虑腹板屈曲后强度,按《钢结构设计标准》(GB 50017—2017)6.4的规定计算其受弯和受剪承载力。

不考虑腹板屈曲后强度时,当 $h_0 > 80\varepsilon_k$ 时,焊接截面梁应按《钢结构设计标准》(GB 50017—2017)的第6.3.3条至第6.3.5条的规定计算腹板的稳定性。h_0 为腹板的计算高度,t_w 为腹板的厚度。轻、中级工作制吊车梁计算腹板的稳定性时,吊车轮压设计值可乘以折减系数0.9。

2)加劲肋的设计

①梁腹板加劲肋的设置(图4.6)

《标准》规定,组合梁腹板配置加劲肋应符合下列规定(表4.4):

A. 当 $h_0/t_w \leqslant 80\varepsilon_k$ 时,对有局部压应力($\sigma_c \neq 0$)的梁,宜按构造配置横向加劲肋;但对无局部压应力($\sigma_c = 0$)的梁,可不配置加劲肋。

B. 当 $h_0/t_w > 80\varepsilon_k$ 时,应配置横向加劲肋。其中 $h_0/t_w > 170\varepsilon_k$(受压翼缘扭转受到约束,若连有刚性铺板、制动板或焊有钢轨时)或 $h_0/t_w > 150\varepsilon_k$(受压翼缘扭转未受到约束时),或按计算需要时,应在弯曲应力较大区格的受压区增加配置纵向加劲肋。局部压应力很大的梁,必要时尚宜在受压区配置短加劲肋。

任何情况下,h_0/t_w 均不应超过250。

C. 梁的支座处和上翼缘受有较大固定集中荷载处,宜设置支承加劲肋。

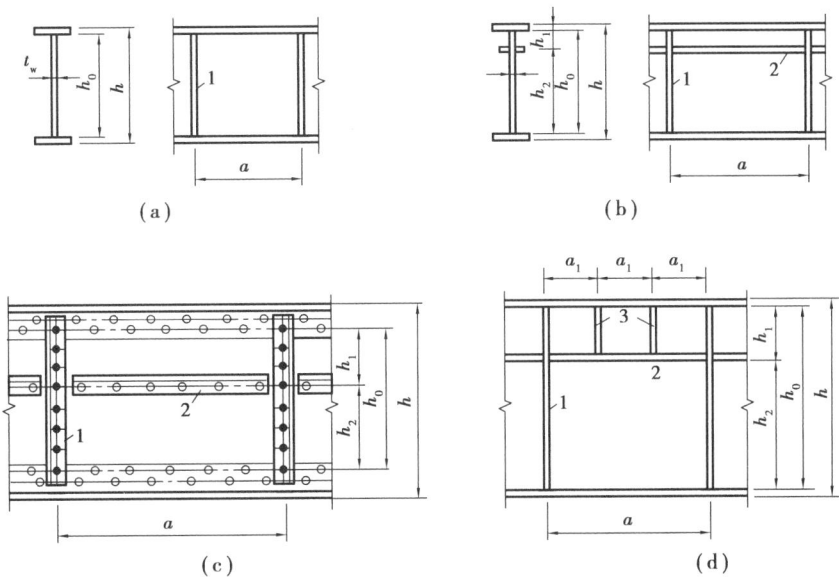

图 4.6　腹板上加劲肋的布置
1—横向加劲肋;2—纵向加劲肋;3—短加劲肋

②加劲肋的构造要求

加劲肋宜在腹板两侧成对配置,也可单侧配置(图 4.7),但支承加劲肋、重级工作制吊车梁的加劲肋不应单侧配置。

横向加劲肋的最小间距应为 $0.5h_0$,最大间距应为 $2h_0$(对无局部压应力的梁,当 $h_0/t_w \leqslant 100$ 时,可采用 $2.5h_0$)。纵向加劲肋至腹板计算高度受压边缘的距离应在 $h_c/2.5 \sim h_c/2$ 范围内。

在腹板两侧成对配置的钢板横向加劲肋,其截面尺寸应符合下列要求:

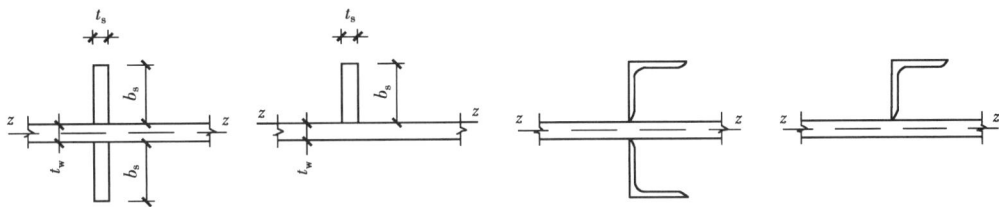

图 4.7　加劲肋的配置

外伸宽度:

$$b_s \geqslant \frac{h_0}{30} + 40 \ (\text{mm}) \tag{4.15}$$

厚度:

$$承压加劲肋 \ t_s \geqslant \frac{b_s}{15} \ (\text{mm}),不受力加劲肋 \ t_s \geqslant \frac{b_s}{19}(\text{mm}) \tag{4.16}$$

在腹板一侧配置的钢板横向加劲肋,其外伸宽度应大于按公式(4.20)算得的 1.2 倍,厚度应符合式(4.21)的规定。

在同时用横向加劲肋和纵向加劲肋加强的腹板中,横向加劲肋的截面尺寸除应符合上述规定外,其截面惯性矩 I_z 应满足下列要求:

$$I_z \geqslant 3h_0 t_w^3 \tag{4.17}$$

纵向加劲肋的截面惯性矩 I_y，应符合下列公式要求：

当 $a/h_0 \leqslant 0.85$ 时：

$$I_y \geqslant 1.5h_0 t_w^3 \tag{4.18}$$

当 $a/h_0 > 0.85$ 时：

$$I_y \geqslant \left(2.5 - 0.45 \frac{a}{h_0}\right)\left(\frac{a}{h_0}\right)^2 h_0 t_w^3 \tag{4.19}$$

短加劲肋的最小间距为 $0.75h_1$。短加劲肋外伸宽度应取横向加劲肋外伸宽度的 $0.7 \sim 1.0$ 倍，厚度不应小于短加劲肋外伸宽度的 $1/15$。

用型钢(H型钢、工字钢、槽钢、胶尖焊于腹板的角钢)做成的加劲肋，其截面惯性矩应按梁腹板中心线为轴线进行计算。在腹板一侧配置的加劲肋，其截面惯性矩应按加劲肋相连的腹板边缘为轴线进行计算。

焊接梁的横向加劲肋与翼缘板、腹板相接处应切角，当作焊接工艺孔时，切角宜采用半径 $R = 30$ mm 的 $1/4$ 圆弧。

③支承加劲肋设计

钢梁的支承加劲肋(图4.8)，应按承受梁支座反力或固定集中荷载的轴心受压构件计算其在腹板平面外的稳定性。此受压构件的截面应包括加劲肋和加劲肋每侧 $15t_w \varepsilon_k$ 范围内的腹板面积，计算长度取 h_0。对突缘式支座，其加劲肋向下伸出的长度不得大于厚度的 2 倍。

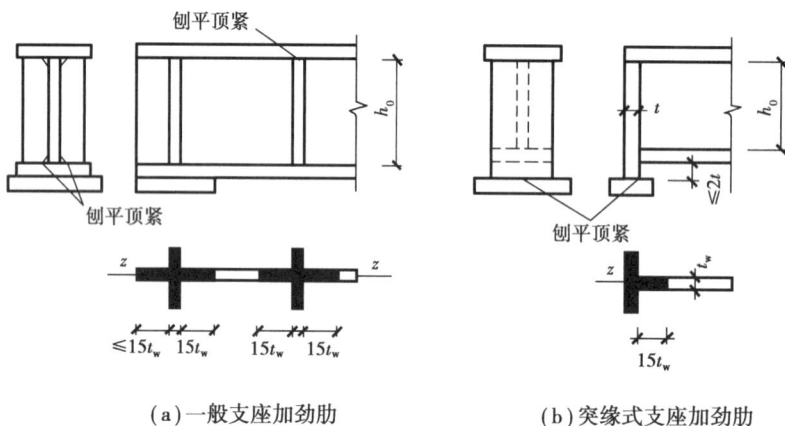

（a）一般支座加劲肋　　　　　　　（b）突缘式支座加劲肋

图 4.8　支承加劲肋的构造

当梁支承加劲肋的端部为刨平顶紧时，应按其所承受的支座反力或固定集中荷载计算其端面承压力；当端部为焊接时，应按传力情况计算其焊缝应力。

支承加劲肋与腹板的连接焊缝，应按传力需要进行计算。

4.1.2 型钢梁设计

型钢梁的设计应满足强度、刚度及整体稳定的要求。对局部稳定，一般型钢梁的腹板与翼缘的高厚比和宽厚比都不大，可不必验算。

(1)单向受弯型钢梁

计算步骤：

1)确定设计条件:根据建筑使用功能或主要要求确定荷载、跨度和支承情况,选定钢材型号,确定强度指标。

2)计算梁的内力:计算 M_{max} 和 V_{max}。

3)初选截面:计算梁所需的净截面抵抗矩 W_{nx}。

$$W_{nx} = \frac{M_{max}}{\gamma_x f} \tag{4.20}$$

对工字钢取 $\gamma_x = 1.05$,其他根据不同截面查附表3选用,按 W_{nx} 值查型钢表,初选型钢规格。

4)截面强度验算

抗弯强度: $\dfrac{M_x}{\gamma_x W_{nx}} \leq f$

抗剪强度: $\tau = \dfrac{VS}{It_w} \leq f_v$

局压强度: $\sigma_c = \dfrac{\psi F}{t_w l_z} \leq f$

折算应力: $\sigma_{eq} = \sqrt{\sigma^2 + \sigma_c^2 - \sigma\sigma_c + 3\tau^2} \leq \beta_1 f$

热轧型钢的腹板较厚,若截面无削弱和无较大固定集中荷载时,可不验算抗剪强度、局部承压强度和折算应力。

5)刚度验算

钢梁的刚度验算应按荷载标准值计算,并按材料力学所述的挠度计算方法进行刚度验算。

$$\nu \leq [\nu] \text{ 或 } \frac{\nu}{l} \leq \frac{[\nu]}{l}$$

6)整体稳定性验算

当型钢梁无保证整体稳定的可靠措施时,应按下式验算整体稳定性:

$$\frac{M_x}{\varphi_b W_x} \leq f$$

例4.1 如图4.9(a)所示工作平台,平台由主梁与次梁组成,承受由板传来的荷载,平台恒载标准值为3.6 kN/m²,平台活载标准值为4.2 kN/m²,无动力荷载,恒载分项系数 $\gamma_G = 1.3$,活载分项系数 $\gamma_Q = 1.5$,钢材为Q235。试按下列3种情况分别设计次梁。

情况1:平台面板视为刚性,并与次梁牢固连接,次梁采用热轧普通工字钢;

情况2:平台面板临时搁置于梁格上,次梁跨中没有侧向支撑,次梁采用H型钢;

情况3:平台面板临时搁置于梁格上,次梁采用热轧普通工字钢。

解 次梁按简支梁设计,由附表1.1查得 $f = 215$ N/mm²

次梁A承担3.3 m宽板内荷载:

荷载标准值 $q_k = (3.6 + 4.2) \times 3.3 = 25.74$ kN/m

荷载设计值 $q_d = (3.6 \times 1.3 + 4.2 \times 1.5) \times 3.3 = 36.23$ kN/m

最大设计弯矩 $M = \dfrac{1}{8} \times 36.23 \times 5.5^2 = 137$ kN·m

次梁所需截面抵抗矩

$$W_n = \frac{M}{\gamma_x f} = \frac{137 \times 10^6}{1.05 \times 215} = 606\,866 \text{ mm}^3 = 606.87 \text{ cm}^3$$

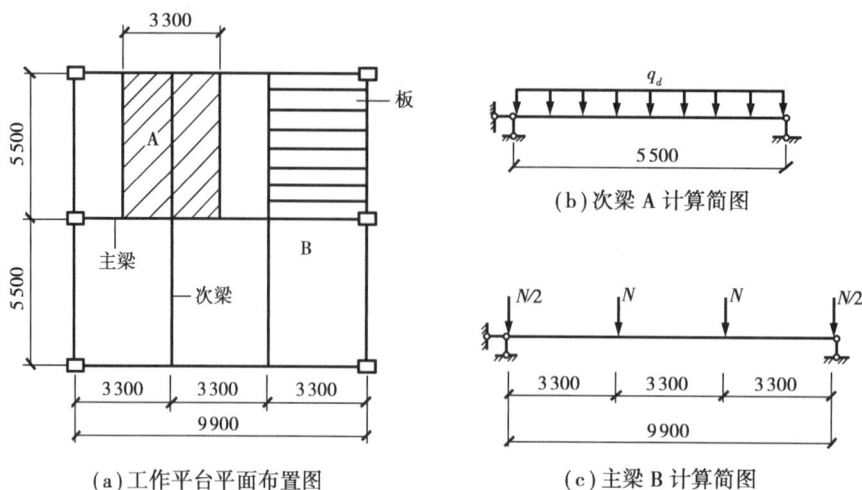

图 4.9　例 4.1,4.2 图

下面分 3 种情况分别选择截面,然后进行验算。

情况 1:

查附表 11 选用 I 32a,质量 52.7 kg/m,$I_x = 11\,100$ cm^4,$W_x = 692$ cm^3,$S_x = 404$ cm^3,$t_w = 9.5$ mm。

最大内力设计值

$$M_{max} = \left(137 + \frac{1}{8} \times 1.3 \times 52.7 \times 9.8 \times 5.5^2 \times 10^{-3}\right) = 139.54 \text{ kN} \cdot \text{m}$$

$$V_{max} = \left(\frac{1}{2} \times 36.23 \times 5.5 + \frac{1}{2} \times 1.3 \times 52.7 \times 9.8 \times 5.5 \times 10^{-3}\right) = 101.48 \text{ kN}$$

①抗弯强度验算

$$\sigma = \frac{M}{\gamma_x W_x} = \frac{139.54 \times 10^6}{1.05 \times 692 \times 10^3} = 192 \text{ N/mm}^2 < f = 215 \text{ N/mm}^2$$

满足要求。

②抗剪强度验算

$$\tau = \frac{VS}{I_x t_w} = \frac{101.48 \times 10^3 \times 404 \times 10^3}{11\,100 \times 10^4 \times 9.5} = 38.88 \text{ N/mm}^2 < f_v = 125 \text{ N/mm}^2$$

满足要求。

③支座处局部受压强度验算

取支座长度 $a = 100$ mm,

$$l_z = a + h_y = [100 + (15 + 11.5)] = 126.5 \text{ mm}$$

$$\sigma_c = \frac{\psi F}{t_w l_z} = \frac{1.0 \times 101\,480}{126.5 \times 9.5} = 84.4 \text{ N/mm}^2 < f = 215 \text{ N/mm}^2$$

满足要求。

④刚度验算

$$q_k = 25.74 + 52.7 \times 9.8 \times 10^{-3} = 26.26 \text{ kN/m}$$

$$\nu = \frac{5}{384} \times \frac{q_k l^4}{EI} = \frac{5}{384} \times \frac{26.26 \times 5\,500^4}{206\,000 \times 11\,100 \times 10^4} = 13.7 \text{ mm}$$

$$< [\nu] = \frac{l}{250} = \frac{5\ 500}{250} = 22\ \text{mm}$$

满足要求。

因次梁与刚性面板连接牢固,可不验算整体稳定性。

故所选截面Ⅰ32a满足要求,可作为梁的设计截面。

情况2:

查附表13选用 HW250×250,质量 71.8 kg/m,$I_x = 10\ 700\ \text{cm}^4$,$W_x = 860\ \text{cm}^3$,$i_y = 6.31\ \text{cm}$,$A = 91.43\ \text{cm}^2$,$h = 250\ \text{mm}$,$b = 250\ \text{mm}$,$t_2 = 14\ \text{mm}$。

最大弯矩设计值

$$M_{max} = \left(137 + \frac{1}{8} \times 1.3 \times 71.8 \times 9.8 \times 5.5^2 \times 10^{-3}\right) = 140.5\ \text{kN·m}$$

①抗弯强度验算

$$\sigma = \frac{M}{\gamma_x W_x} = \frac{140.5 \times 10^6}{1.05 \times 860 \times 10^3} = 155.6\ \text{N/mm}^2 < f = 215\ \text{N/mm}^2$$

满足要求。

②刚度验算

$$q_k = 25.74 + 71.8 \times 9.8 \times 10^{-3} = 26.44\ \text{kN/m}$$

$$\nu = \frac{5}{384} \times \frac{q_k l^4}{EI} = \frac{5}{384} \times \frac{26.44 \times 5\ 500^4}{206\ 000 \times 10\ 700 \times 10^4} = 14.3\ \text{mm}$$

$$< [\nu] = \frac{l}{250} = \frac{5\ 500}{250} = 22\ \text{mm}$$

满足要求。

③整体稳定性验算

查表 4.1 得 $\beta_b = 1.15$

$$\lambda_y = \frac{l_1}{i_y} = \frac{275}{6.31} = 43.58$$

$$\varphi_b = \beta_b \frac{4\ 320}{\lambda_y^2} \cdot \frac{Ah}{W_x} \sqrt{1 + \left(\frac{\lambda_y t_1}{4.4h}\right)^2}$$

$$= 1.15 \times \frac{4\ 320}{43.58^2} \cdot \frac{9\ 143 \times 250}{860 \times 10^3} \times \sqrt{1 + \left(\frac{43.58 \times 14}{4.4 \times 250}\right)^2}$$

$$= 7.95 > 0.6$$

$$\varphi_b' = 1.07 - \frac{0.282}{\varphi_b} = 1.07 - \frac{0.282}{7.95} = 1.035 > 1.0$$

取 $\varphi_b' = 1.0$,则

$$\frac{M}{\varphi_b' W_x} = \frac{140.5 \times 10^6}{1.0 \times 860 \times 10^3} = 163.37\ \text{N/mm}^2 < f = 215\ \text{N/mm}^2$$

满足要求。

故所选截面 HW250×250 满足要求,可作为梁的设计截面。

情况 3：

查附表 11 选用 $\mathbf{I}$ 40a，质量 67.6 kg/m，$I_x = 21\ 700\ \text{cm}^4$，$W_x = 1\ 090\ \text{cm}^3$，

$S_x = 636\ \text{cm}^3$，$t_w = 10.5\ \text{mm}$。

与情况 1 相比，强度、刚度更安全，只需验算整体稳定性。

由表 4.2 按 $l_1 = 5.5\ \text{m}$，查得

$$\varphi_b = 0.73 - \frac{(0.73 - 0.67)}{(6 - 5)}(5.5 - 5) = 0.665 > 0.6$$

$$\varphi'_b = 1.07 - \frac{0.282}{0.665} = 0.646$$

最大弯矩设计值

$$M_{max} = \left(137 + \frac{1}{8} \times 1.3 \times 67.6 \times 9.8 \times 5.5^2 \times 10^{-3}\right) = 140.26\ \text{kN} \cdot \text{m}$$

$$\frac{M}{\varphi'_b W_x} = \frac{140.26 \times 10^6}{0.646 \times 1\ 090 \times 10^3} = 199.2\ \text{N/mm}^2 < f = 215\ \text{N/mm}^2$$

满足要求。

（2）双向受弯型钢梁

钢结构中的檩条、墙梁大多属于双向受弯构件，其设计步骤与单向受弯构件基本相同，不同点如下：

1）截面确定：先单独按 M_x 或 M_y 计算 W_{nx} 或 W_{ny}，然后适当加大 W_{nx} 或 W_{ny} 选定型钢截面。

2）强度验算：$\dfrac{M_x}{\gamma_x W_{nx}} + \dfrac{M_y}{\gamma_y W_{ny}} \leqslant f$。

3）稳定验算：$\dfrac{M_x}{\varphi_b W_x} + \dfrac{M_y}{\gamma_y W_y} \leqslant f$。

4）刚度验算：$\sqrt{\nu_x^2 + \nu_y^2} \leqslant [\nu]$。

有的结构（如檩条）只要求控制 x 方向的挠度，则 $\nu \leqslant [\nu]$。

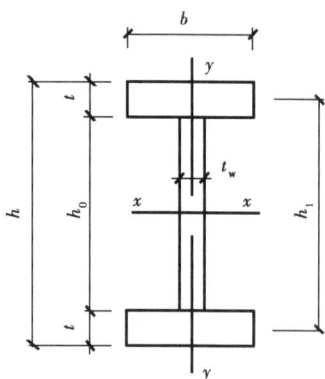

图 4.10 工字形截面

4.1.3 组合梁设计

钢板组合梁的设计内容有：确定梁的截面形式及各部分尺寸；根据初选的截面进行强度、刚度和整体稳定性的验算，局部稳定验算及加劲肋设置；确定翼缘与腹板的焊接；钢梁支座加劲肋设计等内容。

以上设计有的内容前面已经讲述过，就不再赘述了，这里着重讲述截面设计和翼缘与腹板的焊缝。

（1）截面设计

下面以一双轴对称工字形截面组合梁为例（图 4.10），说明截面设计的内容和要求。截面设计的任务是：合理确定 h、t_w、b、t，使之满足强度、刚度、整体稳定和局部稳定的要求。设计的顺序是先确定 h，再确定 t_w，然后确定 b，最后确定 t。

1）截面高度 h

组合梁的截面高度，应根据建筑高度、刚度及经济要求确定。

①建筑高度:应满足建筑的使用功能、生产工艺要求的净空允许值高度,即 $h \leqslant h_{\max}$。

②刚度要求:指在正常使用时,梁的挠度不得超过规定的容许值,即 $h \geqslant h_{\min}$。

以承受均布荷载的简支梁为例:

$$因为 \quad \nu = \frac{5}{384} \times \frac{q_k l^4}{EI} \leqslant [\nu]$$

$$M = \frac{1}{8} q_k l^2 \times 1.3$$

$$\sigma = \frac{M}{W} = \frac{Wh}{2I}$$

所以

$$\nu = \frac{5}{1.3 \times 48} \times \frac{M l^2}{EI} = \frac{5}{1.3 \times 24} \times \frac{\sigma l^2}{Eh} \leqslant [\nu]$$

取塑性发展系数 $\gamma = 1.05, \sigma = 1.05f, E = 2.06 \times 10^5 \text{ N/mm}^2$,则

$$h = \frac{5}{1.3 \times 24} \cdot \frac{1.05 f l^2}{206\ 000[\nu]} = \frac{f l^2}{1.224 \times 10^6 [\nu]} \geqslant h_{\min} \tag{4.21}$$

若上述条件成立,则所选截面高度满足梁的刚度要求。表4.4是常用均布荷载简支梁的 $h_{\min}/h$ 参考值。

表4.4 常用均布荷载简支梁的 $h_{\min}/h$ 值

	$[\omega/l]$	1/750	1/600	1/500	1/400	1/350	1/300	1/250	1/200	1/150
$\dfrac{h_{\min}}{l}$	Q235 钢	1/8	1/10	1/12	1/15	1/17	1/20	1/24	1/30	1/40
	Q345 钢	1/5.4	1/6.8	1/8.2	1/10.2	1/11.7	1/13.6	1/16.3	1/20.4	1/27.2
	Q390 钢	1/4.9	1/6.1	1/7.3	1/9.2	1/10.5	1/12.2	1/14.7	1/18.4	1/24.5
	Q420 钢	1/4.5	1/5.6	1/6.7	1/8.4	1/9.6	1/11.2	1/13.5	1/16.9	1/22.5

注:①本表可近似用于跨中有集中荷载作用的简支梁。

②对于活荷载较大的梁,非简支梁以及不考虑塑性发展的梁,$h_{\min}$ 可按比例减小;对于半跨内截面变化一次的梁,$h_{\min}$ 应增加 4%~5%。

③经济要求:为使腹板和翼缘的用钢量最省,可按下式确定梁的高度 h_e。

$$h_e \approx 2 W_x^{0.4} \text{ 或 } h_e = 7 \sqrt[3]{W_x} - 300 \text{ mm} \tag{4.22}$$

式中 h_e——梁的经济高度;

W_x——按强度条件计算所需的梁截面模量;

此外,h 的取值应满足 50 mm 的倍数。

2)腹板厚度 t_w

组合梁的腹板以承担剪力为主,故腹板厚 t_w 的确定应满足抗剪强度的要求,设计时可近似假定最大剪应力为腹板平均剪应力的 1.2 倍,即

$$\tau_{\max} = \frac{VS}{I_x t_w} \approx 1.2 \frac{V}{h_0 t_w} \leqslant f_v$$

$$t_w \geqslant 1.2 \frac{V}{h_0 f_v} \tag{4.23}$$

考虑腹板局部稳定和构造等因素时,可按下列经验公式确定:

$$t_w \geqslant \frac{\sqrt{h_0}}{3.5}$$ （4.24）

腹板厚度应符合现有钢板规格要求，一般 $t_w \geqslant 8$ mm。

3）翼缘宽度 b 及厚度 t

可根据抗弯条件确定 $A_f = bt \approx \frac{W_x}{h_0} - \frac{h_0 t_w}{b}$，$b$ 值一般在 $\left(\frac{1}{3} \sim \frac{1}{5}\right) h$ 范围内选取，同时要求 $b \geqslant 180$ mm（对于吊车梁要求 $b \geqslant 300$ mm）。考虑局部稳定要求，则有 $(b - t_w)/t \leqslant 26\sqrt{f_y/235}$（不考虑塑性发展即 $\gamma = 1.0$ 时，可取 $(b - t_w)/t \leqslant 30\sqrt{f_y/235}$）。

翼缘厚度 t 一般不应小于 8 mm，同时应符合钢板规格。

（2）翼缘焊缝的计算

如图 4.11 所示，梁弯曲时，翼缘与腹板交接处将产生剪应力 $\tau_1 = \frac{VS_1}{It_w}$，这一剪应力将由腹板两侧的翼缘焊缝承担。其焊缝单位长度上的水平剪应力为：

$$T_1 = \tau_1(t_w \times 1) = \tau_1 t_w = \frac{VS_1}{I}$$

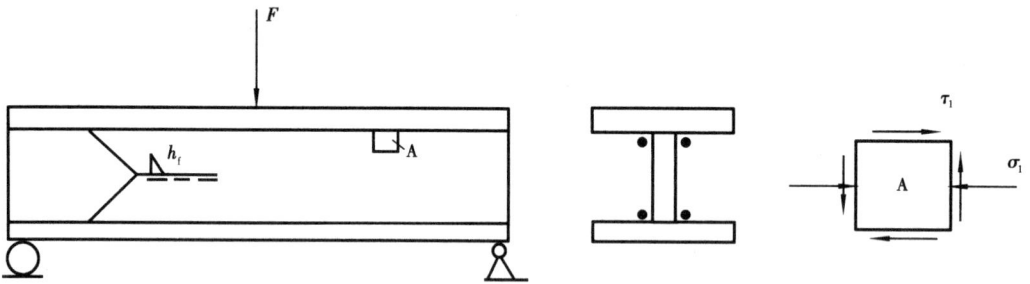

图 4.11 翼缘焊缝的受力情况

翼缘焊缝的强度条件：

$$\tau_f = \frac{T_1}{2 \times 0.7 \times h_f \times 1} \leqslant f_f^w$$

$$h_f \geqslant \frac{T_1}{1.4 f_f^w} = \frac{VS_1}{1.4 f_f^w I}$$ （4.25）

式中 V——所计算截面处的剪力；

S_1——所计算翼缘毛截面对中和轴的面积矩；

I——所计算毛截面的惯性矩。

若翼缘上有固定集中荷载或移动集中荷载 F 作用，翼缘焊缝的单位长度上还将产生垂直剪力 V_1，由式（4.4）可得：

$$V_1 = \sigma_c t_w = \frac{\psi F}{l_z t_w} \cdot t_w = \frac{\psi F}{l_z}$$

在 T_1 和 V_1 的共同作用下，翼缘焊缝强度应满足下式要求：

$$\sqrt{\left(\frac{T_1}{2 \times 0.7 \times h_f}\right)^2 + \left(\frac{V_1}{\beta_f \times 2 \times 0.7 \times h_f}\right)^2} \leqslant f_f^w$$

$$h_{f} \geq \frac{1}{1.4f_{f}^{w}} \sqrt{T_{1}^{2} + \left(\frac{V_{1}}{\beta_{f}}\right)^{2}} \tag{4.26}$$

例 4.2 将例题 4.1 中工作平台主梁 B 按情况 1（即次梁为工 32a）设计成等截面焊接工字形梁，钢材采用 Q235。

解 1）初步选定截面尺寸

主梁按简支梁设计（图 4.9(c)），承受由两侧次梁传来的集中反力 N，其标准值 N_{k} 和设计值 N_{d} 为：

$$N_{k} = 2 \times \left[\frac{1}{2} \times (3.6 + 4.2) \times 3.3 \times 5.5 + \frac{1}{2} \times 52.7 \times 9.8 \times 10^{-3} \times 5.5\right] = 144.41 \text{ kN}$$

$$N_{d} = 2 \times \left[\frac{1}{2} \times (1.3 \times 3.6 + 1.5 \times 4.2) \times 3.3 \times 5.5 + \frac{1}{2} \times 1.3 \times 52.7 \times 9.8 \times 10^{-3} \times 5.5\right]$$

$$= 203 \text{ kN}$$

梁端集中力为 $N/2$（直接传给支座，对梁的内力没有影响）。

支座设计剪力：$V = N_{d} = 203$ kN

跨中设计弯矩：$M = 203 \times 3.3 = 669.9$ kN·m

由附表 1.1 查得：$f = 215$ N/mm², $f_{v} = 125$ N/mm²（因钢板厚度未知，暂按第 1 组查用，待截面确定后再按实际钢板厚度查用）。

所需截面模量：$W_{v} = \dfrac{M}{\gamma_{x}f} = \dfrac{669.9 \times 10^{6}}{1.05 \times 215} = 2\,967\,442$ mm³

①初选腹板高度 h_{0}

本例题对梁的建筑高度有限制。查附表 4.1 得工作平台主梁 $[\nu] = l/400$。

由式（4.21）得

$$h_{\min} = \frac{fl^{2}}{1.224 \times 10^{6}[\nu]} = \frac{215 \times 9\,900 \times 400}{1.224 \times 10^{6}} = 695.6 \text{ mm}$$

由式（4.22）得梁的经济高度：

$$h_{e} \approx 2W_{v}^{0.4} = 2 \times 2\,967\,442^{0.4} = 776 \text{ mm}$$

$$h_{e} = 7\sqrt[3]{W_{v}} - 300 = 7\sqrt[3]{2\,967\,442} - 300 = 706 \text{ mm}$$

参照以上数据，初步选定 $h_{0} = 800$ mm。

②初选腹板厚 t_{w}

考虑抗剪要求由式（4.23）得：

$$t_{w} \geq 1.2\frac{V}{h_{0}f_{v}} = 1.2 \times \frac{203 \times 10^{3}}{800 \times 125} = 2.436 \text{ mm}$$

按经验由式（4.24）得：

$$t_{w} \geq \frac{\sqrt{h_{0}}}{3.5} = \frac{\sqrt{800}}{3.5} = 8.08 \text{ mm}$$

初步选定 $t_{w} = 8$ mm。

③选定翼缘宽度及厚度 b、t

考虑强度要求得：

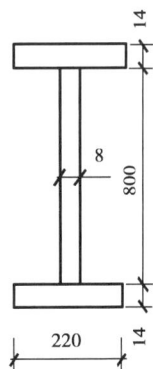

图 4.12　主梁截面图
（单位:mm）

$$A_f = bt \approx \frac{W_x}{h_0} - \frac{h_0 t_w}{6} = \frac{2\,967\,442}{800} - \frac{800 \times 8}{6} = 2\,642 \ \text{mm}^2$$

由 $b = \left(\frac{1}{3} \sim \frac{1}{5}\right)h_0 = \left(\frac{1}{3} \sim \frac{1}{5}\right) \times 800 = 267 \sim 160 \ \text{mm}$，以及 $b \geqslant 180 \ \text{mm}$ 的要求，初步选定 $b = 220 \ \text{mm}$，则

$$t = \frac{A_f}{b} = \frac{2\,642}{220} = 12 \ \text{mm}$$

考虑公式近似性及钢梁自重等因素，选定 $t = 14 \ \text{mm}$。梁的截面形式见图 4.12。

2）截面验算

计算截面的各项几何特征

$$A = 80 \times 0.8 + 2 \times 22 \times 1.4 = 125.6 \ \text{cm}^2$$

$$I = \frac{0.8}{12} \times 80^3 + 2 \times 22 \times 1.4 \times 40.6^2 = 136\,173 \ \text{cm}^4$$

$$W = \frac{136\,173}{41.4} = 3\,289 \ \text{cm}^3$$

$$S = 40 \times 0.8 \times \frac{40}{2} + 22 \times 1.4 \times 40.7 = 1\,906.36 \ \text{cm}^3$$

主梁自重荷载标准值（考虑设置加劲肋等因素，增大 1.2 倍）：

$q_k = 1.2 \times (80 \times 0.8 + 2 \times 22 \times 1.4) \times 0.785 \times 9.8 = 1\,065 \ \text{N/m} = 1.065 \ \text{kN/m}$

跨中最大设计弯矩：$M = 669.9 + 1.3 \times 1.065 \times 9.9^2 / 8 = 686.86 \ \text{kN·m}$

因腹板、翼缘厚度均小于 16 mm，由附表 1.1 可知属第一组，钢材设计强度与初选截面相同。

抗弯强度验算：

$$\sigma = \frac{M}{\gamma_x W} = \frac{686.86 \times 10^6}{1.05 \times 3\,289 \times 10^3} = 198.89 \ \text{N/mm}^2 < f = 215 \ \text{N/mm}^2$$

满足要求。

支座设计剪力：

$$V = 203 + \frac{1}{2} \times 1.3 \times 1.065 \times 9.9 = 209.85 \ \text{kN}$$

抗剪强度验算：

$$\tau = \frac{VS}{I t_w} = \frac{209.85 \times 10^3 \times 1\,906.36 \times 10^3}{136\,173 \times 10^4 \times 8} = 36.72 \ \text{N/mm}^2 < f_v = 125 \ \text{N/mm}^2$$

满足要求。

次梁处设支承加劲肋，不需验算腹板局部压应力。

次梁与面板连牢，可以作为主梁侧向支承，因此主梁受压翼缘自由长度可取为次梁间距，即 $l_1 = 3.3 \ \text{m}$，则 $\frac{l_1}{b} = \frac{330}{22} = 15.0 < 16$

主梁不必验算整体稳定。

刚度验算：

主梁跨间有两个集中荷载，根据材料力学计算公式，主梁挠度为：

$$\nu = \frac{13.63}{384} \times \frac{N_k l^3}{EI} + \frac{5}{384} \times \frac{q_k l^4}{EI}$$

$$= \left(\frac{13.63}{384} \times 144.41 \times 10^3 + \frac{5}{384} \times 0.966 \times 9\,900 \right) \times \frac{9\,900^3}{206\,000 \times 136\,173 \times 10^4}$$

$$= 18.16 \text{ mm} < [\nu] = \frac{9\,900}{400} = 24.75 \text{ mm}$$

满足要求。

3）翼缘焊缝计算

由附表 1.5 查得 $f_f^w = 160 \text{ N/mm}^2$，由式（4.25）得

$$h_f \geq \frac{T_1}{1.4 f_f^w} = \frac{V S_1}{1.4 f_f^w I} = \frac{209.21 \times 10^3 \times 220 \times 14 \times 407}{1.4 \times 136\,173 \times 10^4 \times 160} = 0.86 \text{ mm}$$

按构造要求，$h_f \geq 1.5 \sqrt{t_{max}} = 1.5 \sqrt{14} = 5.6 \text{ mm}$。

取 $h_f = 6 \text{ mm}$，沿梁跨全长 h_f 不变。

4）加劲肋设计

主梁腹板高厚比

$$h_0/t_w = 800/8 = 100$$

在 $80 \sqrt{235/f_y} = 80$ 和 $170 \sqrt{235/f_y} = 170$ 之间，应设置横向加劲肋。

按构造要求，横向加劲肋间距 $a \leq 2h_0 = 1\,600 \text{ mm}$，考虑支座及次梁处应设支承加劲肋，次梁间距为 3.3 m，取 $a = 1\,100 \text{ mm}$，在腹板两侧成对配置。

加劲肋截面尺寸：

$$b_s \geq \frac{h_0}{30} + 40 = \frac{800}{30} + 40 = 66.7 \text{ mm}，取 b_s = 70 \text{ mm}；$$

$$t_s \geq \frac{b_s}{15} = \frac{70}{15} = 4.7 \text{ mm}，取 t_s = 6 \text{ mm}。$$

5）端部支承加劲肋

根据工作平台的布置，梁端支承加劲肋采用钢板成对布置于腹板两侧。每侧 70 mm（与中间肋相同），切角 20 mm，端部净宽 50 mm，厚度 10 mm，下端支承处刨平后与下翼缘顶紧，如图 4.13 所示。

①加劲肋的稳定性计算

支承加劲肋承受半跨梁的荷载及自重：

$$R = 203 \times \frac{3}{2} + \frac{1}{2} \times 1.3 \times 0.966 \times 9.9 = 310.72 \text{ kN}$$

计算面积：$A = (2 \times 7 + 0.8) \times 1.0 + 2 \times 12 \times 0.8 = 34 \text{ cm}^2$

绕腹板中线惯性矩：

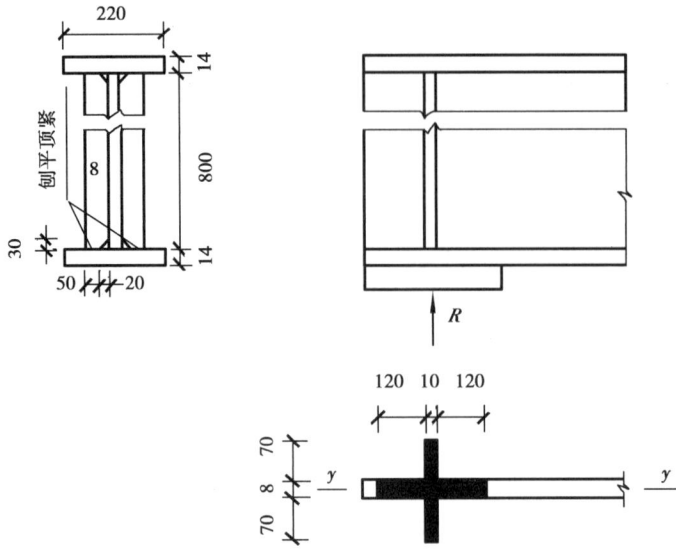

图 4.13　例 4.2 端部支承加劲肋(单位:mm)

$$I_y = \frac{(2 \times 7 + 0.8)^3 \times 1.0}{12} = 270.1 \text{ cm}^4$$

$$i_y = \sqrt{\frac{I_y}{A}} = \sqrt{\frac{270.1}{34}} = 2.82 \text{ cm}$$

$$\lambda_y = \frac{h_0}{i_y} = \frac{80}{2.82} = 28.4$$

按 b 类截面查附表 5.2 得 $\varphi = 0.943 - \dfrac{0.943 - 0.939}{29 - 28}(28.4 - 28) = 0.941\ 4$

$$\frac{R}{\varphi A} = \frac{310.72 \times 10^3}{0.941\ 4 \times 3\ 400} = 97.08 \text{ N/mm}^2 < f = 215 \text{ N/mm}^2$$

满足要求。

②承压强度计算

承压面积:$A_{ce} = 2 \times 1.0 \times 5 = 10 \text{ cm}^2$

由附表 1.1 查得 $f_{ce} = 320 \text{ N/mm}^2$,

$$\frac{R}{A_{ce}} = \frac{310.72 \times 10^3}{10 \times 10^2} = 310.72 \text{ N/mm}^2 < f_{ce} = 320 \text{ N/mm}^2$$

满足要求。

6)支承加劲肋与腹板的焊缝设计

$$h_f \geqslant \frac{R}{4 \times 0.7 \times (h_0 - 70)f_f^w} = \frac{310.72 \times 10^3}{4 \times 0.7 \times (800 - 70) \times 160} = 0.95 \text{ mm}$$

取 $h_f = 6 \text{ mm} \geqslant 1.5\sqrt{t_{max}} = 1.5\ \sqrt{10} = 4.7 \text{ mm}$,满足构造要求。

横向加劲肋与腹板连接焊缝也取 $h_f = 6 \text{ mm} \geqslant 1.5\sqrt{t_{max}} = 1.5\ \sqrt{8} = 4.2 \text{ mm}$。

4.1.4　梁的拼接与连接

(1)梁的拼接

由于梁的规格尺寸不可能完全符合工程设计和施工的要求,这时就需要对梁进行拼接。梁的拼接可分为工厂拼接和工地拼接两种。

1)工厂拼接

当梁的设计长度和高度大于钢材尺寸时,梁的腹板和翼缘就需要进行拼接(图 4.14)。要求拼接位置设于弯矩较小处,腹板与翼缘、加劲肋与次梁位置应错开 $10t_w$ 后拼接,腹板与翼缘拼接处一般采用对接焊缝进行拼接。由于这些工作是在工厂完成的,故称为工厂拼接。

2)工地拼接

当梁的跨度较大,需分成几段运输到工地进行拼接的梁,称为工地拼接。

工地拼接的要求是:拼接位置设于弯矩较小处,一般采用 V 形坡口对接焊缝(图 4.15(a))。为了减小焊缝应力,在工厂制作时,应将翼缘焊缝端部留出 500 mm 到工地后再进行焊接,并按图中标记的焊缝顺序(1、2、3、4、5)进行焊接。

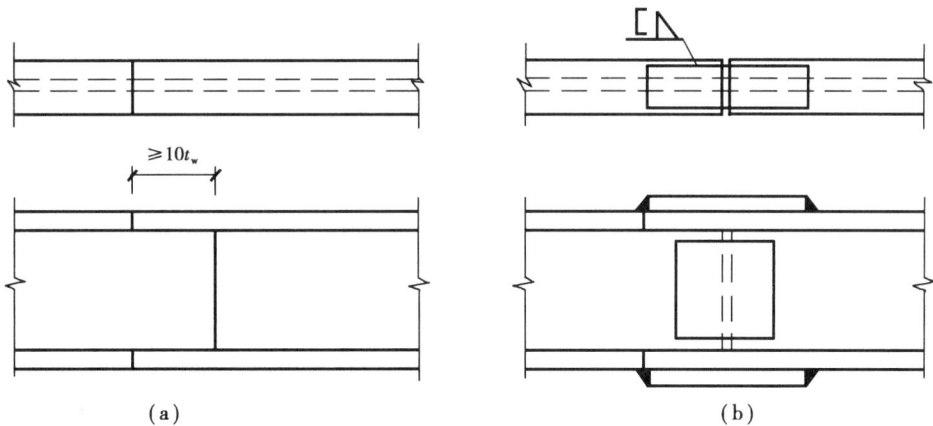

图 4.14　梁的工厂拼接构造

为改善受力状况,可将翼缘与腹板拼接位置略微错开(图 4.15(b)),但在运输和吊装过程中端部易碰损,应采取相应措施加以保护。

(2)次梁与主梁的连接

1)简支次梁与主梁连接

这种连接的特点是次梁只传递支座反力给主梁。其连接形式有叠接和平接两种。叠接是将次梁直接搁置在主梁上(图 4.16(a)),用螺栓或焊缝固定,构造简单,但占用建筑空间较大,不经济。

平接(图 4.16(b)、(c)、(d)、(e))是次梁端部上翼缘切去一部分,通过角钢用螺栓相连,或通过主梁加劲肋用螺栓和焊缝相连,当次梁支座反力较大时,应设置支托。在计算螺栓和焊缝时应将次梁支座反力增大 20% ~30% 后进行计算。

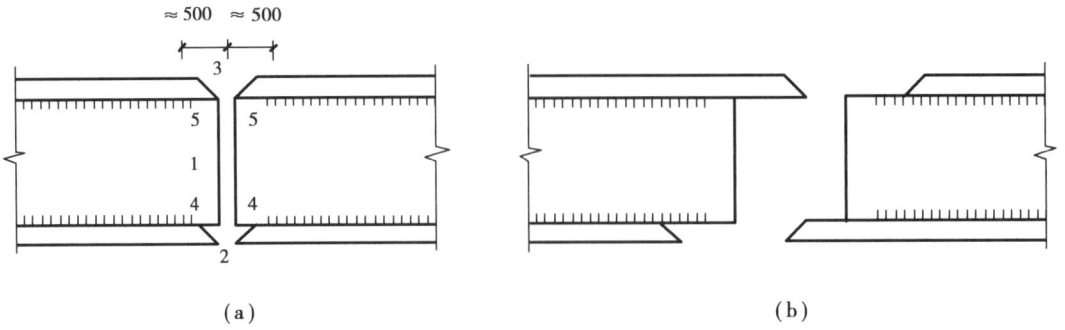

图 4.15　焊接梁的工地拼接

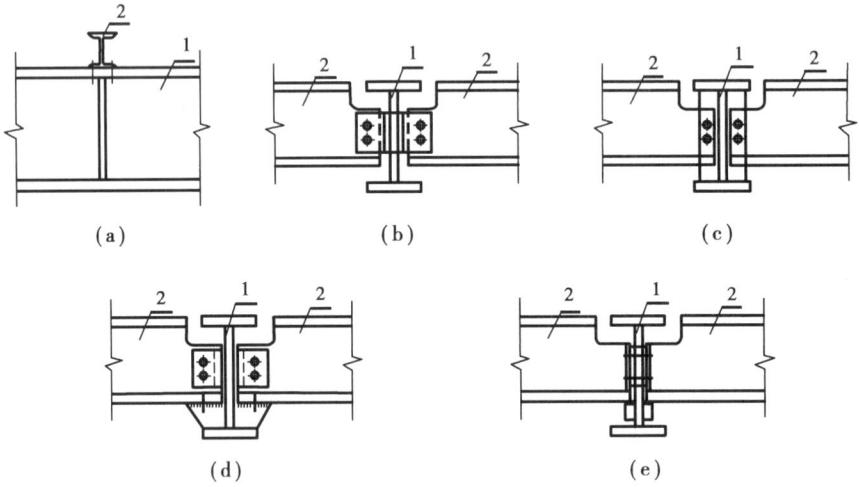

图 4.16　次梁和主梁的铰接连接
1—主梁;2—次梁

2)连续次梁与主梁

连续次梁与主梁的连接也分为叠接和平接两种形式。叠接时次梁不断开,只有支座反力传给主梁。平接时,次梁在主梁处断开,分别连于主梁两侧(图 4.17)。除支座反力外,连续次梁在主梁支座处的弯矩 M 也通过主梁传递,其连接构造是在主梁上翼缘设置连接盖板并用焊缝连接,次梁下翼缘与支托顶板也用焊缝连接,焊缝受力按 $N = \dfrac{M}{h_1}$ 计算。盖板宽度应比次梁上翼缘宽度小 20~30 mm,而支托顶板应比次梁下翼缘宽度大 20~30 mm,以避免施工仰焊。次梁的竖向支座反力则由支托承担。

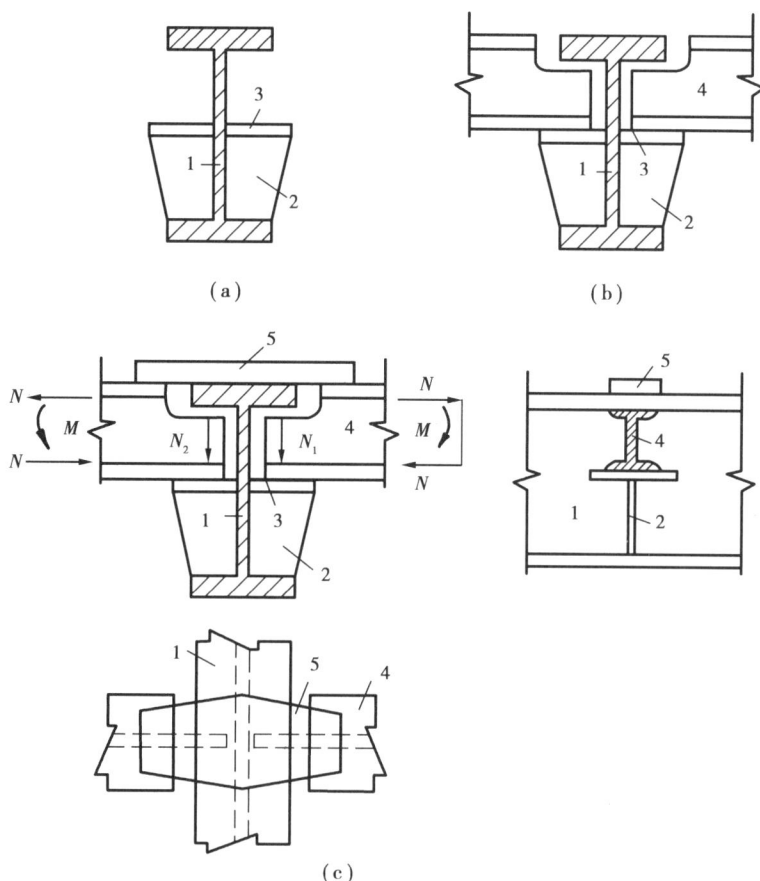

图 4.17 连续次梁与主梁的连接
1—主梁;2—承托顶板;3—支托顶板;4—次梁;5—连接盖板

4.2 轴心受力构件

轴心受力构件是指承受通过构件截面形心的轴向力(拉力或压力)作用的构件。在桁架、网架、塔架和支撑实腹式结构中应用较为广泛。

轴心受力构件的截面形式一般分为实腹式型钢截面和格构式组合截面两类。实腹式型钢截面有圆钢、圆管、角钢、工字钢、槽钢、T 型钢、H 型钢等(图 4.18(a)),或由型钢或钢板组成的组合截面(图 4.18(b))。格构式组合截面是指由单独的肢件通过缀板或缀条相连形成的构件(图 4.18(c)),可分为双肢、三肢、四肢等形式。

本节主要介绍轴心受力构件的设计要点、设计方法和计算思路以及一般构造要求。

4.2.1 轴心受力构件的设计要点

轴心受力构件的设计内容分为强度、刚度、整体稳定和局部稳定验算等几个方面。

103

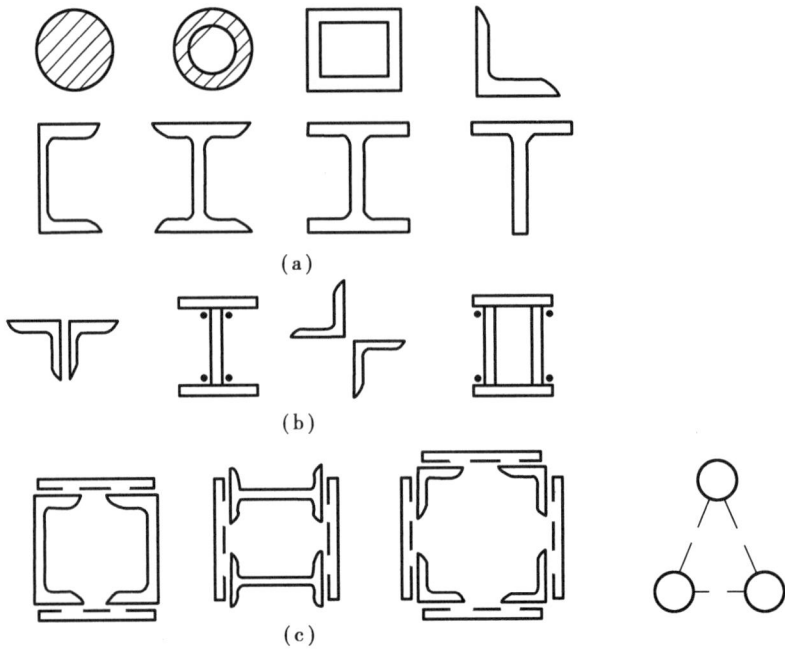

图 4.18　轴心受力构件的截面形式

（图中虚线表示缀板或缀条）

（1）强度和刚度

1）强度验算

轴心受力构件为单向受力构件，其强度是指净截面的平均正应力 σ 达到钢材的屈服强度 f_y 时，构件达到了强度承载能力的极限。《标准》规定，强度验算时，构件净截面的平均正应力不应超过钢材的强度设计值，即

$$\sigma = \frac{N}{A_n} \leq f \tag{4.27}$$

式中　N——轴心力（拉力或压力）的设计值；

　　　A_n——构件的净截面面积；

　　　f——钢材的抗拉、抗压强度设计值。

2）刚度验算

为避免轴心受力构件在制作安装和正常使用过程中，因刚度不足，横向干扰过大，产生过大的附加应力，必须保证构件具有足够的刚度。轴心受力构件的刚度是以它的长细比来衡量的，刚度验算可按下列公式计算：

$$\lambda = \frac{l_0}{i} \leq [\lambda] \tag{4.28}$$

式中　λ——构件在两主轴方向长细比的较大值；

　　　l_0——相应方向的构件计算长度，表 4.5、表 4.6；

　　　i——相应方向的截面回转半径；

　　　$[\lambda]$——构件的容许长细比，按表 4.7、表 4.8 选用。

表 4.5 桁架弦杆和单系腹杆的计算长度 l_0

弯曲方向	弦 杆	腹 杆	
		支座斜杆和支座竖杆	其他腹杆
桁架平面内	l	l	$0.8l$
桁架平面外	l_1	l	l
斜平面	—	l	$0.9l$

注：①l 为构件的几何长度(节点中心间距离)，l_1 为桁架弦杆侧向支承点之间的距离。
　　②斜平面系指与桁架平面斜交的平面,适用于构件截面两主轴均不在桁架平面内的单角钢腹杆
　　　和双角钢十字形截面腹杆。

表 4.6 钢管桁架构件计算长度 l_0

桁架类别	弯曲方向	弦 杆	腹 杆	
			支座斜杆和支座竖杆	其他腹杆
平面桁架	平面内	$0.9l$	l	$0.8l$
	平面外	l_1	l	l
立体桁架		$0.9l$	l	$0.8l$

注：①l_1 为平面外无支撑长度,l 为杆件的节间长度。
　　②对端部缩头或压扁的圆管腹杆,其计算长度取 l。
　　③对于立体桁架,弦杆平面外的计算长度取 $0.9l$,同时尚应以 $0.9l_1$ 按格构式压杆验算其稳定性。

　　上端与梁或桁架铰接且不能侧向移动的轴心受压柱,计算长度系数应根据柱脚构造情况采用,对铰轴柱脚应取 1.0,对底板厚度不小于柱翼缘厚度 2 倍的平板支座柱脚可取为 0.8。由侧向支撑分为多段的柱,当各段长度相差 10% 以上时,宜根据相关屈曲的原则确定柱在支撑平面内的计算长度。

　　验算容许长细比时,可不考虑扭转效应,计算单角钢受压构件的长细比时,应采用角钢的最小回转半径,但计算在交叉点相互连接的交叉杆件平面外的长细比时,可采用与角钢肢边平行轴的回转半径。轴心受压构件的容许长细比宜符合下列规定：
　　①跨度等于或大于 60 m 的桁架,其受压弦杆、端压杆和直接承受动力荷载的受压腹杆的长细比不宜大于 120。
　　②轴心受压构件的长细比不宜超过表 4.7 规定的容许值,但当杆件内力设计值不大于承载能力的 50% 时,容许长细比值可取 200。

表 4.7 受压构件的长细比容许值

构件名称	容许长细比
轴心受压柱、桁架和天窗架中的压杆	150
柱的缀条、吊车梁或吊车桁架以下的柱间支撑	150
支撑	200
用以减小受压构件计算长度的杆件	200

验算容许长细比时,在直接或间接承受动力荷载的结构中,计算单角钢受拉构件的长细比时,应采用角钢的最小回转半径,但计算在交叉点相互连接的交叉杆件平面外的长细比时,可采用与角钢肢边平行轴的回转半径。

受拉构件的容许长细比宜符合下列规定:

①除对腹杆提供平面外支点的弦杆外,承受静力荷载的结构受拉构件,可仅计算竖向平面内的长细比。

②中、重级工作制吊车桁架下弦杆的长细比不宜超过200。

③在设有夹钳或刚性料耙等硬钩起重机的厂房中,支撑的长细比不宜超过300。

④受拉构件在永久荷载与风荷载组合作用下受压时,其长细比不宜超过250。

⑤跨度等于或大于60 m的桁架,其受拉弦杆和腹杆的长细比,承受静力荷载或间接承受动力荷载时不宜超过300,直接承受动力荷载时,不宜超过250。

⑥受拉构件的长细比不宜超过表4.8规定的容许值。柱间支撑按拉杆设计时,竖向荷载作用下柱子的轴力应按无支撑时考虑。

表4.8　受拉构件的容许长细比

构件名称	承受静力荷载或间接承受动力荷载的结构			直接承受动力荷载的结构
	一般建筑结构	对腹杆提供平面外支点的弦杆	有重级工作制起重机的厂房	
桁架的构件	350	250	250	250
吊车梁或吊车桁架以下柱间支撑	300	—	200	—
除张紧的圆钢外的其他拉杆、支撑、系杆等	400	—	350	—

(2)轴心受压构件的整体稳定

整体稳定破坏是轴心受压构件的主要破坏形式。一根理想轴心压杆,当轴力达到其临界应力时,可能有3种整体失稳形式,即弯曲失稳、弯扭失稳和扭转失稳,这取决于构件截面形式和长度。这里只介绍整体失稳时弯曲失稳的轴心受压构件,如双轴对称的工字形截面、H形截面、格构式双肢柱等。

实际工程中,理想的轴心受压构件是不存在的。实际轴心受压构件的整体稳定受到构件的初始缺陷(如偏心、弯曲、挠度等)、焊接残余应力、材料的性能、长细比、支座条件等多方面因素的影响。《标准》在大量实验、实测数据和理论分析的基础上,根据压溃理论,用有限元法计算了各种残余应力情况下构件的临界应力,确定临界应力后,计入材料拉力分项系数,得到了轴心受压构件稳定承载力的计算公式:

$$\sigma = \frac{N}{A} \leqslant \varphi \cdot f \tag{4.29}$$

式中　N——轴心压力设计值;

A——构件的毛截面面积;

f——钢材的抗压强度设计值;

φ——轴心受压构件的整体稳定系数。

表 4.9 轴心受压构件的计算长度系数 μ

构件的屈曲形式	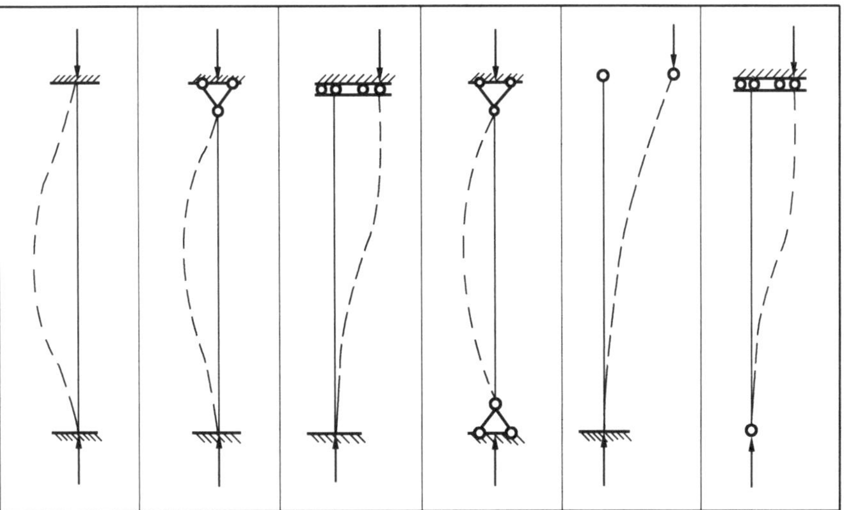					
理论 μ 值	0.5	0.7	1.0	1.0	2.0	2.0
建议 μ 值	0.65	0.80	1.2	1.0	2.1	2.0
端部条件示意	 无转动、无侧移；  无转动、自由侧称； 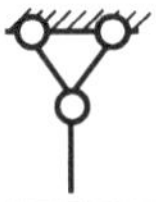 自由转动、无侧移；  自由转动、自由侧移					

式(4.29)中可见,在强度计算公式中,引入小于 1 的系数 φ,就考虑了构件稳定性对承载力的影响。φ 值应取截面两个主轴方向稳定系数的较小值,影响稳定系数 φ 的主要因素是构件的长细比 λ,此外,钢材种类、截面类型对其也有一定的影响,截面类型见附表,标准按钢材种类、截面类型制成了 λ-φ 关系表(附录5),可直接查用。

关于长细比的取值:

①实腹式轴心受压构件

双轴对称或极对称截面的实腹式柱,当计算弯曲屈曲时:

$$\lambda_x = \frac{l_{0x}}{i_x}, \lambda_y = \frac{l_{0y}}{i_y} \tag{4.30}$$

式中 l_0、i——相应方向的构件计算长度和截面回转半径。

②格构式轴心受压柱

图 4.19 给出两种不同的双肢格构式构件,其截面有两根主轴,一根主轴横穿缀条或缀板平面(如图中的 x—x 轴),称为虚轴,另一根主轴横穿两个肢(如图中的 y—y 轴),称为实轴。

当格构式构件绕实轴失稳时,取 $\lambda_y = \frac{l_{0y}}{i_y}$。

当格构式构件绕虚轴失稳时,应考虑在剪力作用下,肢件和缀条或缀板变形的影响,对虚轴的长细比取换算长细比。

缀条式构件(图 4.19(a)、(b)):

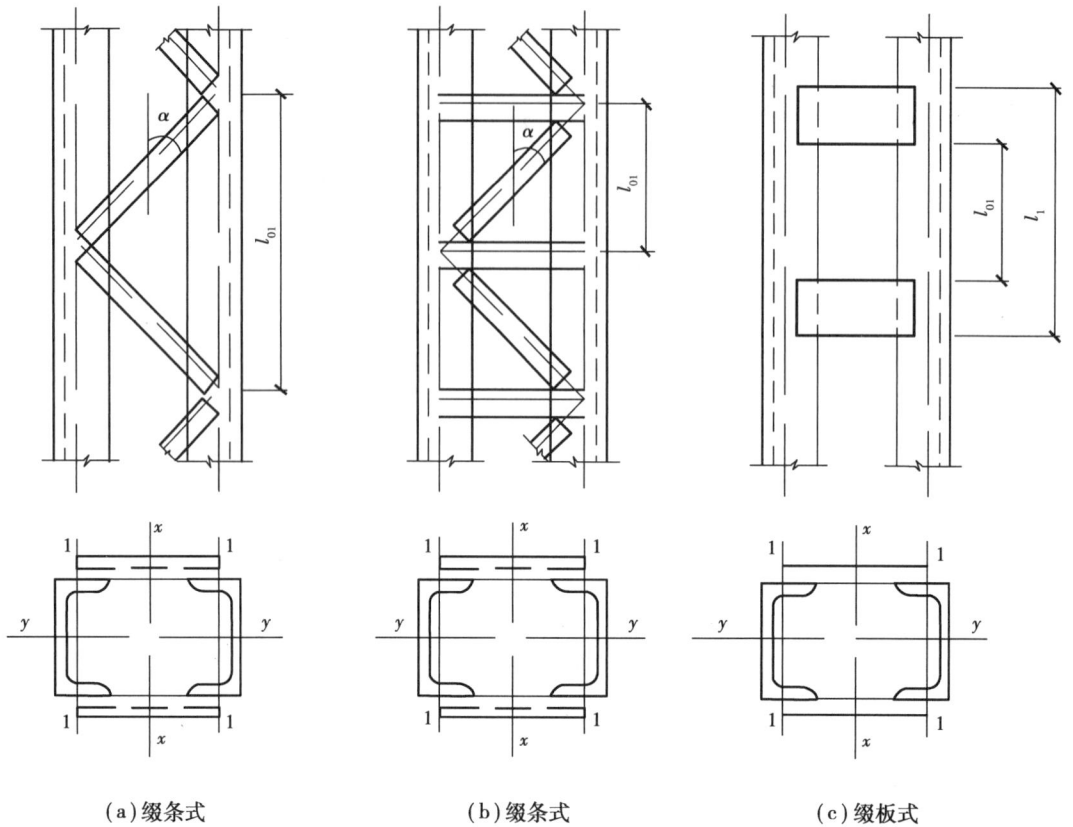

（a）缀条式　　　　　　（b）缀条式　　　　　　（c）缀板式

图 4.19　格构式构件的组成

$$\lambda_{ox} = \sqrt{\lambda_x^2 + 27\frac{A}{A_{1x}}}$$

$$\lambda_x = \frac{l_{0x}}{i_x}$$

（4.31）

缀板式构件（图 4.19（c））：

$$\lambda_{ox} = \sqrt{\lambda_x^2 + \lambda_1^2}$$

$$\lambda_1 = \frac{l_{01}}{i_1}$$

（4.32）

式中　λ_{ox}——构件换算长细比；

　　　λ_x——构件对虚轴的长细比；

　　　A——构件的横截面面积；

　　　A_{1x}——构件截面中垂直于 x 轴各斜缀条的截面面积之和；

　　　λ_1——单个分肢对最小刚度轴 1—1 的长细比，其计算长度 l_{01} 取值为：焊接时取相邻缀板间的净距离，螺栓连接时为相邻两缀板边缘螺栓间的距离。

（3）轴心受压构件的局部稳定

实腹式工字形截面构件，由于腹板和翼缘较薄，在轴心压力的作用下，腹板或翼缘可能产生局部凹凸鼓屈变形（图 4.20），这种现象称为板件失去稳定而产生局部失稳。此外，格构式轴心受压柱的单肢在缀条或缀板的相邻节点间是一个单独的轴心受压实腹式构件（图 4.21），它可能先于构件整体失稳而先行失稳屈曲。

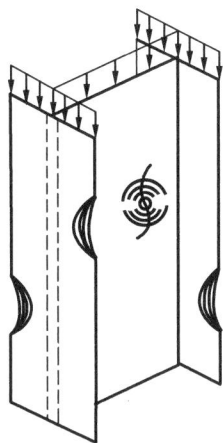

图 4.20　实腹式轴心受压构件局部稳定

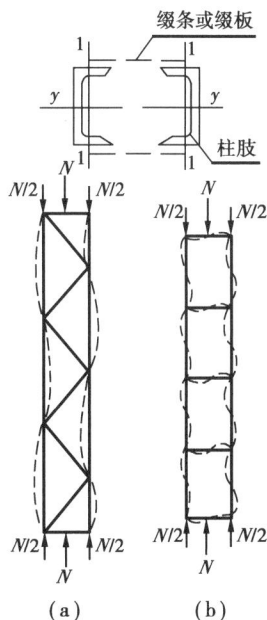

图 4.21　分肢失稳

这两种情况都会降低构件的整体承载能力,在设计制作时必须予以避免。

1)实腹式轴心受压柱的局部稳定

板的宽厚比 t/b 是影响板件局部稳定的主要因素。为保证轴心受压构件的局部稳定不先于整体失稳,主要应限制板的宽厚比不能过大。《规范》对图 4.22 中 H 形截面、箱形截面、T 形截面的宽厚比(高厚比)作了如下规定:

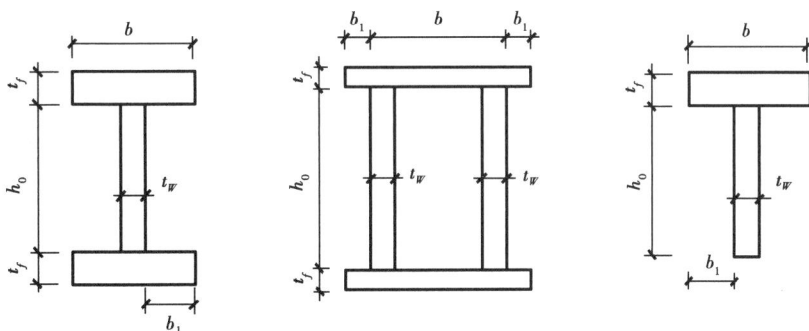

图 4.22　H 形及箱形截面尺寸

①H 形截面腹板

$$h_0/t_w = (25 + 0.5\lambda)\varepsilon_k \tag{4.33}$$

式中　λ——构件的较大长细比;当 $\lambda < 30$ 时,取为 30;当 $\lambda > 100$ 时,取为 100;

　　　h_0、t_w——腹板计算高度和厚度。

②H 形截面翼缘

$$b/t_f = (10 + 0.1\lambda)\varepsilon_k \tag{4.34}$$

式中 b、t_w——翼缘板自由外伸宽度和厚度。

③箱形截面壁板

$$b/t_f \leq 40 \varepsilon_k \qquad (4.35)$$

式中 b——壁板的净宽度,当箱形截面设有纵向加劲肋时,为壁板与加劲肋之间的净宽度。

④T 形截面翼缘宽厚比限值应按式(4.34)确定。

T 形截面腹板宽厚比限值为:

热轧剖分 T 型钢

$$h_0/t_w = (15 + 0.12) \varepsilon_k \qquad (4.36)$$

焊接 T 型钢

$$h_0/t_w = (13 + 0.17) \varepsilon_k \qquad (4.37)$$

对焊接构件,h_0取腹板高度h_w;对热轧构件,h_0取腹板平直段长度,简要计算时,可取$h_0 = h_w - t_f$,但不小于$(h_w - 20)$mm。

⑤等边角钢轴心受压构件的肢件宽厚比限值为:

当 $\lambda \leq 80 \varepsilon_k$ 时: $\dfrac{\omega}{t} \leq 15 \varepsilon_k$ $\qquad (4.38)$

当 $\lambda > 80 \varepsilon_k$ 时: $\dfrac{\omega}{t} \leq 5 \varepsilon_k + 0.125\lambda$ $\qquad (4.39)$

式中 ω、t——角钢的平板宽度和厚度,简要计算时 ω 可取为 $b - 2t$,b 为角钢宽度;

λ——按角钢绕非对称主轴回转半径计算的长细比。

⑥圆管压杆的外径与壁厚之比不应超过 $100 \varepsilon_k^2$。

2)格构式轴心受压构件的单肢稳定性

为保证格构式轴心受压构件的单肢稳定性不低于构件的整体稳定性,《标准》对单肢的长细比 λ_1 做了如下规定:

缀条式格构柱:$\lambda_1 \leq 0.7\lambda_{max}$($\lambda_{ox}$、$\lambda_{oy}$ 中的较大者)

缀板式格构柱:$\lambda_1 \leq 40$ 且 $\lambda_1 \leq 0.5\lambda_{max}$,当 $\lambda_{max} < 50$ 时,取 $\lambda_{max} = 50$。

4.2.2 实腹式轴心受压构件的设计

实腹式轴心受压构件的设计思路是:先选择截面形式,然后根据整体稳定和局部稳定等要求选择截面尺寸,最后进行截面验算。

(1)截面设计的步骤

1)选择截面形式

实腹式轴心受压构件的截面形式有型钢截面和组合截面两类,在选择截面形式时应遵循下列原则:

①肢宽壁薄原则:在满足局部稳定的条件下,尽量使截面面积分布远离形心轴,以增大截面惯性矩和回转半径,提高构件的整体稳定性。

②等稳定性原则:尽可能使构件两个主轴方向的长细比接近,即 $\lambda_x \approx \lambda_y$,以此来提高构件的承载能力。

③经济性原则:力求做到制作方便,构造简单,用料经济合理。

2)选择截面尺寸

①假定长细比 λ_0 一般在 $60 \sim 100$ 范围内选取,当轴力大,计算长度小时,λ 取小值,反之取

大值。根据 λ、钢号和截面类别查表求 φ，计算初选截面几何特征值：

$$A_T = \frac{N}{\varphi f} \qquad (4.40)$$

$$i_{xT} = \frac{l_{0x}}{\lambda} \qquad (4.41)$$

$$i_{yT} = \frac{l_{0y}}{\lambda} \qquad (4.42)$$

②确定初选截面尺寸

型钢截面：根据初选的 A_T、i_{xT}、i_{yT} 查附录型钢表确定适当的型钢截面。

组合截面：按附表8近似确定 $h \approx \dfrac{i_{xT}}{\alpha_1}$，$b \approx \dfrac{i_{xT}}{\alpha_2}$，$\alpha_1$、$\alpha_2$ 为表中系数。

其他尺寸，对工字形截面：可取 $b \approx h$；腹板厚 $t_w = (0.4 \sim 0.7)t$，t 为翼缘板厚度。h 和 b 宜取 10 mm 的倍数，t 和 t_w 宜取 2 mm 的倍数。

3）截面验算

强度：按式（4.27）验算，即 $\sigma = \dfrac{N}{A_n} \leqslant f$

刚度：按式（4.28）验算，即 $\lambda = \dfrac{l_0}{i} \leqslant [\lambda]$

整体稳定：按式（4.29）验算，即 $\sigma = \dfrac{N}{A} \leqslant \varphi f$

局部稳定：型钢截面可不验算，组合截面按式（4.33）、式（4.34）验算，即

$$\frac{b}{t_f} \leqslant (10 + 0.1\lambda)\varepsilon_k$$

$$\frac{h_0}{t_w} \leqslant (25 + 0.5\lambda)\varepsilon_k$$

若经验算不满足要求的截面，须调整截面尺寸重新验算，直至满足要求为止。

（2）构造要求

图 4.23 是实腹柱的构造要求。

当防止实腹式轴心受压柱的扭转失稳破坏，实腹柱的宽厚比 $h_0/t_w > 80\varepsilon_k$ 时，应设置横向加劲肋，横向加劲肋间距 $a \leqslant 3h_0$，其外伸宽度 $b_s \geqslant \dfrac{h_0}{30} + 40$ mm，厚度 $t_s \geqslant b_s/15$。

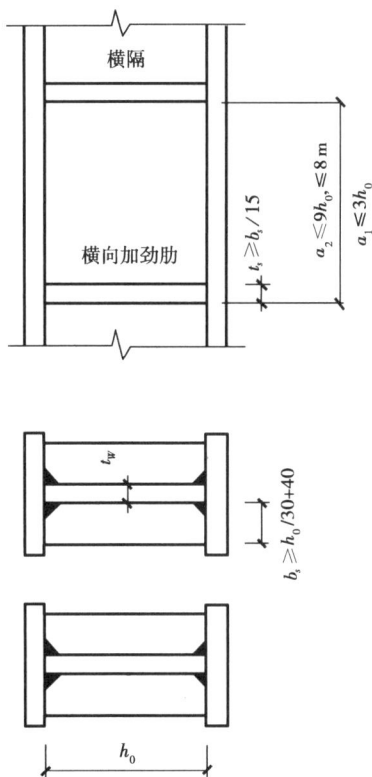

图 4.23　实腹柱的构造要求
（a_1 适用于加劲肋，a_2 适用于横隔）

大型实腹式柱，为了增加抗扭刚度及传递集中力，在受有较大水平力处和运输单元的端部，应设置横隔（即加宽的横向加劲肋），横隔间距不应大于构件截面宽度的9倍和8 m。

例 4.3　试设计一实腹式轴心受压柱，柱长6.6 m，两端铰支（图 4.24）。侧向（x 方向）中点有一支撑，该柱所受轴心压力设计值 $N = 450$ kN，容许长细比 $[\lambda] = 150$，采用热轧工字钢，钢材为 Q235。

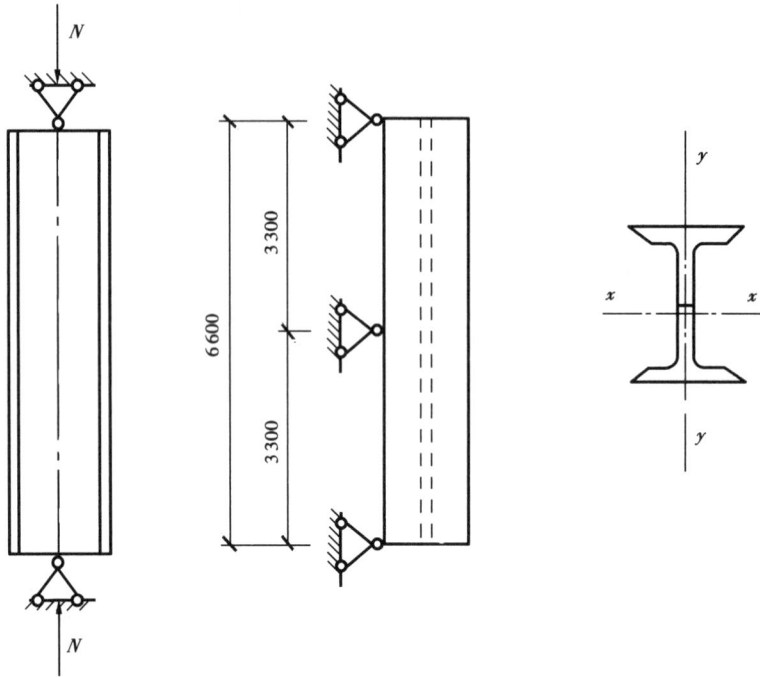

图 4.24 例 4.3 图

解 1)初选截面尺寸

假定长细比 $\lambda = 140$,对 x 轴按 a 类截面,对 y 轴按 b 类截面,查附表 5.1 和附表 5.2 得 $\varphi_x = 0.383, \varphi_y = 0.345$,由附表 1.1 得 $f = 215 \text{ N/mm}^2$,则

$$A_T = \frac{N}{\varphi f} = \frac{450 \times 10^3}{0.345 \times 215} = 60.66 \text{ cm}^2$$

$$i_{xT} = \frac{l_{0x}}{\lambda} = \frac{660}{140} = 4.71 \text{ cm}$$

$$i_{yT} = \frac{l_{0y}}{\lambda} = \frac{330}{140} = 2.36 \text{ cm}$$

根据 A_T、i_{xT}、i_{yT} 查附表 11 选 I 32a, $A = 67.12 \text{ cm}^2$, $i_x = 12.8 \text{ cm}$, $i_y = 2.62 \text{ cm}$, $h = 320 \text{ mm}$, $b = 130 \text{ mm}$。

2)验算

$$\lambda_x = \frac{l_{0x}}{i_x} = \frac{660}{12.8} = 51.6$$

$$\lambda_y = \frac{l_{0y}}{i_y} = \frac{330}{2.62} = 126 < [\lambda] = 150$$

$$\frac{b}{h} = 130/320 = 0.406 < 0.8$$

由附表 2.1 截面分类可知,该截面 x 轴对应 a 类截面,y 轴对应 b 类截面,查附表 5.1 和附表 5.2 得 $\varphi_x = 0.911, \varphi_y = 0.406$,则

$$\frac{N}{\varphi_y A} = \frac{450 \times 10^3}{0.406 \times 67.156 \times 10^2} = 165 \text{ N/mm}^2 < f = 215 \text{ N/mm}^2$$

整体稳定满足要求。

$$\sigma = \frac{N}{A} = \frac{450 \times 10^3}{67.156 \times 10^2} = 67 \ N/mm^2 < f = 215 \ N/mm^2$$

强度满足要求。

因此,该截面满足要求。

例 4.4　试设计一端固定一端铰接工字形截面组合柱(图 4.25(a))。轴心力设计值 $N = 750 \ kN$,柱的长度为 5.5 m,钢材为 Q235,焊条为 E43 型,翼缘为轧制边。允许挠度 $[\lambda] = 150$。

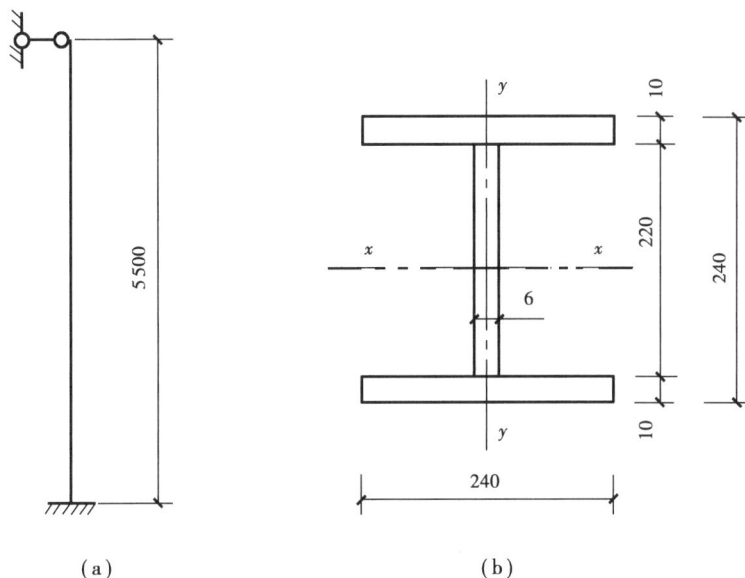

(a)　　　　　　　　　　　(b)

图 4.25　例 4.4 图

解　1)初选截面尺寸

由附表 1.1 得 $f = 215 \ N/mm^2$。

根据表截面分类可知,截面对 x 轴属 b 类截面,对 y 轴属 c 类截面。

假定 $\lambda = 80$,由附表 5.2 和附表 5.3 查得 $\varphi_x = 0.688$,$\varphi_y = 0.578$。

$$A_T = \frac{N}{\varphi_y f} = \frac{750 \times 10^3}{0.578 \times 215} = 60.35 \ cm^2$$

构件计算长度 $l_0 = \mu l = 0.8 \times 5.5 = 4.4 \ m$。

$$i_{xT} = \frac{l_{0x}}{\lambda} = \frac{4.4 \times 10^2}{80} = 5.5 \ cm$$

$$i_{yT} = \frac{l_{0y}}{\lambda} = \frac{4.4 \times 10^2}{80} = 5.5 \ cm$$

根据附表 8 的截面关系,$\alpha_1 = 0.43$、$\alpha_2 = 0.24$,

$$h \approx \frac{i_{xT}}{\alpha_1} = \frac{5.5}{0.43} = 12.8 \ cm, b \approx \frac{i_{xT}}{\alpha_2} = \frac{5.5}{0.24} = 23 \ cm$$

初选 $b = 240 \ mm$,根据 b、h 大致相等的原则,取 $h = 240 \ mm$。

翼缘采用 10×240,其面积为 $A_翼 = 24 \times 1 \times 2 = 48 \ cm^2$。

腹板所需面积 $A_腹 = 60.35 - 48 = 12.35 \ cm^2$。

$$t_w = \frac{12.35}{(24-2)} = 0.56 \text{ cm},取 t_w = 6 \text{ cm}。$$

截面尺寸见图 4.25(b)。

2)截面验算

$$A = 22 \times 0.6 + 2 \times 24 \times 1.0 = 61.2 \text{ cm}^2$$

$$I_x = \frac{0.6}{12} \times 22^3 + 2 \times 24 \times 1.0 \times 11.5^2 = 6\,880.4 \text{ cm}^4$$

$$I_y = 2 \times 1.0 \times \frac{24^3}{12} = 2\,304 \text{ cm}^4$$

$$i_x = \sqrt{\frac{I_x}{A}} = \sqrt{\frac{6\,880.4}{61.2}} = 10.6 \text{ cm}, \lambda_x = \frac{440}{10.6} = 41.5$$

$$i_y = \sqrt{\frac{I_y}{A}} = \sqrt{\frac{2\,304}{61.2}} = 6.14 \text{ cm}, \lambda_y = \frac{440}{6.14} = 71.66$$

验算:

①强度

$$\sigma = \frac{N}{A} = \frac{750 \times 10^3}{61.2 \times 10^2} = 122.5 \text{ N/mm}^2 < f = 215 \text{ N/mm}^2$$

满足要求。

②刚度

$$\lambda_{max} = \lambda_y = 90 \leqslant [\lambda] = 150$$

满足要求。

③整体稳定

查附表 5.3 得:$\varphi_x = 0.893, \varphi_y = 0.631$(c 类)

$$\frac{N}{\varphi_y A} = \frac{750 \times 10^3}{0.631 \times 6.12 \times 10^2} = 194.2 \text{ N/mm}^2 < f = 215 \text{ N/mm}^2$$

满足要求。

④局部稳定

$$\frac{b_1}{t_f} = \frac{117}{10} = 11.7 < 10 + 0.1\lambda = 10 + 0.1 \times 71.66 = 17.17$$

满足要求。

$$\frac{h_0}{t_w} = \frac{220}{6} = 36.7 < 25 + 0.5\lambda = 25 + 0.5 \times 71.66 = 60.83$$

满足要求。

据上面验算可知,该截面能够满足要求。

4.2.3 格构式轴心受压构件的设计

格构式轴心受压构件的承载力设计内容与实腹式轴心受压构件相比,仍需要进行强度、刚度、整体稳定性的验算,另外,还需要进行单肢的局部稳定性验算,并且需要进行缀材(缀条、缀板)的设计。

（1）格构式轴心受压构件的缀材设计

1）缀材的剪力

格构式轴心受压构件受压屈曲时，将产生横向剪力 V，该剪力按下式计算：

$$V = \frac{Af}{85}\varepsilon_k \tag{4.43}$$

《标准》认为剪力 V 值沿构件全长不变，由缀材分担。对双肢格构式构件，每侧缀材分担的剪力 $V_1 = \frac{V}{2}$。

2）缀条计算

斜缀条可以看做平行弦桁架的腹杆，为轴心受压构件（图4.26），其内力 N_t 按下式计算：

$$N_t = \frac{V_1}{n\cos\alpha} \tag{4.44}$$

式中　V_1——分配到一个缀材面的剪力；

　　　n——承受剪力 V_1 的斜缀条数，图4.26（a）为单缀条体系，$n=1$；图4.26（b）为双缀条体系，$n=2$；

　　　α——缀条与构件轴线的夹角。

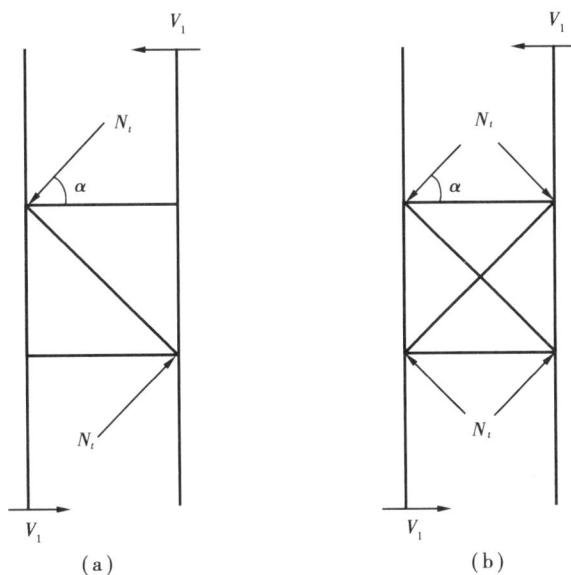

图4.26　缀条计算简图

缀条设计时需进行强度和稳定性验算。缀条是采用角钢单面连接的构件。考虑偏心和可能的弯扭曲影响，《规范》规定其强度设计值 f 应乘以下列相应折减系数：

当按轴心受力计算缀条连接强度时，取 0.85；

当按轴心受压计算稳定性时：

对等边角钢取 $0.6 + 0.0015\lambda$，但不大于 1.0；

对短边相连的不等边角钢取 $0.5 + 0.0025\lambda$，但不大于 1.0；

对长边相连的不等边角钢取 0.70。

λ 为长细比，对中间无联系的单角钢压杆，应按最小回转半径计算，当 $\lambda < 20$ 时，取 $\lambda = 20$。

缀条不应采用小于∟45×45×4 或∟56×36×4 的角钢。

3)缀板设计

缀板的受力可视为一单跨多层框架,在剪力 V_1 的作用下,变形如图4.27 所示:

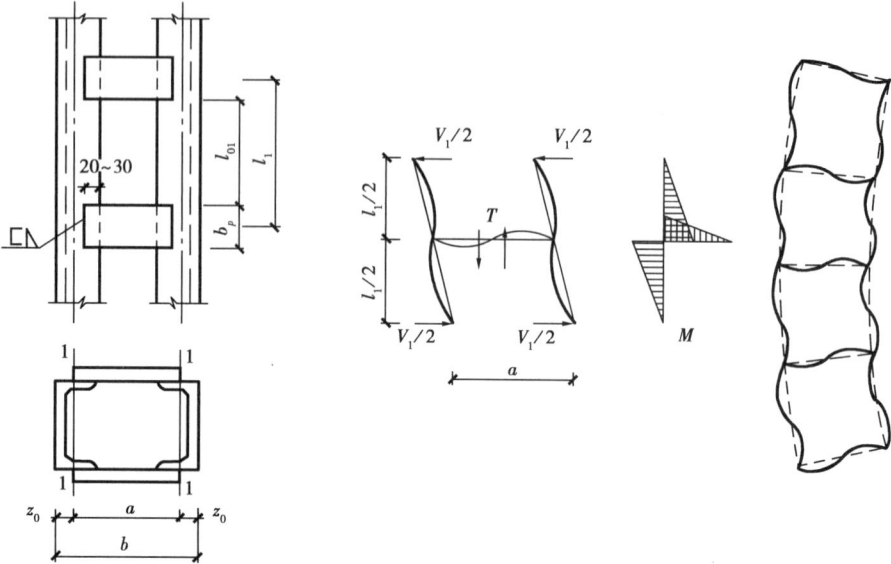

图4.27　缀板计算简图(单位:mm)

剪力

$$T = \frac{V_1 l_1}{a} \qquad (4.45)$$

弯矩

$$M = T \cdot \frac{a}{2} = \frac{V_1 l_1}{2} \qquad (4.46)$$

式中　l_1——相邻两缀板轴线间的距离;

　　　a ——分肢轴心间的距离。

为保证缀板具有一定的刚度,《标准》规定在构件同一截面处两侧缀板的线刚度之和(I_b/a)不得小于柱分肢线刚度(I_1/l_1)的6倍,此处 $I_b = 2 \times \frac{1}{12} t_p b_p^3$。通常取缀板宽度 $b_p \geq 2a/3$,厚度 $t_p \geq a/40$ 及 ≥ 6 mm。

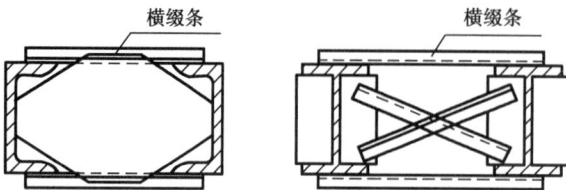

图4.28　格构式构件的横隔

当缀板用角焊缝与肢件相连接时,搭接长度一般为 20~30 mm。

4)横隔

为了增强构件的整体刚度,格构柱除在受有较大水平力处设置横隔外,尚应在运输单元的端部设置横隔,横隔的间距不得大于柱截面较大宽度的9倍或8 m。横隔可用钢板或交叉角钢做成,如图4.28 所示。

(2)格构式轴心受压构件的计算思路

1)选择构件形式和钢材标号

根据轴心力大小和计算长度确定构件形式和钢号,一般中小型构件常采用缀板式,大型构件宜采用缀条式,肢件常采用槽钢、工字钢、角钢、圆管等型钢做成双肢、四肢、三肢格构柱。

2)确定肢件截面

肢件截面由实轴的整体稳定条件计算确定,可先假定长细比 λ,查附表2.2得 φ_y,则

$$A_T = \frac{N}{\varphi_y f}, i_{yT} = \frac{l_{0y}}{\lambda}$$

根据 A_T 和 i_{yT} 查型钢表选择合适的型钢截面,然后验算强度、刚度和整体稳定性。

3)确定肢件间的间距

肢件间的间距由虚轴(x 轴)方向的整体稳定计算确定。根据等稳定条件 $\lambda_{0x} = \lambda_y$,由式(4.31)、式(4.32)可得虚轴的长细比:

缀条式构件

$$\lambda_{xT} = \sqrt{\lambda_y^2 - 27\frac{A}{A_{1x}}} \tag{4.47}$$

缀板式构件

$$\lambda_{xT} = \sqrt{\lambda_y^2 - \lambda_2^2} \tag{4.48}$$

由 λ_{xT} 求得:

$$i_{xT} = \frac{l_{0x}}{\lambda_{xT}}$$

由 λ_{xT} 求得所需的分肢间距 b:

$$b \approx \frac{i_{xT}}{\alpha_2}$$

一般 b 宜取 10 mm 的倍数,且 $b \leqslant 100$ mm。

求 λ_{xT} 时,可先假定 $A_{1x} = 2 \times 0.05A$,选定斜缀条的角钢型号(最小型钢即∟$45 \times 45 \times 4$ 或 ∟$56 \times 36 \times 4$)。对于缀板式格构柱,可近似取 $\lambda_1 < 0.5\lambda_y$,且 $\lambda_1 \leqslant 40$ 进行计算。

按式(4.31)、式(4.32)计算出换算长细比 λ_{0x},按式(4.27)验算虚轴的整体稳定性。

4)截面验算

强度验算: $\sigma = \dfrac{N}{A_n} \leqslant f$

刚度验算: $\lambda = \dfrac{l_0}{i} \leqslant [\lambda]$

整体稳定性验算: $\sigma = \dfrac{N}{\varphi A} \leqslant f$

单肢稳定性验算: $\lambda_1 \leqslant 0.7\lambda_{max}$ 或 $\lambda_1 \leqslant 0.5\lambda_{max}$

5)缀材连接节点设计

缀材连接节点设计以例4.5为例。

例4.5 一两端铰接的轴心受压格构柱承受轴心压力设计值 $N = 1\,400$ kN,在 x 方向上计算长度为 6.6 m,在 y 方向上计算长度为 3.3 m,采用 Q345 钢材,E50 系列焊条,允许长细比

$[\lambda] = 150$,试按缀条式和缀板式格构柱进行设计。

解 1)缀条柱

①确定肢件截面

查附录附表 1.1 得 $f = 305$ N/mm²。

设 $\lambda = 60$,按 b 类截面查附表 5.2 得 $\varphi = 0.734$,

$$A_T = \frac{N}{\varphi f} = \frac{1\,400 \times 10^3}{0.734 \times 305} = 6\,254 \text{ mm}^2 = 62.54 \text{ cm}^2$$

$$i_{yT} = \frac{l_{0y}}{\lambda} = \frac{330}{60} = 5.5 \text{ cm}$$

由附表 12 选 22a,截面如图 4.29。

$A = 2 \times 31.84 = 63.68$ cm²,$i_y = 8.67$ cm,$I_1 = 158$ cm⁴,$\lambda_1 = 2.23$ cm,$z_0 = 7.10$ cm。

$$\lambda_y = \frac{l_{0y}}{i_y} = \frac{330}{8.67} = 38.1 < [\lambda] = 150$$

满足要求。

由 $\lambda_y \varepsilon_k = 38.1 \sqrt{\frac{345}{235}} = 46.2$,按 b 类截面查附表 5.2 得 $\varphi = 0.873$,

$$\frac{N}{\varphi_y A} = \frac{1\,400 \times 10^3}{0.873 \times 63.68 \times 10^2} = 252 \text{ N/mm}^2 < f = 310 \text{ N/mm}^2$$

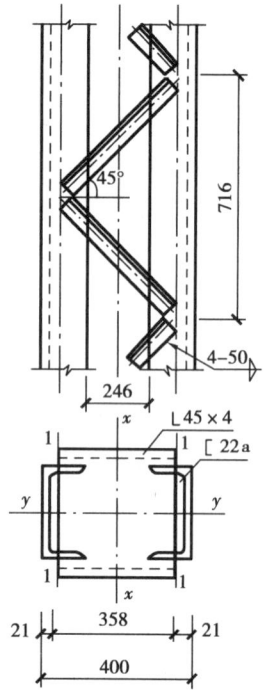

图 4.29 缀条柱(单位:mm)

所选 2[22a 满足要求。

②确定肢件间距

$\frac{A_{1x}}{2} \approx 2 \times 0.05 \times \frac{63.68}{2} = 3.2$ cm²,按构造要求选两根最小角钢∟45 × 4 得 $A_{1x} = 2 \times 3.49 = 6.98$ cm² 按 x、y 方向等稳定条件 $\lambda_{ox} = \lambda_y$,则

$$\lambda_{xT} = \sqrt{\lambda_y^2 - 27\frac{A}{A_{1x}}} = \sqrt{38.1^2 - 27 \times \frac{63.68}{6.368}} = 34.37$$

$$i_{xT} = \frac{l_{0x}}{\lambda_{xT}} = \frac{660}{34.37} = 19 \text{ cm}$$

由附表得 $i_x \approx 0.44b$,$b = \frac{19}{0.44} = 43$ cm,可取 $b = 40$ cm,截面尺寸如图 4.29 所示。

③验算 x 方向稳定条件

$$\frac{a}{2} = \frac{b}{2} - z_0 = \frac{40}{2} - 2.10 = 17.9 \text{ cm}$$

$$I_x = 2 \times (157.8 + 31.84 \times 17.9^2) = 20\,719.3 \text{ cm}^4$$

$$i_x = \sqrt{\frac{I_x}{A}} = \sqrt{\frac{20\,719.3}{63.68}} = 18 \text{ cm}$$

$$\lambda_x = \frac{l_{0x}}{i_x} = \frac{660}{18} = 36.7$$

$$\lambda_{ox} = \sqrt{\lambda_x^2 + 27\frac{A}{A_{1x}}} = \sqrt{36.7^2 + 27 \times \frac{63.68}{6.368}} = 40.21 < [\lambda] = 150$$

满足刚度要求。

由 $\lambda_{ox}\varepsilon_k = 40.21\sqrt{\dfrac{345}{235}} = 48.7$ ，按 b 类截面查附表 5.2 得 $\varphi_x = 0.862$ ，

$$\frac{N}{\varphi_x A} = \frac{1\ 400 \times 10^3}{0.862 \times 63.68 \times 10^2} = 255\ \text{N/mm}^2 < f = 305\ \text{N/mm}^2$$

满足要求。

④缀条计算

斜缀条按 45°布置，如图 4.29 所示。

缀件面剪力

$$V_1 = \frac{1}{2}\left(\frac{Af}{85}\varepsilon_k\right) = \frac{1}{2}\left(\frac{63.68 \times 10^2 \times 310}{85}\sqrt{\frac{345}{235}}\right) = 14\ 070\ \text{N}$$

斜缀条内力

$$N_t = \frac{V_1}{\cos \alpha} = \frac{14\ 070}{\cos 45°} = 19\ 898\ \text{N}$$

缀条截面积　$A = 3.49\ \text{cm}^2$ ，$i_{min} = 0.89\ \text{cm}$ ，

$$\lambda = \frac{l_t}{i_{min}} = \frac{40 - 2 \times 2.10}{\cos 45° \times 0.89} = 56.9 < [\lambda] = 150$$

满足要求。

单角钢为 b 类截面，再由 $\lambda\varepsilon_k = 56.9\sqrt{\dfrac{345}{235}} = 69$ ，查附表 5.2 得 $\varphi = 0.757$ ，折算系数为 $0.6 + 0.001\ 5\lambda = 0.6 + 0.001\ 5 \times 56.9 = 0.69$ ，

$$\frac{N_t}{\varphi A} = \frac{19\ 898}{0.757 \times 3.49 \times 10^2} = 75.3\ \text{N/mm}^2 < 0.69f = 0.69 \times 305 = 210.45\ \text{N/mm}^2$$

满足要求。

⑤单肢稳定性验算

$$l_{01} = 2(b - 2z) = 2 \times (400 - 2 \times 21) = 716\ \text{mm}$$

$$\lambda_1 = \frac{l_{01}}{i_1} = \frac{716}{22.3} = 32.1$$

$$\lambda_{max} = \lambda_{ox} = 39.92 < 50, \text{取}\ \lambda_{max} = 50$$

$$\lambda_1 \leqslant 0.7\lambda_{max} = 0.7 \times 50 = 35$$

单肢稳定满足要求。

⑥连接焊缝

由附表 1.5 查得 $f_f^w = 200\ \text{N/mm}^2$ ，

采用两面侧焊，取 $h_f = 4\ \text{mm}$ ，

肢背焊缝所需长度

$$l_{w1} = \frac{k_1 N_t}{0.7 h_f \gamma_1 f_f^w} = \frac{0.7 \times 19\ 898}{0.7 \times 4 \times 0.85 \times 200} = 29.3\ \text{mm}$$

$$l_1 = l_{w1} + 10 = 39.3\ \text{mm}$$

肢尖焊缝所需长度

$$l_{w2} = \frac{k_2 N_t}{0.7 h_f \gamma_1 f_f^w} = \frac{0.3 \times 19\,898}{0.7 \times 4 \times 0.85 \times 200} = 12.5 \text{ mm}$$

$$l_2 = l_{w2} + 10 = 22.5 \text{ mm}$$

角钢总长　　$l = 716 \times \dfrac{\sqrt{2}}{2} - 50 = 456 \text{ mm}$

搭接长度　　$l_d = \dfrac{456 - 246}{2} = 54 \text{ mm} > l_1$

双侧焊缝可以满足要求。

2）缀板柱

①对实轴计算与缀条柱相同，选用 2[22a，截面形式如图 4.30 所示。

②确定肢间距离

$\lambda_y = 38.1$，设 $\lambda_1 = 22$，令 $\lambda_{ox} = \lambda_y$ 则

$$\lambda_{xT} = \sqrt{\lambda_y^2 - \lambda_1^2} = \sqrt{38.1^2 - 22^2} = 31.1$$

$$i_{xT} = \frac{l_{0x}}{\lambda_{xT}} = \frac{660}{31.1} = 21.22 \text{ cm}$$

查附表 8 得 $\alpha_2 = 0.44$，

$$b = \frac{i_{xT}}{\alpha_2} = \frac{21.22}{0.44} = 48.2 \text{ cm}$$

取 $b = 45 \text{ cm}$，$l_{01} = \lambda_1 i_1 = 22 \times 2.23 = 49.1 \text{ cm}$，取 $l_{01} = 49 \text{ cm}$，

$$a = \frac{b}{2} - z_0 = \frac{45}{2} - 2.10 = 20.4 \text{ cm}$$

$$I_x = 2 \times (157.8 + 31.84 \times 20.4^2) = 26\,816.7 \text{ cm}^4$$

$$i_x = \sqrt{\frac{I_x}{A}} = \sqrt{\frac{26\,816.7}{63.68}} = 20.5 \text{ cm}$$

$$\lambda_x = \frac{l_{0x}}{i_x} = \frac{660}{20.5} = 32.2, \quad \lambda_1 = \frac{l_{01}}{i_1} = \frac{49}{2.23} = 22$$

$$\lambda_{ox} = \sqrt{\lambda_x^2 + \lambda_1^2} = \sqrt{32.2^2 + 22^2} = 39 < [\lambda] = 150$$

满足刚度要求。

按 b 类截面查附表 5.2 得，$\varphi_x = 0.869$，

$$\frac{N}{\varphi_x A} = \frac{1\,400 \times 10^3}{0.869 \times 63.68 \times 10^2} = 253 \text{ N/mm}^2 < f = 305 \text{ N/mm}^2$$

满足要求。

③单肢稳定性验算

$$\lambda_{max} = 39 < 50$$

取 $\lambda_{max} = 50$

$$\lambda_1 = 22 \leqslant 0.5 \lambda_{max} = 0.5 \times 50 = 25$$

且不大于 40，单肢稳定性满足要求。

④缀板设计

由图 4.30 可知：$b = 450 \text{ mm}$，$a = 408 \text{ mm}$，$b_p \geqslant \dfrac{2a}{3} = \dfrac{2 \times 408}{3} = 272 \text{ mm}$，取 $b = 280 \text{ mm}$

$$t_\mathrm{p} \geqslant \frac{a}{40} = \frac{408}{40} = 10.2 \text{ mm, 取 } t = 10 \text{ mm}$$

$$l_1 = l_{01} + b_\mathrm{p} = 49 + 28 = 77 \text{ cm}$$

缀板为　　　 $-10 \times 280 \times 408$

缀板刚度验算

$$\frac{2I_b/a}{I_1/l_1} = \frac{2 \times \dfrac{1.0 \times 28^3}{12 \times 40.8}}{\dfrac{157.8}{77}} = 44 > 6$$

满足要求。

⑤连接焊缝

缀板与分肢连接处的内力为:

剪力　　 $T = \dfrac{V_1 l_1}{a} = \dfrac{14\,070 \times 77}{40.8} = 26\,554 \text{ N}$

弯矩　　 $M = \dfrac{V_1 l_1}{2} = \dfrac{14\,070 \times 77}{2} = 541\,695 \text{ N} \cdot \text{cm}$

采用角焊缝,三面围焊,计算时偏安全地仅考虑竖直
焊缝,但不扣除考虑缺陷的 $2h_\mathrm{f}$ 段,取 $h_\mathrm{f} = 6$ mm,

图 4.30　缀板柱(单位:mm)

$$A_\mathrm{f} = 0.7 \times 0.6 \times 28 = 11.76 \text{ cm}^2$$

$$w_\mathrm{f} = \frac{1}{6} \times 0.7 \times 0.6 \times 28^2 = 54.88 \text{ cm}^3$$

$$\sqrt{\left(\frac{\sigma_\mathrm{f}}{\beta_\mathrm{f}}\right)^2 + \tau_\mathrm{f}^2} = \sqrt{\left(\frac{541\,695 \times 10}{1.22 \times 54.88 \times 10^3}\right)^2 + \left(\frac{26\,554}{11.76 \times 10^2}\right)^2}$$

$$= 84 \text{ N/mm}^2 < f_\mathrm{f}^\mathrm{w} = 200 \text{ N/mm}^2$$

满足要求。

4.2.4　轴心受压柱的柱头与柱脚

(1)柱头

柱的上端与梁相连的部分称为柱头,其作用是承受并传递梁及上部结构传来的荷载。梁柱的连接形式有梁支承于柱顶和柱侧两种形式,节点有铰接和刚接两种,轴心受压柱多采用铰接。

1)梁支承于柱顶的构造

在柱顶设一厚 16~20 mm 的柱顶板,顶板与柱焊接并与梁用普通螺栓相连,以传递梁反力。

图 4.31(a)应将梁的支承加劲肋对准柱的翼缘,使梁的支承反力通过加劲肋直接传递给柱翼缘。在相邻梁之间留有孔隙并用夹板和构造螺栓相连。这种连接方式传力明确,构造简单,但当两侧梁的反力不等时,易引起柱的偏心受压。

图 4.31(b)在梁端设置突缘加劲肋,在梁的轴线附近与柱顶板顶紧,同时在柱顶板下腹板两侧设支承加劲肋,这时柱腹板为主要受力部分,不能太薄。这样即使相邻梁反力不等,柱仍接近轴心受压。

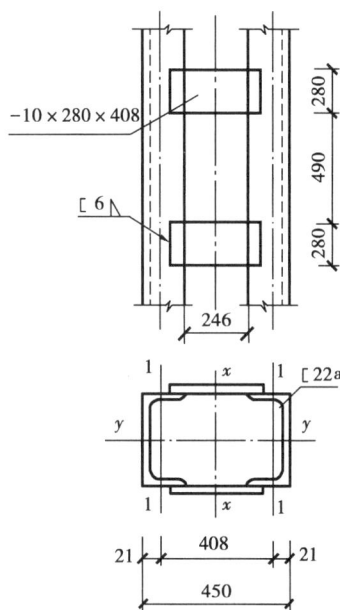

（a）　　　　　　　　　　　　（b）

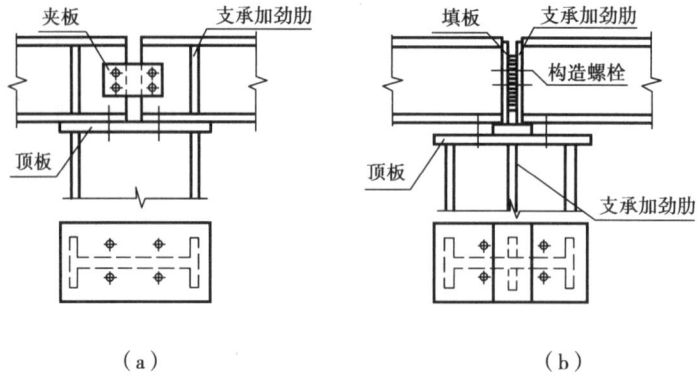

图 4.31　梁支承于柱顶的铰接连接

2）梁支承于柱侧的构造

图 4.32（a）将梁搁置于柱侧的承托上,用普通螺栓连接。梁与柱侧之间留有间隙,用角钢和构造螺栓相连。这种连接方式较简捷,施工方便。

图 4.32（b）当梁的反力较大时,用厚钢板作承托,用焊缝与柱相连。梁与柱侧之间留有间隙,梁吊装就位后,用填板和构造螺栓将柱翼缘和梁端连接起来。

（2）柱脚设计

柱下端与基础的连接部分称为柱脚,其作用是承受柱身的荷载并将其传给基础。柱脚按构造可以分为铰接和刚接两种不同的形式,这里主要介绍铰接柱脚。

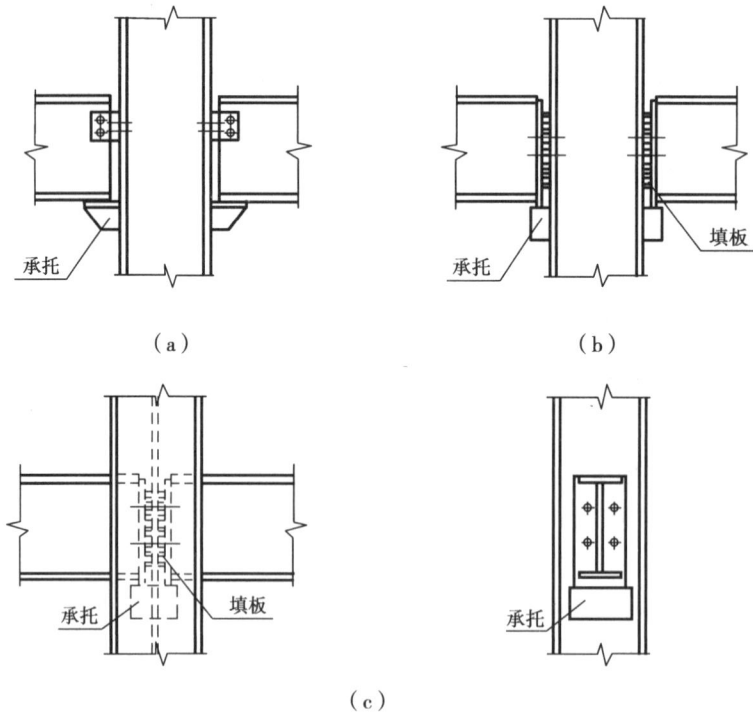

（a）　　　　　　　　　　　　（b）

（c）

图 4.32　梁支承于柱侧的铰接连接

当柱轴力较小时,可在柱子下端设单块底板,底板与柱焊接,并用锚栓固定于混凝土基础上(图 4.33(a))。

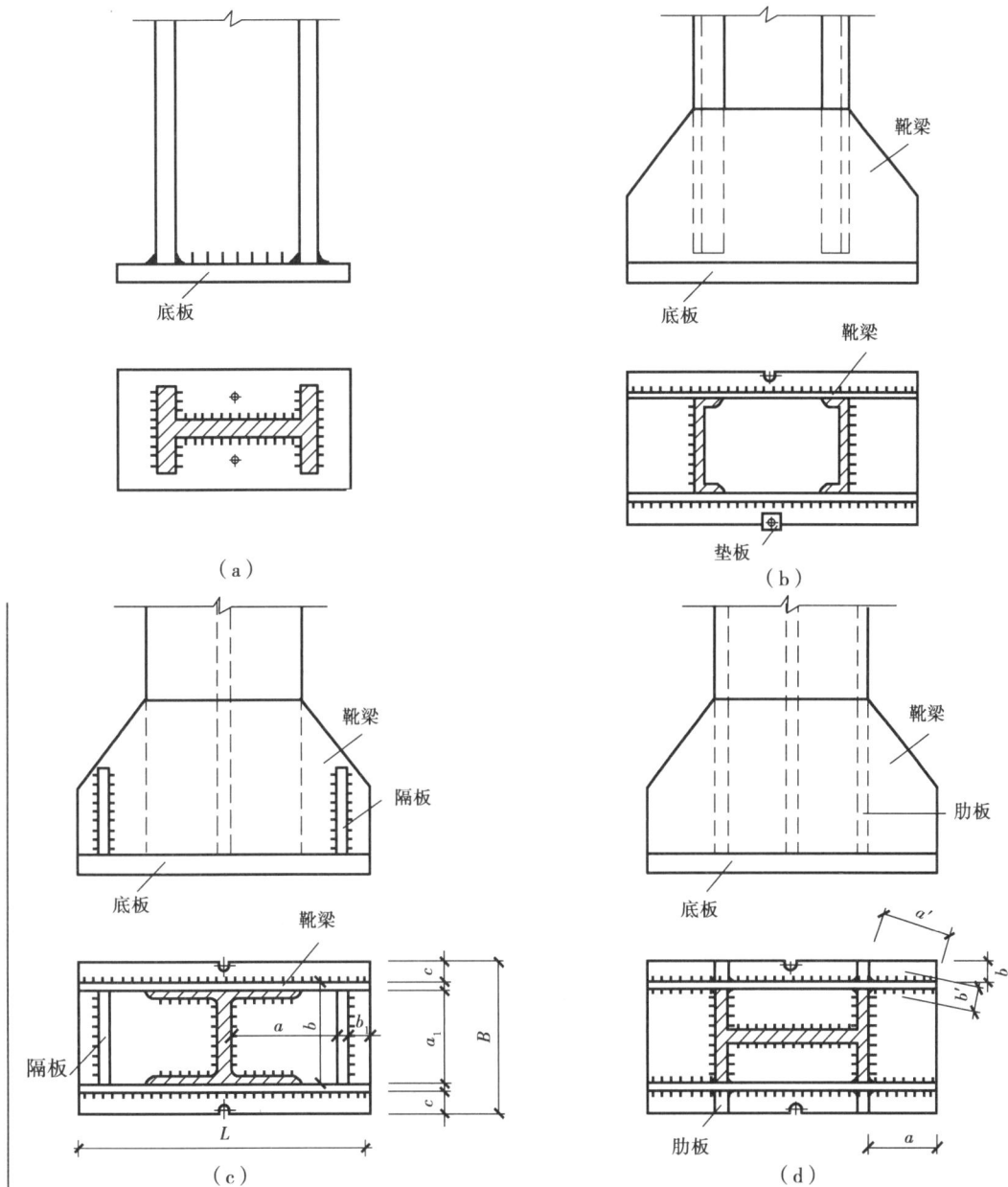

图 4.33 铰接柱脚

当柱轴力较大时,可在柱身与底板之间增设靴梁、隔板和肋板,这样柱端通过垂直焊缝将力传给靴梁,靴梁通过底部焊缝将力传给底板(图 4.33(b)、(c)、(d))。

柱脚锚栓直径一般为 20~25 mm。底板锚栓孔直径为锚栓直径的 1.5~2.0 倍。当柱吊装就位后,用垫板套柱锚栓并与底板焊牢。

柱脚的计算内容包括确定底板的尺寸,靴梁尺寸以及连接焊缝的尺寸等,具体计算方法如下:

①底板面积

$$A = \frac{N}{f_{cc}}$$ (4.49)

式中　N——作用于柱脚的压力设计值；

f_{cc}——基础材料抗压强度设计值；

A——底板的净面积，$A = BL - A_0$；

B、L——矩形底板的外围宽度和长度；

A_0——锚栓孔面积。

②底板均匀反力

$$q \leq f_{cc} = \frac{N}{A} = \frac{N}{BL - A_0}$$ (4.50)

③柱脚底板所承受的弯矩值计算

在底板反力 q 的作用下，基础底板被靴梁、柱身、隔板划分为不同支承边的受力区格(图 4.34)。各区格内底板所承受的弯矩 M 可以统一表示为：

$$M = \beta q l^2$$ (4.51)

式中　M——单位板宽所承受的弯矩值；

l——板格长或板格宽(表 4.10)；

β——弯矩系数(表 4.10)。

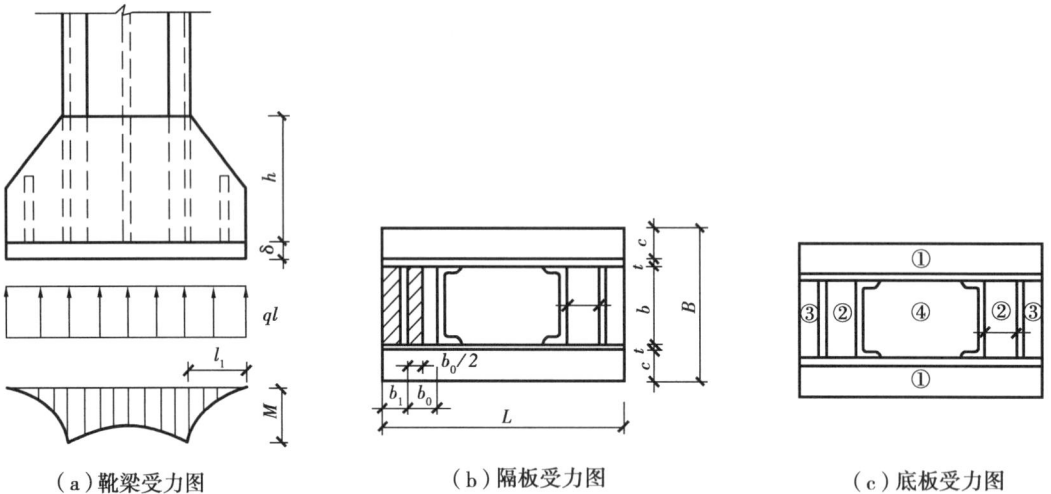

（a）靴梁受力图　　　　（b）隔板受力图　　　　（c）底板受力图

图 4.34

表 4.10　β、l 取值表

四边简支板(图 4.34②④)									
l					$l = a$				
β	b/a	1.0	1.2	1.4	1.6	1.8	2.0	3.0	≥4.0
	β	0.048	0.063	0.075	0.086	0.095	0.101	0.119	0.125

续表

三边简支一边自由的板,自由边长 a,垂直方向边长 b(图 4.34③)							
l	$l = a$						
β	b/a	0.3	0.5	0.7	0.9	1.0	1.2	≥1.4
	β	0.026	0.058	0.085	0.104	0.111	0.120	0.125

悬臂板,伸臂长 c(图 4.34①)	
l	c
β	0.5

两邻边支承板另两边自由,支承边长 a、b(图 4.33(d))							
l	$l = \sqrt{a^2 + b^2} = a' \quad b' = \dfrac{ab}{a'}$						
β	b'/a	0.3	0.5	0.7	0.9	1.0	1.2	≥1.4
	β	0.026	0.058	0.085	0.104	0.111	0.120	0.125

④底板厚度

由底板的抗弯强度确定:

$$\delta \geqslant \sqrt{\frac{6M_{\max}}{f}} \qquad (4.52)$$

式中　$M_{\max}$——取底板所承受的最大弯矩;

f——钢材的强度设计值;

δ——底板厚度,一般取 20 ~ 40 mm,考虑刚度要求,$\delta \geqslant 14$ mm。

⑤靴梁的计算

靴梁的受力如图 4.34(a)所示,可简化成两端外伸的简支梁,在柱肢范围内,底板与靴梁共同工作,可不必验算。故靴梁板所承受的最大弯矩为外伸梁支承处的弯矩:

$$M = \frac{1}{2}Bq_1l_1^2, q_1 = \frac{B}{2} \qquad (4.53)$$

支承处的剪力

$$V = \frac{1}{2}Bql_1 \qquad (4.54)$$

式中　l_1——悬臂端外伸长度。

根据 M、V,验算靴梁的抗弯和抗剪强度:

$$\sigma = \frac{M}{W} \leqslant f \qquad (4.55)$$

$$\tau = 1.5\frac{V}{A} \leqslant f_v \qquad (4.56)$$

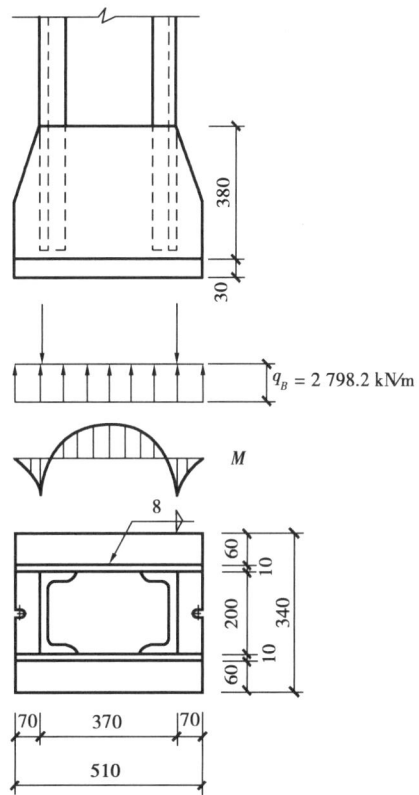

图 4.35　例 4.6 图(单位:mm)

式中 A、W——靴梁支承端处的截面面积和抵抗矩。

靴梁的厚度应与被连接的翼缘厚度大致相同,靴梁的高度由连接柱所需要的焊缝长度决定,但每条焊缝的长度不应超过角焊缝焊脚尺寸 h_f 的 60 倍,同时 h_f 也不应大于被连接的较薄板件厚度的 1.2 倍。

⑥隔板

隔板为底板的支承边,承受底板反力 q 作用,受荷范围见图 4.34 中阴影部分,可按简支梁考虑。

例 4.6   一格构式轴心受压柱柱脚如图 4.35,柱外围尺寸为 350 mm × 200 mm,柱轴心压力设计值 $N = 1~350$ kN(包括柱自重)。基础混凝土强度等级 C15,钢材 Q235,焊条 E43 系列,底板螺栓孔直径 40 mm。

解   1)底板设计

C15 混凝土 $f_{cc} = 7.2$ N/mm²,考虑局部受压,可提高强度,系数为 $\gamma = 1.1$。

底板所需面积:$A_0 = 2 \times \dfrac{\pi \times 40^2}{4} = 25.13$ cm²

$$A = \frac{N}{\gamma f_{cc}} + A_0 = \frac{1~350 \times 10^3}{1.1 \times 7.2} + 2~513 = 172~968 \text{ mm}^2$$

设靴梁板厚 10 mm,底板悬臂外伸 60 mm,则

底板宽度 $B = 200 + 2 \times 10 + 2 \times 60 = 340$ mm

底板长度 $L = \dfrac{A}{B} = \dfrac{172~968}{34} = 50.9$ cm

取 $L = 500$ mm。

基础底部平均压应力

$$q = \frac{N}{BL - A_0} = \frac{1~350 \times 10^3}{340 \times 510 - 2~513} = 7.9 \text{ N/mm}^2 < 1.1 f_{cc} = 1.1 \times 7.2 = 7.92 \text{ N/mm}^2$$

将底板划分为三种区格,区格①为四边支承板。

查表 4.11 得:$\dfrac{b}{a} = \dfrac{370}{200} = 1.85, \beta = 0.096~5,$

$$M_1 = \beta q a^2 = 0.096~5 \times 7.9 \times 200^2 = 30~494 \text{ N}$$

经计算其他区格内的弯矩值远小于 M_1,则

$$M_{max} = M_1 = 30~494 \text{ N}$$

由附表 1.1 取第二组钢材的抗弯强度设计值 $f = 205$ N/mm²,

底板厚度 $\delta \geq \sqrt{\dfrac{6 M_{max}}{f}} = \sqrt{\dfrac{6 \times 30~494}{205}} = 30$ mm

取 $\delta = 30$ mm。

2)靴梁计算

由附表 1.5 查得 $f_f^w = 160$ N/mm²。

取靴梁与柱身连接的焊脚尺寸用 $h_f = 8$ mm,两侧靴梁共用四条焊缝,则焊缝长度:

$$l_w = \frac{N}{4 \times 0.7 h_f f_f^w} = \frac{1~350 \times 10^3}{4 \times 0.7 \times 8 \times 160} = 376.7 \text{ mm} < 60 h_f = 480 \text{ mm}$$

靴梁高度取 38 cm,厚度取 1.0 cm。

126

一块靴梁所承受的线荷载密度为：

$$q_1 = \frac{B}{2}q = \frac{1}{2} \times 340 \times 8.23 = 1\,399.1 \text{ N/mm}$$

$$l_1 = 70$$

则

$$M = \frac{1}{2}q_1 l_1^2 = \frac{1}{2} \times 1\,399.1 \times 70^2 = 3\,427\,795 \text{ N} \cdot \text{mm}$$

$$\sigma = \frac{M}{W} = \frac{3\,427\,795}{\frac{1}{6} \times 10 \times 380^2} = 14.24 \text{ N/mm}^2 < f = 215 \text{ N/mm}^2$$

$$V = q_1 l_1 = 1\,399.1 \times 70 = 97\,937 \text{ N} = 97.94 \text{ kN}$$

$$\tau = 1.5\frac{V}{A} = 1.5 \times \frac{97.94 \times 10^3}{10 \times 380} = 38.7 \text{ N/mm}^2 < f_v = 120 \text{ N/mm}^2$$

靴板和柱身与底板的连接焊缝按传递全部柱压力计算，则焊缝总长度为：

$$\sum l_w = 2 \times (510 - 10) + 4 \times (70 - 10) + 2 \times (200 - 10) = 1\,620 \text{ mm}$$

所需焊脚高度为：

$$h_f = \frac{N}{1.22 \times 0.7 \sum l_w f_f^w} = \frac{1\,350 \times 10^3}{1.22 \times 0.7 \times 1\,620 \times 160} = 6.10 \text{ mm}$$

取 $h_f = 7$ mm，符合要求。

4.3　拉弯和压弯构件

同时承受轴心拉力和弯矩的构件称为拉弯构件（图 4.36），而同时承受轴心压力和弯矩的构件称为压弯构件（图 4.37），工程中也常把这两类构件称为偏心受拉和偏心受压构件。拉弯和压弯构件的破坏有强度破坏、整体失稳破坏和局部失稳破坏，本节主要讲述实腹式单向拉弯和压弯构件。

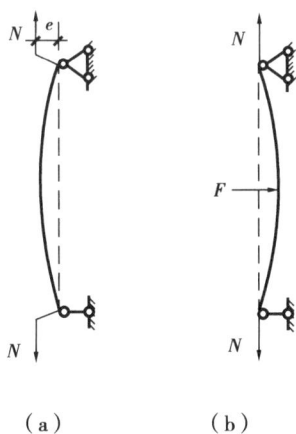

图 4.36　拉弯构件

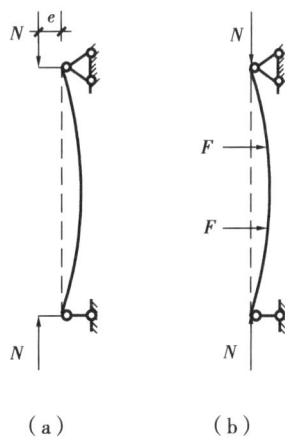

图 4.37　压弯构件

4.3.1 拉弯和压弯构件的设计要点

拉弯和压弯构件的设计内容有强度、刚度、整体稳定和局部稳定的验算。

(1) 强度

构件在轴心拉力或压力 N 和绕一个主轴 x 轴的弯矩 M_x 的作用下,其强度按下列公式验算:

$$\frac{N}{A_n} \pm \frac{M_x}{\gamma_x W_{nx}} \leqslant f \tag{4.57}$$

式中　N——轴向拉力或压力 N;

　　　M_x——x 方向的弯矩(N·mm);

　　　A_n——构件截面面积(mm²);

　　　γ_x——截面塑性发展系数,附表3;

　　　W_{nx}——构件净截面模量(mm³)。

(2) 刚度

与轴心受力构件类似,拉弯和压弯构件的刚度是通过控制构件的长细比 λ 不超过容许长细比 $[\lambda]$ 来保证的,即

$$\lambda_{max} \leqslant [\lambda]$$

式中　$[\lambda]$——构件容许长细比,见表4.7、表4.8。

当弯矩为主、轴心力较小或有其他需要时,还需计算拉弯或压弯构件的挠度或变形,使其满足挠度或变形要求。

(3) 实腹式压弯构件的整体稳定

1) 弯矩作用平面内的整体稳定

根据压弯构件极限承载力的原理,考虑各种影响极限承载力的因素,《标准》规定对弯矩作用在对称轴平面内(绕 x 轴)的实腹式压弯构件,其稳定性应按下列公式验算:

$$\frac{N}{\varphi_x A} + \frac{\beta_{mx} M_x}{\gamma_x W_{1x}\left(1 - 0.8\dfrac{N}{N'_{Ex}}\right)} \leqslant f \tag{4.58}$$

式中　N——所计算构件段范围内的轴向压力(N);

　　　φ_x——弯矩作用平面内的轴心受压构件稳定系数,查用附录5;

　　　M_x——所计算构件段范围内的最大弯矩设计值(N·mm);

　　　A——构件毛截面面积(mm²);

　　　W_{1x}——在弯矩作用平面内对受压最大纤维的毛截面模量;

　　　γ_x——与 W_{1x} 相应的截面塑性发展系数,附表3;

　　　$N'_{Ex} = \dfrac{\pi^2 EA}{1.1\lambda_x^2}$——参数;

　　　β_{mx}——等效弯矩系数,按下列规定采用。

等效弯矩系数 β_{mx} 应按下列规定采用:

①无侧移框架柱和两端支承的构件:

a. 无横向荷载作用时,β_{mx} 应按下式计算:

$$\beta_{mx} = 0.6 + 0.4 \frac{M_2}{M_1}$$

式中　M_1、M_2——端弯矩(N·mm),构件无反弯点时取同号;构件有反弯点时取异号,$|M_1| \geqslant |M_2|$。

　　b. 无端弯矩但有横向荷载作用时,β_{mx} 应按下列公式计算:

跨中单个集中荷载:

$$\beta_{mx} = 1 - 0.36 N/N_{cr}$$

全跨均布荷载:

$$\beta_{mx} = 1 - 0.18 N/N_{cr}$$

$$N_{cr} = \frac{\pi^2 EI}{(\mu l)^2}$$

式中　N_{cr}——弹性临界力(N);

　　　μ——构件的计算长度系数。

　　c. 端弯矩和横向荷载同时作用时,式(4.64)的 $\beta_{mx} M_x$ 应按下式计算:

$$\beta_{mx} M_x = \beta_{mqx} M_{qx} + \beta_{m1x} M_1$$

式中　M_{qx}——横向均布荷载产生的弯矩最大值(N·mm);

　　　M_1——跨中单个横向集中荷载产生的弯矩(N·mm);

　　　β_{m1x}——取第 a. 项计算的等效弯矩系数。

　　②有侧移框架柱和悬臂构件,等效弯矩系数 β_{mx} 应按下列规定采用:

　　a. 除上条第 b. 项规定之外的框架柱,β_{mx} 应按下式计算:

$$\beta_{mx} = 1 - 0.36 N/N_{cr}$$

　　b. 有横向荷载的柱脚铰接的单层框架柱和多层框架的底层柱,$\beta_{mx} = 1.0$。

　　c. 自由端作用有弯矩的悬臂柱,β_{mx} 应按下式计算:

$$\beta_{mx} = 1 - 0.36(1 - m) N/N_{cr}$$

式中　m——自由端弯矩与固定端弯矩之比,当弯矩图无反弯点时取正号,有反弯点时取负号。

　　2)弯矩作用平面外的稳定性

　　当弯矩作用在压弯构件截面最大刚度平面内时,如果构件抗扭刚度和垂直于弯矩作用平面的抗弯刚度不大而侧向又没有足够的支承以阻止构件的侧移和扭转。构件就可能向弯矩作用平面外发生侧向弯扭曲而破坏(图4.38)。我国规范中按下列公式验算:

$$\frac{N}{\varphi_y A} + \eta \frac{\beta_{tx} M_x}{\varphi_b W_{1x}} \leqslant f \tag{4.59}$$

式中　M_x——所计算构件范围内(构件侧向支承点之间)的最大弯矩设计值(N·mm);

　　　φ_y——弯矩作用平面外的轴心受压构件稳定系数;

　　　β_{tx}——弯矩作用平面外等效弯矩系数,应按下列规定采用。

　　等效弯矩系数 β_{tx} 应按下列规定采用:

　　①在弯矩作用平面外有支承的构件,应根据两相邻支承间构件段内的荷载和内力情况确定:

　　a. 无横向荷载作用时,β_{tx} 应按下式计算:

$$\beta_{tx} = 0.65 + 0.35 \frac{M_2}{M_1}$$

b. 端弯矩和横向荷载同时作用时，β_{tx} 应按下列规定取值：

使构件产生同向曲率时，$\beta_{tx} = 1.0$；

使构件产生反向曲率时，$\beta_{tx} = 0.85$。

c. 无端弯矩有横向荷载作用时，$\beta_{tx} = 1.0$。

②弯矩作用平面外为悬臂的构件，$\beta_{tx} = 1.0$。

η ——调整系数，闭口截面 $\eta = 0.7$，其他截面 $\eta = 1.0$；

φ_b ——均匀弯曲的受弯构件整体稳定系数，对闭口截面取 $\varphi_b = 1.0$。

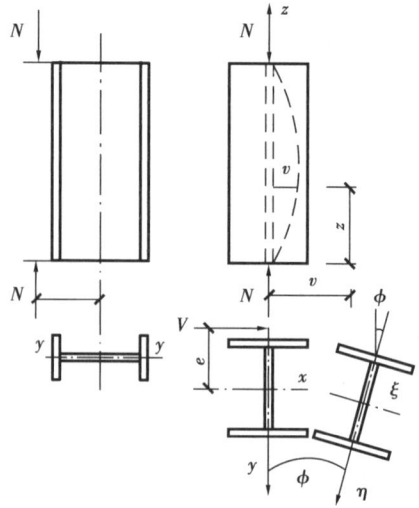

图 4.38　弯矩作用平面外的弯扭曲

当 $\lambda_y \leqslant 120\varepsilon_k$ 时，可按下列近似公式计算：

①工字形截面(含 H 型钢)

双轴对称时：

$$\varphi_b = 1.07 - \frac{\lambda^2}{44\,000}\varepsilon_k^2 \tag{4.60}$$

单轴对称时：

$$\varphi_b = 1.07 - \frac{W_x}{(2\alpha_b + 0.1)Ah} \cdot \frac{\lambda_y^2}{14\,000}\varepsilon_k^2 \tag{4.61}$$

式中　$\alpha_b = \dfrac{I_1}{I_1 + I_2}$

I_1、I_2 ——受压翼缘和受拉翼对 y 轴的惯性矩。

②T 形截面(弯矩作用在对称轴平面，绕 x 轴)

A. 弯矩使翼缘受压时：

双角钢 T 形截面：

$$\varphi_b = 1 - 0.001\,7\lambda_y/\varepsilon_k \tag{4.62}$$

部分 T 型钢和两板组合 T 形截面：

$$\varphi_b = 1 - 0.002\,2\lambda_y/\varepsilon_k \tag{4.63}$$

B. 弯矩使翼缘受拉且腹板宽厚比不大于 $18\varepsilon_k$ 时：

$$\varphi_b = 1 - 0.000\,5\lambda_y/\varepsilon_k \tag{4.64}$$

当 $\varphi_b > 1.0$ 时，取 $\varphi_b = 1.0$；

当 $\varphi_b > 0.6$ 时，不必按式(4.13)换成 φ_b'。

(4)实腹式压弯构件的局部稳定

实腹压弯构件要求不出现局部失稳者，其腹板高厚比、翼缘宽厚比应符合表 1.3 规定的压弯构件 S_4 级截面要求。工字形和箱形截面压弯构件的腹板高厚比超过表 1.3 规定的 S_4 级截面要求时，其构件设计应符合《钢结构设计标准》(GB 50017—2017)压弯构件的局部稳定和屈曲后强度的规定。压弯构件的板件当用纵向加劲肋加强以满足宽厚比限值时，加劲肋宜在板件两侧成对配置，其一侧外伸宽度不应小于板件厚度 t 的 10 倍，厚度不宜小于 $0.75t$。

(5)压弯构件的计算长度

压弯构件的计算长度根据构件端部的约束条件按弹性稳定理论确定,对于端部约束条件比较简单的压弯构件计算长度,可按轴心受压构件的计算长度系数表4.9确定,对于框架柱,端部约束条件比较复杂,无法直接确定。框架结构分为有侧移框架和无侧移框架两种结构,无侧移的框架,其稳定承载力比连接条件与截面尺寸相同的有侧移框架大很多,所以,确定框架柱的计算长度时应区分框架失稳时有无侧移。

《标准》规定,单层或多层框架等截面柱,在框架平面内的计算长度应等于该层柱的高度乘以计算长度系数 μ。

1)有侧移框架

柱计算长度系数 μ 按附表6.1确定。

2)无侧移框架

柱计算长度系数 μ 按附表6.2确定。

框架柱计算长度的相关规定请参阅《钢结构设计标准》(GB 50017—2017)。

4.3.2 实腹式压弯构件的截面设计

实腹式压弯构件的截面设计也应遵循等稳定性原则、肢宽壁薄、制造省工和连接简便等设计原则。

其截面设计的步骤是:截面选择、强度验算、弯矩作用平面内和平面外的整体稳定验算、局部稳定验算、刚度验算等。

(1)确定截面形式和尺寸

截面形式可根据弯矩的大小、方向选用双轴对称或单轴对称的截面。截面尺寸由于受稳定性、几何特征控制较为复杂,一般可根据设计经验,先假定出截面尺寸,然后经多次试算调整,才能设计出合理的截面形式和截面尺寸。

(2)截面验算

1)强度验算

$$\frac{N}{A_n} + \frac{M_x}{\gamma_x W_{nx}} \leq f$$

若无截面削弱,当弯曲取值和整体稳定性验算取值相同时,可不作强度验算。

2)刚度验算

$$\lambda_{max} = \left(\frac{l_0}{i}\right)_{max} \leq [\lambda]$$

3)整体稳定验算

弯矩作用平面内:

$$\frac{N}{\varphi_x A} + \frac{\beta_{mx} M_x}{\gamma_x W_{1x}\left(1 - 0.8\frac{N}{N'_{Ex}}\right)} \leq f$$

单轴对称时:

$$\left|\frac{N}{\varphi_x A} - \frac{\beta_{mx} M_x}{\gamma_x W_{2x}\left(1 - 1.25\frac{N}{N'_{Ex}}\right)}\right| \leq f$$

弯矩作用平面外：

$$\frac{N}{\varphi_y A} + \eta \frac{\beta_{tx} M_x}{\varphi_b W_{1x}} \leqslant f$$

（3）局部稳定性验算

按构造控制宽厚比或高厚比限值即可满足。

例 4.7 图 4.39 所示为一双轴对称工字形截面压弯构件,两端铰支。杆长 9.9 m,在杆中间 1/3 处有侧向支撑,承受轴心压力设计值 $N = 850$ kN,中点横向荷载设计值 $F = 135$ kN。构件截面尺寸如图所示,截面无削弱,翼缘板为火焰切割边,钢材为 Q235,构件容许长细比 $[\lambda] = 150$。截面宽厚比等级 S_2 级。试对该构件截面进行验算。

解 1）截面几何特征计算

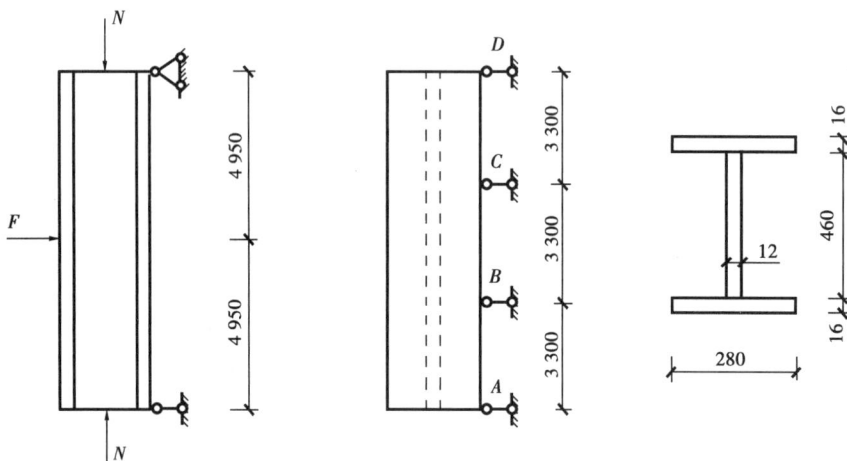

图 4.39 例 4.7 图（单位:mm）

$A = 28 \times 1.6 \times 2 + 46 \times 1.2 = 144.8 \text{ cm}^2$

$I_x = \frac{46^3 \times 1.2}{12} + 28 \times 1.6 \times \left(\frac{46 + 1.6}{2}\right)^2 \times 2 = 60\ 486.62 \text{ cm}^4$

$I_y = \frac{28^3 \times 1.6 \times 2}{12} = 5\ 853.87 \text{ cm}^4$

$i_x = \sqrt{\frac{I_x}{A}} = \sqrt{\frac{60\ 486.62}{144.8}} = 20.44 \text{ cm}$

$i_y = \sqrt{\frac{I_y}{A}} = \sqrt{\frac{5\ 853.87}{144.8}} = 6.36 \text{ cm}$

$W_{1x} = \frac{2I_x}{h} = \frac{2 \times 60\ 486.62}{49.2} = 2\ 458.8$

$\lambda_x = \frac{l_{0x}}{i_x} = \frac{990}{20.44} = 48.43$

$\lambda_y = \frac{l_{0y}}{i_y} = \frac{330}{6.36} = 51.9$

按 b 类截面查附表 5.2 得:$\varphi_x = 0.863$,$\varphi_y = 0.847$

2）强度验算

$$M_x = \frac{1}{4}Fl = \frac{1}{4} \times 135 \times 9.9 = 334.125 \text{ kN} \cdot \text{m}$$

查附表 3，$\gamma_x = 1.05$，$f = 215 \text{ N/mm}^2$

$$\frac{N}{A_n} + \frac{M_x}{\gamma_x W_{1x}} = \frac{850 \times 10^3}{144.8 \times 10^2} + \frac{334.125 \times 10^6}{1.05 \times 2458.8 \times 10^3} = 188 \text{ N/mm}^2 < f = 215 \text{ N/mm}^2$$

满足要求。

3）刚度验算

$$\lambda_{max} = \lambda_y = 51.9 < [\lambda] = 150$$

满足要求。

4）弯矩作用平面内整体稳定验算

$$N'_{Ex} = \frac{\pi^2 EI_x}{1.1 l_{0x}^2} = \frac{\pi^2 \times 2.06 \times 10^5 \times 60486.62 \times 10^4}{1.1 \times 9900^2} = 11406.8 \text{ kN}$$

$\beta_{mx} = 1.0$（验算段无端弯矩但有横向荷载作用）

$$\frac{N}{\varphi_x A} + \frac{\beta_{mx} M_x}{r_x W_{1x}\left(1 - 0.8\dfrac{N}{N'_{Ex}}\right)}$$

$$= \frac{850 \times 10^3}{0.863 \times 144.8 \times 10^2} + \frac{1.0 \times 334.125 \times 10^6}{1.0 \times 2458.8 \times 10^3 \times \left(1 - 0.8 \times \dfrac{850}{11406.8}\right)}$$

$$= 205.6 \text{ N/mm}^2 < f = 215 \text{ N/mm}^2$$

满足要求。

5）弯矩作用平面外整体稳定性验算

$$\varphi_b = 1.07 - \frac{\lambda_y^2}{44000} \cdot \frac{f_y}{235} = 1.07 - \frac{51.9^2}{44000} \cdot \frac{235}{235} = 1.01 > 1.0 \text{ 取 } \varphi_b = 1.0$$

$\beta_{tx} = 1.0$（验算段内有端弯矩及横向荷载同时作用，且端弯矩 $M_1 = M_2$）

$\eta = 1.0$（工字形截面）

$$\frac{N}{\varphi_y A} + \eta \frac{\beta_{tx} M_x}{\varphi_b W_{1x}} = \frac{850 \times 10^3}{0.847 \times 144.8 \times 10^2} + 1.0 \times \frac{1.0 \times 334.125 \times 10^6}{1.0 \times 2458.8 \times 10^3}$$

$$= 205.2 \text{ N/mm}^2 < f = 215 \text{ N/mm}^2$$

满足要求。

6）局部稳定验算：

翼缘：$\dfrac{b_1}{t} = \dfrac{280 - 12}{2 \times 16} = 8.4 \leqslant 11 \ \varepsilon_k = 11$

满足要求。

腹板：$\sigma_{min} = \dfrac{N}{A} + \dfrac{M}{W_{1x}} = \dfrac{850 \times 10^3}{144.8 \times 10^2} + \dfrac{334.125 \times 10^6}{2458.8 \times 10^3} = 194.6 \text{ N/mm}^2$

$$\sigma_{min} = \frac{N}{A} - \frac{M}{W_{1x}} = \frac{850 \times 10^3}{144.8 \times 10^2} - \frac{334.125 \times 10^6}{2458.8 \times 10^3} = -77.2 \text{ N/mm}^2$$

$$\alpha_0 = \frac{\sigma_{max} - \sigma_{min}}{\sigma_{max}} = \frac{194.6 + 77.2}{194.6} = 1.4 < 1.6$$

$$\frac{h_0}{t_w} = \frac{460}{12} = 38.3 < (38 + 13\alpha_0^{1.39})\varepsilon_k = 58.75$$

满足要求。

经过以上验算,该构件截面设计安全。

4.3.3 压弯构件的柱头和柱脚的连接构造

(1)柱头

实腹式压弯构件柱头的主要作用是使柱子能与上部构件可靠地连接并将其内力传给柱身,要求传力明确、构造简单。图 4.40 所示为一实腹式压弯构件的柱头构造,柱头由顶板和肋板组成,柱顶压力 N 通过焊缝①传给肋板,再由肋板通过焊缝②传给柱身。

框架柱与梁的连接可分为柔性连接和刚性连接,柔性连接一般采用高强度螺栓连接,属铰接,而刚性连接是用焊缝连接,图 4.41 所示是两种连接示例。

(2)柱脚

压弯构件的柱脚可做成铰接和刚性连接两种。铰接柱脚只传递轴心压力和剪力,它的计算和构造

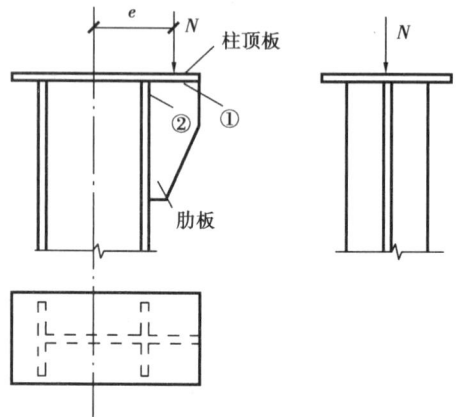

图 4.40 铰接柱头构造

与轴心受压柱相同;刚接柱脚分整体式和分离式两种。一般实腹式压弯构件多采用整体式柱脚(图 4.42)。

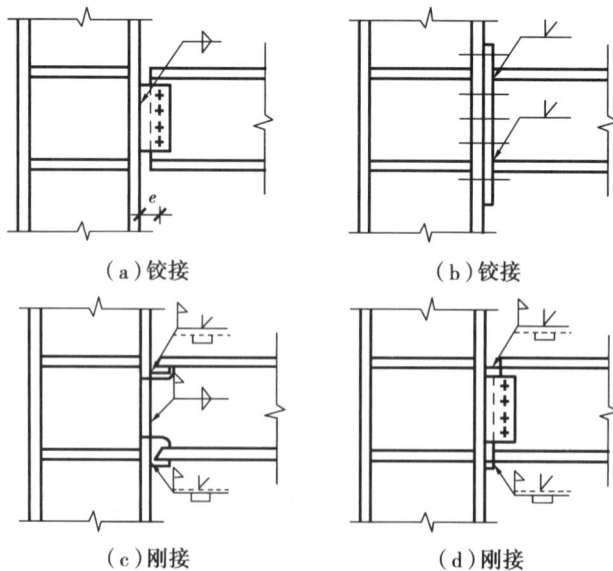

(a)铰接   (b)铰接

(c)刚接   (d)刚接

图 4.41 框架梁柱连接构造

整体式柱脚的构造是柱身置于底板,柱两侧由两块靴梁夹柱,靴梁分别与柱翼缘和底板焊牢。为保证柱脚与基础形成刚性连接,柱脚一般布置 4 个锚栓,锚栓不像中心受压柱那样固定

在底板上,而是在靴梁侧面每个锚栓处焊两块肋板,并在肋板上设水平板,组成锚栓支架,锚栓固定在锚栓支架的水平板上。为便于安装时调整柱脚位置,水平板上的锚栓孔(或缺口)的直径应为锚栓直径的 1.5 ~ 2 倍。锚栓穿过水平板准确就位后,再用有孔垫板套柱锚栓,并与锚栓焊牢。垫板孔径一般只比锚栓直径大 1 ~ 2 mm,此外,在锚栓支架间应布置竖向隔板锚,以增加柱脚刚性。

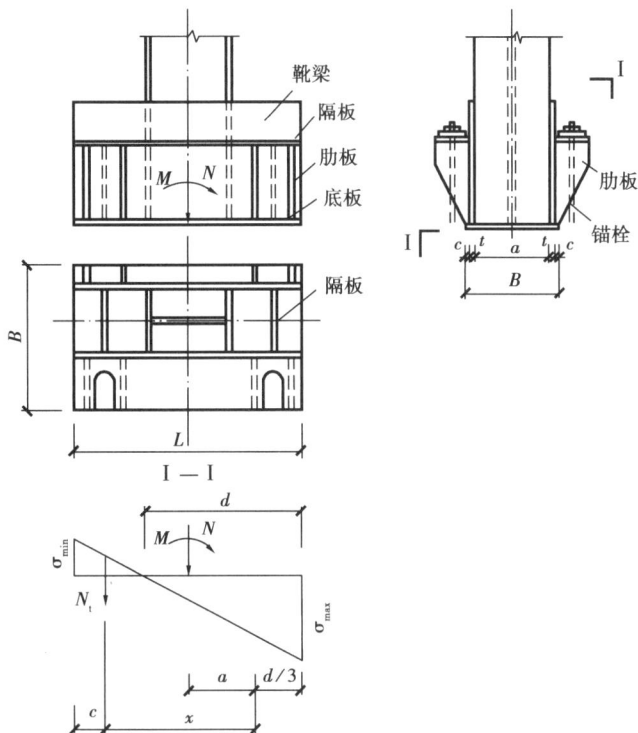

图 4.42　整体式柱脚结构

整体式柱脚的计算内容有:底板尺寸、锚栓直径、靴梁尺寸及焊缝。

1)底板尺寸

底板宽度 B 由构造要求确定,其中悬臂宽度取 $c = 20 ~ 50$ mm。底板长度 L 由式(4.65)确定:

$$\sigma_{max} = \frac{N}{BL} + \frac{6M}{BL^2} \leqslant f_{cc} \tag{4.65}$$

底板厚度的确定与轴心受压构件类似,其中底板各区格单位面积上的压应力 q 可偏安全地取该区格下最大压应力值,作为全区格均匀分布压应力来计算其弯矩。

2)锚栓计算

当 σ_{min} 为负值时,为拉应力,该拉应力 N_t 由锚栓承担。

$$\sigma_{min} = \frac{N}{BL} - \frac{6M}{BL^2} \tag{4.66}$$

$$N_t = \frac{M - Na}{x} \tag{4.67}$$

$$d = \frac{\sigma_{max}}{\sigma_{max} + |\sigma_{min}|} \cdot L \qquad (4.68)$$

$$\begin{cases} a = \dfrac{L}{2} - \dfrac{d}{3} \\ x = L - c - \dfrac{d}{3} \end{cases} \qquad (4.69)$$

式中　d——底板受压区长度;

　　　a——柱截面形心到基础受压区合力点之间的距离;

　　　c——锚栓中心到底板边缘的距离。

故单个螺栓需要的净截面面积为:

$$A_e \geqslant \frac{N}{n f_t^b} \qquad (4.70)$$

式中　n——柱身一侧柱脚锚栓的数目;

　　　f_t^b——锚栓的抗拉强度(附表 1.7)。

螺栓直径不应小于 20 mm。

靴梁和隔板的设计与轴心受压柱柱脚相同。

本章小结

1. 受弯构件——钢梁

(1)梁应满足强度、刚度和稳定性要求。

(2)钢梁的强度验算内容有抗弯、抗剪、局部承压强度。

抗弯强度:

$$\frac{M_x}{\gamma_x W_{nx}} + \frac{M_y}{\gamma_y W_{ny}} \leqslant f$$

抗剪强度:

$$\tau = \frac{VS}{I t_w} \leqslant f_v$$

局部承压强度:

$$\sigma_c = \frac{\psi F}{t_w l_z} \leqslant f$$

(3)钢梁的刚度验算通过控制挠度进行保证,即

$$\nu \leqslant [\nu] \ \text{或} \ \frac{\nu}{l} \leqslant \frac{[\nu]}{l}$$

(4)钢梁的整体稳定通过稳定系数 φ 予以保证。

稳定条件:

$$\frac{M_x}{\varphi_b W_x} \leqslant f$$

$$\varphi_b = \beta_b \frac{4\,320}{\lambda_y^2} \cdot \frac{Ah}{W_x} \left[\sqrt{1 + \left(\frac{\lambda_y t_1}{4.4h} \right)^2} + \eta_b \right] \varepsilon_k^2$$

（5）组合梁的验算增加局部稳定和加劲肋设计两个内容,局部稳定通过控制翼缘和腹板的宽厚比及高厚比予以保证。

2. 轴心受力构件

（1）轴心受力构件分为实腹式和格构式两类。

（2）实腹式轴心受力构件的基本设计要求有强度、刚度和整体稳定验算和局部稳定的验算。

强度验算：
$$\sigma = \frac{N}{A_n} \leqslant f$$

刚度验算：
$$\lambda = \frac{l_0}{i} \leqslant [\lambda]$$

整体稳定验算：
$$\sigma = \frac{N}{A} \leqslant \varphi f$$

φ 为整体稳定系数与构件截面类型和构件长细比有关,查表确定。

局部稳定:通过控制板件的宽厚比和高厚比予以保证。

（3）格构式轴心受力构件与实腹式类似,但有下列两点不同:

1）格构柱对虚轴的长细比应采用换算长细比 λ_{ox}:

缀条式
$$\lambda_{ox} = \sqrt{\lambda_x^2 + 27\frac{A}{A_{1x}}}$$

缀板式
$$\lambda_{ox} = \sqrt{\lambda_x^2 + \lambda_1^2}$$

2）格构柱的局部稳定指单肢的稳定:

缀条式　　　　　　　$\lambda_1 \leqslant 0.7\lambda_{max}$

缀板式　　　　　　　$\lambda_1 \leqslant 0.5\lambda_{max}$

（4）柱头和柱脚:柱头指柱与梁的连接构造,柱脚构造一般由底板、靴梁和隔板组成。

柱脚底板尺寸按基础抗压强度确定: $A \geqslant \frac{N}{f_{cc}} + A_0$

柱脚底板厚度按底板最大弯矩值确定: $\delta \geqslant \sqrt{\frac{6M_{max}}{f}}$

3. 拉弯和压弯构件

（1）拉弯构件主要进行强度和刚度验算,压弯构件需进行强度、刚度和稳定性验算。

（2）实腹式压弯构件的设计内容。

强度验算：
$$\frac{N}{A_n} + \frac{M_x}{\gamma_x W_{nx}} \leqslant f$$

刚度验算：
$$\lambda_{max} \leqslant [\lambda]$$

整体稳定验算：

1）弯矩作用平面内
$$\frac{N}{\varphi_x A} + \frac{\beta_{mx} M_x}{\gamma_x W_{1x}\left(1 - 0.8\frac{N}{N'_{Ex}}\right)} \leqslant f$$

$$\frac{N}{A} - \frac{\beta_{mx} M_x}{\gamma_x W_{2x}\left(1 - 1.25\frac{N}{N'_{Ex}}\right)} \leqslant f$$

2）弯矩作用平面外 $\dfrac{N}{\varphi_y A} + \eta \dfrac{\beta_{tx} M_x}{\varphi_b W_{1x}} \leqslant f$

3）实腹式压弯构件的局部稳定通过控制翼缘和腹板的宽厚比和高厚比。

（3）实腹式压弯构件的设计思路为确定截面、进行强度、刚度及稳定性验算，然后进行柱头和柱脚的连接构造设计。

习　题

1. 一平台梁格布置如图 4.43 所示。平台由主梁与次梁组成梁格,平台板刚性连接于次梁上,恒载标准值为 6.5 kN/m²,活载标准值为 8 kN/m²,钢材为 Q235,恒载分项系数 $\gamma_G = 1.2$, 活载分项系数 $\gamma_Q = 1.4$,试设计次梁。

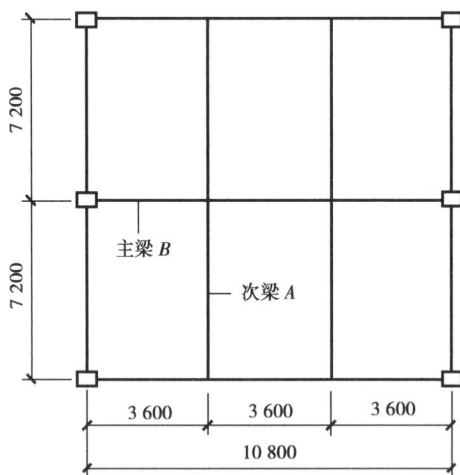

图 4.43　习题 1 图

2. 按习题 1 资料,设计主梁。

3. 图 4.44 所示为两个轴心受压柱,截面面积相等,两端铰接,柱高 6 m,钢材为 Q235—AF,翼缘为轧制边,截面宽厚比等级为 S_1 级,试计算两柱的承载力,并验算截面的局部稳定。

4. 一焊接工字形轴心受压柱,两端铰接,翼缘为轧制边,柱高 6.6 m,承受设计轴心压力 $N = 6\ 500$ kN,钢材为 Q235,截面宽厚比等级为 S_1 级,试设计此轴心受压柱的截面尺寸。

5. 设计一缀条格构式轴心受压柱,柱长 8 m,承受柱轴心力设计值 $N = 1\ 800$ kN,钢材为 Q235,焊条为 E50 系列。

6. 将习题 5 设计成缀板式格构柱。

7. 试设计习题 5 的柱脚,基础为 C20 混凝土。

8. 图 4.45 所示一压弯构件,采用双角钢 $2 \llcorner 100 \times 63 \times 8$ 拼接而成,节点板厚 12 mm,截面无削弱,承受轴心压力设计值 $N = 45$ kN,横向荷载 $F = 3.5$ kN,构件长 4.5 m,两端铰接,有侧向支撑,钢材为 Q235,截面宽厚比等级 S_1 级,试验算该构件是否满足要求。

9. 图 4.46 所示一压弯构件,承受轴心压力设计值 $N = 1\ 600$ kN,构件中央作用一横向荷载

$F = 450$ kN,构件长 9 m,弯矩作用平面外有 2 个侧向支撑(在构件的三分点处),钢材为 Q235,翼缘为轧制边,截面宽厚比等级 S_1 级,试设计该工字形截面。

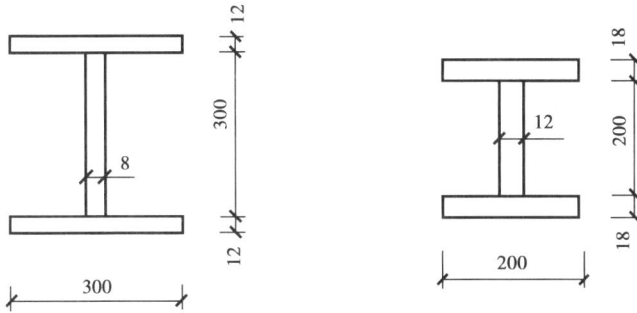

图 4.44　习题 3 图

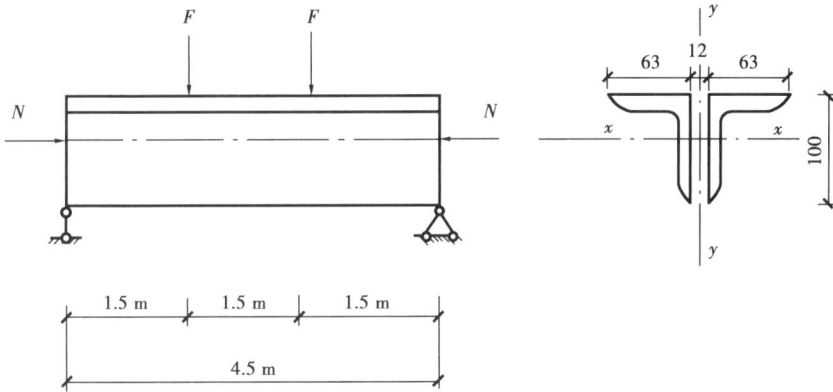

图 4.45　习题 8 图

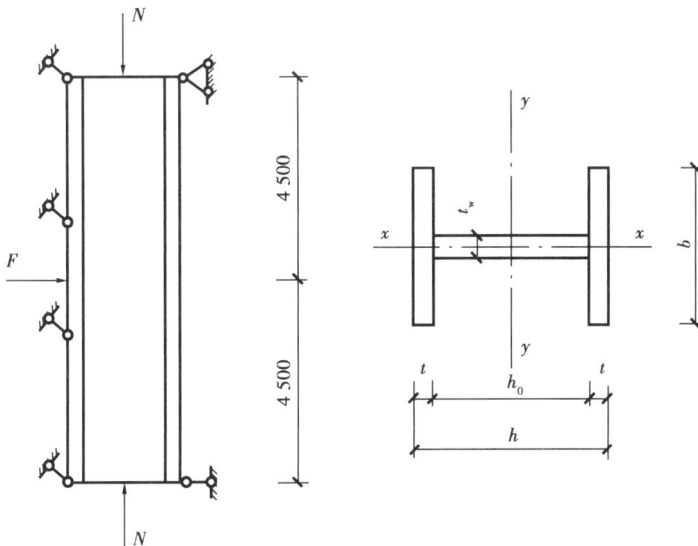

图 4.46　习题 9 图

第 **5** 章
钢屋盖结构

5.1 概　述

5.1.1 钢屋盖的结构组成

钢屋盖结构通常由屋面、屋架和支撑三部分组成。

根据屋面材料和屋面结构布置情况的不同,可分为无檩屋盖结构体系和有檩屋盖结构体系(图5.1)。

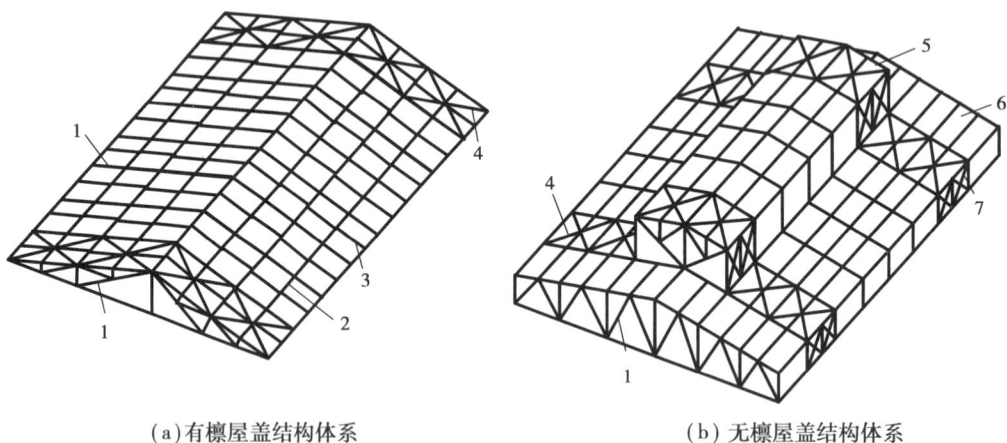

（a）有檩屋盖结构体系　　　　　（b）无檩屋盖结构体系

图 5.1　屋盖结构的组成

1—屋架;2—檩条;3—拉条;4—上弦横向水平支撑;5—天窗架;6—大型屋面板;7—垂直支撑

无檩屋盖结构体系是在钢屋架上直接铺放大型屋面板,屋面荷载通过屋面板直接传递给屋架。无檩屋盖结构体系的承重构件仅有钢屋架和大型屋面板,屋面构件种类和数量少,构造简单,安装方便,屋盖刚度大,整体性能好,但屋面自重较大。

有檩屋盖结构体系是在钢屋架上每隔一定间距放置檩条,再在檩条上铺设波形石棉瓦、钢丝网水泥板、压型钢板等轻型屋面材料,屋面荷载通过檩条传给屋架。有檩屋盖结构体系自重轻、用料省,运输和安装方便,但构件种类和数量较多,构造较复杂。

根据屋架杆件规格和构造要求的不同,钢屋架可分为普通钢屋架和轻型钢屋架。

普通钢屋架主要是指由普通角钢(等边角钢不小于∠45×4,不等边角钢不小于∠56×36×4)和节点板焊接而成的屋架,其受力性能好,构造简单,广泛应用于工业与民用建筑的屋盖结构中。

轻型钢屋架主要是指由小角钢(小于∠45×4 或∠56×36×4)、圆钢组成的屋架以及冷弯薄壁型钢屋架。当跨度及屋面荷载均较小时,采用轻型钢屋架可获得显著的经济效果。

5.1.2　其他主要相关基本概念

檩条:将屋面板承受的荷载传递到屋面梁、屋架或承重墙上的梁式构件。

屋架:将屋盖荷载传递到墙、柱、托架或托梁上的桁架式构件。

节点板:钢桁架节点处连接各杆件的板件。

屋盖支撑系统:为保证屋盖整体稳定并传递纵横向水平力而在屋架间设置的各种连系杆件的总称。

横向水平支撑:在两个相邻屋架之间(或屋架与山墙之间)的屋架上弦或下弦平面内沿房屋横向设置的水平桁架,简称上弦或下弦横向支撑。

纵向水平支撑:在屋架端节间或屋架中部的下弦平面内沿房屋纵向设置的水平桁架,亦称下弦纵向支撑。

竖向支撑:在两个相邻屋架之间沿屋架直腹杆平面内设置的竖向桁架,亦称垂直支撑。

系杆:沿竖向支撑平面内的屋架下弦或上弦节点处,在不设置竖向支撑的屋架之间沿房屋纵向设置的水平通长连系杆件。

5.1.3　钢屋盖设计内容

在进行建筑结构设计时,最关键的是我们首先应该知道要算什么,其次才是弄清楚该如何进行具体的计算,因此,在进行钢屋盖设计详细介绍之前,我们先来简单的了解一下钢屋盖设计的基本内容。

钢屋盖结构一般由屋面板、檩条、屋架和支撑等组成,故钢屋盖结构设计通常包括以下几项主要内容:

(1)屋面材料选择

宜采用轻质高强,耐火、防火、保温和隔热性能好,构造简单,施工方便,并能工业化生产的建筑材料。目前,国内常用的屋面材料主要有压型钢板、太空板、各种石棉水泥瓦、瓦楞铁、预应力混凝土槽瓦、加气混凝土屋面板等。

(2)屋盖结构体系的确定

根据屋面材料和屋面结构布置情况的不同,钢屋盖结构可分为无檩屋盖结构体系和有檩屋盖结构体系。在选用屋盖结构体系时,应综合考虑建筑物的规模、受力特点、使用要求、材料供应情况、施工和运输条件等,以确定最佳方案。一般对横向刚度要求较高的中型以上厂房和民用建筑,宜采用大型屋面板的无檩屋盖,而对于刚度要求不高的中、小型厂房和民用建筑,特别是不需要做保温层的房屋,则宜采用具有轻型屋面材料的有檩屋盖。

（3）钢屋架形式和主要尺寸的确定

钢屋架形式和主要尺寸的确定主要包括钢屋架的外形选择，弦杆节间的划分和腹杆布置，确定屋架的跨度、跨中高度和端部高度（梯形屋架）等尺寸。

（4）屋盖支撑布置

为使屋架具有足够的承载力，使屋盖结构形成一个空间整体刚度较好的体系，须进行钢屋盖支撑布置。主要内容包括确定钢屋盖支撑的形式及位置，选择支撑杆件的截面形式和尺寸，设计支撑与屋架的连接等。

（5）檩条设计

檩条设计主要包括选择檩条形式，计算檩条所需截面尺寸，进行檩条的布置，设计檩条与屋面和屋架的连接。

（6）屋架杆件设计

屋架杆件设计主要包括桁架受力分析和内力计算，选择屋架杆件截面形式，并根据强度、刚度和稳定性的要求计算杆件截面尺寸。

（7）桁架节点设计

要实现钢屋盖的安全、可靠，除了各杆件要具有足够的强度、刚度和稳定性外，屋架节点也应具有足够的强度。屋架节点的设计内容主要包括计算杆件和节点板连接焊缝的焊脚尺寸和长度，确定节点板形状和尺寸，屋架拼接节点和支座节点的设计等。

（8）绘制屋架施工图

在了解了钢屋盖结构设计的基本思路和主要内容后，将在下面的章节中对普通钢屋架的设计一一进行详细地介绍。

5.1.4 常用屋面材料

钢结构屋面，宜采用具有轻质高强、耐久耐火、保温隔热、抗震及防水等性能的建筑材料，同时要求构造简单、施工方便。

常用屋面材料主要有以下几种：

（1）压型钢板

压型钢板是采用热镀锌钢板、冷轧钢板、彩色钢板等作原料，经辊压冷弯成各种波形的压型板。它具有轻质高强、美观耐用、施工简便、抗震防火等特点，是目前轻型屋面有檩体系中应用最广泛的屋面材料。它的横截面呈波形，自重为 $0.1 \sim 0.18 \ kN/m^2$。

（2）太空板

太空板是采用高强水泥发泡工艺制备的人工轻石为芯材，以玻璃纤维网（或纤维束）增强的上下水泥面层及钢边肋（或混凝土边肋）复合而成的新型轻质屋面板材。它具有刚度好、强度高、延性好等特点，其自重为 $0.45 \sim 0.85 \ kN/m^2$。

（3）石棉水泥波形瓦

这种屋面瓦自重 $0.2 \ kN/m^2$，属于传统的建筑材料。它具有自重轻、美观、施工方便等特点，除适用于工业和民用建筑的屋面材料外，还可以做墙体的围护材料。石棉瓦的材性存在着脆性大、易开裂、因吸水而产生收缩龟裂和挠曲变形等缺陷。有些工程在石棉瓦下加设木望板或采用加筋石棉水泥波形瓦，以改善其使用效果并便于检查维修。

（4）加气混凝土屋面板

加气混凝土屋面板自重 $0.75 \sim 1.0 \ kN/m^2$。它是以水泥（或粉煤灰）、矿渣、砂和铝粉为原料，经磨细、配料、浇注、切割并蒸压养护而成的一种轻质多孔板材。具有质量轻、保温效能好、吸声好等优点，目前国外多以这种板材作为屋面和墙体材料。

（5）瓦楞铁

瓦楞铁是一种传统的建筑材料，自重 $0.05 \ kN/m^2$。它具有自重轻、美观、施工简便等特点，但瓦材规格尚未定型，工程中使用的多为自行压制制作。

以上介绍的几种屋面材料，除石棉瓦和瓦楞铁适用于斜坡屋面外，其余均适用于平坡屋面。

5.2　屋架的形式和主要尺寸

5.2.1　常用的屋架形式

（1）三角形屋架

图 5.2 是三角形屋架，主要用于屋面坡度较陡（$i \geq 1/3$）的有檩屋盖结构体系，跨度一般在 $18 \sim 24 \ m$。

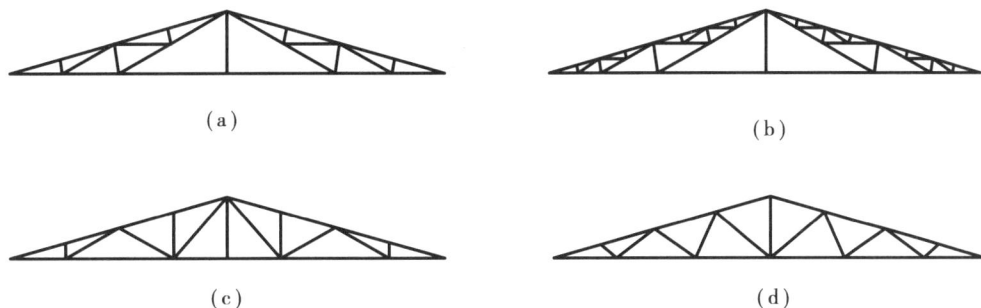

图 5.2　三角形屋架

三角形屋架的特点是：弦杆受力不均，支座处内力较大，而跨中内力较小，当弦杆采用同一规格截面时，其承载力得不到充分利用；支座处上、下弦杆交角过小，使支座节点的构造复杂。

图 5.2（a）、（b）称为芬克式屋架，其腹杆数量较多，但受力相对合理。长腹杆受拉，短腹杆受压。这种屋架还可分为两榀小屋架进行制作和运输，因而是三角形屋架中较经济和常用的一种。图 5.2（c）、（d）为人字式腹杆屋架，节点构造较合理，腹杆与弦杆的夹角较适宜，便于布置吊顶龙骨和下弦支撑，但受压腹杆较长，适用于小跨度的情况。

（2）梯形屋架

图 5.3 是梯形屋架，主要用于屋面坡度较平缓（$i = 1/12 \sim 1/8$）的无檩屋盖体系。

梯形屋架的特点是：其外形较接近于弯矩图，弦杆受力均匀，用料较经济。梯形屋架与柱的连接可以做成铰接或刚接，做成刚接时，可使建筑物的横向刚度提高，因而这种屋架在工业厂房无檩屋盖结构中运用最广泛。

图 5.3 梯形屋架

梯形屋架的腹杆体系可采用人字式和再分式。人字式腹杆体系的腹杆总长短,节点较少,其上弦节间距可达 3 m,如图 5.3(a)。当大型屋面板宽度为 1.5 m 时,为避免上弦承受局部弯矩,可采用再分式腹杆将节间距减少至 1.5 m,如图 5.3(b)。

(3)平行弦屋架

图 5.4 是平行弦屋架,主要用于托架、吊车制动桁架和支撑体系。

图 5.4 平行弦屋架

平行弦屋架的特点是:上下弦相互平行且可做成一定坡度,杆件规格统一、节点构造类型少,便于制造和制作工业化。

5.2.2 屋架形式的选择和屋架主要尺寸

(1)屋架形式的选择

屋架的外形选择、弦杆节间的划分和腹杆布置,应根据房屋的使用要求、屋面材料的排水要求、构件运输条件等因素,经过综合分析确定。一般应考虑以下几方面:

1)屋架的外形应与屋面材料所要求的排水坡度相适应。例如,屋面材料为大型屋面板、采用有组织排水,则屋面坡度宜小,屋架上弦坡度应平缓些,一般为 1/12~1/10。有大波瓦、石棉瓦等屋面材料时,屋架上弦坡度应陡一些,一般为 1/5~1/3,以利屋面的排水。

2)屋架的外形应考虑在制造简单的条件下尽量与弯矩图形相近,使弦杆的内力差别较小。

3)腹杆的布置应使内力分布合理。腹杆的数目宜少,总长度宜短,应尽量使长杆受拉,短杆受压,尽可能使荷载作用于屋架的节点上,以免弦杆承受局部弯矩而多费钢材。

4)节点的数目宜少,节点构造要简单合理、易于制造,斜腹杆的倾角一般在 30°~60°。

5)对于设有天窗或悬挂式起重运输设备的房屋,还要配合天窗架的尺寸和悬挂吊点的位置来划分节间和布置腹杆。

上述各项要求往往难以同时满足,设计时应根据具体情况,全面考虑,综合分析。

(2)屋架的主要尺寸

屋架的主要尺寸是指屋架的跨度和高度。

屋架的跨度取决于使用要求和柱网的布置。屋架的标志跨度是指柱网纵向轴线的间距,一般以 3 m 为模数,普通钢屋架常用 18~36 m。屋架的计算跨度是指屋架两端支座反力作用线间的距离。

屋架的高度应根据建筑要求、刚度要求、经济要求、运输条件、屋面坡度等因素确定。最小高度取决于屋架的容许挠度,运输界限则决定了屋架的最大高度,而经济高度则是根据屋架杆件的总用钢量最少的条件确定。

通常,三角形屋架的中部高度主要取决于屋面坡度,可取 $h=(1/6\sim1/4)L$ (L 为屋架跨度)。梯形和平行弦屋架的中部高度主要取决于经济要求,可取 $h=(1/10\sim1/6)L$,端部高度则与中部高度和屋面坡度有关,陡坡梯形屋架的端部高度一般为 500~1 000 mm,平坡梯形屋架端部高度一般为 1 000~1 800 mm。

5.3　钢屋盖支撑

为保证屋盖承重结构在安装和使用中的整体稳定性,提高结构的空间刚度和空间整体性,减小杆件在屋架平面外的长细比,承受和传递屋盖的纵向水平荷载,应根据房屋结构形式、房屋跨度和高度、吊车吨位和房屋所在地区的地震设防烈度等适当而有效的布置屋盖支撑体系。

5.3.1　屋盖支撑的布置

屋盖支撑可分为上弦横向水平支撑、下弦横向水平支撑、下弦纵向水平支撑、垂直支撑和系杆,如图 5.5 所示。

(1)上弦横向水平支撑

上弦横向水平支撑的作用是:保证屋架在安装中的整体稳定性;减小上弦杆在屋架平面外的长细比;增强上弦杆的侧向稳定性;将水平地震作用或风荷载传至屋架支座和柱顶;与设于上弦的纵向水平支撑形成封闭体系。为此,在有檩体系或仅采用大型屋面板的无檩体系屋盖中均应设置屋架上弦横向水平支撑。

上弦横向水平支撑一般应设置在屋盖的两端(或每一个温度区段两端)的第一个柱间,位于相邻两榀屋架的上弦平面内,由交叉斜杆和竖杆组成(图 5.5),其节间长度可为屋架节间距的 2~4 倍,当屋架有檩条时,竖杆由檩条兼任。两个横向水平支撑的距离不宜大于 60 m,当房屋长度大于 60 m 时,应在中间柱间设横向水平支撑。

也可将上弦横向水平支撑布置在第二柱间,但第一柱间必须用刚性系杆与端屋架上弦牢固连接,以保证端屋架的稳定和传递山墙的风力。

(2)下弦横向水平支撑

下弦横向水平支撑一般和上弦横向水平支撑布置在同一开间,二者作用、形式、构造基本相同。一般情况下,应设置下弦横向水平支撑。但由于屋架的下弦杆为拉杆,其侧向支点的距离要求较上弦杆大,故当屋架跨度、房屋高度和吊车吨位不太大时,可不设屋架下弦横向水平支撑。此时,下弦杆在屋架平面外的长细比可用水平系杆来保证。

(3)下弦纵向水平支撑

下弦纵向水平支撑的主要作用是与横向水平支撑一起形成封闭体系,以增强房屋的整体刚度。

下弦纵向水平支撑一般布置在屋架两端部节间的下弦平面内,沿房屋全长布置,由交叉斜杆和竖杆组成,一般情况下,屋架可不设置下弦纵向水平支撑。当房屋内设有较大吨位的重级、中级工作制桥式吊车、壁行式吊车或有较大振动设备,以及房屋较高、跨度较大、空间刚度要求较高时,均应设置纵向水平支撑。

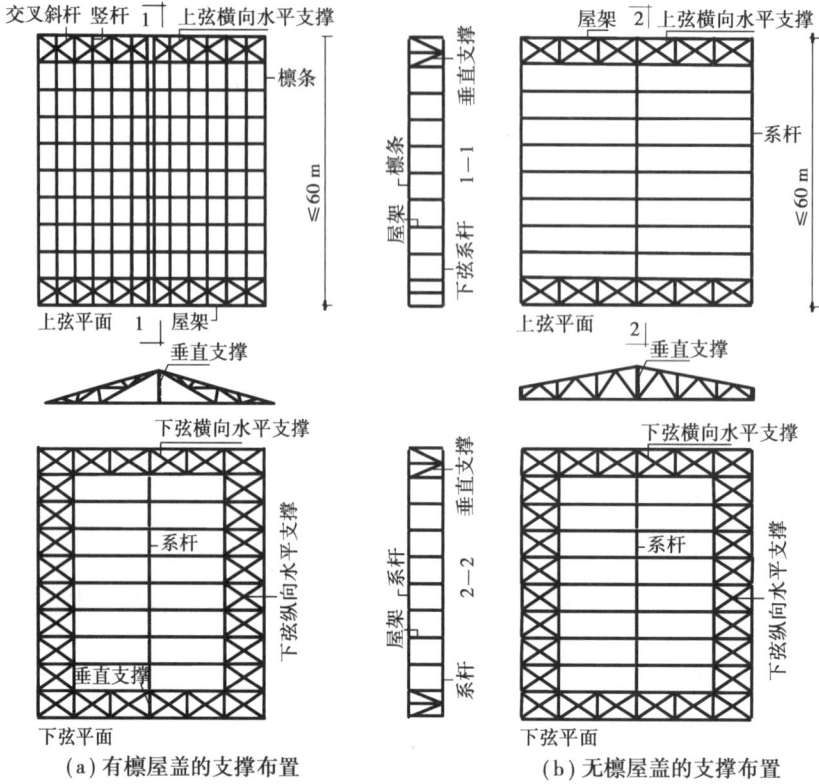

图 5.5　屋盖支撑布置图

(4)垂直支撑

垂直支撑的主要作用是:保证屋架安装位置的准确性;作为上、下弦系杆的固定点,以减小上、下弦杆在屋架平面外的长细比;与上、下弦横向水平支撑形成空间整体;防止和减小屋架的侧倾。

所有房屋中均应设置屋架垂直支撑,垂直支撑宜与上、下弦横向水平支撑设在同一开间内。一般情况下,跨度小于18 m的三角形屋架只需在跨度中央设一道垂直支撑,大于18 m时则在1/3跨度处共设两道;跨度小于30 m的梯形屋架通常在屋架两端和跨度中央各设置一道垂直支撑;当跨度大于30 m时,则在两端和跨度1/3处分别共设四道;如图5.6所示。

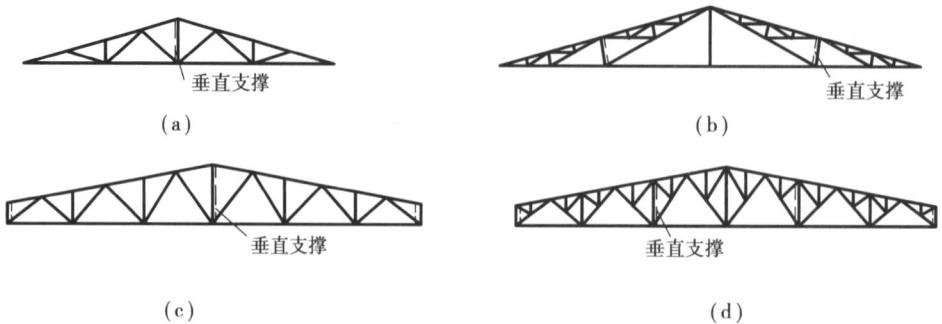

图 5.6　屋盖垂直支撑

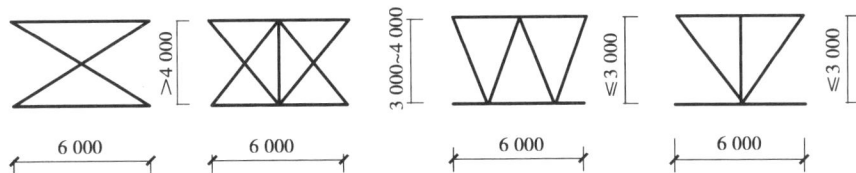

图 5.7　屋架垂直支撑形式

屋架垂直支撑是一个平行弦桁架,其腹杆的形式应根据它在高度和宽度两个方面的尺寸比例来确定。当高度和宽度相近时,宜采用交叉斜杆,当二者相差较大时可采用 V 形或 W 形,如图 5.7 所示。

(5) 系杆

系杆的主要作用是:保证未设横向水平支撑屋架的侧向稳定;作为屋架上、下弦的侧向固定点,以减小上、下弦杆在屋架平面外的长细比;传递水平荷载。

系杆可按下列情况和部位设置:①垂直支撑所在平面的屋架下弦节点处;②当屋架下弦杆考虑以垂直支撑处的系杆作为支点后不能满足其容许长细比的要求时,应增设与下弦横向水平支撑节点相连的系杆。③当支撑设在房屋两端或温度伸缩缝区段两端第二个开间时,在端部第一个开间的下弦支撑节点处应增设系杆。

系杆有刚性系杆(按压杆设计)和柔性系杆(按拉杆设计)之分,一般除以上第 3 种情况应设计为刚性系杆外,其他均可设计为柔性系杆。

5.3.2　屋盖支撑截面选择

常用的支撑截面有角钢、圆钢和槽钢等。

屋架支撑受力很小,故其截面尺寸一般由构造要求和容许长细比确定。支撑的容许长细比和长细比的计算方法详见第 4 章。

通常,屋架上、下弦水平支撑的斜杆按拉杆设计,可用单角钢,竖杆按压杆设计,可采用双角钢组成的十字形或 T 形截面;垂直支撑的所有杆件(交叉斜杆除外)均应按压杆设计,可采用双角钢组成的 T 形截面;系杆按拉杆设计时可采用单角钢,按压杆设计时采用双角钢组成的十字形或 T 形截面。

当地震设防烈度小于 7 度,屋面荷载较轻,屋架跨度和吊车吨位较小时,上、下弦横向水平支撑的交叉斜杆和受拉系杆可采用圆钢。

当支撑桁架受力较大时,应按桁架体系计算支撑杆件内力,杆件截面应同时满足容许长细比限值要求和强度要求。交叉斜腹杆体系的支撑桁架属超静定结构体系,计算时可近似地采用图 5.8 所示的计算简图,把所有斜腹杆设计成只能受拉不能抗压的柔性杆件。在图示节点荷载作用下,实线斜杆受拉,而假定虚线斜杆受压屈曲已退出工作,当荷载反向时,斜杆受力情况则恰好相反。

5.3.3　支撑的构造

上弦横向水平支撑采用角钢截面时,角钢肢尖宜朝下,以免影响屋面板或檩条的安放。若交叉斜杆与檩条相连,则在与檩条连接处两根斜杆均应中断,用节点板相连,如图 5.9(a);若不与檩条相连则应有一根斜杆中断,如图 5.9(b)。下弦水平支撑的角钢肢尖允许向上,交叉斜杆在交叉处可不中断,两个角钢的角背用螺栓加垫圈互相连接,如图 5.9(c)。

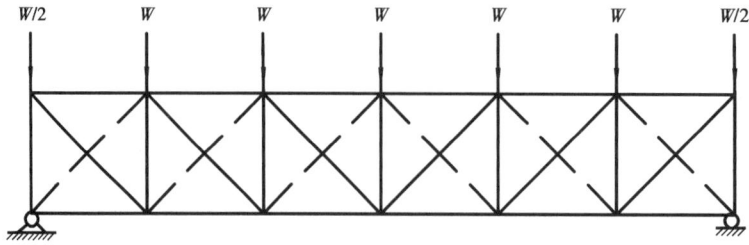

图 5.8　支撑桁架杆件的内力计算简图

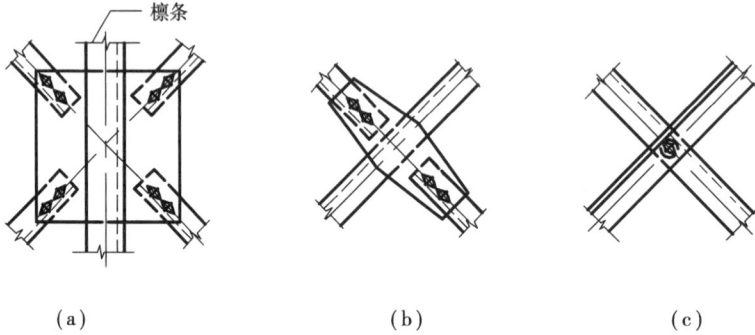

图 5.9　水平支撑与屋架上弦的连接

　　角钢屋架上弦与水平支撑的连接如图 5.10。图 5.10(a)适用于上弦的角钢肢宽较大且便于钻孔的情况;图 5.10(b)适用于角钢肢宽较小不便钻孔的情况,此时可将连接板预先焊在屋架上,但应防止连接板在运输中碰坏;图 5.10(c)则适用于圆钢支撑。

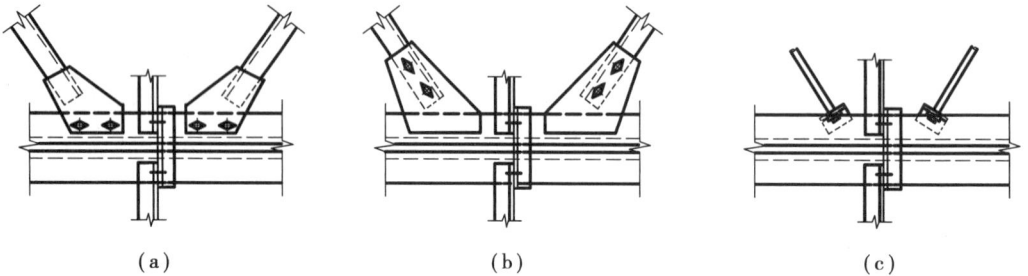

图 5.10　屋架上弦与水平支撑的连接

　　角钢屋架下弦与水平支撑的连接如图 5.11。图 5.11(a)支撑与屋架直接用螺栓连接,图 5.11(b)支撑与预先焊在屋架上的连接板用螺栓连接,选择何种方法可由角钢肢宽大小确定。

　　角钢屋架与垂直支撑的连接如图 5.12。垂直支撑与屋架竖腹杆相连,构造简单,但传力不够直接,可用于屋面荷载轻或跨度较小的屋架。

5.4　钢檩条设计

　　檩条一般用于轻型屋面及瓦屋面,其用钢量在屋盖结构中占有很大的比重,因此在设计中综合考虑结构特点、材料供应情况和施工条件等因素,合理选择檩条形式、截面和间距,对节约钢材有重要意义。

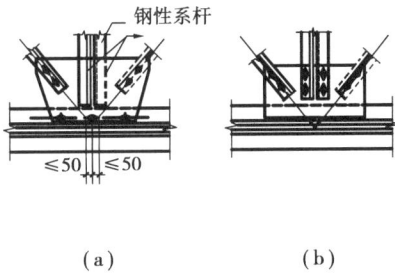

图 5.11　屋架下弦与水平支撑的连接

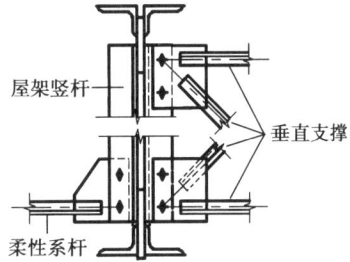

图 5.12　屋架与垂直支撑的连接

5.4.1　檩条的形式

檩条的形式主要有实腹式檩条、空腹式檩条和桁架式檩条,宜优先采用实腹式檩条。

(1)实腹式檩条

常用的实腹式檩条截面形式如图 5.13 所示,(a)—(d)图为普通型钢檩条,(e)、(f)图为薄壁型钢檩条。

(a)图所示槽钢檩条,因型材的厚度较厚,用钢量较大;常用的 6 m 简支檩条多为挠度控制,材料强度不能充分发挥。

(b)图所示角钢檩条,它取材方便,但刚度较差,用钢量较大,只适用于跨度、檩距及荷载较小的情况。

(c)图所示组合槽钢檩条,它由两个角钢焊成,用钢量比普通槽钢省,但焊接工作量大,适用于跨度≤4 m 的情况。

(d)图所示组合 Z 型钢檩条,由两个角钢焊成,当屋面坡度不小于 1/3 时,它比槽钢截面受力合理。

(e)图所示卷边 Z 型钢檩条,适用于屋面坡度不小于 1/3 的情况,它用钢量省,制造和安装方便,在现场可叠层堆放,是目前普遍采用的一种檩条。

(f)图所示卷边槽钢檩条,适用于屋面坡度不大于 1/3 的情况,用钢量省。

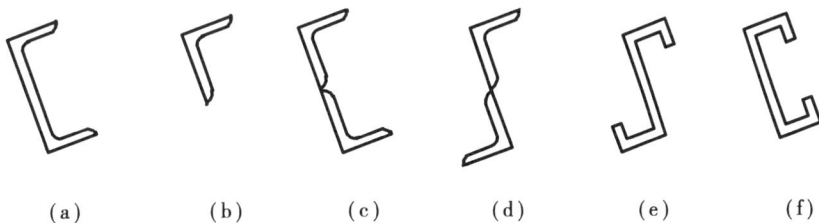

图 5.13　实腹式檩条

(2)空腹式檩条

空腹式檩条是由角钢作为上、下弦杆和缀板焊接组成,如图 5.14 所示,其主要特点是用钢量较少,能合理地利用小角钢和薄钢板,但焊接工作量大,侧向刚度较差,一般只在薄壁型钢料源有困难时才采用。

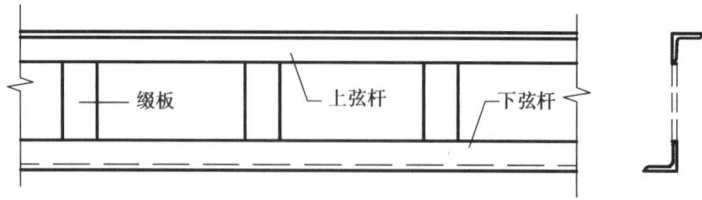

图 5.14 空腹式檩条

(3)桁架式檩条

当檩条的跨度、荷载和檩距较大,采用实腹式不经济或受到材料供应限制时,可采用桁架式檩条。其受力合理,整体刚度大,但施工比较麻烦。桁架式檩条一般的形式有平面桁架式和空间桁架式,如图 5.15 所示。

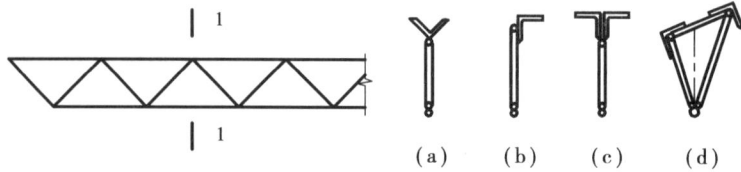

(a)　　(b)　　(c)　　(d)

图 5.15 桁架式檩条

5.4.2 檩条的布置、连接与构造

(1)檩条的布置

1)为使屋架上弦杆不产生弯矩,檩条宜位于屋架上弦节点处。

2)实腹式檩条的截面均宜垂直于屋面坡面。对角钢、槽钢和 Z 型钢檩条,宜将上翼缘肢尖(或卷边)朝向屋脊方向,以减小由于屋面荷载偏心引起的扭矩。

3)桁架式檩条的上弦杆宜垂直于屋架上弦杆,而腹杆平面宜垂直于地面。

(2)檩条与屋面的连接

檩条与屋面应可靠连接,以保证屋面能起阻止檩条侧向失稳和扭转的作用。

檩条与屋面的连接,常用的有瓦钩、穿钉、瓦钉和自攻螺钉等。瓦钩连接多用于无木望板的冷摊石棉瓦和水泥波形瓦屋面;瓦钉多用于有木望板的石棉瓦屋面;穿钉多用于预应力槽瓦屋面;而檩条与压型钢板屋面的连接,宜采用带橡胶垫圈的自攻螺钉。

(3)檩条与屋架的连接

檩条端部与屋架的连接应能阻止檩条端部截面的扭转,以增强其整体稳定性。

实腹式和空腹式檩条与屋架的连接宜用檩托,檩条端部与檩托的连接螺栓应不少于两个,并沿檩条高度方向设置,如图 5.16(a)。当檩条高度较小(小于 120 mm),排列两个螺栓有困难时,也可改为沿檩条长度方向设置,如图 5.16(b)。螺栓直径根据檩条的截面大小,可取 M12～M16。

当屋面坡度与屋面荷载较小时,也可用钢板直接焊于屋架上弦作为檩托,如图 5.17(a)。

轻型 H 型钢檩条,当截面高度 $h \leqslant 200$ mm 时,可直接用螺栓与屋架连接,如图 5.17(b);

当截面高度 $h > 200$ mm 时,需将下翼缘切去半肢设檩托与屋架连接,如图 5.17(c)。

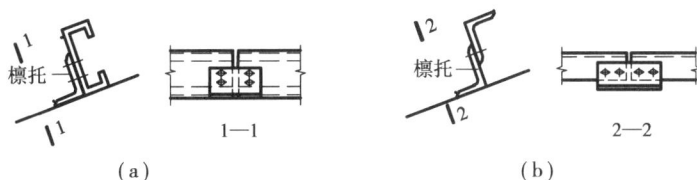

图 5.16　实腹式檩条端部连接

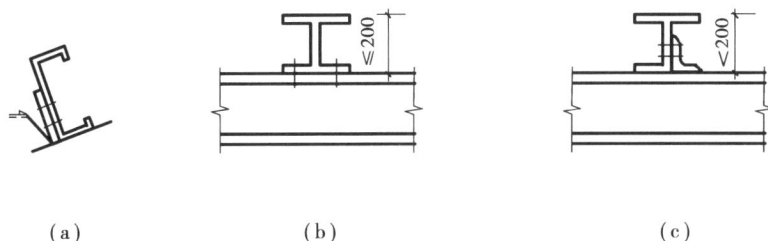

图 5.17　檩条与屋架的连接

(4)檩条的拉条和撑杆

1)拉条和撑杆的设置

檩条的拉条设置与否主要与檩条的侧向刚度有关,对于侧向刚度较大的空间桁架式檩条和轻型 H 型钢檩条一般可不设拉条,对于侧向刚度较差的实腹式和平面桁架式檩条。为了减小檩条在安装和使用阶段的侧向变形和扭转,保证其整体稳定性,一般需在檩条间设置拉条,作为其侧向支承点。

檩条撑杆的作用主要是限制檐檩和天窗缺口处边檩向上或向下两个方向的侧向弯曲。

当实腹式檩条跨度 $\leqslant 4$ m 时,可按计算要求确定是否需要设置拉条,当跨度大于 4 m 时,在檩条受压翼缘应设置拉条或撑杆,拉条和撑杆的截面按计算确定。一般当檩条跨度 4 m < $L \leqslant 6$ m 时,宜在檩条跨中位置设置一道拉条;当跨度 >6 m 时,宜在檩条跨度三分点处各设一道拉条;在檐口处应同时设置斜拉条和撑杆。

拉条一般采用圆钢,其直径应根据荷载和檩距大小取用,不宜小于 10 mm。撑杆的长细比不得大于 200,可采用钢管、方管或角钢做成。拉条和撑杆的布置如图 5.18。

2)拉条和撑杆与檩条的连接

拉条和撑杆与檩条的连接如图 5.19 所示。

斜拉条与檩条腹板的连接处一般应予弯折,弯折的直段长度不宜过大,以免受力后发生局部弯曲。斜拉条弯折点距腹板边距宜为 10 ~ 15 mm。若条件许可,斜拉条可不弯折,而采用斜垫板或角钢。

3)斜拉条与屋架的连接

斜拉条与屋架的连接,一般在屋架上焊一短角钢与斜拉条用螺帽连接,如图 5.20(a)。

当屋架跨度较小或屋面荷载较轻时,也可将斜拉条直接连接于檩条的檩托或端部的预留孔上(尽量靠檩条底部),如图 5.20(b)、(c)所示。

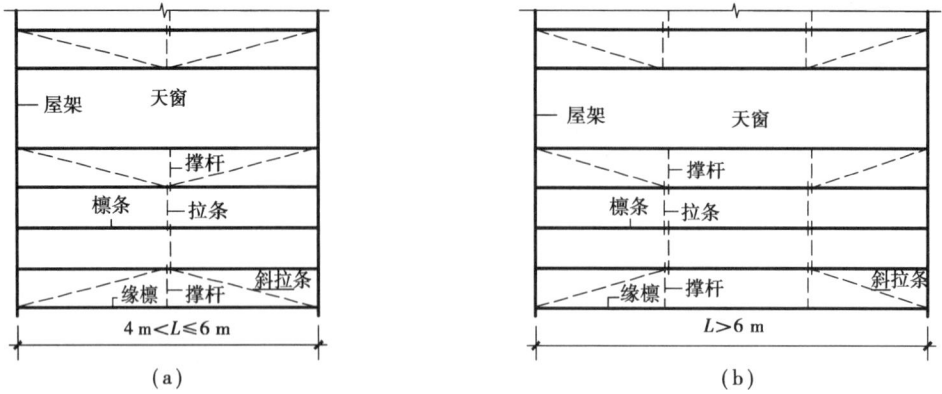

图 5.18　拉条和撑杆的布置图

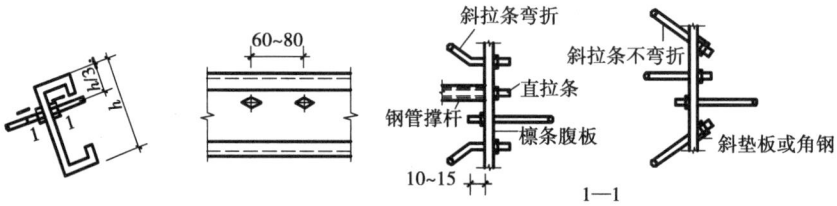

图 5.19　拉条和撑杆与檩条的连接

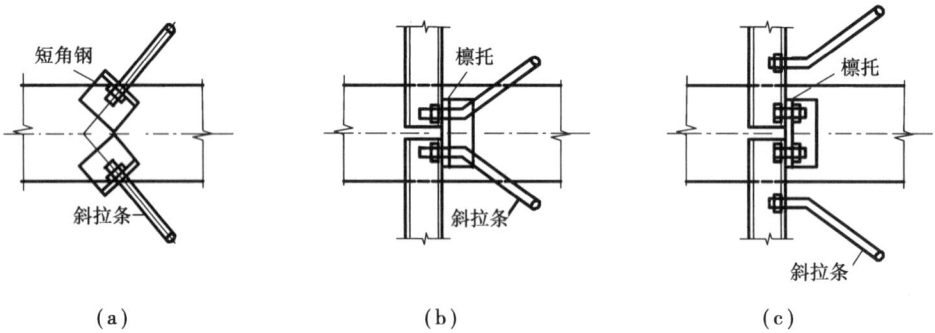

图 5.20　拉条与屋架的连接

5.4.3　檩条的计算

檩条的形式较多,在此只重点介绍目前常用的实腹式檩条的内力分析、强度、稳定性及刚度计算。

在屋面荷载作用下,实腹式檩条应按在两个主轴平面内受弯的构件(双向弯曲梁)进行计算。其步骤为:

(1)内力计算

1)荷载取值

作用于檩条上的荷载包括永久荷载和可变荷载。永久荷载主要考虑屋面材料重量(包括防水层、保温层、隔热层等)、檩条自重等;可变荷载有屋面均布活荷载、雪荷载、积灰荷载、检修集中荷载和风荷载等,其值可按《建筑结构荷载规范》或当地资料取用。

均布活荷载不与雪荷载同时考虑,设计时取两者中较大值;积灰荷载应与均布活荷载或雪荷载同时考虑;对于檩距小于 1 m 的檩条,当雪荷载小于 $0.5\ kN/m^2$ 时,尚应验算检修集中荷载作用于跨中时构件的强度。检修集中荷载标准值取为 0.8 kN,且此荷载不应与均布活荷载或雪荷载同时考虑。对于实腹式檩条,可将检修集中荷载按 $2\times 0.8/al\ (kN/m^2)$ 换算为等效均布荷载,a 为檩条水平投影间距(m),l 为檩条跨度(m)。

2)荷载计算

垂直于檩条主轴 x—x 和 y—y 的分荷载(图 5.21)按下列公式计算:

$$q_x = q \sin \alpha_0 \tag{5.1}$$

$$q_y = q \cos \alpha_0 \tag{5.2}$$

式中　q——檩条竖向线荷载的设计值;

α_0——q 与主轴 y-y 的夹角;对槽形、工字形截面,$\alpha_0 = \alpha$,α 为屋面坡角;对组合 Z 形和单角钢截面,$\alpha_0 = |\alpha - \theta|$,$\theta$ 为主轴 x—x 与平行于屋面轴 x_1—x_1 的夹角。

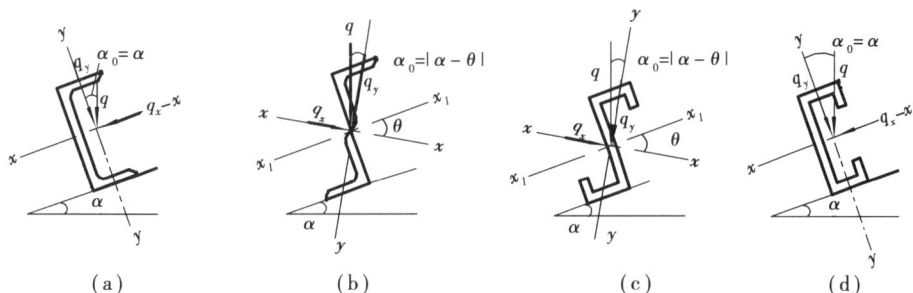

图 5.21　实腹式檩条截面主轴和荷载图

3)檩条的弯矩计算

表 5.1　承受双向弯曲的单跨简支檩条的计算弯矩

拉条设置情况	刚度最大主平面弯矩 M_x	刚度最小主平面弯矩 M_y
无拉条		$q_x L^2/8$　L
有一根拉条	$q_y L^2/8$　L	$-q_x L^2/32$　$L/2$　$L/2$
有两根拉条		$-q_x L^2/90$　$q_x L^2/360$　$L/3$　$L/3$　$L/3$

(2)强度计算

当屋面能阻止檩条侧向失稳和扭转时,可不计算檩条的整体稳定性,仅按下式计算其强度:

$$\frac{M_x}{\gamma_x W_{nx}} + \frac{M_y}{\gamma_y W_{ny}} \leqslant f \tag{5.3}$$

式中　M_x——由 q_y 引起的绕 x 轴作用的最大弯矩；

　　　M_y——由 q_x 引起绕 y 轴作用的相应于最大 M_x 处的弯矩，拉条应作为侧向支承点；

　　　W_{nx}、W_{ny}——分别对主轴 x、y 的净截面抵抗矩；

　　　γ_x、γ_y——截面塑性发展系数，附表3；

　　　f——钢材的强度设计值。

(3)稳定性计算

当檩条之间未设置拉条且屋面材料刚性较差(如石棉瓦等)，屋面不能阻止檩条侧向失稳和扭转时，可按下式计算檩条的稳定性：

$$\frac{M_x}{\varphi_b W_x} + \frac{M_y}{\gamma_y W_y} \leqslant f \tag{5.4}$$

式中　W_x、W_y——分别对主轴 x、y 的毛截面抵抗矩；

　　　φ_b——受弯构件的整体稳定系数，应按式(4.12)计算；

　　　其余符号含义同式(5.3)。

(4)刚度计算

为使屋面较平整，实腹式檩条应验算垂直于屋面方向的挠度，两端简支檩条的挠度可按下式计算：

$$v_y = \frac{5 q_{ky} l^4}{384 E I_x} \leqslant [v] \tag{5.5}$$

式中　q_{ky}——沿 y 轴作用的线荷载标准值；

　　　l——檩条跨度；

　　　I_x——截面对主轴 x 的毛截面惯性矩；

　　　$[v]$——容许挠度，支承压型金属板屋面者：$[v] = l/150$；支承其他屋面材料：$[v] = l/200$。

例5.1　某单跨简支檩条，跨度为 6 m，水平檩距 0.75 m，沿坡向斜距为 0.791 m，跨中设一道拉条。屋面材料采用压型钢板，其自重为 0.2 kN/m²(坡向)，按水平投影面积计算的屋面均布活荷载为 0.3 kN/m²，雪荷载为 0.2 kN/m²，不考虑积灰荷载。屋面坡度 $i = 1/3$，钢材采用 Q235，檩条容许挠度 $[v] = l/200$。采用普通槽钢檩条，试选用其截面。

解　Q235 钢材，查表得 $f = 215$ kN/m²。

试选用[10，由附表4.1查得檩条自重标准值为 0.1 kN/m，$W_x = 39.7$ cm³，$W_{ymax} = 16.8$ cm³，$W_{ymin} = 7.8$ cm³，$I_x = 198$ cm⁴，$i_x = 3.95$ cm，$i_y = 1.41$ cm。

屋面均布活荷载与雪荷载不同时考虑，且由于检修集中荷载 0.80 kN 的等效均布荷载为 $2 \times 0.8/(0.75 \times 6) = 0.356$ kN/m²，大于屋面均布活荷载，故可变荷载采用 0.356 kN/m²。

1)荷载与内力计算

屋面倾角：　$\alpha = \arctan\left(\frac{1}{3}\right) = 18.43°$

檩条线荷载：

标准值　$q_k = 0.2 \times 0.791 + 0.1 + 0.356 \times 0.75 = 0.53$ kN/m

设计值　$q = 1.3 \times (0.2 \times 0.791 + 0.1) + 1.5 \times 0.356 \times 0.75 = 0.74$ kN/m

$\qquad q_x = 0.74 \sin 18.43° = 0.23$ kN/m

$\qquad q_y = 0.74 \cos 18.43° = 0.7$ kN/m

则由 q_x、q_y 引起的弯矩设计值 M_x 和 M_y 分别为：

$$M_x = \frac{1}{8} q_y l^2 = \frac{1}{8} \times 0.7 \times 6^2 = 3.15 \text{ kN} \cdot \text{m}（正弯矩）$$

$$M_y = \frac{1}{32} q_x l^2 = \frac{1}{32} \times 0.23 \times 6^2 = 0.26 \text{ kN} \cdot \text{m}（负弯矩）$$

2）强度验算

跨中截面 M_x、M_y 都最大，该截面上的 a 点（图 5.22）应力最大，故对该点强度进行验算：

$$\sigma_a = \frac{M_x}{\gamma_x W_{nx}} + \frac{M_y}{\gamma_y W_{ny}} = \frac{3.15 \times 10^6}{1.05 \times 39.7 \times 10^3} + \frac{0.26 \times 10^6}{1.2 \times 7.8 \times 10^3}$$

$$= 103 \text{ kN/m}^2 < f = 215 \text{ kN/m}^2$$

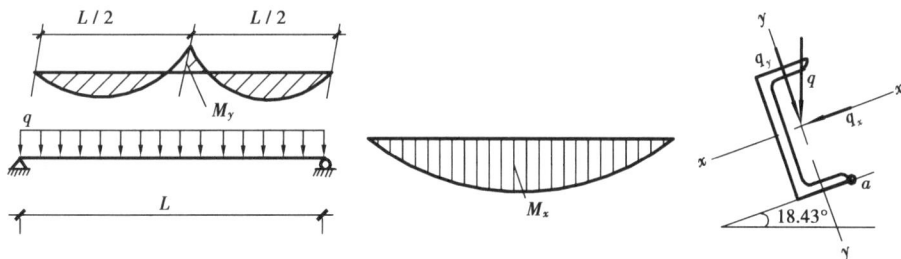

图 5.22　例 5.1 图

3）稳定性验算

因设置拉条，可不验算整体稳定性。

4）刚度验算

$$q_{ky} = q_k \cos 18.43° = 0.53 \cos 18.43° = 0.50 \text{ kN/m}$$

檩条在垂直于屋面方向的最大挠度为：

$$\nu_y = \frac{5 q_{ky} l^4}{384 E I_x} = \frac{5 \times 0.5 \times 6\,000^4}{384 \times 2.06 \times 10^5 \times 198 \times 10^4} = 20.69 \text{ mm} < [\nu] = l/200 = 30 \text{ mm}$$

故采用 [10 槽钢檩条满足要求。

5.5　钢屋架杆件设计

钢屋架杆件设计主要内容包括：杆件截面形式选择；杆件内力计算；根据强度、刚度、稳定性和构造要求确定杆件截面尺寸。下面将进行详细的介绍。

5.5.1　屋架杆件截面形式

选择屋架杆件截面形式时，应考虑构造简单、施工方便、取材容易、易于连接；对轴心受力构件,宜使杆件在屋架平面内和平面外的长细比接近;对于压杆,应优先选用回转半径大、厚度较薄的截面规格。

1)普通钢屋架的杆件一般采用双角钢组成的 T 形截面或十字形截面,受力较小的次要杆件可采用单角钢截面,如图5.23(a)—(e)所示。

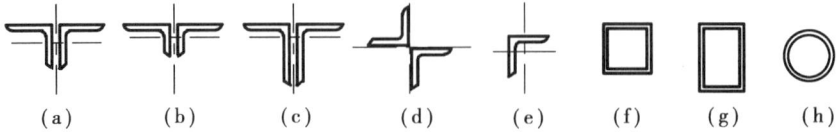

图 5.23 钢屋架的杆件截面形式

上弦杆:通常采用两个角钢组成的 T 形截面。一般,当上弦横向水平支撑在交叉点处与檩条相连时,宜采用两个等边角钢或两个长肢相连的不等边角钢组成的 T 形截面,如图 5.23(a)、(c)。当上弦横向水平支撑在交叉点处不与檩条相连时,宜采用两个短肢相连的不等边角钢组成的 T 形截面,如图 5.23(b)所示。

下弦杆:对于受拉弦杆,其平面外计算长度往往大于平面内计算长度,故宜采用两等边角钢或两短肢相连的不等边角钢组成的 T 形截面,如图 5.23(a)、(b)。

腹杆:一般采用两个角钢组成的 T 形截面,再分节间内的短压杆和拉杆可采用单角钢,如图 5.23(e)。与垂直支撑相连的屋架竖腹杆宜采用两个等边角钢组成的十字形截面,如图5.23(d)所示。

2)大跨度屋架的主要杆件可选用热轧 H 型钢或高频焊接轻型 H 型钢。

3)冷弯薄壁型钢是一种经济型材,截面形状合理且多样化,与同样截面积的热轧型钢相比,具有较大的回转半径,对受力和整体稳定都有利。图 5.23(f)—(h)所示闭口钢管截面具有刚度大、受力性能好、构造简单等优点,轻型钢屋架中优先采用。

5.5.2 杆件内力计算

(1)屋架荷载

1)荷载分类

作用于屋架上的荷载主要包括永久荷载和可变荷载。

永久荷载:包括屋面材料(防水层、保温层、隔热层、屋面板等)及檩条、支撑、屋架、天窗架等结构的自重。

可变荷载:包括屋面活荷载、雪荷载、积灰荷载、风荷载及悬挂吊车荷载等。

2)荷载标准值的计算

①永久荷载

屋面材料及檩条的自重,可根据材料、构件每立方米(或每平方米、每米)的重量和规格进行计算。凡沿屋面斜面分布的永久荷载 $q_{\alpha k}$ 应换算成屋面水平投影面上分布的荷载 q_k,即 $q_k = q_{\alpha k}/\cos \alpha$($\alpha$ 为屋面倾角)。

屋架和支撑的自重 g_{WK} 可按下面经验公式进行估算,即

$$g_{WK} = 0.12 + 0.011L \tag{5.6}$$

式中 L——屋架的标志跨度(m);

g_{wK}——按屋面的水平投影面分布(kN/m^2)。

②可变荷载

可变荷载标准值由《建筑结构荷载规范》查得。

设计时,屋面均布活荷载不与雪荷载同时考虑(取两者中的较大值);风荷载一般可不考虑,但对瓦楞铁等轻型屋面、开敞式房屋或风荷载标准值大于 $0.49\ kN/m^2$ 时,应按荷载规范的相关规定计算风荷载的作用。

(2)节点荷载

屋架所受的荷载一般是由檩条或大型屋面板板肋以集中荷载的方式作用于屋架节点上。若作用有节间荷载,在计算屋架各杆件内力时,则应把节间荷载分配到相邻的两个节点上,先按节点荷载求出各杆件的轴心力,再考虑节间荷载引起的局部弯矩。

作用于屋架上弦节点的集中荷载 P(图5.24)可按下式进行计算:

$$P = \sum \gamma_i q_{ik} s d \tag{5.7}$$

式中　γ_i——荷载分项系数;

　　　q_{ik}——按屋面水平投影面分布的荷载标准值;

　　　s——屋架的间距;

　　　d——屋架上弦杆节间水平投影长度。

(3)内力计算

计算杆件内力时,应注意到某些屋架(例如梯形屋架)在半跨荷载作用下,跨中少数腹杆的内力可能比全跨荷载作用时大,或者杆件内力会由拉力变为压力。因此,为了求出各杆件的最不利内力,必须根据施工和使用过程中可能出现的荷载分布情况,对作用在屋架上的荷载进行组合。一般考虑下列 3 种荷载组合的情况:

全跨永久荷载 + 全跨可变荷载;

全跨永久荷载 + 半跨可变荷载;

全跨屋架、支撑和天窗自重 + 半跨屋面板重 + 半跨施工荷载(取等于屋面活荷载)。

计算屋架杆件内力时,假定各节点均为铰

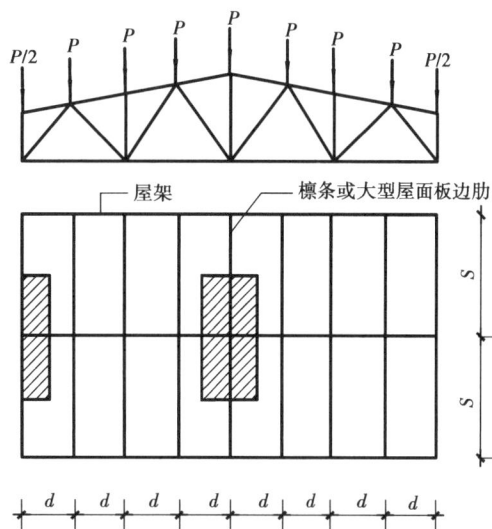

图5.24　屋架节点荷载汇集及计算简图

接点,实际上用焊缝连接的各节点具有一定的刚度,在屋架杆件中会引起次应力。但根据理论和实验分析,由角钢组成的普通钢屋架,杆件的线刚度较小,次应力对承载力的影响很小,设计时可以不予考虑。

1)轴向力

杆件的轴向力可根据屋架计算简图(图5.24)采用数解法(节点法或截面法)或图解法计算。对一些常用形式的屋架,可由静力计算手册查出单位节点荷载作用下的杆件内力系数,设计时,只要将屋架节点荷载值乘以相应杆件的内力系数,即可求得该杆件的轴向力。

2)局部弯矩

当上弦作用有节间荷载时,杆件中除产生轴向力外还有由节间荷载引起的局部弯矩,局部弯矩的计算,理论上应按弹性支座上的连续梁进行计算。由于这种计算方法较为复杂,一般可偏于安全的取端部节间正弯矩 $M_1 = 0.8M_0$,其他节间的正弯矩和节点负弯矩 $M_2 = 0.6M_0$,M_0 为相应节间按简支梁算得的最大弯矩。

5.5.3 确定屋架杆件截面尺寸

(1)轴心拉杆

基本步骤:

1)按强度条件确定杆件所需的截面面积:

$$A_n \geqslant N/f \tag{5.8}$$

式中 N——杆件轴心力设计值;

f——钢材的抗拉强度设计值,当用单角钢单面连接时应乘以 0.85 的折减系数。

2)根据 A_n 从角钢规格表中选择合适的角钢型号,并验算其刚度条件,即应满足:

$$\lambda = \frac{l_0}{i} \leqslant [\lambda] \tag{5.9}$$

式中 λ——构件最不利方向的长细比,$\lambda = \max(\lambda_x, \lambda_y)$;

l_0——相应方向的构件计算长度;

i——相应方向的截面回转半径;

$[\lambda]$——构件容许长细比,按表 4.7 选用。

(2)轴心压杆

基本步骤:

1)按稳定条件采用试算法计算所需的截面面积:

$$A = \frac{N}{\varphi f} \tag{5.10}$$

式中 φ——轴心受压杆件的稳定系数,按附表 1.5 采用。

由于 A、φ 都是未知数,因此可先假定长细比 λ(一般弦杆取 80~100,腹杆取 100~120),查出相应的 φ 代入式(5.10)求所需面积 A。

2)根据假定长细比 λ,由式 $\lambda = \frac{l_0}{i}$ 算出所需的回转半径 i_x、i_y。

3)根据 A、i_x 和 i_y,从角钢规格表中选择合适的角钢型号。

4)根据所选用角钢的实际尺寸,进行强度、刚度和稳定性验算,即应满足式(5.8)、式(5.9)、式(5.10)的要求。

如不满足,则重复上述步骤,直到符合要求为止。

(3)拉弯或压弯杆

当屋架上弦或下弦有节间荷载作用时,应按压弯或拉弯杆件进行计算。

一般先根据经验试选截面,然后验算,若不满足则改选截面再进行验算,直至符合要求为止。若为拉弯构件,只需验算强度和刚度条件;若为压弯构件,除验算强度和刚度条件外,还须验算弯矩作用平面内和弯矩作用平面外的稳定性(公式详见 4.3 节)。

5.5.4　屋架杆件的计算长度和容许长细比

由上节内容可知,屋架所有杆件均应满足刚度要求,在进行刚度验算时,l_0 和 $[\lambda]$ 按下列规定取值。

(1) 屋架杆件的计算长度 l_0

在理想的铰接屋架中,杆件在屋架平面内的计算长度应是节点中心的距离,但实际上,汇交于节点的各杆件是通过节点板焊接在一起的,节点具有一定的刚度。当某一压杆在屋架平面内失稳屈曲而引起杆端绕节点转动时,就要受到汇交于该节点的其他杆(尤其是拉杆)的约束,杆件两端属弹性嵌固,并非真正的铰接。压杆在节点的嵌固程度越大,其计算长度就越小,根据这个道理,便可视节点的嵌固程度来确定各杆的计算长度。规范对于屋架杆件的计算长度规定如下:

1)确定桁架弦杆和单系腹杆(用节点板与弦杆连接)的长细比时,其计算长度 l_0 按表 5.2 采用。

表 5.2　桁架弦杆和单系腹杆的计算长度 l_0

项次	弯曲方向	弦杆	腹杆	
			支座斜杆和支座竖杆	其他腹杆
1	在桁架平面内	l	l	$0.8l$
2	在桁架平面外	l_1	l	l
3	斜平面	—	l	$0.9l$

注:①l 为构件的几何长度(节点中心间距离);l_1 为桁架弦杆侧向支承点之间的距离。
②斜平面系指与桁架平面斜交的平面,适用于构件截面两主轴均不在桁架平面内的单角钢腹杆和双角钢十字形截面腹杆。
③无节点板的腹杆计算长度在任意平面内均取其等于几何长度(钢管结构除外)。

当桁架弦杆侧向支承点之间的距离为节间长度的 2 倍(图 5.25),且两节间的弦杆轴心压力不相同时,则该弦杆在桁架平面外的计算长度,应按下式确定(但不应小于 $0.5l_1$):

$$l_0 = l_1\left(0.75 + 0.25\frac{N_2}{N_1}\right) \tag{5.11}$$

式中　N_1——较大的压力,计算时取正值;

N_2——较小的压力或拉力,计算时压力取正值,拉力取负值。

桁架再分式腹杆体系的受压主斜杆及 K 形腹杆体系的竖杆等,在桁架平面外的计算长度也应按公式(5.11)确定(受拉主斜杆仍取 l_1);在桁架平面内的计算长度则取节点中心间距离。

2)确定在交叉点相互连接的桁架交叉腹杆的长细比时,在桁架平面内的计算长度应取节点中心到交叉点间的距离;在桁架平面外的计算长度,当两交叉杆长度相等时,应按下列规定采用:

①压杆

A. 若相交另一杆受压,两杆截面相同并在交叉点均不中断,则:$l_0 = l\sqrt{\frac{1}{2}\left(1 + \frac{N_0}{N}\right)}$;

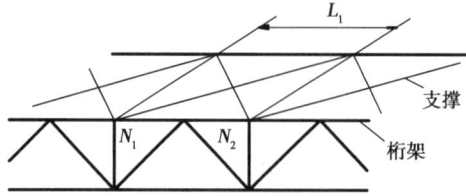

图 5.25　弦杆轴心压力在侧向支承点间有变化的桁架简图

B. 若相交另一杆受压,此另一杆在交叉点中断但以节点板搭接,则:$l_0 = l\sqrt{1 + \dfrac{\pi^2}{12} \cdot \dfrac{N_0}{N}}$;

C. 若相交另一杆受拉,两杆截面相同并在交叉点均不中断,则 $l_0 = l\sqrt{\dfrac{1}{2}\left(1 - \dfrac{3}{4} \cdot \dfrac{N_0}{N}\right)} \geqslant$ $0.5l$;

D. 若相交另一杆受拉,此拉杆在交叉点中断但以节点板搭接,则:$l_0 = l\sqrt{1 - \dfrac{3}{4} \cdot \dfrac{N_0}{N}} \geqslant$ $0.5l$,当此拉杆连续而压杆在交叉点中断但以节点板搭接,若 $N_0 \geqslant N$ 或拉杆在桁架平面外的抗弯刚度 $EI_y \geqslant \dfrac{3N_0 l^2}{4\pi^2}\left(\dfrac{N}{N_0} - 1\right)$ 时,取 $l_0 = 0.5l$。

式中　l——桁架节点中心间距离(交叉点不作为节点考虑);

　　　N——所计算杆的内力;

　　　N_0——相交另一杆的内力,均为绝对值。

　　　两杆均受压时,取 $N_0 \leqslant N$,两杆截面应相同。

②拉杆,应取 $l_0 = l$,当确定交叉腹杆中单角钢杆件斜平面内的长细比时,计算长度应取节点中心至交叉点的距离。

(2)构件的容许长细比[λ]

构件的容许长细比[λ]见表 4.7。

5.6　屋架节点设计

5.6.1　节点设计的一般原则

屋架节点的设计应传力可靠、制作方便和节约钢材,对节点构造的一般要求如下:

1)角钢屋架节点一般是通过节点板把汇交于同一节点的杆件连接在一起,为避免杆件偏心受力,各杆件截面重心线应与屋架的轴线重合,但考虑制造上的方便,通常把角钢肢背到屋架轴线的距离调整为 5 mm 的倍数。当弦杆沿长度改变截面时,截面改变的位置应设在节点处,在上弦,为了便于搁置屋面构件,应使肢背齐平,此时应取两角钢重心线的中线与屋架的几何轴线重合,如图 5.26 所示,图中 $e = (e_1 + e_2)/2$。

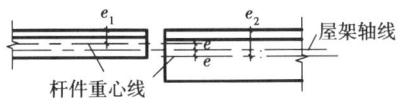

图 5.26　弦杆截面改变时的轴线　　　　图 5.27　杆件间空隙

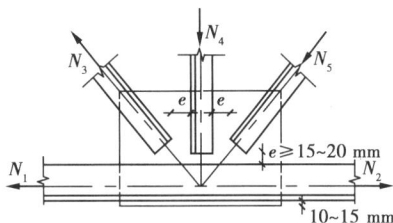

2）当焊接桁架的杆件用节点板连接时，腹杆与弦杆、腹杆与腹杆之间的间隙不应小于 20 mm，相邻角焊缝焊趾间净距不应小于 5 mm。无集中荷载作用的节点，节点板应伸出弦杆角钢肢背 10 ~ 15 mm 以便施焊，如图 5.27 所示。

有集中荷载作用的上弦节点，当上弦角钢较薄时，其外伸肢容易弯曲，可用水平板或加劲肋予以加强。为放置檩条或集中荷载下的水平板，可采用节点板不向上伸出或部分向上伸出的两种做法，如图 5.28 所示。为了便于屋面构件的搁置，可将节点板缩进弦杆背 5 ~ 10 mm，并用塞焊缝连接。

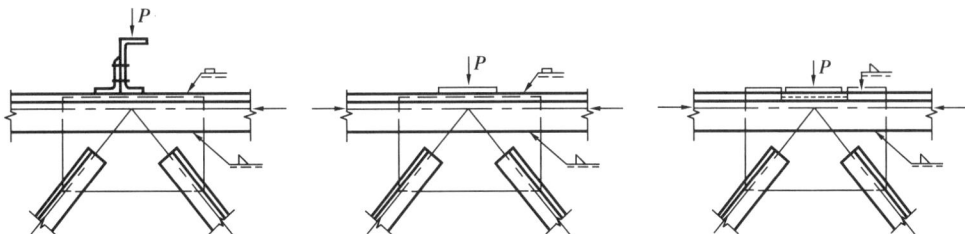

图 5.28　上弦节点做法

3）节点板的形状应力求简单规则，不应有凹角，以免产生严重的应力集中。一般至少有两边平行，如矩形、平行四边形和直角梯形等，从而便于下料和节约钢材。节点板的长和宽宜为 5 mm 的整倍数。

4）确定节点板外形时，应注意使其受力情况良好，节点板边缘与杆件轴线的夹角 α 不应小于 15°，如图 5.29（a）所示。节点板的布置应尽量使连接焊缝中心受力，图 5.29（b）所示的节点板使连接杆件的焊缝偏心受力，应尽量避免采用。

在同一榀屋架中，所有中间节点板均采用同一厚度，支座节点板由于受力大且很重要，厚度比中间节点板增大 2 mm。

5）角钢端部的切割宜采用垂直于杆件轴线的直切，如图 5.30（a）。当角钢较宽，为了减少节点板尺寸，也可采用斜切，如图 5.30（b）、（c）所示，但不允许采用图 5.30（d）所示的切割形式，因为机械切割无法做到，且端部焊缝分布不合理。

6）为了确保两个角钢组成的 T 形或十字形截面杆件共同工作，必须每隔一定距离在两角钢之间设置填板并用焊缝连接，如图 5.31 所示，受压构件的两个侧向支承点之间的填板数不宜少于两个。

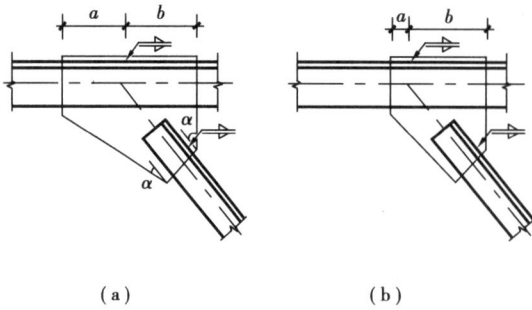

（a）　　　　　　　　　（b）

图 5.29　节点板与弦杆连接构造

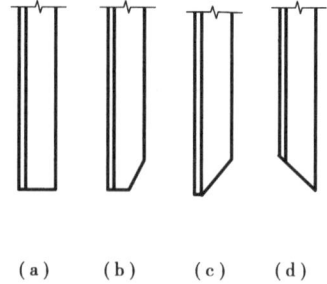

（a）　（b）　（c）　（d）

图 5.30　角钢端部切割形式

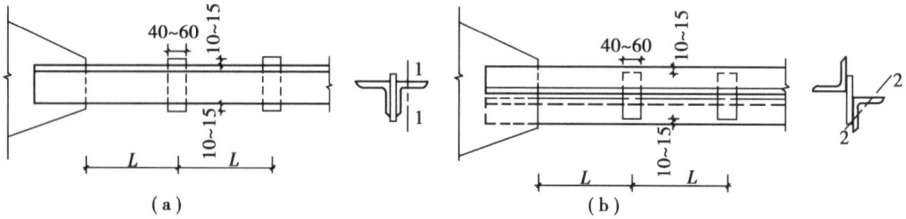

（a）　　　　　　　　　　　　　（b）

图 5.31　屋架杆件的填板

填板的厚度与节点板厚度相同,宽度一般取 40~60 mm,长度取 T 形截面比角钢肢宽大 10~15 mm;十字形截面则由角钢肢尖两侧各缩进 10~15 mm。

填板的间距 l:对于压杆,$l \leqslant 40i$;对于拉杆,$l \leqslant 80i$。对于梯形截面,i 为一个角钢对平行于填板自身形心轴(图 5.31(a)中 1—1 轴)的回转半径;对于十字形截面,i 为一个角钢的最小回转半径(图 5.31(b)中 2—2 轴)。

5.6.2　钢屋架节点设计

节点设计时,先根据杆件的内力计算屋架各腹杆与节点板间所需的连接焊缝长度,再根据焊缝的长度和施工的误差确定节点板的形状和尺寸,最后验算弦杆与节点板间连接焊缝强度。下面以双角钢杆件的焊接屋架进行说明。

(1)下弦一般节点(节点上无集中荷载)(图 5.27)

基本步骤:

1)根据杆件截面和角焊缝的构造要求确定连接焊缝的焊脚尺寸,一般取等于或小于角钢肢厚。

2)根据腹杆内力计算腹杆与节点板间连接焊缝长度。

$$\text{角钢肢背} \qquad l_{w1} = \frac{K_1 N}{2 \times 0.7 h_{f1} f_f^w} \qquad\qquad (5.12)$$

$$\text{角钢肢尖} \qquad l_{w2} = \frac{K_2 N}{2 \times 0.7 h_{f2} f_f^w} \qquad\qquad (5.13)$$

式中　N——杆件的轴力;

　　　f_f^w——角焊缝强度设计值;

　　　K_1、K_2——角钢肢背、肢尖内力分配系数,见表 3.7;

l_{w1}、l_{w2}——角钢肢背、肢尖所需焊缝计算长度,实际长度 $l'_w = l_w + 10$ mm;

h_{f1}、h_{f2}——肢背、肢尖角焊缝的焊脚尺寸(肢背与肢尖的 h_f 可以不相等)。

3)确定节点板的外形、尺寸,并根据需要验算其强度、稳定性。

①结合构造要求,根据腹杆与节点板间连接焊缝长度确定节点板的外形和长度、宽度。

节点板的外形轮廓和尺寸可按下列步骤确定:

A. 画出节点处屋架的几何轴线;

B. 按杆件形心线与屋架几何轴线重合的原则确定杆件的轮廓线位置;

C. 按各杆件边缘之间的距离不小于 20 mm 的要求确定各杆端位置;

D. 按计算结果布置节点板与腹杆间的连接焊缝;

E. 根据焊缝长度定出合理的节点板轮廓,并按绘图比例量出它的尺寸。

②根据经验按杆件内力确定节点板的厚度。

一般情况下中间节点板的厚度可根据腹杆(梯形屋架)或弦杆(三角形屋架)的最大内力按表 5.3 选用,支座节点板的厚度宜较中间节点板增加 2 mm。

表 5.3　节点板厚度选用表

梯形屋架腹杆最大内力或三角形屋架弦杆最大内力/kN	≤170	171 ~ 290	291 ~ 510	511 ~ 680	681 ~ 910	911 ~ 1 290	1 291 ~ 1 770	1 771 ~ 3 090
中间节点板厚度/mm	6	8	10	12	14	16	18	20

注:本表的适用范围为:

①适用于焊接桁架的节点板强度验算,节点板钢材为 Q235,焊条 E43;

②节点板边缘与腹杆轴线之间的夹角应不小于 30°;

③节点板与腹杆用侧焊缝连接,当采用围焊时,节点板的厚度应通过计算确定;

④对有竖腹杆的节点板,当 $c/t \leqslant 15 \sqrt{235/f_y}$ 时(c 为受压腹杆连接肢端面中点沿腹杆轴线方向至弦杆的净距离),可不验算节点板的稳定;对无竖腹杆的节点板,当 $c/t \leqslant 10 \sqrt{235/f_y}$ 时,可将受压腹杆的内力乘以增大系数 1.25 后再查表求节点板厚度,此时亦可不验算节点板的稳定。

③根据需要验算节点板的强度和稳定性(详见《钢结构设计标准》)。

4)根据已有的节点板尺寸布置弦杆与节点板间的连接焊缝,并验算该焊缝的强度。

弦杆与节点板的连接焊缝,由于弦杆在节点板处是连续的,故当节点上无外荷载时,它仅承受下弦相邻节间的内力差 $\Delta N = N_1 - N_2$。通常 ΔN 很小,所需要的焊缝很短,一般都按节点板的大小予以满焊,而焊脚尺寸可由构造要求确定。

(2)上弦一般节点(节点板缩进上弦角钢背)

基本步骤:

1)腹杆与节点板的连接焊缝长度计算。(方法同下弦一般节点)。

2)节点板尺寸的确定及其强度、稳定性的验算。(方法同下弦一般节点)。

3)上弦杆与节点板的连接焊缝强度验算(可根据经验与构造要求先确定焊脚尺寸 h_f)。

上弦节点因需搁置屋面板或檩条,故常将节点板缩进角钢肢背而采用塞焊缝(图 5.32)。塞焊缝可近似地按两条焊脚尺寸为 $h'_f = 0.5t$(t 为节点板厚度)的角焊缝计算。

屋架上弦节点受有屋面传来的集中荷载 P 的作用,所以在计算上弦与节点板的连接焊缝时,应考虑节点荷载 P 与上弦杆相邻节间的内力差 $\Delta N = N_1 - N_2$ 的共同作用。当采用图 5.32 所示构造时,对焊缝的计算常作下列近似假设:

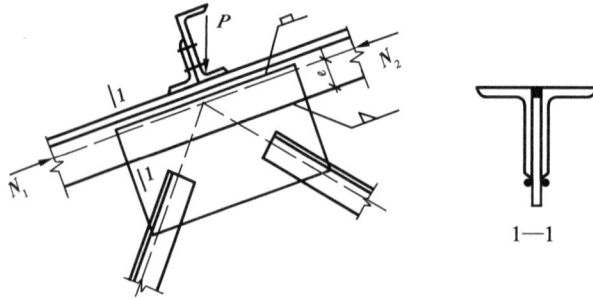

图 5.32　屋架上弦一般节点

①弦杆角钢肢背的槽焊缝承受节点荷载 P,焊缝强度按式(5.14)验算:

$$\sqrt{\left(\frac{\sigma_f}{\beta_f}\right)^2 + \tau_f^2} \leqslant 0.8 f_f^w \qquad (5.14)$$

式中　$\tau_f = \dfrac{P \sin \alpha}{2 \times 0.7 h_f l_w}$　　$\sigma_f = \dfrac{P \cos \alpha}{2 \times 0.7 h_f l_w} + \dfrac{6M}{2 \times 0.7 h_f l_w^2}$

　　α——屋面倾角;

　　M——是竖向节点荷载 P 对槽焊缝长度中点的偏心距所引起的力矩,当荷载 P 对槽焊缝长度中点的偏心距较小时,可取 $M = 0$;

　　β_f——正面角焊缝的强度设计值增大系数,承受静力荷载时,$\beta_f = 1.22$,直接承受动力荷载时,$\beta_f = 1.0$。

　　$0.8 f_f^w$——考虑到槽焊缝质量不易保证而将角焊缝的强度设计值降低20%。

若为梯形屋架,屋面坡度较小时,$\cos \alpha \approx 1.0$,$\sin \alpha \approx 0$,则可按下式验算肢背槽焊缝强度:

$$\frac{P}{2 \times 0.7 h_f l_w} \leqslant 0.8 \beta_f f_f^w \qquad (5.15)$$

由于 P 力一般不大,通常槽焊缝可按构造满焊而不必计算。

②上弦杆角钢肢尖与节点板的连接焊缝承受 ΔN 及其产生的偏心力矩 $M = \Delta N \cdot e$(e 为角钢肢尖至弦杆轴线的距离),焊缝强度按式(5.16)验算:

$$\sqrt{\left(\frac{\sigma_f}{\beta_f}\right)^2 + \tau_f^2} \leqslant f_f^w \qquad (5.16)$$

式中　$\tau_f = \dfrac{\Delta N}{2 \times 0.7 h_f l_w}$　　$\sigma_f = \dfrac{6M}{2 \times 0.7 h_f l_w^2}$

以上各式中的 l_w 均指每条焊缝的计算长度。

(3)弦杆拼接节点

当角钢长度不足,或弦杆截面有改变以及屋架分单元运输时,弦杆经常要拼接。前两者为工厂拼接,拼接点常设于内力较小的节间内;后者为工地拼接,拼接点通常设在屋脊节点和下弦跨中节点处,如图 5.33 所示。以下讲述的是工地拼接接头。

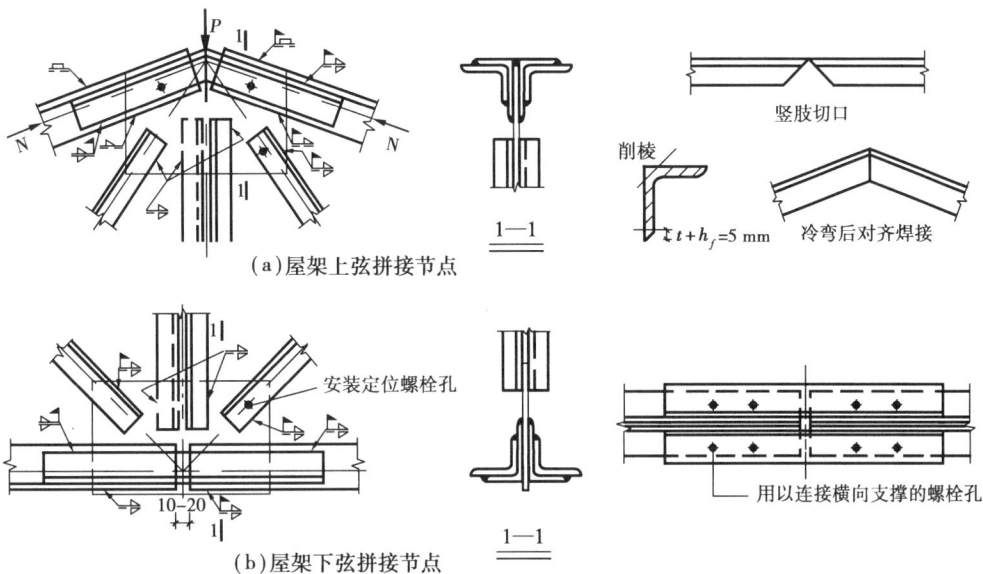

（a）屋架上弦拼接节点

（b）屋架下弦拼接节点

图 5.33　屋架拼接节点

弦杆采用拼接角钢拼接,拼接角钢一般采用与弦杆相同的规格(弦杆截面改变时,与较小截面弦杆相同)。为了使拼接角钢能贴紧被连接的弦杆和便于施焊,需将拼接角钢的外棱角截去,并把竖向肢切去 $\Delta = t + h_f + 5$ mm(t 是拼接角钢肢厚,h_f 是角焊缝焊脚尺寸,5 mm 是为避开弦杆角钢肢尖的圆角而考虑的切割余量)。在屋脊节点的拼接角钢,一般用热弯成形。当屋面坡度较大,拼接角钢又宽时,宜将竖肢切口,然后冷弯对齐焊接。拼接时为正确定位和便于施焊,需设置临时性的安装螺栓。

弦杆拼接节点设计内容主要有:腹杆与节点板连接焊缝的计算;节点板形状、尺寸的确定;拼接角钢长度计算;弦杆与节点板连接焊缝强度验算。

前两项设计内容计算方法同下弦一般节点,下面将对后两项设计内容进行详细介绍。

1)拼接角钢长度的确定

拼接角钢长度由与弦杆连接所需的焊缝长度确定,连接焊缝通常按连接弦杆的最大内力计算,每边共有四条焊缝平均承受此力,每条焊缝长度应为:

$$l_w = \frac{N}{4 \times 0.7 h_f f_f^w} \tag{5.17}$$

则拼接角钢总长为:$L = 2(l_w + 5) + b$(b 为两弦杆杆端空隙,一般取 10~20 mm,若屋面坡度较大,可取 50 mm)。

2)弦杆与节点板的连接焊缝强度验算

①上弦杆与节点板的连接焊缝强度验算

A.上弦角钢肢背槽焊缝,假定其承受节点荷载,焊缝强度按式(5.15)验算。

B.上弦角钢肢尖与节点板的连接焊缝,可按上弦内力的 15% 计算,并考虑此力产生的弯矩 $M = 0.15N \cdot e$(e 为角钢肢尖至弦杆轴线的距离)。焊缝强度按下式验算:

$$\sqrt{(\tau_f)^2 + \left(\frac{\sigma_f}{1.22}\right)^2} \leqslant f_f^w \qquad (5.18)$$

式中　$\tau_f = \dfrac{0.15N}{2 \times 0.7h_f l_w}$　　$\sigma_f = \dfrac{6M}{2 \times 0.7h_f l_w^2}$

当屋架上弦坡度较大时,上弦杆与节点板之间的连接焊缝,可取上弦内力的竖向分力与节点荷载 P 的合力和上弦内力的 15% 二者中的较大值来计算。

②下弦杆与节点板连接焊缝强度验算

下弦杆与节点板的连接焊缝,按下弦较大内力的 15% 和两侧下弦的内力差两者中的较大者进行计算:

肢背焊缝 $\qquad\qquad \tau_f = \dfrac{K_1(0.15N_{max} \text{ 或 } \Delta N)}{2 \times 0.7h_{f1} l_{w1}} \leqslant f_f^w \qquad (5.19)$

肢尖焊缝 $\qquad\qquad \tau_f = \dfrac{K_2(0.15N_{max} \text{ 或 } \Delta N)}{2 \times 0.7h_{f2} l_{w2}} \leqslant f_f^w \qquad (5.20)$

当拼接节点处有外荷载时,则应按此较大值与外荷载的合力进行计算。

(4)支座节点

屋架与柱的连接有铰接和刚接两种形式。支承于钢筋混凝土柱或砖柱上的屋架一般为铰接,而支承于钢柱上的屋架通常为刚接。下面将介绍铰接支座节点的连接计算:

铰接支座节点由节点板、加劲肋、支座底板和锚栓等部分组成,如图 5.34 所示。加劲肋的作用是加强底板的刚度,提高节点板的侧向刚度。加劲肋应设在支座节点的中心处,其高度和厚度与节点板相同,肋板底端应切角,以避免三条互相垂直的角焊缝交于一点。为了便于施焊,下弦角钢底面和支座板之间的距离 c 不应小于下弦角钢水平肢的宽度,也不小于 130 mm。

锚栓预埋于柱中,其直径一般取 20～25 mm。为了便于安装屋架时能够调整位置,底板上的锚栓孔直径应为锚栓直径的 2～2.5 倍。屋架安装完毕后,在锚栓上套上垫圈,并与底板焊牢以固定屋架,垫圈的孔径比锚栓直径大 1～2 mm。

铰接支座节点的传力路线是:屋架杆件的内力通过连接焊缝传给节点板,然后经节点板和加劲肋把力传给底板,最后传给柱子。因此,支座节点的计算主要包括:底板面积及厚度计算;弦杆与节点板间的连接焊缝计算;节点板与肋板的竖焊缝计算;节点板、肋板与底板的水平焊缝计算。

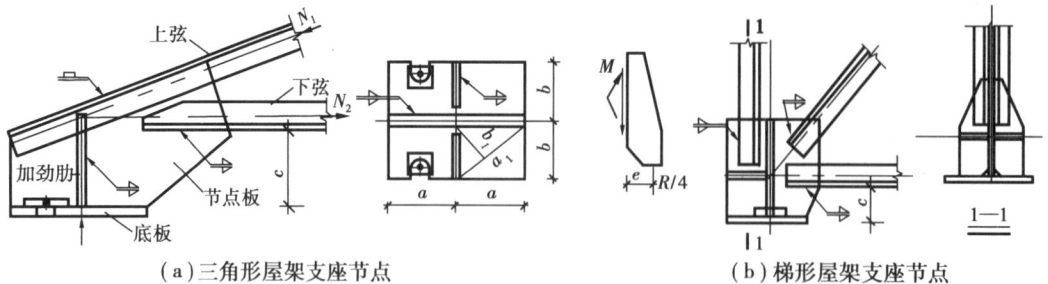

(a)三角形屋架支座节点　　　　　　(b)梯形屋架支座节点

图 5.34　屋架支座节点

1)确定底板尺寸

①底板净面积

$$A_n = \frac{R}{f_c} \qquad (5.21)$$

式中　　R——屋架的支座反力;

　　　　f_c——混凝土或砌体的轴心抗压强度设计值。

底板所需的面积应为:$A = A_n +$ 锚栓孔面积,底板平面尺寸应取 cm 的整数倍。通常计算所需的底板面积较小,底板的平面尺寸可按构造要求确定。

②底板厚度

底板厚度按均布荷载作用下板的抗弯强度确定,计算公式为:

$$t = \sqrt{\frac{6M}{f}} \qquad (5.22)$$

式中　　M——板中单位长度上的弯矩,$M = \beta q a_1^2$;

　　　　β——按比值 b_1/a_1 由表 5.4 给出;

表 5.4　两相邻边支承及三边简支、一边自由板的弯矩系数 β 值

b_1/a_1	0.3	0.4	0.5	0.6	0.7	0.8	0.9	1.0	1.2	≥1.4
β	0.026	0.042	0.058	0.072	0.085	0.092	0.104	0.111	0.120	0.125

注:①对三边简支、一边自由的板,表中 a_1 为自由边长度,b_1 为与自由边垂直的支承边长;

②表中前三项,仅适用于两边支承。

　　　　a_1——两相邻边支承板的对角线长度(图 5.34);

　　　　b_1——支承边的交点至对角线的垂直距离;

　　　　q——底板单位面积的压力,$q = R/A_n$。

为了使柱顶压力分布较为均匀,底板厚度不宜太薄,一般 $t \geqslant 16$ mm。

2)连接焊缝计算

①上弦杆与节点板间的连接焊缝计算

肢背焊缝:由于设置檩条通常采用塞焊缝,假定只承受檩条传来的节点荷载,一般可由构造要求确定。

肢尖焊缝:假定其承受弦杆内力 N,同时还承受由弦杆轴心力产生的弯矩 $M = Ne$(e 为角钢肢尖至弦杆轴线的距离)。焊缝可按式(5.16)计算。

②下弦杆与节点板间的连接焊缝计算

下弦杆件的轴心力 N 由肢背焊缝、肢尖焊缝共同承担,焊缝计算可按式(5.19)、式(5.20)进行。

③加劲肋与节点板的连接焊缝强度验算

加劲肋的高度由节点板尺寸确定。加劲肋与节点板间的竖向焊缝强度可根据 $V = R/4$,并考虑其偏心弯矩 $M = Ve$(e 为加劲肋宽度的一半)按下列公式验算:

$$\sqrt{\left(\frac{6M}{2 \times 0.7\beta_f h_f l_w^2}\right)^2 + \left(\frac{V}{2 \times 0.7 h_f l_w}\right)^2} \leqslant f_f^w \qquad (5.23)$$

④节点板、加劲肋与支座底板连接的水平焊缝强度验算

按支座反力 R 计算,公式为:

$$\sigma_f = \frac{R}{0.7 h_f \sum l_w} \leqslant \beta_f f_f^w \qquad (5.24)$$

式中　　$\sum l_w$——节点板、加劲肋与支座底板连接焊缝计算长度之和。

5.7　钢屋架施工图

屋架施工图是制作钢屋架的依据,一般由屋架的正面图、上弦和下弦杆的平面图、总说明及必要的侧面图、剖面图和零件图等组成。屋架施工图通常按运输单元绘制,其主要内容和绘制要点如下:

①通常在图纸的左上角用合适的比例绘制屋架简图(单线图)。图中一半标注屋架杆件的几何轴线尺寸,另一半标注杆件的内力设计值,并注明屋架跨中央的起拱高度(当屋架跨度较大时,在自重及外荷载作用下将产生较大的挠度,影响结构使用并有损建筑物外观,因此,跨度 $\geqslant 15$ m 的三角形屋架和跨度 $\geqslant 24$ m 的梯形屋架,在制作时需起拱,起拱值约为跨度的1/500)。

②图纸正中可布置屋架正面图和上、下弦平面图。通常采用两种比例绘制屋架正面图,杆件轴线一般用1:30 ~ 1:20 的比例尺,杆件截面和节点尺寸可采用1:15 ~ 1:10 的比例绘制。对重要节点和特殊零部件可根据具体需要选用恰当的比例,以清楚地表达节点的细部尺寸。

③图纸右上角可布置材料表,其用途是供配料、计算用钢指标及选用运输和安装器具之用。材料表一般包括各零件的截面、长度、数量和重量。编制材料表时,应对所有零件进行详细编号,编号应按零件的主次、上下、左右一定顺序逐一进行。完全相同的零件用同一编号,对于形状、尺寸相同而栓孔位置成镜面对称的两个零件,可编同一号,但在材料表上应注明正反。

④施工图上应注明各零部件的型号和主要几何尺寸以及孔洞位置等。定位尺寸主要指杆件轴线至角钢肢背的距离(以 5 mm 为模数)、节点中心至各杆件近端的距离、节点中心至节点板边缘的距离。板件和角钢的切角、切肢、栓孔直径和焊缝尺寸等要详细表示。拼接节点处的焊缝需注明是工厂焊缝还是工地焊缝。

⑤总说明的内容主要有:钢材的钢号、焊条型号和焊接方法、质量要求;图中未注明的焊缝和螺栓孔尺寸要求;防锈、油漆、运输、安装要求及图中未能表达清楚的一些内容。

5.8　普通钢屋架设计实例

(1)设计要求
根据所给设计资料,进行屋架支撑布置,屋架杆件、节点设计,并绘制屋架施工图。

(2)设计资料
某车间跨度为30 m,总长度为102 m,柱距6 m,车间内设有两台 30/5 t 中级工作制桥式吊车。屋面采用 1.5×6 m 预应力钢筋混凝土大型屋面板和卷材屋面,屋面坡度 $i = 1:10$,采用梯形屋架。屋架支承在钢筋混凝土柱上,上柱截面 400×400 mm,混凝土标号为 C20。屋面活荷载标准值为 0.7 kN/m^2,雪荷载标准值 0.5 kN/m^2。

屋架钢材选用 Q235,焊条采用 E43 型,手工焊。

屋架形式及几何尺寸如图 5.35 所示。

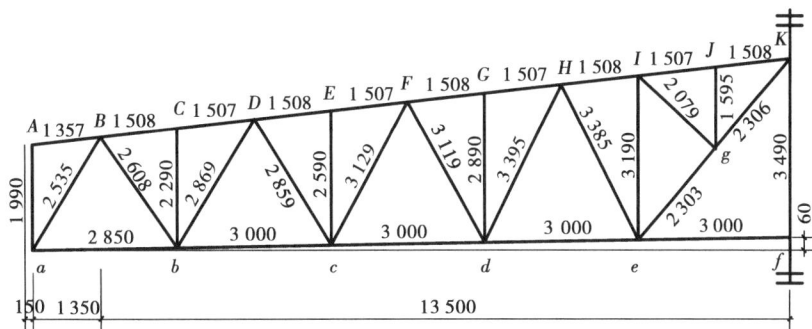

图 5.35　屋架形式及几何尺寸

(3) 支撑布置

支撑布置如图 5.36 所示。

车间总长 102 m,大于 60 m,共设置三道上、下弦横向水平支撑。因车间两端为山墙,故横向水平支撑设在第二柱间,在第一柱间的上弦平面设置刚性系杆,以保证安装时上弦的稳定,在第一柱间的下弦平面也设置刚性系杆传递山墙的风荷载;在设置横向水平支撑的同一柱间,分别在屋架的两端和跨中共设置垂直支撑三道;屋脊节点及屋架支座处设置通长刚性系杆,屋架下弦跨中设一道通长柔性系杆。

(4) 荷载计算

屋面活荷载与雪荷载不同时考虑,从资料可知屋面活荷载大于雪荷载,故取屋面活荷载计算。

永久荷载:

预应力钢筋混凝土大型屋面板(包括灌缝)	$1.5 \times 1.35 = 1.05 \ \text{kN/m}^2$
防水层(三毡四油,上铺小石子)	$0.4 \times 1.35 = 0.54 \ \text{kN/m}^2$
20 mm 厚水泥砂浆找平层	$20 \times 0.02 \times 1.35 = 0.54 \ \text{kN/m}^2$
屋架和支撑自重	$(0.12 + 0.011 \times 30) \times 1.35 = 0.61 \ \text{kN/m}^2$
	$3.58 \ \text{kN/m}^2$

可变荷载:

屋面活荷载　　　　　　　　　　$0.7 \times 1.4 = 0.98 \ \text{kN/m}^2$

设计屋架时,应考虑以下 3 种荷载组合:

①全跨永久荷载 + 全跨可变荷载

全跨节点永久荷载及可变荷载　　$P = (3.58 + 1.05) \times 1.5 \times 6 = 41.67 \ \text{kN}$

②全跨永久荷载 + 半跨可变荷载

全跨节点永久荷载:　　　　　　$P_1 = 3.58 \times 1.5 \times 6 = 32.22 \ \text{kN}$

半跨节点可变荷载:　　　　　　$P_2 = 1.05 \times 1.5 \times 6 = 9.45 \ \text{kN}$

③全跨屋架和支撑自重 + 半跨屋面板重 + 半跨屋面活荷载

全跨节点屋架和支撑自重:　　　$P_3 = 0.61 \times 1.5 \times 6 = 5.49 \ \text{kN}$

半跨节点屋面板自重及活荷载:　$P_4 = (1.89 + 1.05) \times 1.5 \times 6 = 26.46 \ \text{kN}$

屋架上弦横向水平支撑布置

屋架下弦横向水平支撑布置

屋架垂直支撑1—1

屋架垂直支撑2—2

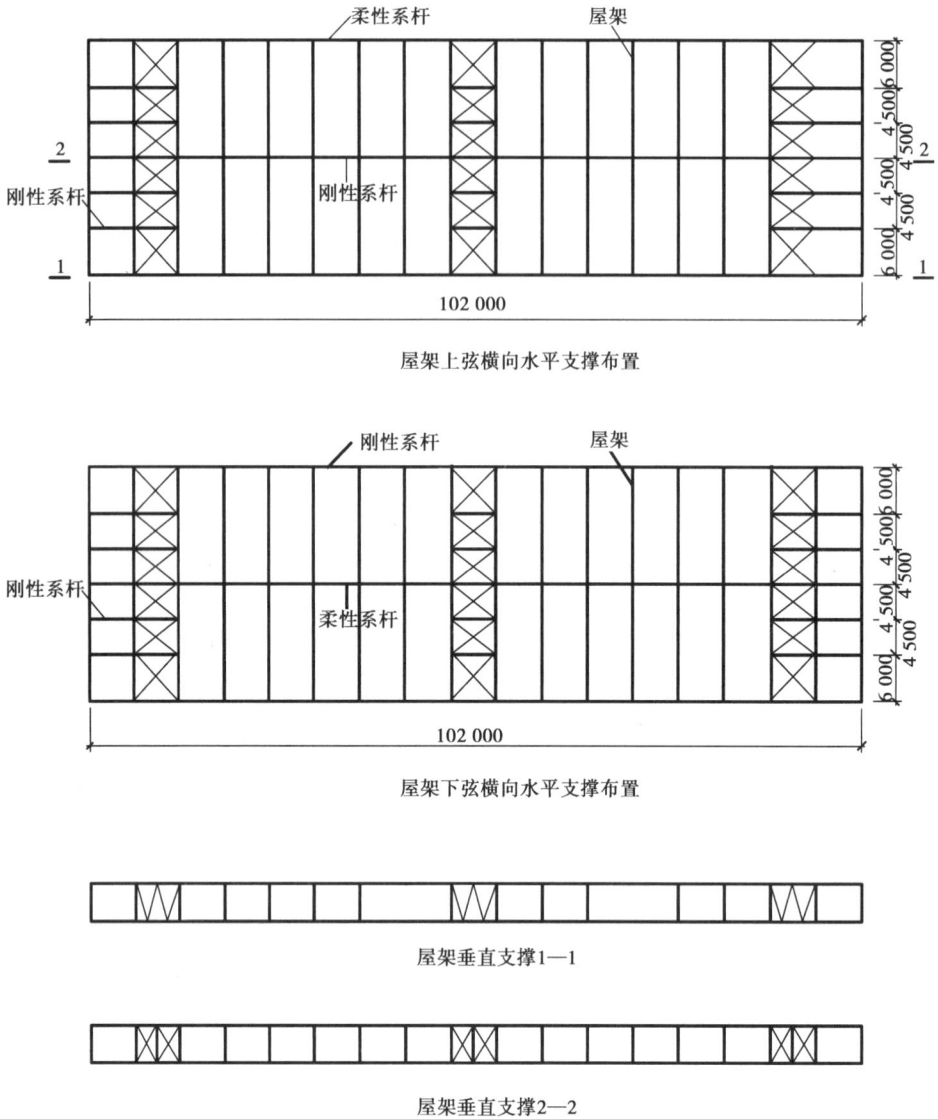

图 5.36　屋架支撑布置

(5)内力计算

屋架在上述 3 种荷载组合作用下的计算简图如图 5.37 所示。

由电算或手算(图解法或数解法)先解得全跨和半跨单位节点荷载作用下的杆件内力系数,然后乘以实际的节点荷载,可求出各种荷载组合下的杆件内力。本例以图解法为例,计算过程见图 5.38,计算结果见表 5.5。

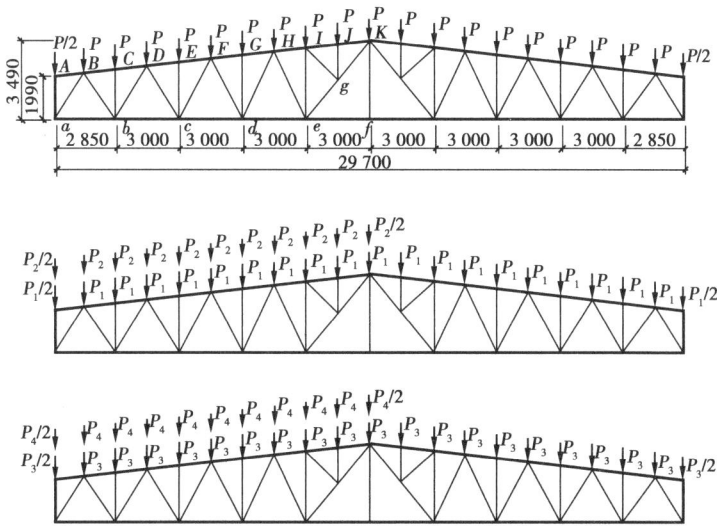

图 5.37 屋架计算简图

表 5.5 屋架杆件计算内力

杆件名称		内力系数(P=1)			第1种组合 P×①	第2种组合		第3种组合		计算杆件内力 /kN
		全跨①	左半跨②	右半跨③		$P_1×①+P_2×②$	$P_1×①+P_2×③$	$P_3×①+P_4×②$	$P_3×①+P_4×③$	
上弦	AB	0	0	0	0	0	0	0	0	0
	BC、CD	−11.25	−8.13	−3.12	−468.8	−439.3	−391.96	−275.26	−143.69	−468.8
	DE、EF	−18.07	−12.45	−5.62	−753	−699.87	−635.32	−428.63	−247.91	−753
	FG、GH	−21.42	−13.80	−7.62	−892.57	−820.56	−762.16	−482.74	−319.22	−892.57
	HI	−22.24	−13.00	−9.24	−926.74	−839.42	−803.89	−466.08	−366.59	−926.74
	IJ、JK	−22.69	−13.45	−9.24	−945.49	−858.17	−818.39	−480.46	−369.06	−945.49
下弦	ab	6.02	4.45	1.57	250.85	236.02	208.8	150.8	74.59	250.85
	bc	15.13	10.68	4.45	630.47	588.42	529.54	365.66	200.81	630.47
	cd	20.01	13.37	6.64	833.82	771.07	707.47	463.63	286.04	833.82
	de	21.97	13.54	8.43	915.49	835.82	787.54	478.88	343.67	915.49
	ef	21.08	10.54	10.54	878.4	778.8	778.8	394.62	394.62	878.4
斜腹杆	aB	−11.25	−8.32	−2.93	−468.8	−441.1	−390.16	−281.91	−139.29	−468.8
	Bb	8.94	6.31	2.63	372.53	347.68	312.9	216.04	118.67	372.53
	Db	−7.49	−4.95	−2.54	−312.11	−288.11	−265.33	−172.1	108.33	−312.11
	Dc	5.52	3.27	2.25	230.02	208.76	199.12	116.83	89.84	230.02
	Fc	−4.23	−2.04	−2.19	−176.26	−155.57	−156.99	−77.2	−81.17	−176.26
	Fd	2.70	0.74	1.96	112.51	93.99	105.52	34.4	66.68	112.51
	Hd	−1.48	0.44	−1.92	61.67	−43.53	−65.83	3.52	−58.93	−65.83(3.52)
	He	0.36	−1.38	1.74	15	−1.44	28.04	−34.54	48.02	−34.54(48.02)
	eg	1.60	3.65	−2.05	66.67	86.05	32.18	105.36	−45.46	−45.46(105.36)
	Kg	2.32	4.37	−2.05	96.67	116.05	55.38	128.37	−41.51	−41.51(128.37)
	ig	0.65	0.65	0	27.09	27.09	20.94	20.76	3.57	27.09
竖腹杆	Aa	−0.50	−0.50	0	−20.84	−20.84	−16.11	−15.98	−2.75	−20.84
	Cb	−1.00	−1.00	0	−41.67	−41.67	−32.22	−31.95	−5.49	−41.67
	Ec	−1.00	−1.00	0	−41.67	−41.67	−32.22	−31.95	−5.49	−41.67
	Gd	−1.00	−1.00	0	−41.67	−41.67	−32.22	−31.95	−5.49	−41.67
	Ie	−1.50	−1.50	0	−62.51	−62.51	−48.33	−47.93	−8.24	−62.51
	Jg	−1.00	−1.00	0	−41.67	−41.67	−32.22	−31.95	−5.49	−41.67
	Kf	0	0	0	0	0	0	0	0	0

(6)杆件设计

1)上弦杆

整个上弦采用等截面,选用两个不等肢角钢短肢相拼,按弦杆最大内力 $N_{JK} = -945.49$ kN (表5.5)设计。

根据腹杆最大内力 $N = 468.8$ kN,按表5.3选用支座节点板厚 $t = 12$ mm,其他节点板厚 $t = 10$ mm,节点板的强度验算及稳定性验算略。

上弦杆计算长度:根据支撑布置情况,屋架平面外计算长度取 $l_{0y} = 301.5$ cm,屋架平面内为节间轴线长度,即 $l_{0x} = 150.8$ cm。

假定 $\lambda = 60$,则查附表5.2得 $\varphi = 0.807$。

所需截面积 $A = \dfrac{N}{\varphi f} = 945\ 490/(0.807 \times 215) = 5\ 449.35$ mm²

所需回转半径 $i_x = \dfrac{l_{0x}}{\lambda} = 150.8/60 = 2.51$ cm $\qquad i_y = l_{0y}/\lambda = 301.5/60 = 5.03$ cm

根据需要的 A、i_x、i_y 查角钢规格表,选用 2∠160×100×12(短肢相拼),见图5.39(a)。 $A = 60.1$ cm²,$i_x = 2.82$ cm,$i_y = 7.82$ cm。

按所选角钢进行长细比及稳定性验算:

$$\lambda_x = \frac{l_{0x}}{i_x} = 150.8/2.82 = 53.48 < [\lambda] = 150$$

$$\lambda_y = \frac{l_{0y}}{i_y} = 301.5/7.82 = 38.55 < [\lambda] = 150$$

由 $\lambda_x = 53.48$ 查附表5.2得 $\varphi_x = 0.84$,则

$$\sigma = \frac{N}{\varphi A} = 945\ 490/(0.84 \times 6\ 010) = 187.29 \text{ N/mm}^2 < f = 215 \text{ N/mm}^2$$

所选截面合适。

2)下弦杆

整个下弦采用等截面杆件,按下弦杆最大内力 $N_{de} = 901.65$ kN(表5.5)进行设计,平面内计算长度 $l_{0x} = 300$ cm,平面外计算长度 $l_{0y} = 1\ 485$ cm。

所需截面积为 $A_n = \dfrac{N}{f} = 915\ 490/215 = 4\ 258.09$ mm² $= 42.58$ cm²

选用 2∠140×90×10(短肢相拼),见图5.39(b),$A = 44.52$ cm²,$i_x = 2.56$ cm,$i_y = 6.77$ cm,验算长细比:

$$\lambda_x = \frac{l_{0x}}{i_x} = 300/2.56 = 117.19 < [\lambda] = 350$$

$$\lambda_y = \frac{l_{0y}}{i_y} = 1\ 485/6.77 = 219.35 < [\lambda] = 350$$

截面满足要求。

3)端斜杆 Ba

杆件轴力 $N_{Ba} = -468.8$ kN,计算长度 $l_{0x} = l_{0y} = 253.5$ cm。

选用 2∠100×10,见图5.39(c),$A = 38.52$ cm²,$i_x = 3.05$ cm,$i_y = 4.52$ cm,验算长细比及稳定性:

（a）

（b）

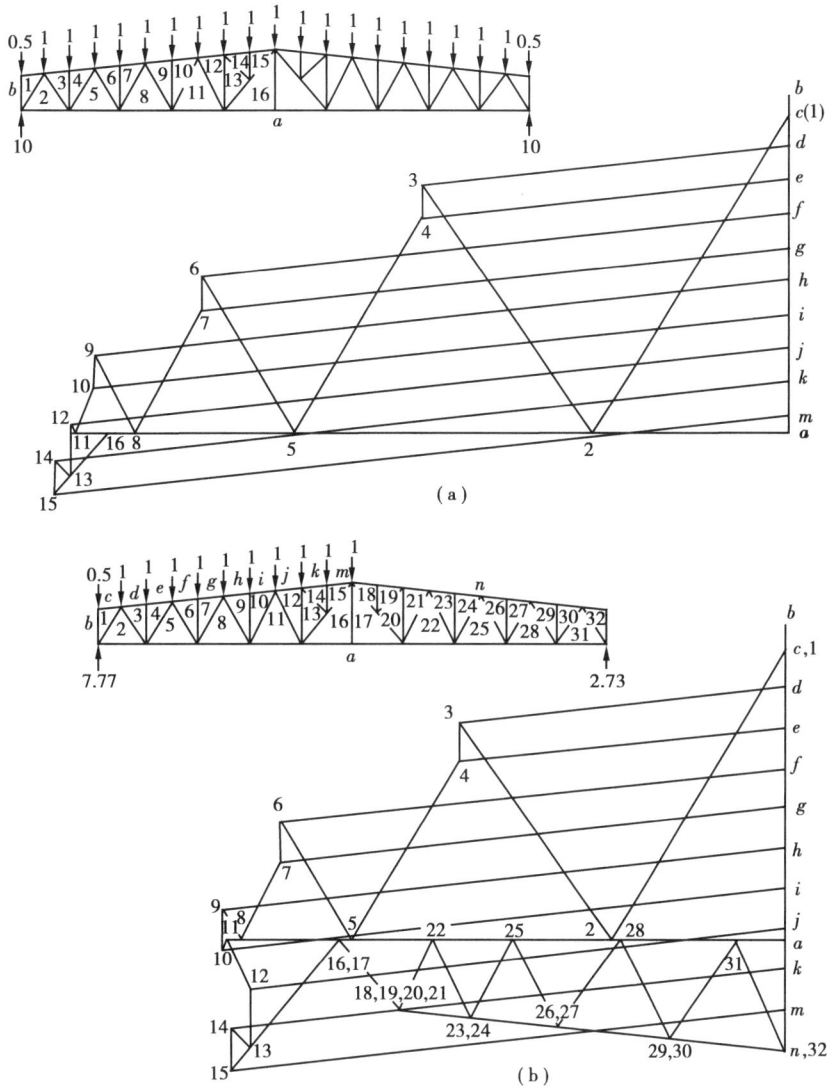

图 5.38　图解法求解桁架杆件内力系数

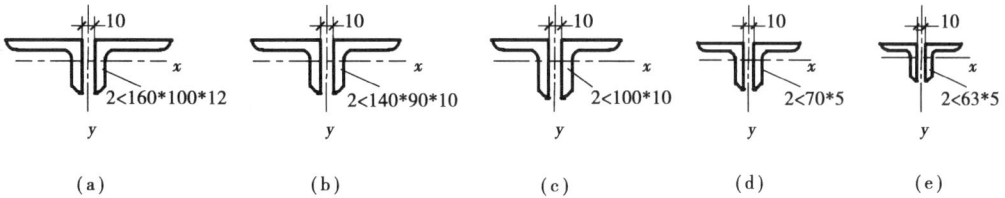

（a）　　　　　　（b）　　　　　　（c）　　　　　　（d）　　　　　　（e）

图 5.39　屋架杆件截面

$$\lambda_x = \frac{l_{0x}}{i_x} = 253.5/3.05 = 83.11 < [\lambda] = 150$$

$$\lambda_y = \frac{l_{0y}}{i_y} = 253.5/4.52 = 56.08 < [\lambda] = 150$$

由 $\lambda_x = 83.11$，查附表 15 得 $\varphi = 0.667$，则

$$\sigma = N/\varphi A = 468\ 800/(0.667 \times 3\ 852) = 182.46\ \text{N/mm}^2 < f = 215\ \text{N/mm}^2$$

截面满足要求。

4）斜腹杆 eg—gK

此杆在 g 节点处不断开，采用通长杆件。杆件内力：拉力 $N_{gK} = 128.31\ \text{kN}$，$N_{eg} = 105.36\ \text{kN}$，压力 $N_{gK} = -41.51\ \text{kN}$，$N_{eg} = -45.46\ \text{kN}$，分别按最大拉力和最大压力进行杆件设计。

桁架平面外的计算长度，取节点中心间距，即 $l_{0x} = 230.6\ \text{cm}$；桁架平面外的计算长度按式 5.11 计算：

$$l_{0y} = l_1 \left(0.75 + 0.25 \frac{N_2}{N_1} \right) = 461.1 \times \left(0.75 + 0.25 \times \frac{41.51}{45.46} \right) = 451\ \text{cm}$$

选用 $2\angle 70 \times 5$，见图 5.39（d），$A = 13.75\ \text{cm}^2$，$i_x = 2.16\ \text{cm}$，$i_y = 3.24\ \text{cm}$，验算长细比、稳定性及抗拉强度：

$$\lambda_x = \frac{l_{0x}}{i_x} = 230.6/2.16 = 72.97 < [\lambda] = 150$$

$$\lambda_y = \frac{l_{0y}}{i_y} = 451/3.24 = 139.2 < [\lambda] = 150$$

由 $\lambda_x = 139.2$，查附表 5.2 得 $\varphi = 0.348$

$$\sigma = \frac{N}{\varphi A} = 45\ 460/(0.348 \times 1\ 375) = 95\ \text{N/mm}^2 < f = 215\ \text{N/mm}^2$$

拉应力 $\quad \sigma = \frac{N}{A} = 128\ 310/1\ 375 = 93.32\ \text{N/mm}^2 < f = 215\ \text{N/mm}^2$

截面满足要求。

⑤竖杆 Ie

轴力 $N_{Ie} = -62.51\ \text{kN}$，平面内计算长度 $l_{0x} = 0.8l = 0.8 \times 319 = 255.2\ \text{cm}$，平面外计算长度 $l_{0y} = 319\ \text{cm}$。由于内力较小，选用 $2\angle 63 \times 5$ 图 5.39（e），$A = 12.28\ \text{cm}^2$，$i_x = 1.94\ \text{cm}$，$i_y = 2.96\ \text{cm}$，验算其长细比及稳定性：

$$\lambda_x = \frac{l_{0x}}{i_x} = 255.2/1.94 = 131.55 < [\lambda] = 150$$

$$\lambda_y = \frac{l_{0y}}{i_y} = 319/2.96 = 107.77 < [\lambda] = 150$$

由 $\lambda_x = 131.55$，查附表 5.2 得 $\varphi = 0.38$

$$\sigma = \frac{N}{\varphi A} = 62\ 510/(0.38 \times 1\ 228) = 133.96\ \text{N/mm}^2 < f = 215\ \text{N/mm}^2$$

截面满足要求。

其余各杆件的截面选择计算过程不一一列出，其计算结果见表 5.6。

表 5.6　屋架杆件截面选择

名称	杆件编号	内力/kN	计算长度/cm l_{0x}	计算长度/cm l_{0y}	截面规格	截面面积/cm²	回转半径/cm i_x	回转半径/cm i_y	长细比 λ_x	长细比 λ_y	$[\lambda]$	稳定系数	计算应力/(N·mm⁻²)
上弦	IK	-945.49	150.80	301.60	2∠160×100×12	60.10	2.82	7.78	53.48	38.55	150	0.840	187.26
下弦	de	915.49	300.00	1 485.00	2∠140×90×10	44.52	2.56	6.77	117.19	219.35	350		205.64
斜腹杆	Ba	-468.79	253.50	253.50	2∠100×10	38.52	3.05	4.52	83.11	56.08	150	0.667	182.46
	Bb	372.53	208.60	260.80	2∠90×6	21.20	2.79	4.05	74.77	64.40	350		175.72
	Db	-312.11	229.50	286.90	2∠90×7	24.60	2.78	4.32	82.55	66.41	150	0.673	188.52
	Dc	230.02	228.70	285.90	2∠63×5	12.30	1.94	2.96	117.89	96.59	350		187
	Fc	-176.26	250.30	312.90	2∠90×6	21.20	2.79	4.05	89.71	77.26	150	0.623	133.45
	Fd	112.51	249.50	311.90	2∠50×5	9.60	1.53	2.46	163.07	126.79	350		117.20
	Hd	-65.83	271.60	339.50	2∠63×5	12.30	1.94	2.96	140.00	114.70	150	0.345	155.08
	He	48.02 -34.54	270.80	338.50	2∠63×5	12.30	1.94	2.96	139.59	114.36	150	0.347	80.93
	Ke	128.31 -45.46	230.60	451.00	2∠70×5	13.75	2.16	3.24	72.97	139.20	150	0.348	95
	Ig	27.09	166.30	207.90	2∠50×5	9.60	1.53	2.46	108.69	84.51	350		28.22
竖腹杆	Aa	-20.84	199.00	199.00	2∠50×5	9.60	1.53	2.46	130.07	80.89	150	0.387	56.09
	Cb	-41.67	183.20	229.00	2∠50×5	9.60	1.53	2.46	119.74	93.09	150	0.438	99.10
	Ec	-41.67	207.20	259.00	2∠50×5	9.60	1.53	2.46	135.42	105.28	150	0.363	119.58
	Gd	-41.67	231.20	289.00	2∠50×5	9.60	1.53	2.46	151.11	117.43	150	0.304	142.78
	Ie	-62.51	255.20	319.00	2∠63×5	12.28	1.93	2.96	131.55	107.77	150	0.380	133.96
	Jg	-41.67	127.60	159.50	2∠50×5	9.60	1.53	2.46	83.40	64.84	150	0.665	65.27
	Kf	0.00	314.10	314.10	2∠63×5	12.30	$i_{min}=24.5$		$\lambda_{max}=128$				

(7)节点设计

1)下弦节点"b"(图 5.40)

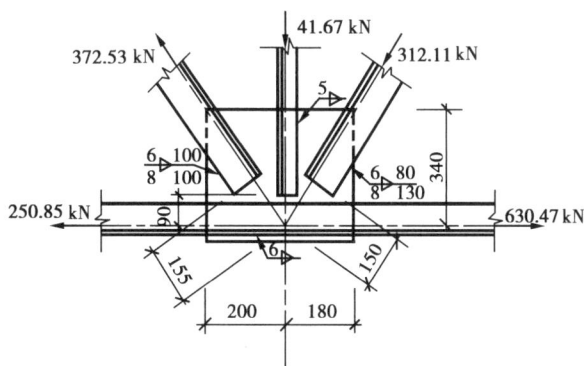

图 5.40　下弦节点"b"

①腹杆与节点板间连接焊缝长度计算

Bb 杆:肢背和肢尖焊缝焊角尺寸分别采用 8 mm 和 6 mm,则所需焊缝长度为:

肢背
$$l'_w = \frac{k_1 N}{2 \times 0.7 h_f f_f^w} = \frac{0.7 \times 372\,530}{2 \times 0.7 \times 8 \times 160} = 145.52 \text{ mm,取 } 160 \text{ mm}$$

肢尖　　　$l''_w = \dfrac{k_2 N}{2 \times 0.7 h_f f^w_f} = \dfrac{0.3 \times 372\,530}{2 \times 0.7 \times 6 \times 160} = 83.15\ \text{mm}$,取 100 mm

Db 杆:肢背和肢尖焊缝焊角尺寸分别采用 8 mm 和 6 mm,则所需焊缝长度为:

肢背　　　$l'_w = \dfrac{k_1 N}{2 \times 0.7 h_f f^w_f} = \dfrac{0.7 \times 312\,110}{2 \times 0.7 \times 8 \times 160} = 122\ \text{mm}$,取 130 mm

肢尖　　　$l''_w = \dfrac{k_2 N}{2 \times 0.7 h_f f^w_f} = \dfrac{0.3 \times 312\,110}{2 \times 0.7 \times 6 \times 160} = 70\ \text{mm}$,取 80 mm

Cb 杆:由于内力很小,焊缝尺寸按构造要求确定,取 $h_f = 5$ mm。

②确定节点板尺寸

根据上面求得的焊缝长度,按构造要求留出杆件间应有的间隙并考虑制作和装配误差,按比例绘出节点大样,从而确定节点板尺寸为 375 mm × 380 mm。

③下弦杆与节点板间连接焊缝的强度验算

下弦杆与节点板间连接焊缝长度为 380 mm,取 $h_f = 6$ mm,焊缝所受的力为左右两个弦杆的内力差 $\Delta N = 630.47 - 250.85 = 379.64$ kN,对受力较大的肢背处焊缝进行强度验算:

$$\tau_f = \dfrac{k_1 \cdot \Delta N}{2 \times 0.7 h_f l_w} = \dfrac{0.75 \times 379\,640}{2 \times 0.7 \times 6 \times (380 - 10)} = 91.61\ \text{N/mm}^2 < 160\ \text{N/mm}^2$$

焊缝强度满足要求。

2)上弦节点"B"(图 5.41)

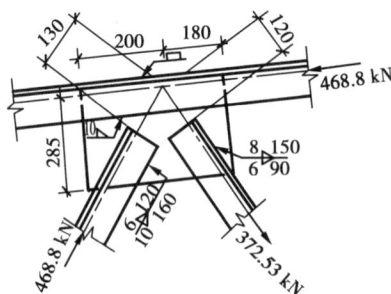

图 5.41　上弦节点"B"

①腹杆与节点板间连接焊缝长度计算

Bb 杆与节点板的连接焊缝尺寸和"b"节点相同。

Ba 杆:肢背和肢尖焊缝分别采用 $h_f = 10$ mm 和 $h_f = 6$ mm,则所需焊缝长度为:

肢背　　　$l'_w = \dfrac{k_1 N}{2 \times 0.7 h_f f^w_f} = \dfrac{0.7 \times 468\,800}{2 \times 0.7 \times 10 \times 160} = 146.5\ \text{mm}$,取 160 mm

肢尖　　　$l''_w = \dfrac{k_2 N}{2 \times 0.7 h_f f^w_f} = \dfrac{0.3 \times 468\,800}{2 \times 0.7 \times 6 \times 160} = 105\ \text{mm}$,取 120 mm

②确定节点板尺寸(方法同下弦节点"b")

确定节点板尺寸为 285 mm × 380 mm。

③与节点板间连接焊缝的强度验算

应考虑节点荷载 P 和上弦相邻间内力差 ΔN 的共同作用,并假定角钢肢背槽焊缝承受

节点荷载 P 的作用,肢尖角焊缝承受相邻节间内力差 ΔN 及其产生的力矩作用。

肢背槽焊缝强度验算:

$h_f = 0.5t = 0.5 \times 12 = 6$ mm(t 为节点板厚度), $l'_w = l''_w = 380 - 10 = 370$ mm,节点荷载 $P = 41.67$ kN,则

$$\tau_f = \frac{P}{2 \times 0.7 h_f l_w} = \frac{41\ 670}{2 \times 0.7 \times 6 \times 370} = 13.41\ \text{N/mm}^2 < 160\ \text{N/mm}^2$$

肢尖角焊缝强度验算:

弦杆内力差 $\Delta N = 468.8 - 0 = 468.8$ kN,轴力作用线至肢尖焊缝的偏心距为 $e = 100 - 25 = 75$ mm,偏心力矩 $M = \Delta Ne = 468.8 \times 0.075 = 35.16$ kN·m,$h_f = 8$ mm,则

$$\tau_{\Delta N} = \frac{P}{2 \times 0.7 h_f l_w} = \frac{468\ 800}{2 \times 0.7 \times 8 \times 370} = 113.13\ \text{N/mm}^2 < 160\ \text{N/mm}^2$$

$$\sigma_M = \frac{M}{W_W} = \frac{6 \times 35\ 160\ 000}{2 \times 0.7 \times 8 \times 370^2} = 137.59\ \text{N/mm}^2$$

$$\sqrt{\tau_{\Delta N}^2 + \left(\frac{\sigma_M}{1.22}\right)^2} = \sqrt{113.13^2 + \left(\frac{137.59}{1.22}\right)^2} = 159.74\ \text{N/mm}^2 < 160\ \text{N/mm}^2$$

满足强度要求。

3)屋脊节点"K"(图 5.42)

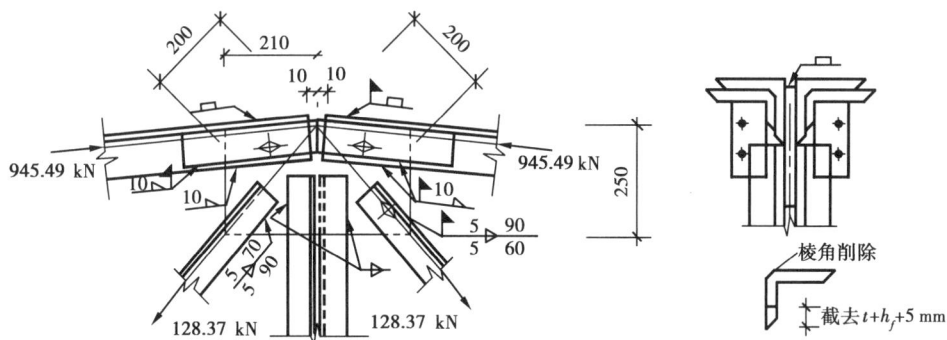

图 5.42　屋脊节点"K"

①腹杆与节点板连接焊缝计算方法与以上几个节点相同,计算过程略,结果见图 5.42。

②确定节点板尺寸为 420 mm × 250 mm。

③计算拼接角钢长度。

拼接角钢规格与上弦杆相同,长度取决于其与上弦杆连接焊缝要求,设焊缝 $h_f = 10$ mm,则所需焊缝计算长度为(一条焊缝):

$$l_w = \frac{N}{4 \times 0.7 \times h_f f_f^w} = \frac{945\ 490}{4 \times 0.7 \times 10 \times 160} = 211\ \text{mm}$$

拼接角钢总长度 $L = 2 \times 211 + 10 + 20 = 452$ mm,取 520 mm。竖肢需切去 $\Delta = 10 + 8 + 5 = 23$ mm,取 $\Delta = 25$ mm,并按上弦坡度热弯。

④上弦杆与节点板连接焊缝强度验算。

上弦角钢肢背与节点板之间的槽焊缝承受节点荷载 P，焊缝强度验算同上弦节点"B"，计算过程略。

上弦角钢肢尖与节点板的连接焊缝强度按上弦内力的 15% 验算。设 $h_f = 10$ mm，节点板长度为 420 mm，节点一侧焊缝的计算长度为 $l_w = 210 - 10 - 10 = 190$ mm，则

$$\tau_f = \frac{0.15N}{2 \times 0.7 h_f l_w} = \frac{0.15 \times 945\ 490}{2 \times 0.7 \times 10 \times 190} = 53.32\ \text{N/mm}^2$$

$$\sigma_f = \frac{6M}{2 \times 0.7 h_f l_w^2} = \frac{6 \times 0.15 \times 945\ 490 \times 75}{2 \times 0.7 \times 10 \times 190^2} = 126.28\ \text{N/mm}^2$$

$$\sqrt{(\tau_f)^2 + \left(\frac{\sigma_f}{1.22}\right)^2} = \sqrt{53.32^2 + \left(\frac{126.28}{1.22}\right)^2} = 116.07\ \text{N/mm}^2 < 160\ \text{N/mm}^2$$

焊缝强度满足要求。

因屋架的跨度较大，需将屋架分为两个运输单元，在屋脊节点和下弦跨中节点设置工地拼接，左半跨的上弦杆、斜腹杆和竖腹杆与节点板连接用工厂焊缝，右半跨的上弦杆、斜腹杆与节点板连接用工地焊缝。

4）支座节点"a"（图 5.43）

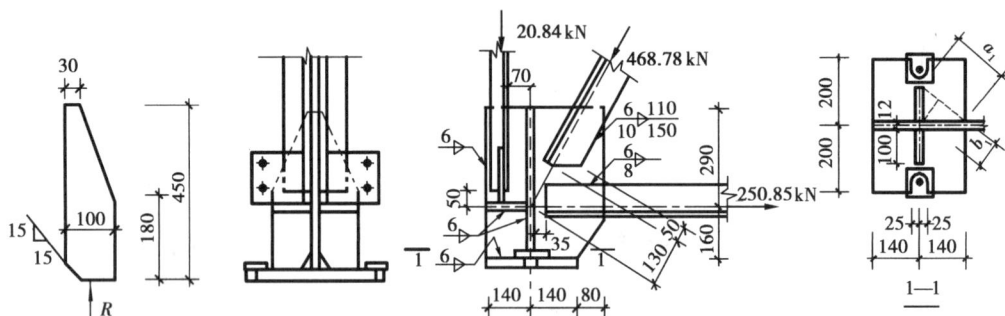

图 5.43　支座节点"a"

为了便于施焊，下弦杆轴线至支座底板的距离取 160 mm，在节点中心线上设置加劲肋，加劲肋的高度与节点板高度相等，厚度为 12 mm。

①支座底板的计算

支座底板尺寸按采用 280 mm × 400 mm，承受支座反力 $R = 10 \times 41.67 = 416.7$ kN，若仅考虑有加劲肋部分的底板承受支座反力作用，则柱顶混凝土的抗压强度按下式验算：

$$\sigma = \frac{R}{A_N} = \frac{416\ 700}{280 \times 212} = 7.02\ \text{N/mm}^2 < f_c = 9.6\ \text{N/mm}^2$$

节点板和加劲肋将底板分成 4 块，每块板为两相邻边支承而另两相邻边自由的板，见图 5.43。板的厚度由均布荷载作用下板的抗弯强度确定：

$$a_1 = \sqrt{\left(140 - \frac{12}{2}\right)^2 + 100^2} = 172\ \text{mm}，由相似三角形关系得：b_1 = 100 \times \frac{134}{172} = 78\ \text{mm}$$

$b_1/a_1 = 78/172 = 0.454$，查附表 5.4 得 $\beta = 0.051$

则每块板单位宽度的最大弯矩为：

$$M = \beta q a_1^2 = 0.051 \times 7.02 \times 172^2 = 10\ 346.78\ \text{N·mm}$$

底板厚度：$t = \sqrt{\dfrac{6M}{f}} = \sqrt{\dfrac{6 \times 10\,346.78}{215}} = 17$ mm，取 $t = 20$ mm。

底板尺寸：$-400 \times 280 \times 20$ mm。

②加劲肋与节点板的连接焊缝计算

设 $h_f = 8$ mm，焊缝计算长度 $l_w = 450 - 10 = 440$ mm。加劲肋与节点板间的竖向焊缝可根据 $V = R/4 = 416.7/4 = 104.175$ kN，并考虑其偏心弯矩 $M = Ve = 104.175 \times 0.05 = 5.21$ kN·m（e 为加劲肋宽度的一半），按下列公式验算：

$$\sqrt{\left(\frac{6M}{2 \times 0.7\beta_f h_f l_w^2}\right)^2 + \left(\frac{V}{2 \times 0.7 h_f l_w}\right)^2} = \sqrt{\left(\frac{6 \times 5\,210\,000}{2 \times 0.7 \times 1.22 \times 8 \times 440^2}\right)^2 + \left(\frac{104\,175}{2 \times 0.7 \times 8 \times 440}\right)^2}$$

$$= 24.22 \text{ N/mm}^2 < 160 \text{ N/mm}^2$$

焊缝强度满足要求。

③节点板、加劲肋与底板的连接焊缝计算

实际的焊缝总长为：$\sum l_w = 2 \times (280 - 10) + 4 \times (100 - 15 - 10) = 840$ mm，设焊缝传递全部支座反力 $R = 416.7$ kN，设 $h_f = 6$ mm，焊缝强度按下式验算：

$$\sigma_f = \frac{R}{0.7 h_f \sum l_w} = \frac{416\,700}{0.7 \times 6 \times 840} = 118.11 \text{ N/mm}^2 < \beta_f f_f^w = 1.22 \times 160 = 195.2 \text{ N/mm}^2$$

焊缝强度满足要求。

其余节点详见施工图（图 5.44）。

(8)绘制屋架施工图

绘制屋架施工图，如图 5.44 所示。

5.9　网架结构

5.9.1　网架结构概述

网架结构是由许多杆件按一定规律布置，通过节点连接而形成的一种高次超静定的空间杆系结构。网架杆件的截面形式多采用钢管或型钢（型钢以角钢为主），它广泛应用于大跨度屋盖结构体系中。网架结构按外形分，可分为平板网架（简称网架）和曲面网架（简称网壳）。本节主要介绍平板网架。

(1)网架结构的类型

平板网架可分为两大类，即平面桁架体系和空间桁架体系。

1)平面桁架体系

网架是由互相交叉的平行弦桁架组成的平面结构，可分为：

①两向正交正放网架　当两向桁架垂直交叉，弦杆平行或垂直于网架主要边界，称为正交正放网架，如图 5.45(a)所示。主要适用于建筑平面为正方形或接近正方形的情况。

②两向正交斜放网架　当两向桁架垂直交叉，桁架平面与网架主要边界成 45°交角时，称为两向正交斜放网架，如图 5.45(b)所示。主要适用于建筑平面为正方形或矩形的情况。

③两向斜交斜放网架　当两向桁架斜向相交,桁架平面与网架主要边界的夹角为锐角时,称为两向斜交斜放网架,如图5.45(c)所示。由于其受力性能较差,拼装变形大,因此只有在建筑立面有特殊要求时,才考虑选用两向斜交斜放网架。

④三向网架　由互为60°夹角的三个方向平面桁架交叉组成的网架,称为三向网架,如图5.45(d)所示。主要适用于三边形、梯形、多边形或圆形的建筑平面。

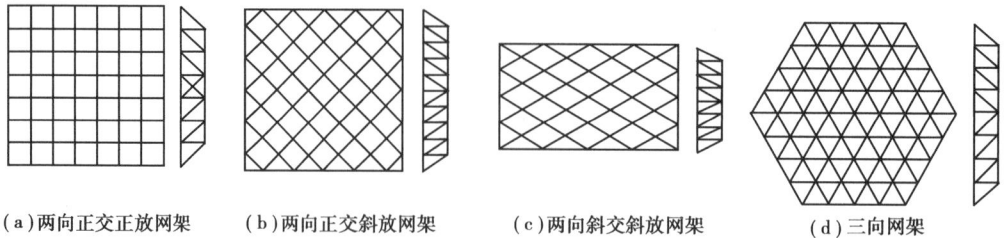

(a)两向正交正放网架　(b)两向正交斜放网架　(c)两向斜交斜放网架　(d)三向网架

图5.45　平面桁架体系

2)空间桁架体系

空间桁架体系是由锥体单元构成,主要有四角锥体网架、六角锥体网架等几种基本形式。下面仅对几种基本形式进行简要介绍。

①正放四角锥网架　将上弦杆和下弦杆分别正交组成上下两层方格,下弦杆的位置相对于上弦杆平移半格,以下弦方格节点为顶点,用四根斜腹杆和上弦方格节点相连,即形成了由四角锥体单元构成的网架。当网架的上、下弦杆均与边界平行时,称为正放四角锥网架,如图5.46(a)所示。

②正放抽空四角锥网架　当跨度较小或屋面荷载较小时,为节省材料,可保持正放四角锥网架周边网格不变,按一定规则抽去部分下弦杆及相连的斜腹杆,这样构成的网架称为正放抽空四角锥网架,如图5.46(b)所示。

③斜放四角锥网架　保持正放四角锥网架的下弦不变,上弦网格正交斜放,与边界成45°夹角,这样的网架称为斜放四角锥网架,如图5.46(c)所示。

④棋盘形四角锥网架　保持正放四角锥网架周边的四角锥不变,将中间的四角锥间隔抽空,上弦杆呈正交正放,下弦杆正交斜放,这样构成的网架称为棋盘形四角锥网架,如图5.46(d)所示。

⑤星形四角锥网架　由两个正交的倒置三角形组成的锥体称为星形四角锥体,由星形四角锥单元构成的网架称为星形四角锥网架。网架的上弦杆与边界成45°夹角,网格呈正交斜放,交汇处设有竖杆,斜腹杆与上弦杆在同一垂直平面内。网架的下弦杆与各锥顶相连,呈正交正放,如图5.46(e)所示。

⑥三角锥网架　三角锥网架是以倒置的正三角锥体为基本单元,锥底的三条边为上弦杆,三条棱为腹杆,连接锥顶的杆件为下弦杆,网架的上、下弦平面均为正三角形网格,如图5.46(f)所示。

⑦抽空三角锥网架　在三角锥网架基础上,按一定规律抽空部分三角锥的腹杆和下弦杆,得到的网架称为抽空三角锥网架,如图5.46(g)所示。

(2)网架结构特点

网架结构是三维空间受力的杆系结构,各杆件互相起支撑作用,它的刚度、整体性、抗震能力优于一般的平面结构,能承受由于地基不均匀沉降所带来的不利影响。若出现个别杆件的局部破坏,由于网架结构的多向传力性能和内力重分布调整,一般不会导致整个网架的破坏。

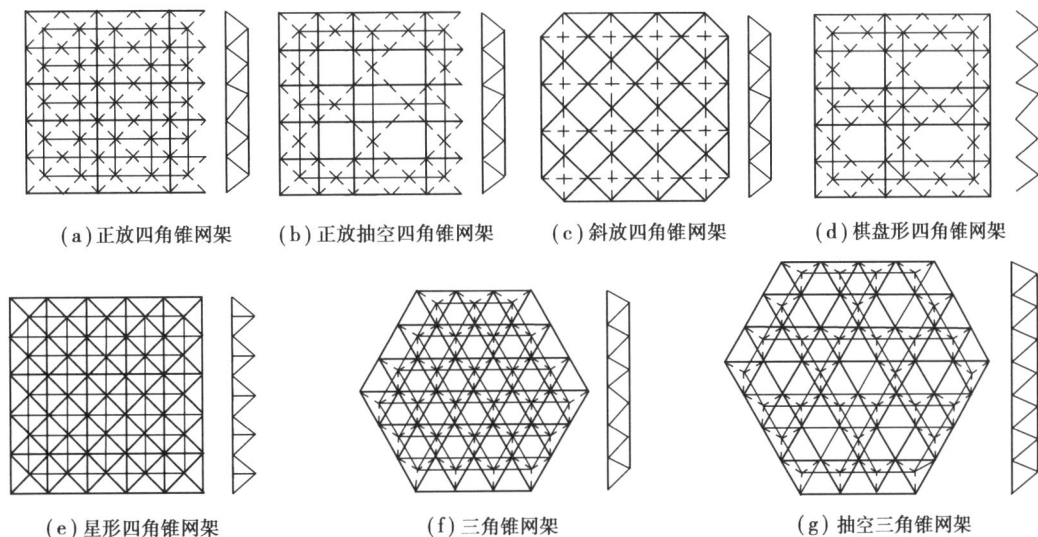

(a)正放四角锥网架　(b)正放抽空四角锥网架　(c)斜放四角锥网架　(d)棋盘形四角锥网架

(e)星形四角锥网架　　　　(f)三角锥网架　　　　(g)抽空三角锥网架

图 5.46　空间桁架体系

　　由于网架结构的空间刚度大,一般不需另设支撑体系,且作用于网架节点上的荷载通常由节点附近的许多杆件共同承担,杆件截面尺寸相对较小,故网架结构的自重轻,且节约钢材。

　　网架结构的平面布置灵活,能适应各种平面形式、不同跨度建筑的要求,且网架结构杆件和节点的规格比较单一,便于制作和安装,适宜工厂化生产,有利于缩短工期。

　　(3)网架设计简述

　　网架设计内容主要包括以下几方面:

　　①网架结构的选型　根据网架跨度大小、荷载大小、网架支承方式、屋面构造等因素确定网格尺寸、网架高度以及进行网架腹杆的布置。

　　②网架结构计算　网架结构应进行在外荷载作用下的内力、位移计算,并根据具体情况,对地震、温度变化、支座沉降及施工安装荷载等作用下的内力、位移进行计算。常用的计算方法主要有:空间桁架位移法、交叉梁系差分法、假想弯矩法等。

　　③网架杆件设计　网架杆件按轴心受力构件进行设计,其截面应满足长细比、强度和稳定性的要求。

　　④网架节点设计　网架节点的形式很多,按节点的构造形式可分为焊接钢板节点、焊接空心球节点、螺栓球节点等。角钢网架多采用焊接钢板节点,钢管网架多采用焊接空心球节点和螺栓球节点。

5.9.2　网架的节点构造

　　网架节点是网架结构的重要组成部分,它起着连接杆件、传递荷载的作用。节点设计是否合理对网架结构的受力性能、制作安装、工程造价等方面有着直接的影响,因此,节点设计应尽量做到构造简单、传力明确、安全可靠、节省钢材且便于制造和安装。

　　以下介绍几种常用节点的形式和构造。

　　(1)焊接钢板节点

　　焊接钢板节点可由十字节点板和盖板组成,适用于连接型钢构件。

十字节点板宜由二带企口的钢板对插焊成,也可由三块钢板焊成,如图 5.47 所示。小跨度网架的受拉节点,可不设置盖板。

焊接钢板节点上,弦杆与腹杆、腹杆与腹杆之间以及弦杆端部与节点板中心线之间的间隙均不宜小于 20 mm,如图 5.48 所示。

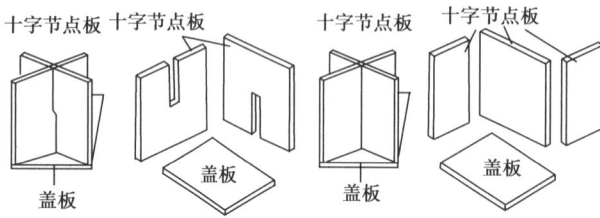

图 5.47　焊接钢板节点

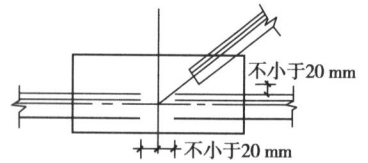

图 5.48　十字节点板与杆件的连接构造

常用两向网架的焊接钢板节点形式见图 5.49。

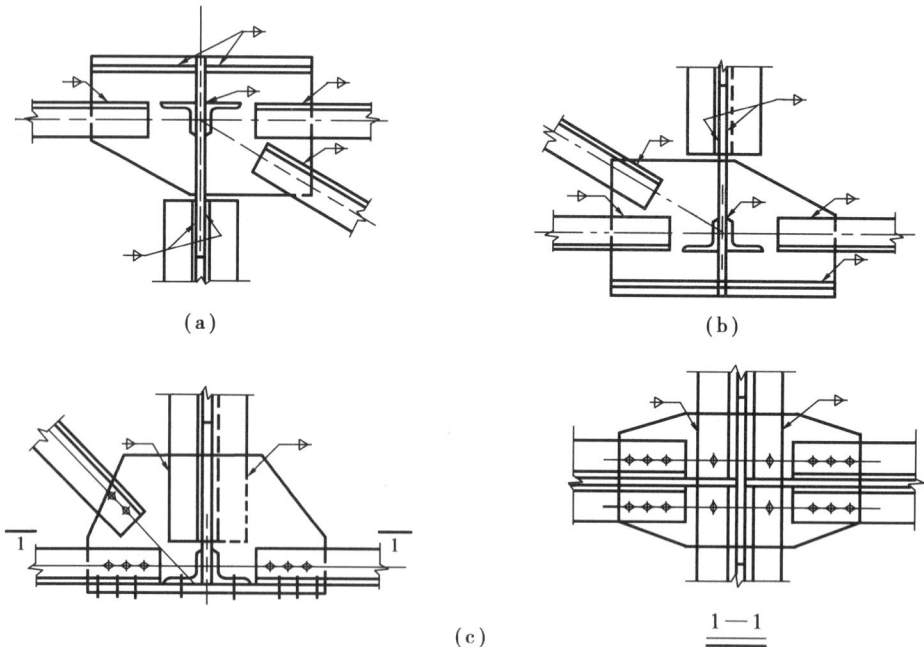

（a）

（b）

（c）

1—1

图 5.49　两向网架的节点构造

（2）焊接空心球节点

焊接空心球节点是国内应用较多的一种节点形式,这种节点传力明确,构造简单,但焊接工作量大,对焊接质量和杆件尺寸的准确度要求较高。

由两个半球焊接而成的空心球,适用于连接钢管杆件。当空心球外径不小于 300 mm,且杆件内力较大需要提高承载力时,球内可设加劲肋,加劲肋厚度不应小于球壁厚度,如图 5.50 (a)所示。内力较大的杆件应位于肋板平面内。

空心球外径与壁厚的比值可按设计要求在 25～45 范围内选用,空心球壁厚与钢管最大壁厚的比值宜选用 1.2～2.0,空心球壁厚不宜小于 4 mm。在确定空心球外径时,球面上网架相连接杆件之间的缝隙 a 不宜小于 10 mm,如图 5.50(b)所示。

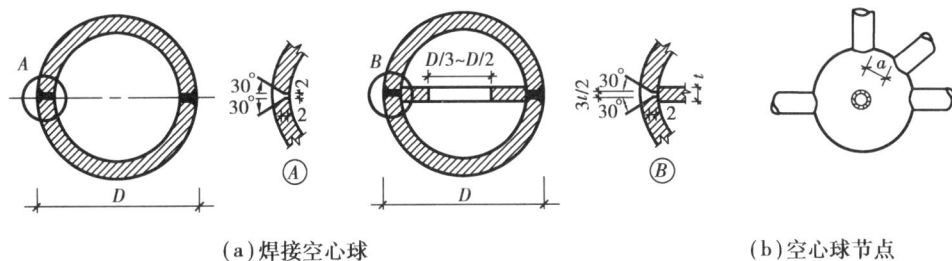

（a）焊接空心球　　　　　　　　（b）空心球节点

图 5.50

（3）螺栓球节点

螺栓球节点是通过螺栓把钢管杆件和钢球连接起来的一种节点形式,它主要由螺栓、钢球、销子(或螺钉)、套筒和锥头或封板等零件组成,如图 5.51(a)所示。

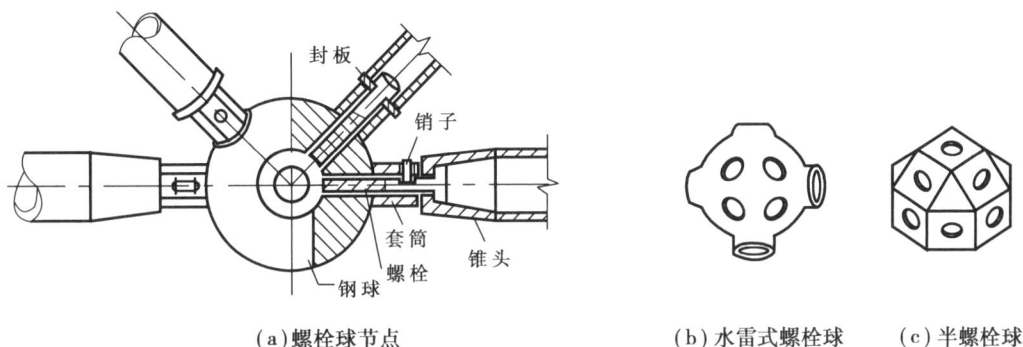

（a）螺栓球节点　　　　　　（b）水雷式螺栓球　　　（c）半螺栓球

图 5.51

螺栓球节点安装、拆卸较方便,球体与杆件便于工厂化生产,但节点构造复杂,加工工艺要求高,制造费用较高。

螺栓球节点连接的构造原理是:每根钢管杆件的两端都焊有一个锥头,锥头上带有一个可转动的螺栓,螺栓上套有一个两侧开有长槽孔的套筒。用一个销钉穿入长槽孔和螺栓上的小孔中,把螺栓和套筒连在一起,将杆端螺栓插入预先制有螺栓孔的球体中,用扳手拧动六角形套筒,套筒转动时带动螺栓转动,从而使螺栓旋入球体,直至杆件与螺栓贴紧为止。

由于网架弦杆的内力比较大,为了保证节点球体与弦杆间具有一定的连接深度,可将球体在与弦杆连接处伸出长嘴,如图 5.51(b)所示,这样的连接节点称为水雷式螺栓球节点,其用钢量较省。

在中小跨度的网架中,连接上弦杆或下弦杆的球体可采用半螺栓球,如图 5.51(c)所示。这样可节约钢材,且便于安装和操作。

（4）支座节点

支座节点一般采用铰节点,应尽量采用传力可靠、连接简单的构造形式。

根据受力状态,支座节点可分为压力支座节点和拉力支座节点。网架的支座节点一般传递压力,但周边简支的正交斜放类网架,在角隅处通常会产生拉力,因此设计时应按拉力支座节点设计。

常用的压力支座节点可按下列几种构造形式选用:

1）平板支座节点

这种支座节点主要是通过十字节点板和底板将支座反力传给下部结构,节点构造简单、加工方便。节点处不能转动,受力后会产生一定的弯矩,可用于较小跨度的网架中,节点构造如图5.52所示。

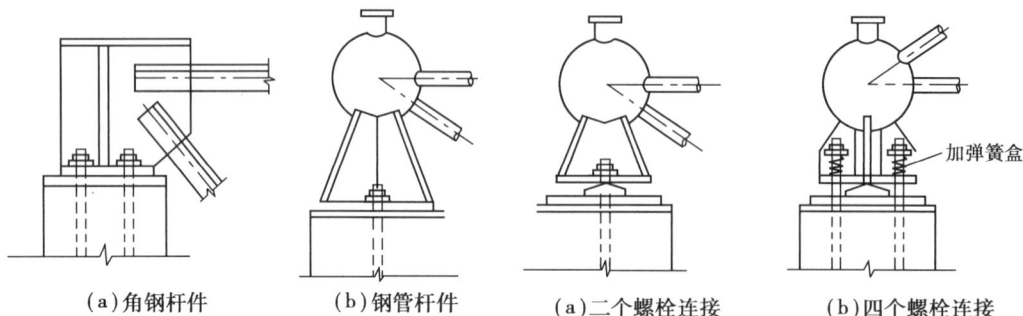

| (a)角钢杆件 | (b)钢管杆件 | (a)二个螺栓连接 | (b)四个螺栓连接 |

图5.52 平板压力或拉力支座   图5.53 单面弧形压力支座

2）单面弧形压力支座

此节点是在平板压力支座的基础上,在节点底板和下部支承面板间设一弧形垫块而成。压力作用下,支座弧形面可以转动,支座的构造与简支条件比较接近,适用于中、小跨度网架,节点构造如图5.53所示。

3）双面弧形压力支座节点

当网架的跨度较大、温度应力影响显著、周边约束较强时,需要选择一种既能自由伸缩又能自由转动的支座节点形式。双面弧形压力支座基本上能满足这些要求,但这种节点构造复杂、施工麻烦、造价较高,节点构造如图5.54所示。

4）球铰压力支座节点

对于多支点大跨度网架,为了能使支座节点适应各个方向的自由转动,需使支座与柱顶铰接而不产生弯矩,常做成球铰压力支座,节点构造如图5.55所示。

5）单面弧形拉力支座

这种支座节点的构造与单面弧形压力支座节点相似,它把支承平面做成弧形,主要是为了便于支座转动,节点构造如图5.56所示,它主要适用于中小跨度网架。

6）板式橡胶支座节点

板式橡胶支座如图5.57所示,它是在柱顶面板与节点板间设置一块橡胶垫板组成。板式橡胶支座节点主要适用于大、中跨度网架,具有构造简单、安装方便、节省钢材、造价较低等特点。

本章小结

1. 钢屋盖通常由屋面板、屋架和支撑三部分组成。根据屋面材料和屋面结构布置情况的不同,可分为无檩屋盖结构体系和有檩屋盖结构体系。根据屋架杆件规格和构造要求的不同,钢屋架可分为普通钢屋架和轻型钢屋架。

2. 钢屋盖设计内容主要包括:选择屋面材料、确定屋盖结构体系、确定钢屋架形式和主要尺寸、布置屋盖支撑、檩条设计、屋架杆件设计、屋架节点设计和绘制施工图等。

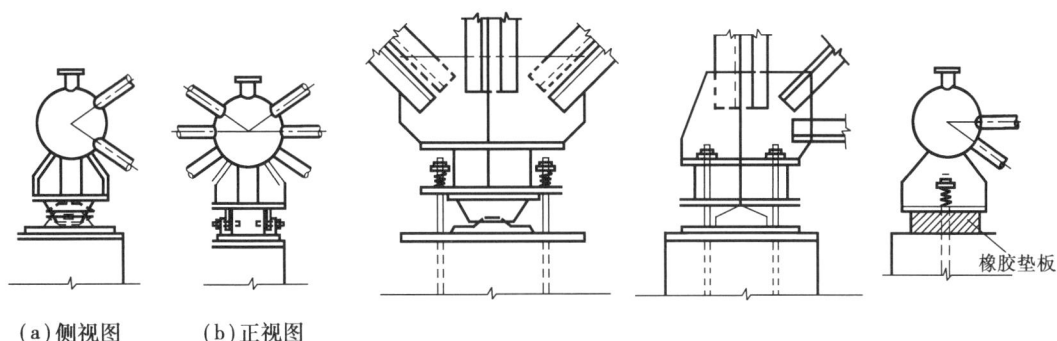

（a）侧视图　　　（b）正视图

图 5.54　双面弧形压力支座　图 5.55　球铰压力支座　图 5.56　单面弧形　图 5.57　板式橡胶支座
　　　　　　　　　　　　　　　　　　　　　　　　　　　　　　　拉力支座

3. 常用的屋架形式主要有：三角形屋架、梯形屋架和平行弦屋架。

三角形屋架主要用于屋面坡度较陡($i \geq 1/3$)的有檩屋盖结构体系，跨度一般在 18 ～ 24 m；

梯形屋架主要用于屋面坡度较平缓($i = 1/8 \sim 1/12$)的无檩屋盖结构体系。

平行弦屋架主要用于托架、吊车制动桁架和支撑体系。

4. 屋盖支撑的作用：保证承重结构在安装和使用中的整体稳定性；提高结构的空间刚度和空间整体性；减小杆件在屋架平面外的长细比；承受和传递屋盖的纵向水平荷载。

屋盖支撑主要包括：上弦横向水平支撑、下弦横向水平支撑、下弦纵向水平支撑、垂直支撑和系杆。

系杆可分为柔性系杆（按拉杆设计）和刚性系杆（按压杆设计）。

5. 檩条的形式主要有实腹式檩条、空腹式檩条和桁架式檩条，宜优先采用实腹式檩条。实腹式檩条应按在两个主轴平面受弯的构件（双向弯曲梁）进行设计，其截面应同时满足强度、刚度和稳定性的要求。

6. 对于侧向刚度较差的实腹式檩条，为减小檩条在安装和使用阶段的侧向变形和扭转，保证其稳定性，一般需在檩条间设置拉条。拉条一般采用圆杆，直径不宜小于 10 mm。为限制檐檩和天窗缺口处边檩向上或向下两个方向的侧向弯曲，需在檐口处同时设置斜拉条和撑杆，撑杆可采用钢管、方管或角钢做成。

7. 钢屋架杆件的设计内容主要包括：选择杆件截面形式；计算杆件内力；根据强度、刚度、稳定性和构造要求确定杆件截面尺寸。

8. 若屋架只作用有节点荷载，则屋架各杆件均按轴心受力构件进行设计，若作用有节间荷载，则承受节间荷载作用的杆件应按拉弯或压弯构件进行设计。

9. 计算屋架杆件的内力时，一般考虑三种荷载组合，即

全跨永久荷载 + 全跨可变荷载

全跨永久荷载 + 半跨可变荷载

屋架、支撑和天窗自重 + 半跨屋面板重 + 半跨施工荷载（取等于屋面活荷载）

10. 计算屋架杆件内力时，假定各节点均为铰接，轴向力可根据屋架计算简图采用数解法（节点法或截面法）或图解法计算。对于常用形式的屋架，可由静力计算手册查出单位节点荷

185

载作用下的杆件内力系数。

11. 屋架节点设计步骤:①根据杆件内力计算各腹杆与节点板间所需连接焊缝长度;②根据焊缝的长度和施工的误差确定节点板形状和尺寸;③验算弦杆与节点板间连接焊缝强度。

12. 屋架施工图主要包括:屋架正面图;下弦、上弦的平面图;总说明及必要的侧面图、剖面图和零件图。

13. 平板网架可分为平面桁架体系和空间桁架体系两大类。

平面桁架体系主要包括:两向正交正放网架、两向正交斜放网架、两向斜交斜放网架、三向网架等。

空间桁架体系主要包括:正放四角锥网架、正放抽空四角锥网架、斜放四角锥网架、棋盘形四角锥网架、星形四角锥网架、三角锥网架、抽空三角锥网架等。

14. 网架节点的形式很多,按连接方式可分为焊接连接和螺栓连接两大类,按节点构造形式可分为焊接钢板节点、焊接空心球节点、螺栓球节点等。

习 题

1. 常用的钢屋架形式有几种? 确定钢屋架形式需考虑哪些因素?
2. 屋盖支撑有哪些类型? 各自的作用和布置原则是什么?
3. 选择桁架杆件截面时应考虑哪些因素?
4. 屋架节点板的尺寸如何确定?
5. 屋架节点的构造应符合哪些要求? 试述各节点计算的要点。
6. 钢屋架施工图包括哪些内容? 施工图的绘制有何要求?
7. 平板网架结构的主要特点是什么? 它一般分为哪几大类? 包括哪几种形式?
8. 网架结构的节点类型主要有哪几种? 简述螺栓球节点连接的构造原理。

第 **6** 章
钢结构工程施工

前面章节中重点讲述了钢结构设计的计算基本原理,因为正确合理的设计计算是保证钢结构工程质量的前提,但设计文件必须通过施工过程来实现,能否确保结构的安全性,则取决于工程的施工质量。本章将从钢结构的制作、安装和施工验收的角度来阐明问题。

6.1 钢结构制作的特点及流程

(1)钢结构制作的特点

钢结构加工的特点是标准严,要求精度高,效率高,可实现机械化、自动化。钢结构一般在工厂制作,因为工厂内具有较恒定的工作环境、有平整度好的钢平台、有精度较高的工装夹具及高效能的设备,施工条件比现场优越,易于保证工程质量、提高工作效率。

(2)钢结构制作流程

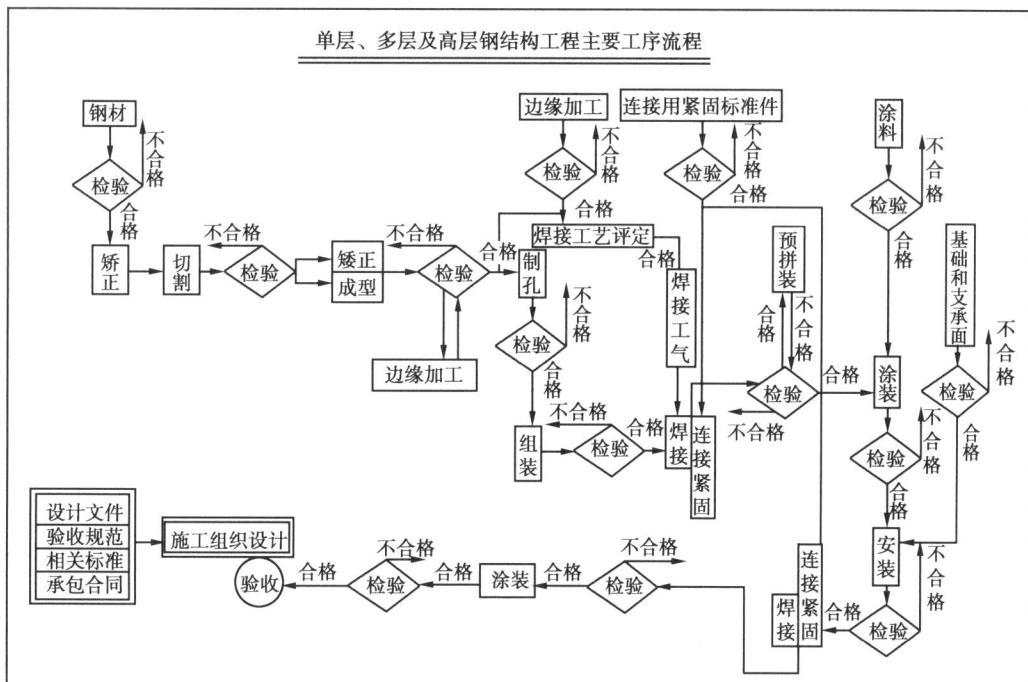

单层、多层及高层钢结构工程主要工序流程

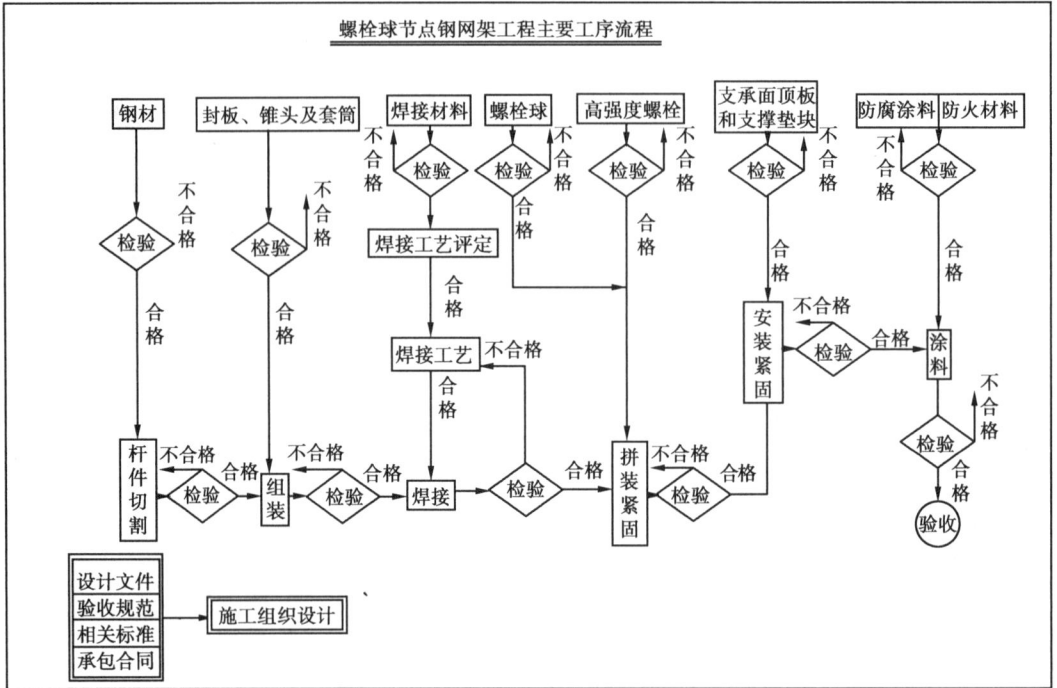

螺栓球节点钢网架工程主要工序流程

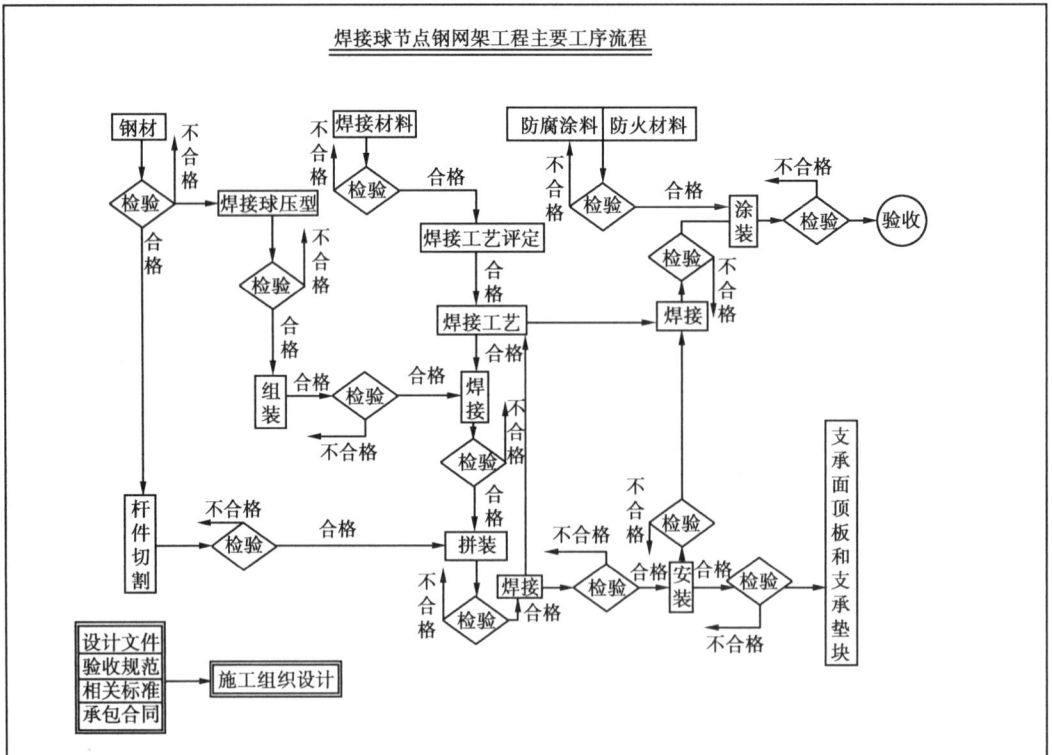

焊接球节点钢网架工程主要工序流程

6.2 钢结构制作前的准备工作

(1)审查图纸

钢构件在制作前施工单位应通过设计者的设计说明书,充分理解设计意图与需要注意的特别事项;审查设计图(建筑图、结构图、设备图)之间有无矛盾,检查图纸设计的深度能否满足施工的要求,核对图纸上构件的数量、规格和控制尺寸(轴线、标高等);审核构件在加工工艺上是否合理,连接构造是否方便施工,施工单位的施工技术水平能否实现设计文件的技术要求。

(2)详图设计

施工单位的详图设计应根据设计单位的设计文件以及国家现行标准、规范、规程的要求进行设计,然后由设计单位审批详图,此种做法在钢结构工程施工过程中目前比较普遍,其优点是施工单位能够结合自身的技术条件便于采用经济合理的施工方案。

(3)材料准备

根据施工详图、可供货的钢材规格,考虑材料损耗量提出材料计划。做材料计划时应根据详图的加工尺寸考虑订货钢材的规格,否则材料损耗、拼接工作量必然增加。

严格执行钢材进场前的检验制度,具体检验内容如下:

1)钢材的品种、规格、性能等应符合现行国家产品标准和设计要求;

2)钢材的产品质量证明文件、中文标志和检验报告等齐全;

3)钢材的表面质量。《涂覆涂料前钢材表面处理、表面清洁度的目视评定 第1部分:未涂覆过的钢材表面和全面清除原有涂层后的钢材表面的锈蚀等级和处理等级》。

①锈蚀:锈蚀是普遍存在的问题,根据现行国家标准《涂装前钢材表面锈蚀等级和除锈等级》GB/T 8923.1—2011 的规定,对涂装前钢材表面锈蚀程度分为 A、B、C、D 四个等级表示,钢结构工程施工用钢材应为 C 级及 C 级以上。

A 级钢材,钢材表面大面积覆盖着氧化皮而几乎没有铁锈的钢材表面;

B 级钢材,钢材表面已发生锈蚀,并且氧化皮已开始剥落的钢材表面;

C 级钢材,钢材表面氧化皮已因锈蚀而剥落,或者可以刮除,并且在正常视力观察下可轻微点蚀的钢材表面;

D 级钢材,钢材表面氧化皮已因锈蚀而剥落,并且在正常视力观察下可见普遍发生点蚀的钢材表面。

②麻点:由于轧制时氧化皮未清除干净,轧制后成块状分布在钢材表面。

③裂纹:钢材出现裂纹时,此部分钢材不得使用。

④划痕:钢材在轧制、运输过程中均可能发生,划痕深度在 0.5 mm 以下时,可不需处理;当超过 0.5 mm 时,划痕与受力方向平行,可采用强度匹配的焊条修补磨平,划痕与受力方向垂直,应切除不用。

⑤分层:当钢材出现分层时,应用 10 倍以上放大镜和超声波探伤仪检查其长度和深度。

⑥外形尺寸应在钢材负偏差以内,否则应经设计校核同意使用或按小一级钢材使用。

各种钢板和型钢允许偏差见表6.1—表6.7:

表 6.1 钢板和钢带厚度的负偏差值/mm

钢板厚度	3~3.5	>3.5~4	>4~5.5	>5.5~7.5	>7.5~25	>25~30	>30~34	>34~40	>40~50	>50~60	>60~80	>80~100	>100~150
负偏差值	0.29	0.33	0.5	0.6	0.8	0.9	1.0	1.1	1.2	1.3	1.8	2.0	2.2

表 6.2 普通工字钢腹板厚度负偏差值/mm

型号	≤140	>140~180	>180~300	>300~400	>400~600
负偏差值	0.4	0.5	0.6	0.7	0.8

表 6.3 普通槽钢腹板厚度负偏差值/mm

型号	50~80	>80~140	>140~180	>180~300	>300~400
负偏差值	0.4	0.5	0.6	0.7	0.8

表 6.4 角钢肢厚度负偏差值/mm

角钢	等边角钢				不等边角钢			
型号	20~56	63~90	100~140	160~200	25/16~56/36	63/40~90/56	100/63~140/90	160/100~125
负偏差值	0.4	0.6	0.7	1.0	0.4	0.6	0.7	1.0

表 6.5 钢管厚度负偏差值/mm

管壁厚度	热轧管			冷拔管		
	≤4	>4~20	>20	≤1	>1~3	>3
负偏差值	12.5%	12.5%	12.5%	0.15%	10%	10%

表 6.6 宽翼缘 H 型钢厚度负偏差值/mm

截面高度尺寸	$H \leq 220$	$220 < H \leq 500$	$500 < H$
翼板厚度负偏差值	1.5	2.0	2.5
截面高度尺寸	$H \leq 260$	$260 < H \leq 700$	$700 < H$
腹板厚度负偏差值	1.0	1.5	2.0

表 6.7　窄翼缘 H 型钢厚度负偏差值／mm

截面高度尺寸	$H \leqslant 120$	$120 < H \leqslant 270$	$270 < H$
翼板厚度负偏差值	1.0	1.5	2.0
腹板厚度负偏差值	0.5	0.75	1.0

6.3　钢结构制作

6.3.1　放样

放样是钢构件制作工厂实现高效、正确加工的同时得出必要信息的准备工序。以往，一般在制作工厂的地面以 1:1 的比例画放样图（地面放样），然后在此基础上制作样板和样杆。现在，由于加工图的充实以及后述的 CAD/CAM 系统的普及，这个过程有很大的变化。

放样用的工具主要有：划针、冲子、手锤、粉线、直尺、钢卷尺、弯尺等。

放样前，对施工图设计的尺寸、节点构造以及工艺要求，应认真校核。曲线样板、弧形样板（样杆）或使用次数较多的样板（样杆）等，可采用 0.3~0.5 mm 的薄钢板或胶合板、有机玻璃制作，一般零件样板可用无伸缩、不折皱的纸板或油毡制作（表 6.8）。

表 6.8　放样和样板（样杆）的允许偏差

项目	允许偏差
平行线距离和分段尺寸	±0.5 mm
样板长度	±0.5 mm
样板宽度	±0.5 mm
样板对角线差	1.0 mm
样杆长度	±1.0 mm
样板的角度	±20°

样板（样杆）应根据需要，分别做成下料样板（样杆）、加工样板（样杆）和检查样板（样杆）。

号料：就是以样板（杆）为依据，在原材料上画出实样，并打上各种加工记号。号料的允许偏差应符合表 6.9 的规定。

表 6.9　号料的允许偏差／mm

项目	允许偏差
零件外形尺寸	±1.0
孔距	±0.5

191

主要零件应根据构件的受力特点和加工状况,按工艺规定的方向进行号料。

号料后,零件和部件应按施工详图和工艺要求进行标识。

6.3.2 划线

划线是利用放样中所制作的尺寸贴条、样板、样杆、尺寸图等,直接在钢材上记入加工、拼装、焊接等工作中必需信息的工序。

钢构件划线应根据工艺要求预留制作和安装时的焊接收缩余量及切割、刨边和铣平等加工余量(表6.10、表6.11)。

表6.10 焊接收缩余量/mm

结构形式	收缩余量		
实腹结构H型钢	(1)$H \leq 1\,000$ 长度方向每米收缩		0.6
	板厚≤ 25 H收缩		1.0
	每对加劲板h_1收缩		0.8
	(2)$H \leq 1\,000$ 长度方向每米收缩		0.4
	板厚>25 H收缩		1.0
	每对加劲板h_1收缩		0.5
	(3)$H > 1\,000$ 长度方向每米收缩		0.2
	各种板厚 H收缩		1.0
	每对加劲板h_1收缩		0.5
对接焊缝	L方向每米收缩		0.7
	H方向收缩		1.0
格构式结构	轻型桁架:接头焊缝每个接口收缩		1.0
	搭接焊缝每米收缩		0.5
	重型桁架:搭接焊缝每米收缩		0.25
圆筒型结构	板厚≤ 16	直焊缝一条缝周长收缩	1.0
		环焊缝一条缝周长收缩	1.0
	板厚>16	直焊缝一条缝周长收缩	2.0
		环焊缝一条缝周长收缩	2.0

表 6.11 切割余量/mm

项目	切割方法 锯切	剪切	手工切割	半自动切割	精密切割
切割缝		1	4~5	3~4	2~3
刨边	2~3	2~3	3~4	1	1
铣平	3~4	2~3	4~5	2~3	2~3

6.3.3 切割

切割的方法很多,钢结构工程大多用剪切、锯切、气割3种,其切割质量各不相同,施工中具体采用哪一种方法随其切割对象的材料、形状以及拼装、焊接技术要求、经济性而变化。

型钢宜采用锯切,其切割质量较剪切和气割较好,应优先采用;钢板的气割(热切割或火焰切割)应优先采用数控切割、精密切割、半自动切割。当无条件采用上述切割设备时或构件为非规则形状,可采用手工切割并配用靠模等辅助工具。

①钢材切割可采用气割、机械切割、等离子切割等方法,选用的切割方法应满足工艺文件的要求。切割后的飞边、毛刺应清理干净。

②钢材切割面应无裂纹、夹渣、分层等缺陷和大于1 mm的缺棱。

③气割前钢材切割区域表面应清理干净。切割时,应根据设备类型、钢材厚度、切割气体等因素选择适合的工艺参数。

④气割的允许偏差应符合表6.12的规定。

表 6.12 气割的允许偏差/mm

项目	允许偏差
零件宽度、长度	±3.0
切割面平面度	0.05 t,且不应大于2.0
割纹深度	0.3
局部缺口深度	1.0

注:t 为切割面厚度。

⑤机械剪切的零件厚度不宜大于12.0 mm,剪切面应平整。碳素结构钢在环境温度低于−20 ℃、低合金结构钢在环境温度低于−15 ℃时,不得进行剪切、冲孔。

⑥机械剪切的允许偏差应符合表6.13的规定。

表 6.13 机械剪切的允许偏差/mm

项目	允许偏差
零件宽度、长度	±3.0
边缘缺棱	1.0
型钢端部垂直度	2.0

⑦钢网架(桁架)用钢管杆件宜用管子车床或数控相贯线切割机下料,下料时应预放加工余量和焊接收缩量,焊接收缩量可由工艺试验确定。钢管杆件加工的允许偏差应符合表6.14的规定。

表6.14 钢管杆件加工的允许偏差/mm

项目	允许偏差
长度	±1.0
端面对管轴的垂直度	$0.005r$
管口曲线	1.0

注:r 为管半径。

6.3.4 坡口加工

结构件的焊接连接必须根据连接部位的焊接标准进行加工,这称为坡口加工。坡口加工有气割的加工方法和机械切割的方法。

气割的加工方法是将为加工坡口用的割炬3个火口组成一组使用,对I、Y、K型坡口加工具有很好的效率,对于直长构件可以使用龙门刨。

机械加工中一直使用刨边机以及牛头刨床,但是由于最近出现了使用超硬合金的超硬铣床使效率显著提高。

6.3.5 制孔

制孔可采用钻孔、冲孔、铣孔、铰孔、镗孔和锪孔等方法,对直径较大或长形孔也可采用气割制孔。

利用钻床进行多层板钻孔时,应采取有效的防止窜动措施。

机械或气割制孔后,应清除孔周边的毛刺、切屑等杂物;孔壁应圆滑,应无裂纹和大于1.0 mm的缺棱。

高强螺栓、铆钉、普通螺栓用的开孔加工有冲切和钻孔开孔,但是以后者为多。

冲切的加工方法根据剪切断面的精度不同有一定的限制。如果不能确保消除冲切时冲切头引起的孔周边材料变形以及加工硬化,就不能保证连接接头的设计可靠性。

钻孔加工可以使用从可搬运式轻便机械到配置N/C装置的大型钻床等多种类机械装置。近年来数控钻床的发展更新了传统的钻孔方法,无须在零部件上划线、打样冲,整个加工过程都是自动进行的,高速数控定位、钻头行程控制,钻孔效率、钻孔精度高。特别是数控三维多轴钻床的开发和应用,其生产效率比传统的摇臂钻床提高几十倍。

各种型钢上加工螺栓孔容许最小距离见表3.8、表3.9、表3.10、表3.11、图6.1。

6.3.6 矫正和成型

钢结构矫正就是通过外力或加热作用,使钢材较短部分的纤维伸长,或使较长部分的纤维缩短,最后迫使钢材反变形,以使材料或构件达到施工规范要求。

矫正原理:利用钢材的塑性、热伸缩性,以外力或内应力作用迫使钢材反变形,消除钢材或构件的弯曲、翘曲、凹凸不平等缺陷(图 6.2、图 6.3、图 6.4)。

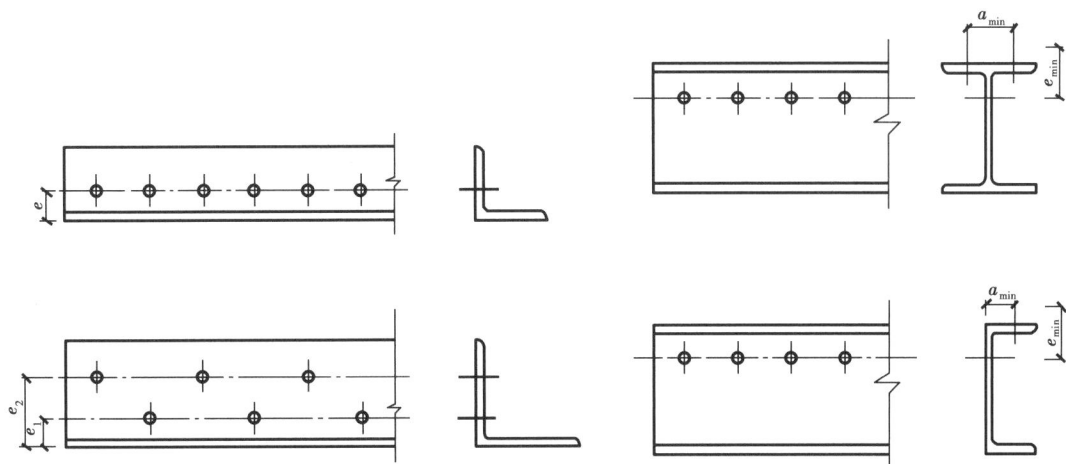

图 6.1　工字钢、槽钢、角钢钻孔最小线距

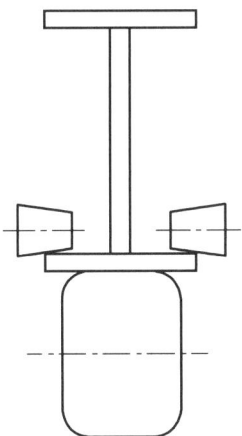

图 6.2　H 型钢翼缘校正机工作示意图

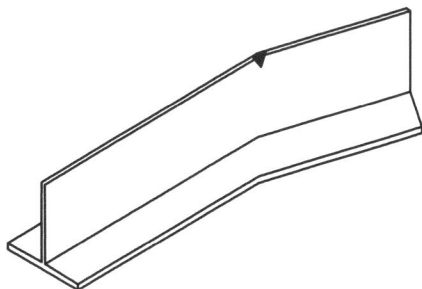

图 6.3　三角形加热矫正 T 型钢拱变形

矫正的主要形式有矫直、矫平、矫形。

矫正按外力来源不同有机械矫正、火焰矫正、手工矫正等。

《钢结构工程施工规范》(GB 50755—2012)对矫正与成型作了如下规定:

①矫正可采用机械矫正、加热矫正、加热与机械联合矫正等方法。

②碳素结构钢在环境温度低于 -16 ℃、低合金结构钢在环境温度低于 -12 ℃时,不应进行冷矫正和冷弯曲。碳素结构钢和低合金结构钢在加热矫正时,加热温度应为 $700 \sim 800$ ℃,最高温度严禁超过 900 ℃,最低温度不得低于 600 ℃。

③当零件采用热加工成型时,可根据材料的含碳量,选择不

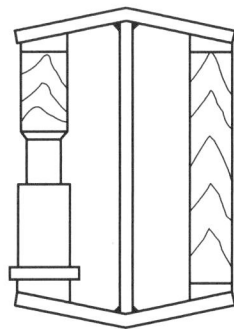

图 6.4　千斤顶矫正示意图

同的加热温度。加热温度应控制在 900 ~ 1 000 ℃,也可控制在 1 100 ~ 1 300 ℃;碳素结构钢和低合金结构钢在温度分别下降到 700 ℃ 和 800 ℃ 前,应结束加工;低合金结构钢应自然冷却。

④热加工成型温度应均匀,同一构件不应反复进行热加工;温度冷却到 200 ~ 400 ℃ 时,严禁捶打、弯曲和成型。

⑤工厂冷成型加工钢管,可采用卷制或压制工艺。

⑥矫正后的钢材表面,不应有明显的凹痕或损伤,划痕深度不得大于 0.5 mm,且不应超过钢材厚度允许负偏差的 1/2。

⑦型钢冷矫正和冷弯曲的最小曲率半径和最大弯曲矢高,应符合表 6.15 的规定。

表 6.15　冷矫正和冷弯曲的最小曲率半径和最大弯曲矢高/mm

钢材类别	图　例	对应轴	矫　正		弯　曲	
			r	f	r	f
钢板扁钢		x—x	$50t$	$\dfrac{l^2}{400t}$	$25l$	$\dfrac{l^2}{200l}$
		y—y(仅对扁钢轴线)	$100b$	$\dfrac{l^2}{800b}$	$50b$	$\dfrac{l^2}{400b}$
角钢		x—x	$90b$	$\dfrac{l^2}{720b}$	$45b$	$\dfrac{l^2}{360b}$
槽钢		x—x	$50h$	$\dfrac{l^2}{400h}$	$25h$	$\dfrac{l^2}{200h}$
		y—y	$90b$	$\dfrac{l^2}{720b}$	$45b$	$\dfrac{l^2}{360b}$
工字钢		x—x	$50h$	$\dfrac{l^2}{400h}$	$25h$	$\dfrac{l^2}{200h}$
		y—y	$50b$	$\dfrac{l^2}{400b}$	$25b$	$\dfrac{l^2}{200b}$

注:r 为曲率半径;f 为弯曲矢高;l 为弯曲弦长;t 为板厚;b 为宽度;h 为高度。

⑧钢材矫正后的允许偏差应符合表 6.16 的规定。

表 6.16　钢材矫正后的允许偏差

项　目		允许值差	图　例
钢板的局部平面度	$t \leqslant 14$	1.5	
	$t > 14$	1.0	1 000
型钢弯曲矢高		$t/1\ 000$ 且不应大于 5.0	

续表

项　目	允许值差	图　例
角钢肢的垂直度	b/100 且双肢栓接角钢的角度不得大于90°	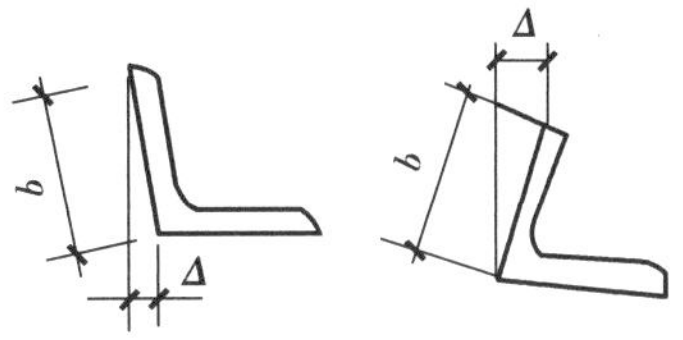
槽钢翼缘对腹板的垂直度	b/80	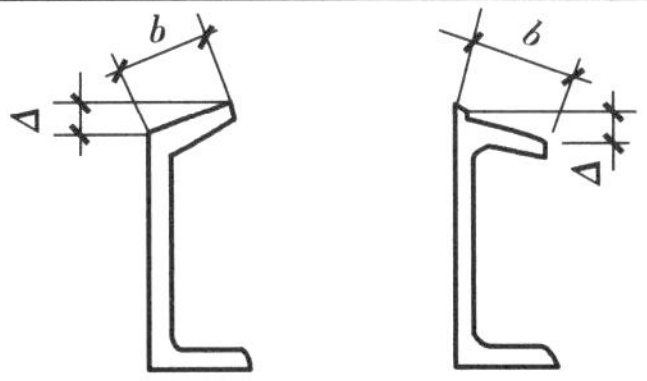
工字钢、H 型钢翼缘对腹板的垂直度	b/100 且不大于 2.0	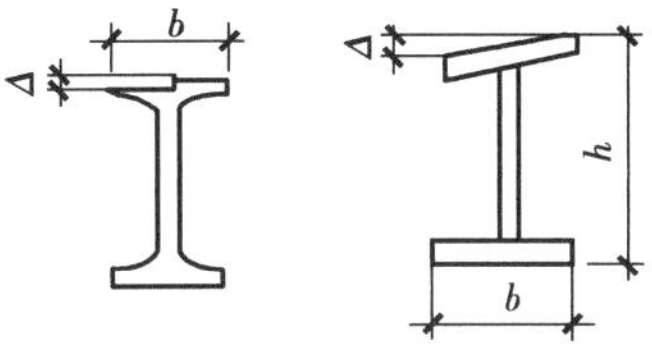

⑨钢管弯曲成型的允许偏差应符合表 6.17 的规定。

表 6.17　钢管弯曲成型的允许偏差

项目	允许偏差
直径	± d/200 且≤ ±5.0
构件长度	±3.0
管口圆度	d/200 且≤5.0
管中间圆度	d/100 且≤8.0
弯曲矢高	1/1 500 且≤5.0

注:d 为钢管直径。

6.3.7　边缘加工

①边缘加工可采用气割和机械加工方法,对边缘有特殊要求时宜采用精密切割。
②气割或机械剪切的零件,需要进行边缘加工时,其刨削量不应小于 2.0 mm。
③边缘加工的允许偏差应符合表 6.18 的规定。

表 6.18　边缘加工的允许偏差

项目	允许偏差
零件宽度、长度	±1.0 mm
加工边直线度	1/3 000,且不应大于 2.0 mm
相邻两边夹角	±6′

续表

项目	允许偏差
加工面垂直度	$0.025\ t$,且不应大于 $0.5\ \text{mm}$
加工面表面粗糙度	$Ra \leqslant 50\ \mu\text{m}$

④焊缝坡口可采用气割、铲削、刨边机加工等方法,焊缝坡口的允许偏差应符合表 6.19 的规定。

表 6.19　焊缝坡口的允许偏差

项目	允许偏差
坡口角度	$\pm 5°$
钝边	$\pm 1.0\ \text{mm}$

⑤零部件采用铣床进行铣削加工边缘时,加工后的允许偏差应符合表 6.20 的规定。

表 6.20　零部件铣削加工后的允许偏差/mm

项目	允许偏差
两端铣平时零件长度、宽度	± 1.0
铣平面的平面度	0.3
铣平面的垂直度	$1/1\ 500$

6.3.8　组装

结构构件的组装一般是由组成结构构件不同部分的构件组装(拼装)、构件和加工后的材料组装,以及在组装后的主构件上组装节点等的大组装三项工程构成。构件组装装置由作为组装工序基础的组装台和组装台上确定部件位置用的锁具以及临时固定部件的夹具所构成。构件组装及加工应符合《钢结构工程施工规范》(GB 50755—2012)的规定。

钢结构构件组装方法见表 6.21。

表 6.21　钢结构构件组装方法

名称	装配方法	适用范围
地样法	用 1:1 比例在装配平台上放出构件实样,然后根据零件在实样上的位置,分别组装起来	桁架、框架等少批量结构组装
仿形复制装配法	先用地样法组装成单面结构,并且必须定位点焊,然后翻身作为复制胎膜,在上装配另一单面结构,往返 2 次组装	横断面互为对称的桁架结构

续表

名称	装配方法	适用范围
立装	根据构件的特点及其零件的稳定位置,选择自上而下或自下而上的装配	用于放置平稳,高度不大的结构或大直径圆筒
卧装	构件放置平卧位置装配	用于断面不大但长度较大的细长构件
胎膜装配法	把构件的零件用胎膜定位在其装配位置上的组装	用于制造构件批量大精度高的产品

6.3.9 焊接

从焊接的角度来看建筑钢构件的特征如下:

①焊接长度长短不一,板厚的种类较多,构件数量也较多;

②T 形连接较多;

③焊缝集中。

主要连接处的焊接,对于短连接主要采用二氧化碳气体保护焊焊接,柱以及梁等长连接采用自动埋弧焊,或者采用二氧化碳气体保护焊自动焊接。另一方面,箱形柱的加劲板以及梁柱节点的一部分也可以采用电渣焊,或者电气焊。

焊接 H 型钢翼缘板与腹板的纵向长焊缝在工厂内多采用船形焊的焊接工艺,船形焊时,焊丝在垂直位置,工件倾斜,熔池处于水平位置,焊缝成形较好,不易产生咬边或熔池满溢现象,根据工件的倾斜角度可控制腹板和翼板的焊脚尺寸,要求焊脚相等时,腹板和翼板与水平面呈 45°。

船形焊对装配间隙要求较严,若间隙大于 1.5 mm,易出现烧穿或焊漏现象,为防止这些缺陷,除严格控制装配间隙外,可采用图 6.5 所示的防漏措施。

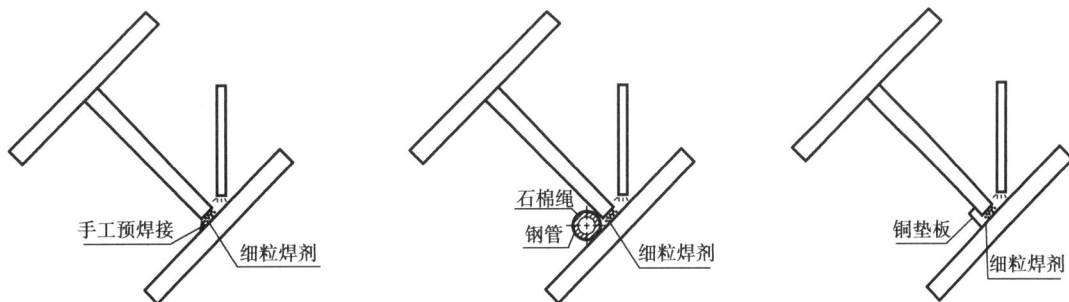

图 6.5 船形焊法的防漏措施

6.3.10 摩擦面处理

摩擦面的加工是指使用高强螺栓作连接节点处的钢材表面加工,高强度螺栓摩擦面处理

199

后的抗滑移系数(定义)试验值必须符合设计文件的要求。

《钢结构工程施工规范》(GB 50755—2012)规定：

①高强度螺栓连接处的摩擦面可根据设计抗滑移系数的要求选择处理工艺,抗滑移系数应符合设计要求。采用手工砂轮打磨时,打磨方向应与受力方向垂直,且打磨范围不应小于螺栓孔径的 4 倍。

②经表面处理后的高强度螺栓连接摩擦面,应符合下列规定：

a. 连接摩擦面应保持干燥、清洁,不应有飞边、毛刺、焊接飞溅物、焊疤、氧化铁皮、污垢等；

b. 经处理后的摩擦面应采取保护措施,不得在摩擦面上作标记；

c. 摩擦面采用生锈处理方法时,安装前应以细钢丝刷垂直于构件受力方向除去摩擦面上的浮锈。

摩擦面抗滑移系数 μ 值的大小取决于构件的材质和摩擦面的处理方法,摩擦面的处理一般有喷砂、喷丸、手工动力工具打磨(打磨方向与受力方向相垂直)等方法,施工单位可根据设计文件的要求和设备配备情况选择加工方法(表 6.22)。

表 6.22 不同材质的钢材采用不同的摩擦面处理方法抗滑移系数 μ 值

摩擦面的处理方法		构件材质		
		Q235	Q345 或 Q390	Q420
普通钢结构	喷砂(喷丸)	0.45	0.55	0.55
	喷砂后涂无机富锌漆	0.35	0.40	0.40
	喷砂后生赤锈	0.45	0.55	0.55
	钢丝刷清除浮锈或未经处理的干净轧制表面	0.30	0.35	0.40

6.3.11 摩擦系数试验

高强度螺栓连接的钢结构在施工前,钢结构制作厂和安装单位应分别以钢结构制造批为单位进行抗滑移系数进行试验。制造批可按分部(子分部)工程划分规定的工程量每 2 000 t 为一批,不足 2 000 t 的可视为一批。选用两种及两种以上表面处理工艺时,每种处理工艺应单独检验,每批三组试件。

抗滑移系数试验应采用双摩擦面的二栓拼接的拉力试件(图 6.6)。

抗滑移系数试验用的试件应由制造厂加工,试件与所代表的钢结构构件应为同一材质、同批制作、采用同一摩擦面处理工艺和具有相同的表面状态,并应用同批同一性能等级的高强度螺栓连接副,在同一环境条件下存放。

试件钢板的厚度 t_1、t_2 应根据钢结构工程中有代表性的板材厚度来确定,同时应考虑在摩擦面滑移之前,试件的净截面始终处于弹性状态;宽度 b 可参照表 6.23 规定取值,L_1 应根据试验机夹具的要求确定。

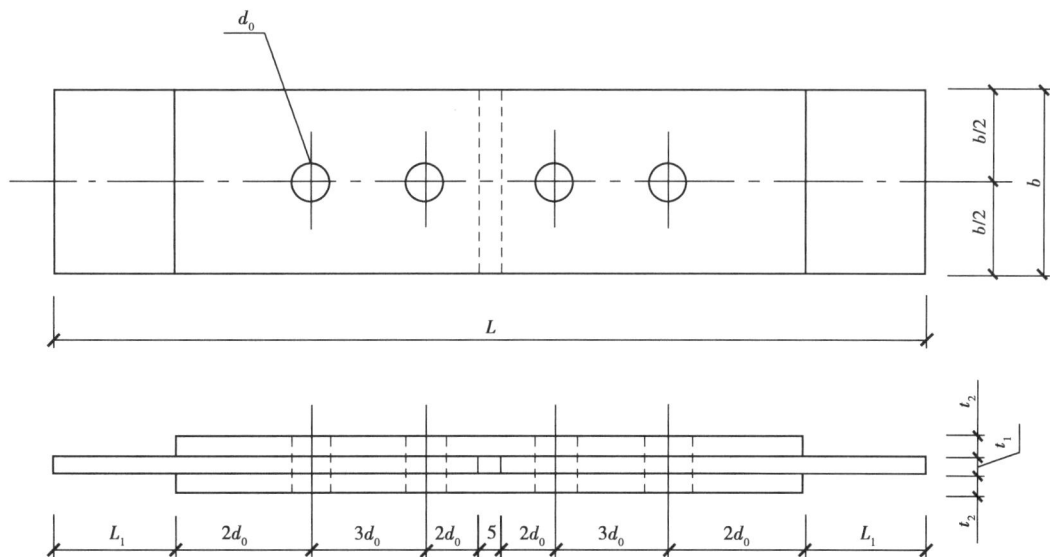

图 6.6　抗滑移系数拼接试件的形式和尺寸

表 6.23　试件板的宽度

螺栓直径 d	16	20	22	24	27	30
板宽 b	100	100	105	110	120	120

6.3.12　除锈

钢材腐蚀的原因主要是大气中的氧气和水引起的电化学作用,其进行程度很明显受大气中的不纯物也就是亚硫酸砌体、海盐颗粒以及温度、湿度等气象条件的左右。环境引起的腐蚀有很大差异,海岸地区、重化学工业地区的腐蚀量比一般的城市等要高几倍到几十倍。

近年来,酸雨等公害引起的腐蚀环境有恶化的趋势,这种环境下以钢结构防腐为目的的防锈处理在钢结构工程中占据很重要的位置。

钢构件在焊接完毕应进行表面清洁处理,清除构件表面的油脂、污垢、氧化皮、焊接飞溅等,使构件表面显露出金属光泽。

钢材表面的除锈分为喷射(抛射)除锈、手工或动力工具除锈、酸洗除锈、火焰除锈等方法。

喷射或抛射除锈:利用压缩空气将磨料从喷嘴高速地以一定的角度向钢构件表面喷射(抛射),靠磨料的冲击和摩擦力达到清洁钢材表面的目的,同时使构件表面获得一定的粗糙度。喷射(抛射)除锈效率高、质量好,但要有一定的设备和喷射(抛射)用磨料,费用较高。

磨料的选用应符合下列要求:密度大、韧性强、有一定粒度要求的颗粒物;在喷射过程中,不易碎裂,产生的粉尘少;磨料的表面不得有油污,含水率不得大于 1%;磨料粒径的大小根据喷嘴、抛头及磨料材质等因素确定(表 6.24)。

表 6.24 磨料种类及其喷射工艺指标

磨料名称	磨料粒径/mm	压缩空气压力/MPa	喷嘴最小直径/mm	喷射角/(°)	喷距/mm
石英砂	3.2~0.63, 0.8 筛余量大于40%	0.50~0.60	6~8	35~70	100~200
金刚石	2.0~0.63, 0.8 筛余量大于40%	0.35~0.45	4~5	35~75	100~200
钢线粒	线粒直径1.0, 长度等于直径, 其偏差小于直径的40%	0.50~0.60	4~5	35~75	100~200
钢丸或铁丸	1.6~0.63, 0.8 筛余量大于40%	0.50~0.60	4~5	35~75	100~200

喷射除锈时,施工现场环境湿度大于80%,或钢材表面温度低于空气露点温度3 ℃时,应禁止施工。露点温度,可按表6.25查对。

表 6.25 露点温度查对表

环境温度 /℃	相对湿度/%								
	55	60	65	70	75	80	85	90	95
0	-7.90	-6.80	-5.80	-4.80	-4.00	-3.00	-2.20	-1.40	-0.70
5	-3.30	-2.10	-1.00	0.00	0.90	1.80	2.70	3.40	4.30
10	1.40	2.60	3.70	4.80	5.80	6.70	7.60	8.40	9.30
15	6.10	7.40	8.60	9.70	10.70	11.50	12.50	13.40	14.20
20	10.70	12.00	13.20	14.40	15.40	16.40	17.40	18.30	19.20
25	15.60	16.90	18.20	19.30	20.40	21.30	22.30	23.30	24.10
30	19.90	21.40	22.70	23.90	25.10	26.20	27.20	28.20	29.10
35	24.80	26.30	27.50	28.70	29.90	31.10	32.10	33.10	34.10
40	29.10	30.70	32.20	33.50	34.70	35.90	37.00	38.00	38.90

喷射或抛射除锈以字母"Sa"表示(钢材表面除锈等级以代表所采用的除锈方法的字母"Sa""St"或"F1"。如果字母后面有阿拉伯数字,则其表示清除氧化皮、铁锈和油漆涂层等附着物的程度等级)。

喷射或抛射除锈前,厚的锈层应铲除,可见的油脂和污垢也应清除。喷射或抛射除锈后,钢材表面应清除浮灰和碎屑。

对于喷射或抛射除锈过的钢材表面,标准制订有四个除锈等级,其文字叙述如下:

①Sa1　轻度的喷射或抛射除锈

钢材表面无可见的油脂和污垢,并且没有附着不牢的氧化皮、铁锈和油漆涂层等附着物。

②Sa2　彻底的喷射或抛射除锈

钢材表面无可见的油脂和污垢,并且氧化皮、铁锈和油漆涂层等附着物已基本清除,且残留物应是牢固附着的。

③Sa2$\frac{1}{2}$ 非常彻底的喷射或抛射除锈

钢材表面无可见的油脂、污垢、氧化皮、铁锈和油漆涂层等附着物,任何残留的痕迹应仅是点状或条纹状的轻微色斑。

④Sa3 钢材表面应无可见的油脂、污垢、氧化皮、铁锈和油漆涂层等附着物,该表面应显示均匀的金属色泽。

手工和动力工具除锈:用手工和动力工具,如用铲刀、手工或动力钢丝刷、动力砂纸盘活砂轮等工具除锈,此种方法除锈工具简单,施工方便,但生产效率低,劳动强度大,除锈质量差,以字母"St"表示。

手工和动力工具除锈前,厚的锈层应铲除,可见的油脂和污垢也应铲除。手工和动力工具除锈后,钢材表面应清除去浮灰和碎屑。

对手工和动力工具除锈过的钢材表面,标准规定三个除锈等级,具体文字叙述如下:

①St2 彻底的手工和动力工具除锈

钢材表面应无可见的油脂和污垢,并且没有附着不牢的氧化皮、铁锈和油漆涂层等附着物。

②St3 非常彻底的手工和动力工具除锈

钢材表面应无可见的油脂和污垢,并且没有附着不牢的氧化皮、铁锈和油漆涂层等附着物,除锈应比St2更为彻底,底材显露部分的表面应具有金属光泽。

③Fl 火焰除锈:火焰除锈以字母"Fl"表示,是利用氧乙炔焰及喷嘴进行除锈的方法,通过加热冷却的过程,使氧化皮、锈层或旧涂层爆裂,再用动力工具清除加热后的附着物。仅适用于厚钢材组成的构件除锈或清除的涂层;应控制火焰温度(约200℃)及移动速度(2.5~3 m/min),防止构件因受热不均匀而变形。

火焰除锈前,厚的锈层应铲除,火焰除锈应包括在火焰加热作业后以动力钢丝刷清加热后附着在钢材表面的产物。

火焰除锈后的除锈等级文字叙述如下:

钢材表面应无氧化皮、铁锈和油漆涂层等附着物,任何残留的痕迹应仅为表面变色(不同颜色的暗影)。

6.3.13 防腐涂装

防腐涂装工作应在除锈等级检查评定符合设计文件要求后进行。

涂料可分为底漆与面漆两大类,有的涂料既可作底漆也可作面漆。一般底漆含粉粒多,基料少,成膜粗糙,与钢材表面的黏附着力强,与面漆结合性好;而面漆中含粉粒少,基料多,成膜后有光泽,主要功能是保护下层底漆,使大气中的有害气体和水气不能进入底漆,且能抵抗风化而引起的物理和化学的分解作用。目前广泛应用合成树脂来提高涂料的抗风化作用。涂料的种类很多,性能和用途亦各有差异,在选择涂料时应考虑适应性、经济性和施工条件等因素(表6.26)。

涂装的方法有多种,而且还在不断地发展,每一种方法,都有各自的特点、适用的涂料和范围。钢结构工程涂装施工可采用刷涂、滚涂、空气喷涂、高压无气喷涂等方法(表6.27)。

表 6.26　常用涂料的施工方法

施工方法	适用涂料的特性			被涂物	使用工具或设备	优点	缺点
	干燥速度	黏度	品种				
刷涂法	干性较慢	塑性小	油性漆酚醛漆醇酸漆等	一般构件及建筑物,各种设备和管道等	各种毛刷	投资少,施工方法简单,适于各种形状及大小面积的涂装	装饰性较差,施工效率低
手工滚涂法	干性较慢	塑性小	油性漆酚醛漆醇酸漆等	一般大型平面的构件和管道等	滚刷	投资少,施工方法简单,适用大面积的涂装	同刷涂法
浸涂法	干性适当,流平性好,干燥速度适中	触变性好	各种合成树脂涂料	小型零件、设备和机械部件	浸漆槽、离心及真空设备	设备投资少,施工方法简单,涂料损失少,适用于构造复杂构件	流平性不太好,有流挂现象,溶剂易挥发
空气喷涂法	挥发和干燥适宜	黏度小	各种硝基漆、橡胶漆、建筑乙烯漆、聚氨酯漆等	各种大型构件及设备和管道	喷枪、空气压缩机、油水分离器等	设备投资较小,施工方法较复杂,施工效率较刷涂法高	消耗溶剂量大,污染施工现场,易引起火灾
无气喷涂法	具有高沸点溶剂的涂料	高不挥发,触变性	厚浆型涂料和高不挥发性涂料	各种大型钢结构、桥梁、管道、车辆和船舶	高压无气喷枪、空气压缩机等	效率高,获得涂层均匀	设备投资大,施工方法复杂,材料损耗多,装饰性较差

注:本表摘自宝钢指挥部施工技术处编制的《钢结构涂装手册》。

刷涂方法是以刷子用手工涂漆的一种方法,刷涂时应按下列要点操作:

①干燥较慢的涂料,应按涂敷、抹平和修饰三道工序操作;

②对于干燥较快的涂料,应从被涂物的一边按一定顺序,快速、连续地刷平和修饰,不宜反复涂刷;

③刷涂垂直表面时,最后一次应按光线照射方向进行;

④漆膜的刷涂厚度应均匀适中,防止流挂、起皱和漏涂。

滚涂方法是用辊子涂装的一种方法,适于一定品种的涂料,刷涂时应按下列要点操作:

①先将涂料大致地涂布于被涂物表面,接着将涂料均匀地分布开,最后让辊子按一定的方向滚动,滚平表面并修饰;

表 6.27　各种涂料与相适应的施工方法

施工方法＼涂料种类	酯胶漆	油性调和漆	酚酸漆	醇酸漆	醇酸调和漆	沥青漆	硝基漆	聚氨酯漆	丙烯酸漆	环氧树脂漆	过氯乙烯漆	氯化橡胶乙烯漆	氯磺化聚乙烯漆	聚酯漆	乳胶漆
刷涂	1	1	1	1	2	2	4	4	4	3	4	3	2	2	1
滚涂	2	1	1	2	2	3	5	3	3	3	5	3	3	2	2
浸涂	3	4	3	2	3	3	3	3	3	3	3	3	3	1	2
空气喷涂	2	3	2	2	1	2	1	1	1	1	1	1	1	2	2
无气喷涂	2	3	2	2	1	3	1	1	1	2	1	1	1	2	2

注:1—优;2—良;3—中;4—差;5——劣。

②在滚涂时,初始用力要轻,以防止涂料流落,随后逐渐用力,使涂层均匀。

空气喷涂法是以压缩空气的气流使涂料雾化成雾状,喷涂于被涂物表面上的一种涂装方法,喷涂时应按以下要点操作:

①喷涂施工黏度按有关规定执行;

②喷枪压力为 0.3 ~ 0.5 MPa;

③喷嘴与物面的距离大型喷枪为 20 ~ 30 cm,小型喷枪为 15 ~ 25 cm;

④喷枪应依次保持与物面垂直或平行地运行,移动速度为 30 ~ 60 m/s,操作要稳定;

⑤每行涂层边缘的搭接宽度应保持一致,前后搭接宽度一般为喷涂幅度的 1/4 ~ 1/3;

⑥多层次喷涂时,各层应纵横交叉施工,第 1 层横向施工,第 2 层则要纵向施工;

⑦喷枪使用后应立即用溶剂清洗干净。

高压无气喷涂法是利用密闭器内的高压泵输送涂料,当涂料从喷嘴喷出时,产生体积骤然膨胀而分散雾化,高速地喷涂在物面上,喷吐时应按下列要点操作:

①喷涂施工黏度按有关规定执行;

②喷嘴与物面的距离为 32 ~ 38 mm;

③喷流的喷射角度为 30°~ 60°;

④喷射大面积物件为 30 ~ 40 cm,较大面积物件为 20 ~ 30 cm,较小面积物件为 15 ~ 25 cm;

⑤喷枪的移动速度为 60 ~ 100 cm/s;

⑥每行涂层的搭接边应为涂层幅宽的 1/6 ~ 1/5。

钢结构的防腐涂装应注意以下问题:

①施工前对涂料品种、规格、性能等进行检查,应符合设计要求;

②当有雨、雾、雪和较大灰尘的天气条件下,不得户外作业;

③设计文件注明不涂装的部位,如高强度螺栓连接摩擦面等不得涂装;现场安装焊缝处应留出 30 ~ 50 mm 暂不涂装,待安装焊缝焊完后补涂;

④涂料的配制应按涂料说明书规定执行,当天使用的涂料当天配置,不得随意添加稀释剂;

⑤涂料、涂装遍数、涂层厚度均应符合设计要求,当设计对涂层厚度无要求时,涂层干漆膜总厚度:室外应为 150 μm,室内应为 125 μm,其允许偏差为 -25 μm,每遍涂层干漆膜厚度的允许偏差为 -5 μm;

⑥涂装应均匀,底漆、中间漆不允许有针孔、气泡、裂纹、脱皮、流挂、返绣、误涂、漏涂等缺陷,无明显起皱,附着良好;

⑦除锈后的金属表面与涂装底漆的时间间隔不应超过 6 h;涂层与涂层之间的时间间隔,由于各种油漆的表干时间不同,应以先涂装的涂层达到表干后才可进行下一层的涂装;

⑧涂装完毕后,应在构件上标注构件编号及定位标记;

⑨与混凝土接触或埋入其中的部件、安装的加工面、钢管的内表面、不锈钢表面、钢衬套等,均不需涂装。

6.3.14 钢结构的防火

(1)钢结构的耐火极限要求与保护的必要性

单、多层建筑和高层建筑中的各类钢构件、组合构件等的耐火极限不应低于表 6.28 和本章的相关规定。当低于规定的要求时,应采取外包覆不燃烧体或其他防火隔热的措施。

表 6.28　钢构件的耐火极限要求

耐火等级 耐火极限/h 构件名称	单、多层建筑								高层建筑	
	一级	二级	三级		四级				一级	二级
承重墙	3.00	2.50	2.00		0.50				2.00	2.00
柱、柱间支撑	3.00	2.50	2.00		0.50				3.00	2.50
梁、桁架	2.00	1.50	1.00		0.50				2.00	1.50
楼板、楼面支撑	1.50	1.00	厂、库房	民用	厂、库房		民用		1.50	1.00
			0.75	0.50	0.50		不要求			
屋顶承重构件、屋面支撑、系杆	1.50	0.50	厂、库房	民用	不要求				1.50	1.00
			0.50	不要求						
疏散楼梯	1.50	1.00	厂、库房	民用	不要求					
			0.75	0.50						

注:对造纸车间、变压器装配车间、大型机械装配车间、卷烟生产车间、印刷车间等及类似的车间,当建筑耐火等级较高时,吊车梁体系的耐火极限不应低于表中梁的耐火极限要求。

钢材虽不是燃烧体,但却是热的良导体,普通建筑结构用钢的热导率是 67.63 W/(m·K),未加防护的钢结构在火灾温度的作用下,钢材的力学性能诸如屈服强度、抗压强度、弹性模量等都迅速下降,当温度达到 600 ℃时,强度几乎为零。为满足标准的规定,必须加以防火保护。钢结构防火的目的就是在其表面提供一层绝热或吸热的材料,隔离火焰直接燃烧钢构件,阻止热量迅速传向钢材,推迟钢结构温度升高的时间,使之达到规范规定的耐火极限要求,以有利于安全疏散和消防灭火,避免和减轻人员与财产损失。

(2)钢结构的防火技术

一般不加防火防护的钢结构构件耐火极限仅为 10~30 min。为提高结构的耐火性能,需采取防火保护措施,使钢结构构件达到耐火极限要求,目前钢结构提高耐火性能的主要方法有:

①水冷却法:在钢结构内充水,使之与设于顶部的水箱相连,形成封闭冷却系统,使钢结构在火灾发生时保持在较低的温度;

②屏蔽法:将钢构件包藏在耐火材料组成的墙体或吊顶内,主要适用于屋盖系统的保护;

③水喷淋法:在结构顶部设喷淋供水管网,火灾发生时自动启动开始喷水,在构件表面形成一层连续流动的水膜;

④耐火轻质板材外包:采用纤维增强水泥板、硅酸钙板将钢构件包裹起来;

⑤涂刷防火涂料:用喷涂机具将防火涂料直接喷涂于构件表面,形成保护层;

⑥浇筑混凝土或砌筑耐火砖:采用混凝土或耐火砖完全封闭钢构件(图 6.7)。

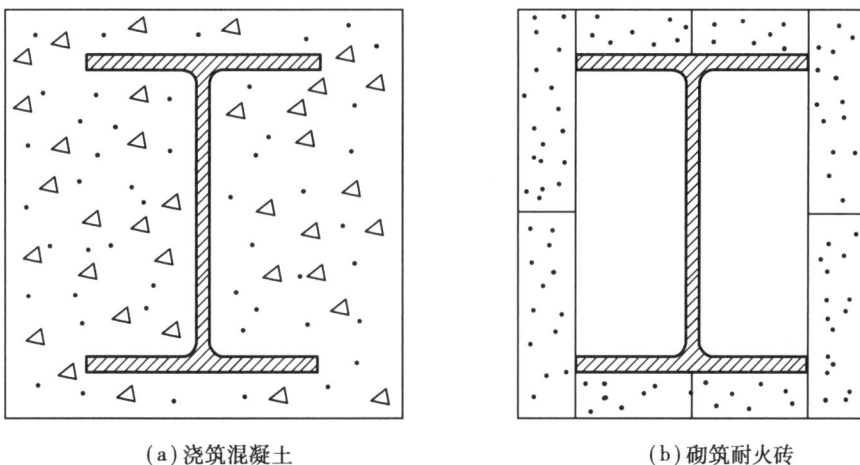

(a)浇筑混凝土   (b)砌筑耐火砖

图 6.7   浇筑混凝土和砌筑耐火砖

6.3.15   网架制作

网架的制作包括节点制作和杆件制作,均在工厂内完成。

(1)钢管相贯线切割和球节点制作

1)相贯线

两立体相交的表面交线称为相贯线。其特点是相贯线上的点为立体相交两表面的共有点,相贯线为立体两表面的共有线。

在网架结构工程中,其基本构件是钢管和节点,钢管与钢管连接(图 6.8、图 6.9)、钢管与球形节点连接(图 6.10、图 6.11),其连接面是一条空间曲线,这条曲线就是相贯线。

二重管　　　　　三重支管　　　　　四重支管　　　　　垂直四重支管

平面单管　　　　　平面双管　　　　　空间三重支管　　　　　矩形支管

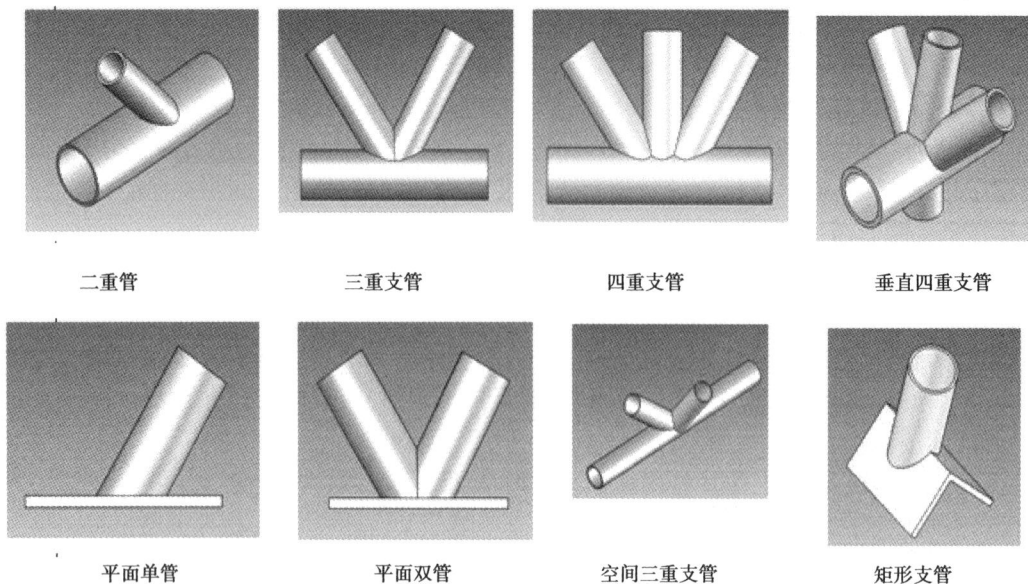

图 6.8　钢管与钢管连接

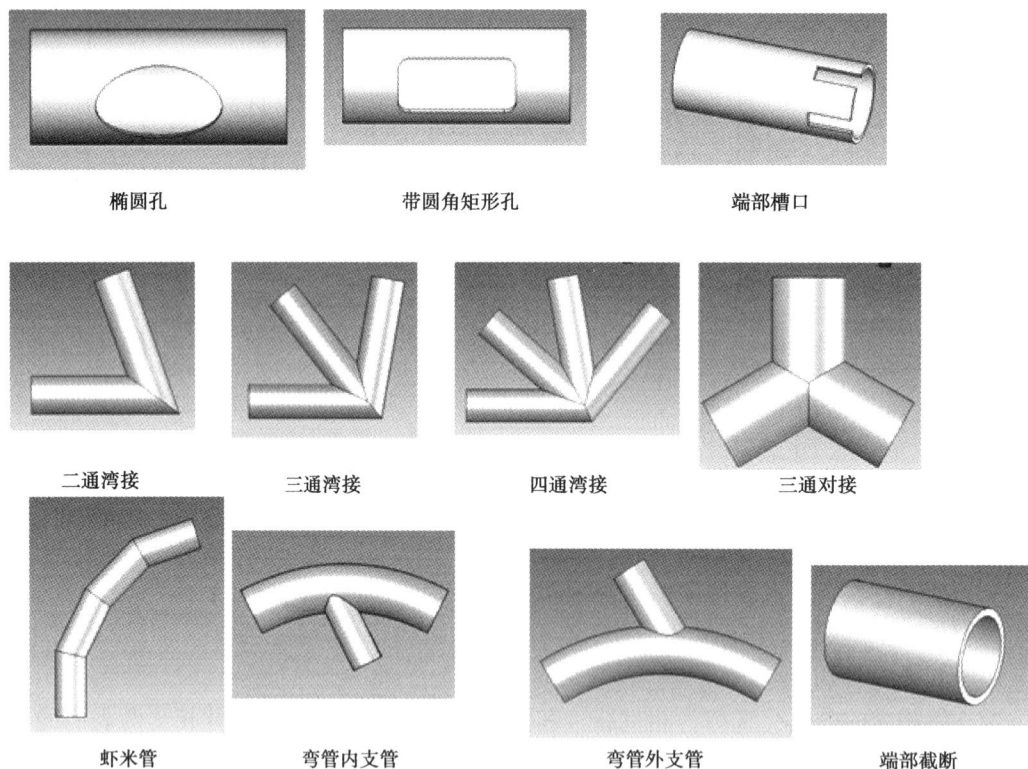

椭圆孔　　　　　带圆角矩形孔　　　　　端部槽口

二通湾接　　　　　三通湾接　　　　　四通湾接　　　　　三通对接

虾米管　　　　　弯管内支管　　　　　弯管外支管　　　　　端部截断

图 6.9　钢管与钢管的连接

2)相贯线切割设备

所谓相贯线切割,是单指对钢管及各种环形材料结合处相贯线孔、相贯线端部、弯头(虾米节)进行自动计算和切割的设备。主要适用于各类管网结构领域,如建筑、化工、造船、机械工程、冶金、电力等。相比平面坡口切割设备来看,相贯线切割由于需要考虑待加工管网结构形式及多面坡口切割需要,设备可按设计轴和联动轴分为三轴两联动、四轴三联动、五轴四联动、六轴五联动和九轴五联动等多种规格型号,常用设备是数控相贯线切割机,分为数控火焰相贯线切割机(图 6.12)和数控等离子相贯线切割机(图 6.13)两类。

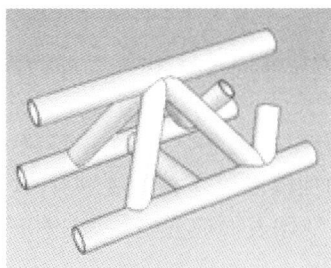

桁架模型1

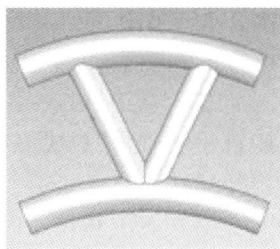

桁架模型2

图 6.10 桁架模型

数控相贯线切割机从功能上是将制作样板、划线、人工放样、手工切割、人工打磨等繁复操作工艺综合,无须操作者计算、编程,只需输入管道相贯系统的管子半径、相交角度等参数,机器就能自动切割出管子的相贯线、相贯线孔以及焊接坡口。数控管子相贯线切割机采用数字化控制,各种机型在切割加工时实现控制轴联运,具有切割各种相贯线、相贯孔功能;定角坡口、定点坡口、变角坡口切割功能;管子不圆度和偏心补偿功能。

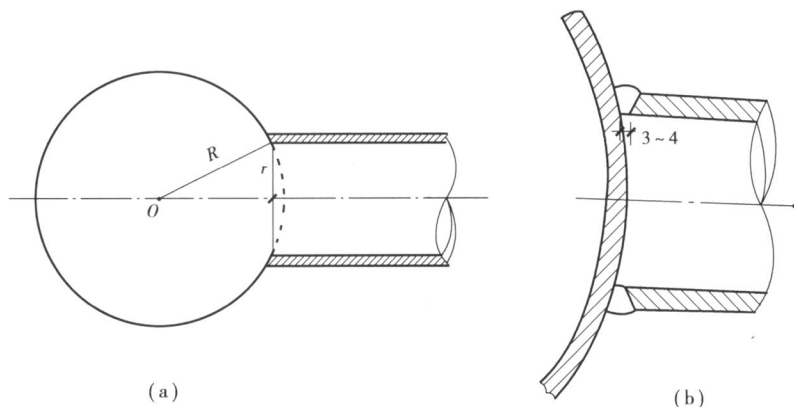

(a)

(b)

图 6.11 钢管与球形节点连接

图 6.12 数控火焰相贯线切割机

图 6.13 数控等离子相贯线切割机

（2）管球加工

管球加工是钢网架制作的基础,网架结构零部件使用的钢材和连接材料(包括焊接材料、普通螺栓、高强度螺栓等)和涂装材料必须符合有关规定的要求。

1）焊接空心球与杆件制作

焊接空心球节点主要由:空心球、钢管杆件、连接套管等零件组成。空心球制作工艺流程应为:下料—加热—冲压—切边坡口—拼装—焊接—检验。

①半球圆形坯料钢板应用乙炔氧气或等离子切割下料。下料后坯料直径允许偏差2.0 mm,钢板厚度允许偏差 ±0.5 mm。坯料锻压的加热温度应控制在900～1 100 ℃。半球成型,其坯料须在固定锻模具上热挤压成半个球型,半球表面应光滑平整,不应有局部凸起或折皱,壁减薄量不大于1.5 mm。

②毛坯半圆球可用普通车床切边坡口,坡口角度为:22.5°～30°。不加肋空心球两个半球对装时,中间应余留2.0 mm缝隙,以保证焊透(图6.14)。焊接成品的空心球,直径的允许偏差:当球直径小于等于300 mm时,为 ±1.5 mm,直径大于300 mm时,为 ±2.5 mm;圆度,当直径小于等于300 mm,应小于2.0 mm;对口错边量允许偏差应小于1.0 mm。

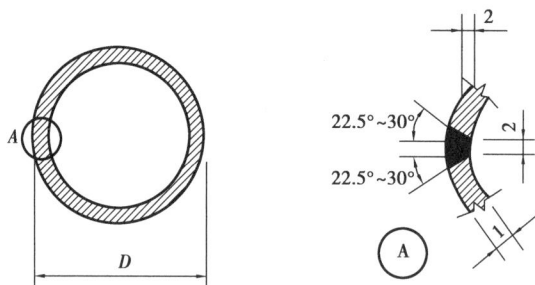

图6.14　不加肋的空心球

③加肋空心球的肋板位置,应在两个半球的拼接环形缝平面处(图6.15)。加肋钢板应用乙炔氧气切割下料,并外径留有加工余量,其内孔以 $D/3～D/2$ 割孔。板厚宜不加工,下料后应用车床加工成形,直径偏差 –1.0/0 mm。

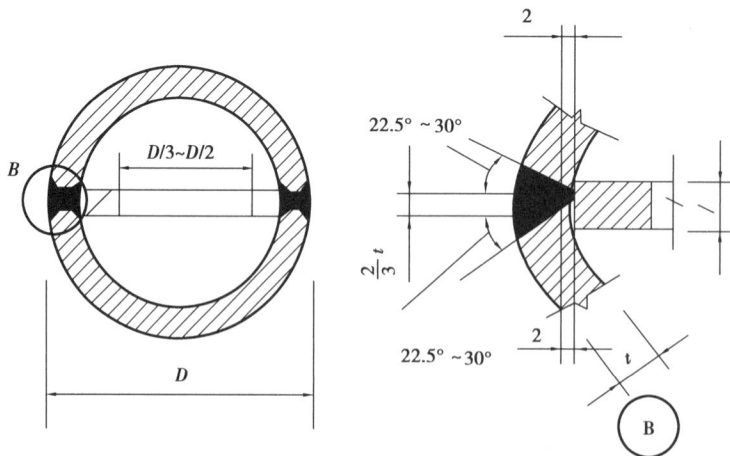

图6.15　加肋的空心球

④套管是钢管杆件与空心球拼焊连接定位件,应用同规格钢管剖切一部分圆周长度,经加热后在固定芯轴上成形。套管外径比钢管杆件内径小 1.5 mm,长度为 40 ~ 70 mm(图 6.16)。

⑤空心球与钢管杆件连接时,钢管两端开坡口 30°,并在钢管两端头内加套管与空心球焊接,球面上相邻钢管杆件之间的缝隙 a 不宜小于 10 mm(图 6.17)。钢管杆件与空心球之间应留有 2.0 ~ 6.0 mm 缝隙予以焊透。

⑥焊接球节点必须按设计采用的钢管杆件与球焊成试件,进行单向轴心受拉和受压的承载力检验,其结果必须符合《钢结构工程施工质量验收标准》(GB 50205—2020)的规定。

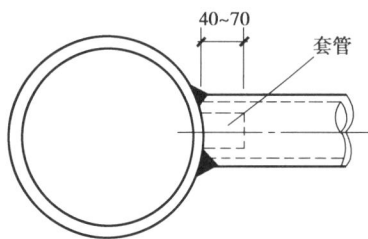

图 6.16　加套管连接

⑦焊接球节点所有焊缝必须进行外观检查,并做出记录。对大中跨度钢管杆件的拉杆与球的对接焊缝,必须作无损探伤检验,其质量应符合现行国家标准有关规定。

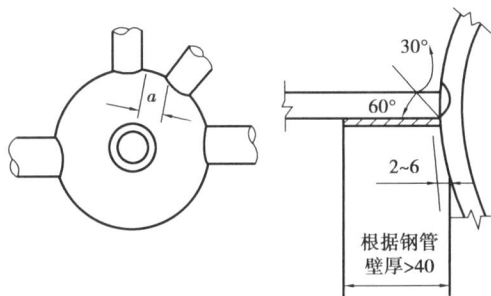

图 6.17　空心球节点连接

2)螺栓球节点制作

螺栓球节点主要由钢球、高强螺栓、锥头或封板、套筒等零件组成。

①钢球、锥头、封板、套筒等原材料是圆钢采用锯床下料,下料后长度允许偏差为 ±2.0 mm,圆钢加热温度控制为 900 ~ 1 100 ℃,分别在固定的锻模具上压制成型,对锻压件外观要求不得有裂纹或过烧。毛坯锥头、封板外径偏差 ±1.5 mm,钢球直径偏差 ±1.5 mm,当圆度偏差 $D ≤ 120$ mm 时,为 1.5 mm;当 $D > 120$ mm 时,为 2.0 mm。

②螺栓球(钢球)加工应在车床上进行,其加工程序第一是加工定位工艺孔,第二是加工各弦杆孔。相邻螺孔角度必须以专用的夹具架夹保证。螺纹按 6H 级精度加工,并符合国家标准《普通螺纹公差与配合》的规定。球中心在螺孔端面距离偏差 ±0.2 mm,相邻螺孔角度允许偏差为 +20°螺纹有效长度为螺栓直径的 1.3 倍,同一轴线上两螺孔端面平行度 ≤0.2 mm,每个球必须检验合格,打上操作者标记和安装球号(图 6.18),最后在螺纹处涂上黄油防锈。

③螺栓球成品必须对最大的螺孔进行抗拉强度检验,其试件承载能力的要求,必须符合《钢结构工程施工质量验收标准》(GB 50205—2020)的规定。

④高强度螺栓必须逐根进行表面硬度试验,一般采用 10.9S 高强度螺栓其硬度为 HRC32 ~ 36,高强度螺栓的承载力试验数量按同规格螺栓 600 只为一批,不足 600 只仍按一批计,每批取 3 只复检抗拉强度,检验合格后方可投入使用。

⑤锥头、封板加工可在车床上进行,焊接处坡口角度宜取 30°,内孔 d 可比螺栓直径大 0.5 mm,内孔与外径同轴度 0.2 mm,底厚度 $H + 0.2$ mm,锥头、封板与钢管杆件配合间隙 $b = 2.0$ mm,以保证底层全部熔透(图 6.19)。

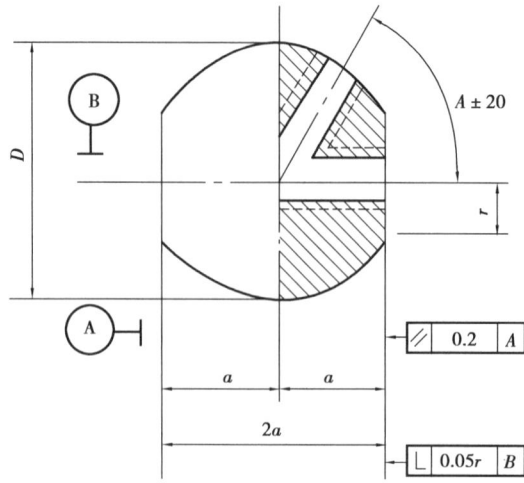

图 6.18　螺栓球

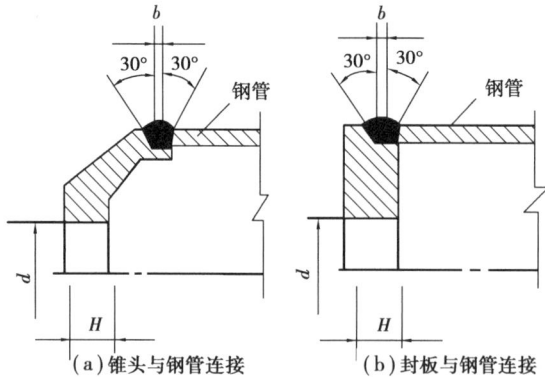

(a) 锥头与钢管连接　　　　(b) 封板与钢管连接

图 6.19　杆件端部连接焊缝

⑥套筒外形尺寸应符合开口尺寸系列,要求经模锻后毛坯长度 L 为 +3.0 mm,六角对边 $S \pm 1.5$ mm,六角对角 $D \pm 2.0$ mm。套筒加工长度 L 允许偏差 ± 0.2 mm,两端面的平行度为 0.3 mm,内孔 d 可比螺栓直径大 1.0 mm,套筒端部与紧固螺钉孔间距 l 不大于 1.5 倍小螺钉直径(图 6.20)。

3)杆件制作与焊接

①钢管杆件下料前的质量检验:外观尺寸、品种、规格应符合设计要求。杆件下料应考虑到拼装后的长度变化。尤其是焊接球的杆件尺寸更要考虑到多方面的因素,如球的偏差带来杆件尺寸的细微变化,季节变化带来杆的偏差。因此杆件下料应慎重调整尺寸,防止下料以后带来批量性误差。

②杆件下料后应检查是否弯曲,如有弯曲应加以校正。杆件下料后应开坡口,焊接球杆件壁厚在 5 mm 以下,可不开坡口,螺栓球杆件必须开坡口。

③钢管杆件应用切割机或管子车床下料,下料后长度应放余量,钢管两端应做坡口30°,钢管下料长度应预加焊接收缩量,如钢管壁厚≤6.0 mm,每条焊缝放 1.0~1.5 mm;壁厚≥8.0 mm,每条焊缝放 1.5~2.0 mm。钢管杆件下料后必须认真清除钢材表面的氧化皮和锈蚀等污物,并采取防腐措施。

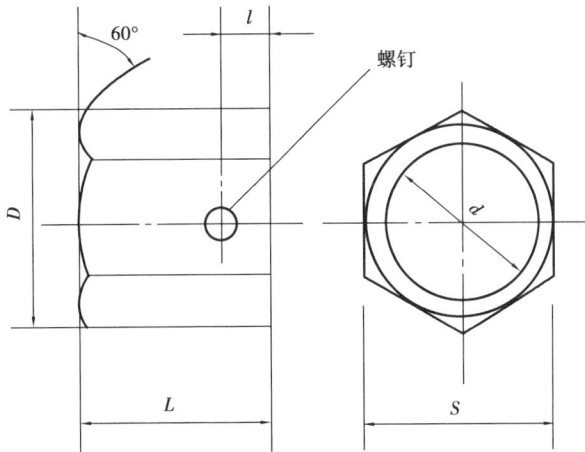

图 6.20　套筒

④钢管杆件焊接两端加锥头或封板,长度是专门的定位夹具控制,以保证杆件的精度和互换性。采用手工焊,焊接成品应分三步到位:①定长度点焊;②底层焊(检验);③面层焊(检验)。当采用 CO_2 气体保护自动焊接机床焊接钢管杆件,它只需要钢管杆件配锥头或封板后焊接自动完成一次到位,焊缝高度必须大于钢管壁厚。杆件制作成品长度允许偏差 ±1.0 mm,两端孔中心与钢管两端轴线偏差不大于 0.5 mm。对接焊缝部位应在清除焊渣后涂刷防锈漆,检验合格打上焊工钢印和安装编号。

⑤钢管杆件与封板或锥头的焊缝应进行抗拉强度检验,按同规格杆件 300 根为一批,不足 300 根仍按一批计,每批取 3 根复验,其承载能力应符合《钢结构工程施工质量验收标准》(GB 50205—2020)的规定。

4)管球加工允许偏差

符合《钢结构工程施工规范》(GB 50755—2012)规定要求。

表 6.29　钢网架(桁架)用钢管杆件加工的允许偏差/mm

项目	允许偏差	检验方法
长度	±1.0	用钢尺和百分表检查
端面对管轴的垂直度	0.005r	用百分表V形块检查
管口曲线	1.0	用套模和游标卡尺检查

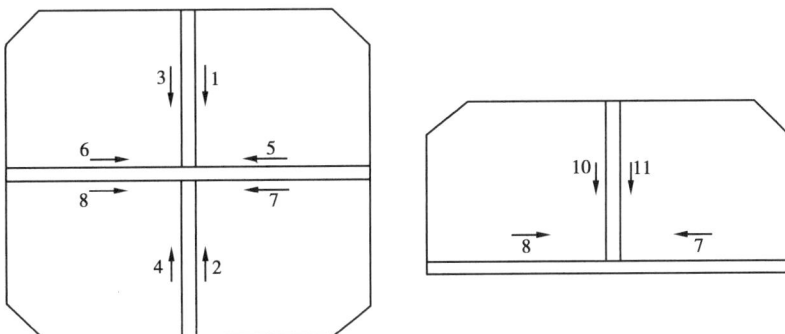

图 6.21　板节点焊接顺序图

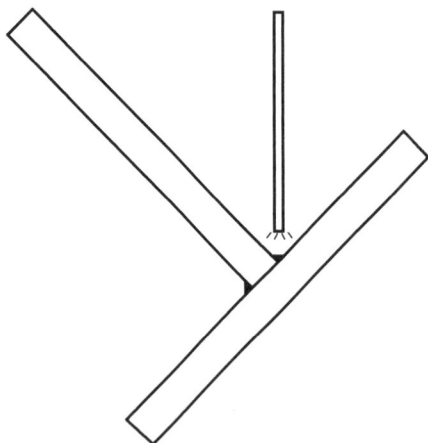

图 6.22　船形焊

（3）焊接钢板节点的制作

当网架杆件采用角钢或薄壁型钢时,应采用钢板节点。焊接钢板节点的形式主要有两种:十字形节点、管筒米字型板节点。制作前,首先根据图纸要求在硬纸板或镀锌薄钢板上放样,制成样板,样板上应标出杆件、螺栓孔等中心线。节点钢板即可按此样板下料,宜采用剪板机或砂轮机切割下料。

节点板按图纸要求角度先点焊定位,然后以角尺或样板为标准,用锤轻击逐渐矫正,最后进行全面焊接。焊接时,应采取措施,减少焊接变形和焊接应力,如选用适当的焊接顺序、采用小电流和分层焊接等,为使焊缝均匀,以采用船形位置焊接(图 6.22)。

6.4　钢结构的安装

6.4.1　钢结构安装的准备工作

钢结构安装工序是建筑施工活动中的主要组成部分,结构质量的好坏,除材料合格、制作精度高外,还要依靠科学合理的安装工艺来保证。钢结构安装准备工作包括两大内容:

一是技术准备,如熟悉图纸、图纸会审、计算工程量、编制施工组织设计;二是施工现场各项准备工作,如现场环境、道路、水电、构件准备、搭设安全设施等,这两部分工作是相互联系、相互影响的。

（1）施工组织设计的编制

编制施工组织是建筑施工前的必要准备工作,钢结构安装施工组织设计一般包括以下主要内容:

1）工程概况

工程概况中应阐明以下内容:

①工程地点。

工程项目所在地的地理位置、周围环境,如距相邻建筑物、构筑物的距离,进出工地的道路对构件运输及机械进出场影响程度等叙述清楚。

②结构特征。

注明施工项目的建筑面积、平面组合及长、宽、高、跨度、柱距大小;主要构件或特殊构件的几何尺寸、重量、安装标高等。

③地质、气象、水文。

在编制施工组织设计时,亦应说明工程项目所在地区的地质、气象及水文资料,为确定和安排工程进度提供参考依据。

2）安装方案

安装方案中包括以下内容：起重机选择、吊装工艺、构件平面布置及起重机开行路线等。

①起重机的选择

钢结构吊装中，使用起重机是垂直运输的主要手段，选择起重机时应遵循：切实需要、实际可能、经济合理的原则。

起重机的选择与施工方案关系密切，而起重机的类型与建筑物类型、跨度、柱距、构件重量、安装高度、施工现场条件等因素又紧密联系在一起。

一般高度较低建筑物，如单层工业厂房，宜选用自行式起重机；高大厂房及框架结构，宜选用塔式起重机。各种类型起重机特点见表6.30。

表6.30　起重机特性对照表

起重机类型	优点	缺点
履带式	可载荷行走、越野性能好，适用建筑工地恶劣环境	转移不方便，要用专用拖车运输
汽车轮胎式	转移方便，机动灵活	越野性能比履带式差
塔式	机身高大，起重臂下宽阔，可利用空间多	转移不方便，拆卸时间长

②吊装方法

钢结构吊装是将构件通过水平、垂直位移组合、装配成整体。吊装方法必须根据建筑物的特点、结构形式、施工现场环境、施工单位熟练掌握的施工方法、机械配置等因素来确定。吊装方法一般应遵循以下原则：快速、优质、安全地完成吊装工作；尽量减少高空作业；采用成熟而又先进的施工技术。

3）技术措施

技术措施是指构件在施工阶段，为保证质量达到规范和设计要求所采取的技术保障方法。

技术措施编制的主要原则：必须保证构件的垂直度、变形不能超过规范和设计要求；构件拼装及安装后各部分的几何尺寸必须达到规范和设计要求；保证构件在施工阶段和施工后不损坏，达到结构设计受力要求。

4）施工进度计划

施工进度计划是施工部署在作业工期上的体现，是施工工日的具体安排，也是施工准备工作的先导。编制施工进度计划可以控制施工进度，为安排劳动力、材料及成品、半成品、机械进场提供时间依据。

编制施工进度计划的依据是：设计文件的工程量、定额、工期、吊装方案，以及施工单位的人力、机械设备组织情况。

5）质量安全要求

钢结构安装质量的高低，将直接影响建筑物的使用寿命，因此钢结构安装的质量要求应严格执行《建筑工程施工质量验收统一标准》（GB 50300—2013）、《钢结构工程施工质量验收标准》（GB 50205—2020）和《钢结构工程施工规范》（GB 50755—2012）。

钢结构吊装露天、高空作业多，系地面、高空多工种立体交叉作业，施工时，必须遵照执行国家颁布的《建筑工程安全操作规程》及有关法律法规。

(2)现场准备工作

一个安装工地,要如期、安全地完成任务,现场的准备工作必不可少,现场准备工作包括以下部分:

1)路线

路线主要是看进出场地,施工现场起重机行走路线及构件运输道路是否平整、坚实、畅通,旋转半径是否符合大型车辆通过的要求。

2)现场环境

施工现场主要看是否能布置下构件。对于重型构件,如钢柱、钢梁要尽量满足吊装要求,尽量把施工场地推平清除障碍物。

3)电源

电源在吊装过程中作用很大,装配式构件吊装就位后的固定手段一部分是通过焊接来实现的,而且使用比较集中。在查看现场时,要落实电源的容量是否满足施工用电量的要求。

4)安全准备

上人梯、操作平台以及脚手架的搭设要重点检查是否牢固、合理,操作面够不够操作人员使用,安全网、安全带是否符合要求。

5)构件的准备

构件的准备工作内容多,检查时应周详,其内容一般包括以下几点:

①清理预埋件及接合部位的水泥浆、铁锈等污物。

②构件上的控制线、标高控制点是否齐全,因为它们是检查、校核跨度、柱距、垂直度的依据。

③检查构件的强度及构件外形尺寸偏差情况。

④构件编号是否清晰完整。

6.4.2　门式刚架轻型房屋钢结构安装

(1)起重机选择

门式刚架轻型房屋钢结构用于主要承重结构为单跨或多跨实腹式门式刚架,具有轻型屋盖和轻型外墙、无桥式吊车或仅有起重量不大于 20 t 的 A1 ~ A5 工作级别桥式吊车或 3 t 悬挂式起重机的单层房屋钢结构,钢柱、钢梁、檩条、拉条、屋面板、墙板等构件重量轻,安装标高一般 10 m 左右,多采取履带式、汽车轮胎式起重机。

(2)门式刚架安装

①刚架安装宜先立柱子,安装钢柱—标高调整—纵横轴线调正—垂直度校正—初步固定—偏差纠正—固定。

②屋面梁根据场地情况和起重设备的条件,最大限度地将扩大拼装工作在地面完成,然后吊起就位,并与钢柱连接。

③安装顺序宜从靠近山墙有柱间支撑的两榀刚架开始,在刚架安装完毕后将其间的檩条、墙梁、支撑、隔撑等全部安装好,然后,以这两榀刚架为起点,向房屋另一端顺序安装。

④除最初安装的两榀刚架外,其余刚架间檩条、墙梁和檐檩等的螺栓均应在校准后再拧紧。

⑤构件悬吊应选择合理的吊点,大跨度构件的吊点必须经过计算确定,对于侧向刚度小、腹板高厚比大的构件,应采取防止构件扭曲和损坏的措施。

⑥各种支撑的张拉程度,以不将构件拉弯为原则。

⑦檩条和墙梁安装时,应及时安装拉条,但不应将檩条和墙梁拉弯。

⑧刚架和支撑等构件安装就位,并经检测和校正几何尺寸确认无误后,应对柱脚底板和基础顶面之间的空间采用灌浆料填实。

6.4.3　空间网架结构安装

网架安装是指拼装好的网架用各种施工方法将网架搁置在设计位置上。主要安装方法有:高空散装法、分条分块安装法、高空滑移法、整体吊装法、整体提升法及整体顶升法。网架的安装方法应根据网架受力和构造特点,在满足质量、安全、进度和经济效果的要求下,结合施工技术条件综合确定。

(1)分条或分块安装法

分条或分块安装法是指将网架分成条状或块状单元,分别由起重设备吊装至高空设计位置,然后拼装成整体的安装方法。这种施工方法大部分的焊接拼装工作在地面进行,能保证工程质量,并可省去大部分拼装支架,又能充分利用现有起重设备,较经济,适用于分割后刚度和受力状况改变较小的网架,如两向正交、正放四角锥、正放抽空四角锥等网架。所谓分条是指将网架沿长跨方向分割为若干区段,每个区段的宽度为一个至三个网格,其长度则为短跨的跨度。所谓分块是指将网架沿纵横方向分割成矩形或正方形单元。分条或分块的划分应根据网架结构特点,以每个单元的重量与现有起重设备相适应而定。分割后的条状或块状单元应具有足够的刚度并保证几何不变性,否则应采取临时加固措施。

(2)高空散装法

高空散装法是小拼单元或散件直接在设计位置进行总装的方法。这种施工方法不需大型起重设备,在高空一次拼装完毕,但现场及高空作业量大,且需搭设大面积的拼装支架,耗用大量材料。适用于螺栓球节点的各类网架。

高空散装法有全支架和悬挑法两种,全支架多用于散件拼装,而悬挑法则多用于小拼单元在高空总装,可以少搭设支架。

搭设的支架应满足强度、刚度及整体稳定性要求,对重要的或大型工程还应进行试压,以确保安全可靠。支架上支承点的位置应设置在下弦节点处,支架支座下应采取措施,防止支座下沉。

拼装可从脊线开始,或从中间向两边发展,以减少积累误差和便于控制标高。拼装过程中应随时检查基准轴线位置、标高和垂直偏差。

支架的拆除应在网架拼装完成后进行,拆除顺序宜根据各支承点的网架自重挠度值,采用分区分阶段按比例或用每步不大于 10 mm 的等步下降法降落,以防止个别支承点集中受力。

(3)整体吊装法

网架整体吊装法是指网架在地面总拼后,采用单根或多根拔杆、一台或多台起重机进行吊装就位的安装方法。这种施工方法易于保证焊接质量和几何尺寸的准确性,但需要较大的起重设备,适用于各种类型的网架。

1)网架拼装

网架在地面总拼时可以就地与支承点错位或场地外进行。当就地域支承点错位总拼时,网架起升后在空中需要平移和转动后再下降就位。

2)网架空中移位

采用多根拔杆吊装网架时,可利用每根拔杆两侧起重机滑轮组中产生水平力不等的原则推动网架在空中位移或转动进行就位。

(4)整体提升法

整体提升法是指网架在设计位置就地总拼后,利用安装在结构柱上的提升设备提升网架或在提升网架的同时进行柱子滑模的安装方法。这种安装方法利用小型设备安装大型网架,同时可将屋面板、电气设备等全部在地面或最有利的位置施工,从而降低施工成本。但整体提升法只能在设计坐标垂直上升,不能将网架移动或转动,适用于周边支承及多点支承各类网架。

(5)整体顶升法

整体顶升法是指在设计位置就地拼装成整体后,利用网架支承点作为顶升支架,也可在原有支点处或其附近设置临时顶升支架,用千斤顶将网架整体顶升到设计标高的安装方法。顶升法与前述的提升法具有相同的特点,只是顶升法的设备安置在网架的下面,适用于支点较少的多点支承网架。

用整体顶升法顶升网架,应注意:顶升时,各千斤顶的行程和顶升速度必须一致,保持同步顶升。

(6)高空滑移法

高空滑移法是指分条的网架单元在事先设置的滑轨上单条滑移到设计位置拼装成整体的安装方法。此条状单元可以在地面拼成后用起重机吊至支架上,如设备能力不足或其他因素,也可用小拼单元甚至散件在高空拼装平台上拼成条状单元。高空拼装平台一般设置在建筑物的一端、宽度约大于两个节间,如建筑物端部有平台利用可作为拼装平台,滑移时网架的条状单元一端向另一端。这种施工方法网架的安装可与下部其他施工平行作业,缩短施工周期,对起重设备、牵引设备要求不高,可用小型起重设备或卷扬机,甚至不用,成本低。适用于正放四角锥、正放抽空四角锥、两向正交正放等网架。尤其适用于采用上述网架而场地狭小、跨越其他结构或设备等或需要进行立体交叉施工的情况。

高空滑移法按滑移方式可分为下面两种(图6.23):

1)单条滑移法。将条状单元一条一条地分别从一端滑移到另一端就位安装,各条之间分别在高空进行连接,即逐条滑移,逐条连成整体。此法摩擦阻力小,如若再加上滚轮,小跨度时用人力撬即可前进。

2)逐条积累滑移法。先将条状单元滑移一段距离后,连接好第二条单元后,两条一起滑移一段距离,在连接第三条,三条又一起滑移一段距离,如此循环操作直至连接上最后一条单元为止。此法牵引力逐渐加大,即使为滑动摩擦方式,也只需小型卷扬机即可。

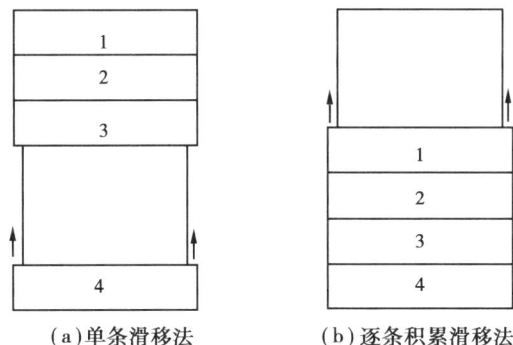

(a)单条滑移法　　　　　(b)逐条积累滑移法

图 6.23　高空滑移法分类

6.4.4　高强度螺栓连接施工

(1)扭剪型高强度螺栓

扭剪型高强度螺栓连接包括一个螺栓、一个螺母和一个垫圈组成,其规格按直径划分为 4 种,即 M16、M20、M22 和 M24。

扭剪型高强度螺栓分初拧和终拧二次紧固,大型节点要增加一次复拧(复拧扭矩等于初拧扭矩)。初拧和终拧应按照一定的紧固顺序进行,原则是从接头刚度较大的部位向约束较小的方向顺序进行,具体为:

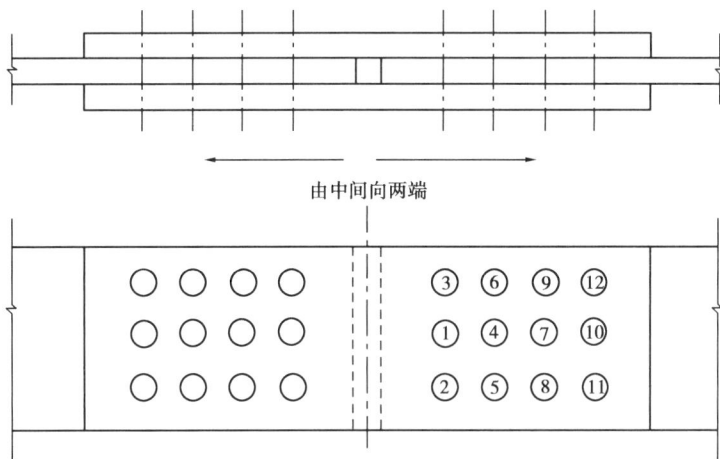

由中间向两端

图 6.24

①一般接头应从接头中心顺序向两端进行,见图 6.24;

②箱型接头应按图 6.25 所示 A、B、C、D 的顺序进行;

③工字形梁螺栓群应按图 6.26 所示顺序进行;

④工字形柱对接螺栓紧固顺序为先翼板后腹板,见图 6.27;

⑤两个接头螺栓群的施拧顺序为先主要构件接头,后次要构件接头;

⑥为了防止损伤高强度螺栓的螺纹引起扭矩系数变化,结构安装时必须先使用冲钉和临时螺栓,待结构安装精度调整达到标准规定后,方准更换螺栓,高强度螺栓应能自由穿入螺栓孔内,不准强行敲打。如不能自由穿入,应采用绞刀或锉刀修整螺栓孔,严禁采用气割扩孔,以防止螺栓在孔内受剪。

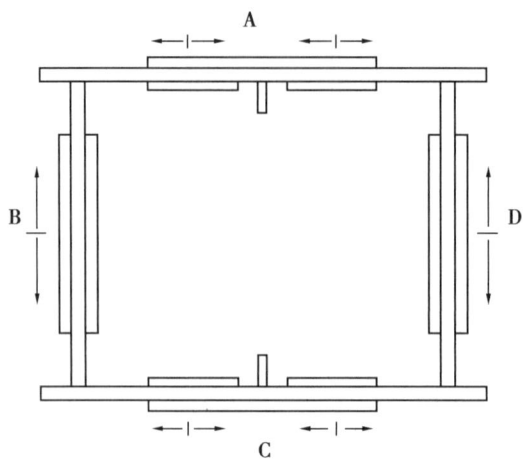

图 6.25

⑦垫圈有倒角的一面应与螺栓头接触,螺母有凸台的一面与垫圈接触,不得装反。终拧时梅花头打滑的螺栓应更换。

⑧对于因构造原因无法使用专用扳手终拧掉梅花头的螺栓,应采用扭矩法或转角法进行终拧并标记。

⑨在整个施工过程中,应保持摩擦面和连接副处于干燥状态,紧固作业完成并检查确认完毕,及时用防腐涂料封闭。

扭剪型高强度螺栓连接副螺栓长度计算方法:螺栓长度 L = 连接板厚度 + L_1

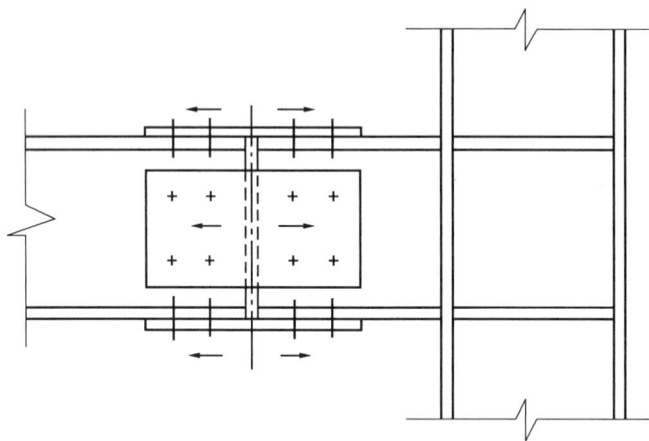

图 6.26

表 6.31 不同规格的螺栓 L_1 的长度

d	16	20	22	24
L_1	25	30	35	40

注:①L_1 = 螺母厚度 + 垫圈厚度 + (2~3)倍螺距;

②若计算的结果 L < 100 mm,则螺栓长度取 5 mm 的整数倍,若计算结果 $L \geqslant 100$ mm,则螺栓长度取

10 mm 的整数倍。

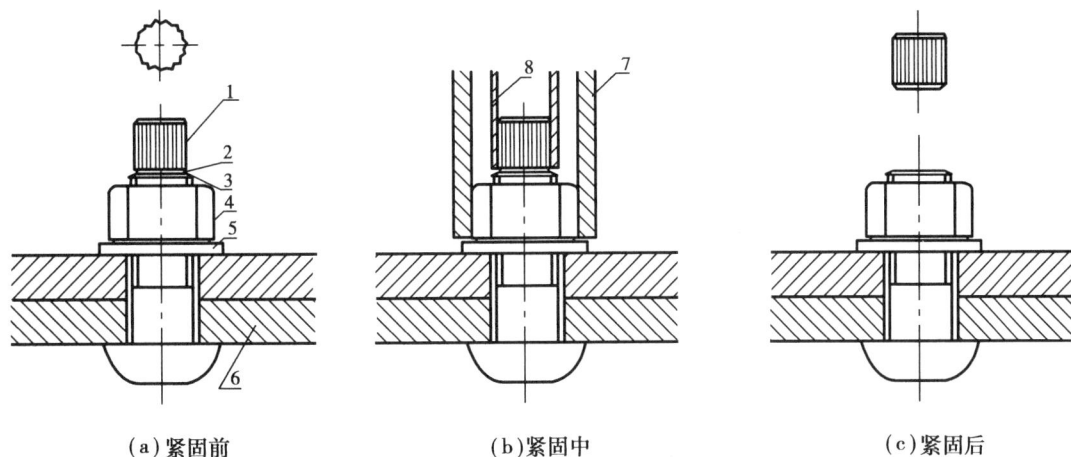

(a)紧固前　　　　　　　　　(b)紧固中　　　　　　　　　(c)紧固后

图 6.27　扭剪型高强度螺栓紧固过程

1—梅花头;2—断裂切口;3—螺纹;4—螺母;5—垫圈;6—连接板;
7—扭矩扳手外套筒;8—扭矩扳手内套筒

(2)高强度大六角头螺栓

高强度大六角头螺栓连接副包括一个螺栓、一个螺母和两个垫圈,其规格按直径划分为 7 种,即 M12、M16、M20、M22、M24、M27、M30。

高强度大六角头螺栓连接副的紧固顺序与扭剪型高强度螺栓相同,施工方法分为扭矩法施工和转角法施工。

表 6.32　扭剪型高强度螺栓紧固轴力/kN

螺栓直径/mm		16	20	22	24
每批紧固轴力的平均值	公称	109	170	211	245
	最大	120	186	231	270
	最小	99	154	191	222
紧固轴力变异系数		≤10%			

表 6.33　扭剪型高强度螺栓初拧(复拧)扭矩值/(N·m)

螺栓公称直径 d/mm	M16	M20	M22	M24	M27	M30
初拧(复拧)扭矩/(N·m)	115	220	300	390	560	760

1)扭矩法施工

扭矩法施工是根据施加在螺母上的紧固扭矩与导入螺栓中的预拉力之间有一定关系的原理,以控制扭矩来控制预拉力的方法。终拧扭矩和预拉力的关系可由下式表示:

$$T_c = kP_c d$$

式中　T_c——施工终拧扭矩,N·m;

k—高强度螺栓连接副的扭矩系数平均值,取 0.110 ~ 0.150;

d—高强度螺栓公称直径,mm;

P_c—高强度大六角头螺栓施工预拉力,kN。

由此可知,当扭矩系数确定后,由于预拉力已知,则施加在螺母上的扭矩就很容易计算。

2)转角法施工

由于螺杆的内力与其弹性伸长量成正比,因此利用螺母旋转角度以控制螺杆弹性伸长量来控制预拉力是可行的,此方法即为转角法施工(图6.28)。

高强度螺栓转角法施工分初拧和终拧两步进行,初拧的目的是消除板间隙影响,给终拧创造一个大体一致的基础,初拧扭矩一般为终拧扭矩的50%,原则是板间隙密贴为准。转角法施工的工艺如下:

①初拧:按规定的初拧扭矩值,从节点或螺栓群中心顺序向外拧紧螺栓,并采用小锤敲击法检查,防止漏拧;

②划线:初拧后对螺栓逐个进行划线;

③终拧:用扳手使螺母再旋转一定角度并划线;

④检查:检查终拧角度是否达到规定的角度;

⑤标记:对已终拧的螺栓用色笔做出明显的标记,以防漏拧或超拧。

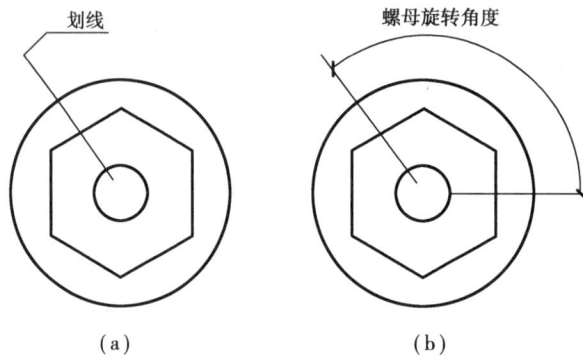

图6.28 转角施工方法示意图

高强度大六角头螺栓连接副螺栓长度计算方法:螺栓长度 $L =$ 连接板厚度 $+ L_1$

高强度螺栓长度应以螺栓连接副终拧后外露2~3扣丝为标准计算,可按下列公式计算。选用的高强度螺栓公称长度应取修约后的长度,应根据计算出的螺栓长度 l 按修约间隔5 mm 进行修约。

$$l = l' + \Delta l$$

$$\Delta l = m + ns + 3p$$

式中 l'——连接板层总厚度;

   Δl——附加长度,按表6.40选取;

   m——高强度螺母公称厚度;

   n——垫圈个数,扭剪型高强度螺栓为1,高强度大六角头螺栓为2;

   s——高强度垫圈公称厚度,当采用大圆孔或槽孔时,高强度垫圈公称厚度按实际厚度取值;

   p——螺栓的螺距。

表 6.34 高强度螺栓附加长度 Δl/mm

高强度螺栓种类	螺栓规格						
	M12	M16	M20	M22	M24	M27	M28
高强度大六角头螺栓	23	30	35.5	39.5	43	46	50.5
扭剪型高强度螺栓	—	26	31.5	34.5	38	41	45.5

表 6.35 高强度大六角头螺栓施工预拉力/kN

螺栓性能等级	螺栓公称直径/mm						
	M12	M16	M20	M22	M24	M27	M30
8.8S	50	90	140	165	195	255	310
10.9S	60	110	170	210	250	320	390

表 6.36 螺栓连接的构造要求

名称	位置或方向			最大容许距离	最小容许距离
中心间距	任意方向	外排		$8d_0$ 或 $12t$	$3d_0$
		中间排	构件受压力	$12d_0$ 或 $24t$	
			构件受拉力	$16d_0$ 或 $24t$	
中心至构件边缘的距离		顺内力方向		$4d_0$ 或 $8t$	$2d_0$
	垂直内力方向	切割边		$4d_0$ 或 $8t$	$1.5d_0$
		轧制边	高强度螺栓		$1.5d_0$
			其他螺栓		$1.2d_0$

注:①最大容许距离取较小值;

②d_0 为螺栓孔径,t 为外层较薄板件厚度;

③钢板边缘与刚性构件(角钢、槽钢)相连的螺栓最大间距可按中间排采用。

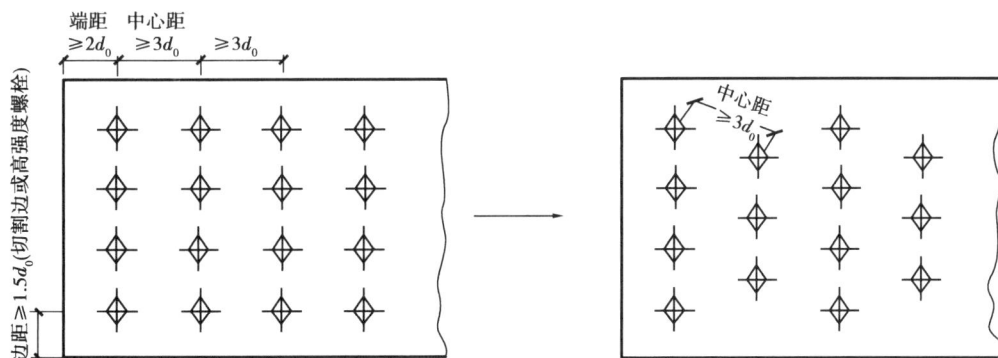

图 6.29 螺栓的螺距

表 6.37　高强度螺栓孔径选配表

螺栓公称直径/mm	12	16	20	22	24	27	30
螺栓孔直径/mm	13.5	17.5	22	24	26	30	33

注:承压型连接中高强度螺栓孔径可按表中值减小 0.5~1.0 mm。

高强螺栓板叠间隙处理

高强度螺栓摩擦面对因板厚公差、制造偏差或安装偏差等产生的接触面间隙,应按表 6.38 规定进行处理。

表 6.38　接触面间隙处理

项目	示意图	处理方法
1		$\Delta < 1.0$ mm 时不予处理
2	磨斜面	$\Delta = (1.0 \sim 3.0$ mm) 时,将厚板刻磨成 1:10 缓波,使间隙小于 1.0 mm
3		$\Delta > 3.0$ mm 时加垫板,垫板厚度不小于 3 mm,最多不超过 3 层,垫板材质和摩擦面处理方法应与构件相同

表 6.39　考虑专用施工机具的可操作空间尺寸

扳手种类	最小尺寸	
	a	b
手动定扭矩扳手	45	$140 + c$
扭剪型电动扳手	65	$530 + c$
大六角电动扳手	60	

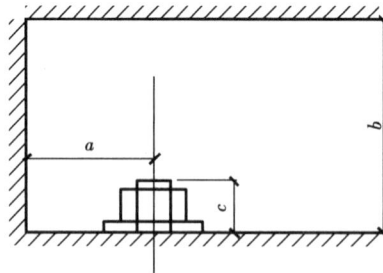

图 6.30　施工机具操作空间示意图

6.5 钢结构的施工质量验收

6.5.1 概述

钢结构工程施工质量是指在钢结构工程的整个施工过程中,反映各个工序满足标准规定的要求,包括其可靠性、使用功能以及其在物理化学性能、环境保护等方面所有明显和隐含能力的特性总和。钢结构工程施工质量的验收必须按照现行国家标准《建筑工程施工质量验收统一标准》(GB 50300—2013)和《钢结构工程施工质量验收标准》(GB 50205—2020)进行。

6.5.2 钢结构工程施工质量验收的项目层次

钢结构工程施工质量验收应在施工单位自检合格的基础上,按分部工程(子分部)、分项工程、检验批三个层次进行。

一般来说,钢结构作为主体结构,属于分部工程,对于大型钢结构工程可按空间刚度单元划分为若干个子分部工程;当主体结构同时含钢筋混凝土结构、砌体结构等时,钢结构就属于子分部工程;钢结构分项工程是按照主要工种、材料、施工工艺等划分为钢零件及部件加工、钢构件组装、钢结构焊接、钢构件预拼装、单层钢结构安装、紧固件连接、多层及高层钢结构安装、钢网架结构安装、压型金属板、钢结构涂装 10 个分项;检验批是钢结构工程验收的最小验收单元,也是最重要和最基本的验收工作内容,分项工程、分部工程(子分部)的验收,都是建立在检验批验收合格的基础之上的。将分项工程划分成检验批进行验收,有助于及时纠正施工中出现的质量问题,确保工程质量,也符合施工实际需要。钢结构分项工程检验批的划分遵循以下原则:

①单层钢结构按变形缝划分。

②多层及高层钢结构按楼层或施工段划分。

③压型金属板工程可按屋面、墙面、楼面等划分。

④对于原材料及成品进场时的验收,可以根据工程规模及进料实际情况合并或分解检验批。

在进行钢结构分项工程检验批划分时,要强调应由施工单位和监理工程师事先划定,一般情况由施工单位在其施工组织设计中划出检验批,报监理工程师批准,双方照此进行验收。

6.5.3 钢结构工程施工质量验收的要求

钢结构工程施工质量验收应在施工单位自检合格的基础上,按照检验批、分项工程、分部工程(子分部)工程进行。《钢结构工程施工质量验收标准》(GB 50205—2020)将检验项目分主控项目和一般项目,且只规定了合格质量标准。主控项目是指对材料、构配件、设备或建筑工程项目的施工质量起决定性作用的检验项目,这意味着主控项目不允许有不符合要求的检验结果,即这种项目的检查具有否决权;一般项目是指对施工质量不起决定性作用的检验项目。

检验批的合格质量主要取决于对主控项目和一般项目的检验结果,检验批合格质量标准应符合下列规定：

表6.40　钢结构(钢构件焊接)分项工程检验批质量验收记录

工程名称			检验批部位	
施工单位			项目经理	
监理单位			总监理工程师	
施工依据标准			分包单位负责人	
主控项目	合格质量标准	施工单位检验评定记录或结果	监理(建设)单位验收记录或结果	备注
1　焊接材料进场	第4.3.1条			
2　焊接材料复验	第4.3.2条			
3　材料匹配	第5.2.1条			
4　焊工证书	第5.2.2条			
5　焊接工艺评定	第5.2.3条			
6　内部缺陷	第5.2.4条			
7　组合焊缝尺寸	第5.2.5条			
8　焊缝表面缺陷	第5.2.6条			
一般项目	合格质量标准	施工单位检验评定记录或结果	监理(建设)单位验收记录或结果	备注
1　焊接材料进场	第4.3.4条			
2　预热和后热处理	第5.2.7条			
3　焊缝外观质量	第5.2.8条			
4　焊缝尺寸偏差	第5.2.9条			
5　凹形角焊缝	第5.2.10条			
6　焊缝感观	第5.2.11条			
施工单位检验评定结果	班组长：　　　　　　　　　　　　质检员： 或专业工长：　　　　　　　　　　或项目技术负责人： 　　　　　年　　月　　日　　　　　　　　　　　　年　　月　　日			
监理(建设单位)验收结论	监理工程师(建设单位项目技术人员)： 　　　　　年　　月　　日			

①主控项目必须符合规范规定的合格质量标准；

②一般项目其检验结果应有80%以上的检查点(测量值)符合合格质量标准偏差值的要求，且最大值不得超过允许偏差值的1.2倍。

分项工程合格质量标准应符合下列规定：

①各检验批应符合合格质量标准；

②各检验批质量验收记录、质量证明文件齐全。

分部(子分部)工程合格质量标准应符合下列规定：

①各分项工程质量均符合规范要求；

②质量控制资料和文件符合规范要求；

③有关安全及功能的检验和见证检测结果符合规范规定的合格质量标准；

④有关观感质量符合规范规定的合格质量标准。

当钢结构工程施工质量不符合规范规定的合格质量标准时,应按下列规定进行处理：

①经返工重做或更换构(配)件的检验批,应重新进行验收；

②经有资质的检测单位检测鉴定能够达到设计要求的检验批,应予以验收；

③经有资质的检测单位检测鉴定达不到设计要求,但经原设计单位核算认可能够满足安全和使用功能的检验批,可以予以验收；

④经返修或加固处理的分项、分部工程,虽然改变外形尺寸但仍能满足安全使用要求,可按处理技术方案和协商文件进行验收；

⑤通过返修或加固处理仍不能满足安全使用要求的钢结构分部工程,严禁验收。

6.5.4　钢结构工程施工质量验收程序和组织

(1)检验批和分项工程的验收

检验批是建筑工程质量的基础,因此所有检验批均应由钢结构专业监理工程师或建设单位(项目)项目技术负责人与施工单位的质检员或项目专业技术负责人一起进行验收。

验收前,施工单位先填好"检验批施工质量验收记录(有关监理记录和结论不填)",并有由项目专业质量检验员和项目专业技术负责人分别在检验批施工质量检验记录中相关栏目签字,然后由监理工程师组织,严格按规定程序进行验收。

分项工程的验收在检验批的基础上进行。一般情况下,两者具有相同或相近的性质,只是批量的大小不同而已。因此将有关分项的检验批汇集构成分项工程。分项工程合格质量的条件比较简单,只要构成分项工程的各检验批的验收资料文件完整,并且均已验收合格,则分项工程验收合格。

钢结构工程检验批质量验收纪录表是验收纪录中最重要、最具体、第一手的存档资料,强调在这张记录表上至少要有三个人的亲笔签名,作为终身责任制追究的重要证据。

①班组长或专业工长,对施工质量负责,落实"谁施工谁负责",当一个分项工程由若干个专业班组完成时,各个班组长都应签字,各自对自己施工的内容负责。

②施工单位项目质检员或项目技术负责人,对检查结果负责。

③监理工程师或建设单位项目技术负责人,对检查和验收结果负责。

表 6.41　钢结构(焊钉焊接)分项工程检验批质量验收记录

工程名称		检验批部位	
施工单位		项目经理	
监理单位		总监理工程师	
施工依据标准		分包单位负责人	

续表

	主控项目	合格质量标准	施工单位检验评定记录或结果	监理(建设)单位验收记录或结果	备注
1	焊接材料进场	第4.3.1条			
2	焊接材料复验	第4.3.2条			
3	焊接工艺评定	第5.3.1条			
4	焊后弯曲试验	第5.3.2条			
	一般项目	合格质量标准	施工单位检验评定记录或结果	监理(建设)单位验收记录或结果	备注
1	焊钉和瓷环尺寸	第4.3.3条			
2	焊缝外观质量	第5.3.3条			
施工单位检验评定结果	班组长: 或专业工长: 年 月 日		质检员: 或项目技术负责人: 年 月 日		
监理(建设单位)验收结论	监理工程师(建设单位项目技术人员): 年 月 日				

表6.42 钢结构(普通紧固件连接)分项工程检验批质量验收记录

工程名称				检验批部位	
施工单位				项目经理	
监理单位				总监理工程师	
施工依据标准				分包单位负责人	
	主控项目	合格质量标准	施工单位检验评定记录或结果	监理(建设)单位验收记录或结果	备注
1	成品进场	第4.4.1条			
2	螺栓实物复验	第6.2.1条			
3	匹配及间距	第6.2.2条			
	一般项目	合格质量标准	施工单位检验评定记录或结果	监理(建设)单位验收记录或结果	备注
1	螺栓紧固	第6.2.3条			
2	外观质量	第6.2.4条			
施工单位检验评定结果	班组长: 或专业工长: 年 月 日		质检员: 或项目技术负责人: 年 月 日		
监理(建设单位)验收结论	监理工程师(建设单位项目技术人员): 年 月 日				

表6.43 钢结构(高强度螺栓连接)分项工程检验批质量验收记录

工程名称				检验批部位	
施工单位				项目经理	
监理单位				总监理工程师	
施工依据标准				分包单位负责人	
主控项目		合格质量标准	施工单位检验评定记录或结果	监理(建设)单位验收记录或结果	备注
1	成品进场	第4.4.1条			
2	扭矩系数或预拉力复验	第4.4.2条或第4.4.3条			
3	抗滑移系数试验	第6.3.1条			
4	终拧扭矩	第6.3.2条或第6.3.3条			
一般项目		合格质量标准	施工单位检验评定记录或结果	监理(建设)单位验收记录或结果	备注
1	成品包装	第4.4.4条			
2	表面硬度试验	第4.4.5条			
3	初拧、复拧扭矩	第6.3.4条			
4	连接外观质量	第6.3.5条			
5	摩擦面外观	第6.3.6条			
6	扩孔	第6.3.7条			
7	网架螺栓紧固	第6.3.8条			
施工单位检验评定结果	班组长: 质检员: 或专业工长: 或项目技术负责人: 年 月 日 年 月 日				
监理(建设单位)验收结论	监理工程师(建设单位项目技术人员): 年 月 日				

表6.44 钢结构(零件及部件加工)分项工程检验批质量验收记录

工程名称			检验批部位	
施工单位			项目经理	
监理单位			总监理工程师	
施工依据标准			分包单位负责人	
主控项目	合格质量标准	施工单位检验评定记录或结果	监理(建设)单位验收记录或结果	备注
1 材料进场	第4.2.1条			
2 钢材复验	第4.2.2条			
3 切面质量	第7.2.1条			
4 矫正和成型	第7.3.1条和第7.3.2条			
5 边缘加工	第7.4.1条			
6 螺栓球、焊接球加工	第7.5.1条和第7.5.2条			
7 制孔	第7.6.1条			
一般项目	合格质量标准	施工单位检验评定记录或结果	监理(建设)单位验收记录或结果	备注
1 材料规格尺寸	第4.2.3条和第4.2.4条			
2 钢材表面质量	第4.2.5条			
3 切割精度	第7.2.2条或第7.2.3条			
4 矫正质量	第7.3.3条第7.3.4条第7.3.5条			
5 边缘加工精度	第7.4.2条			
6 螺栓球、焊接球加工精度	第7.5.3条第7.5.4条			
7 管件加工精度	第7.5.5条			
8 制孔精度	第7.6.2条和第7.6.3条			
施工单位检验评定结果	班组长: 质检员: 或专业工长: 或项目技术负责人: 年 月 日 年 月 日			
监理(建设单位)验收结论	监理工程师(建设单位项目技术人员): 年 月 日			

表 6.45　钢结构(构件组装)分项工程检验批质量验收记录

工程名称				检验批部位	
施工单位				项目经理	
监理单位				总监理工程师	
施工依据标准				分包单位负责人	
主控项目	合格质量标准	施工单位检验评定记录或结果		监理(建设)单位验收记录或结果	备注
1　吊车(桁架)	第 8.3.1 条				
2　端部铣平精度	第 8.4.1 条				
3　外形尺寸	第 8.5.1 条				
一般项目	合格质量标准	施工单位检验评定记录或结果		监理(建设)单位验收记录或结果	备注
1　焊接 H 型钢接缝	第 8.2.1 条				
2　焊接 H 型钢精度	第 8.2.2 条				
3　焊接组装精度	第 8.3.2 条				
4　顶紧接触面	第 8.3.3 条				
5　轴线交点错位	第 8.3.4 条				
6　焊缝坡口精度	第 8.4.2 条				
7　铣平面保护	第 8.4.3 条				
8　外形尺寸	第 8.5.2 条				
施工单位检验评定结果	班组长: 或专业工长: 　　年　月　日		质检员: 或项目技术负责人: 　　年　月　日		
监理(建设单位)验收结论	监理工程师(建设单位项目技术人员): 　　年　月　日				

表 6.46　钢结构(预拼装)分项工程检验批质量验收记录

工程名称			检验批部位	
施工单位			项目经理	
监理单位			总监理工程师	
施工依据标准			分包单位负责人	
主控项目	合格质量标准	施工单位检验评定记录或结果	监理(建设)单位验收记录或结果	备注
1 多层板叠螺栓孔	第9.2.1条			
一般项目	合格质量标准	施工单位检验评定记录或结果	监理(建设)单位验收记录或结果	备注
1 预拼装精度	第9.2.2条			
施工单位检验评定结果	班组长:　　　　　　　　　　质检员: 或专业工长:　　　　　　　　或项目技术负责人: 　　年　月　日　　　　　　　　年　月　日			
监理(建设单位)验收结论	监理工程师(建设单位项目技术人员): 　　年　月　日			

表 6.47　钢结构(单层结构安装)分项工程检验批质量验收记录

工程名称			检验批部位	
施工单位			项目经理	
监理单位			总监理工程师	
施工依据标准			分包单位负责人	
主控项目	合格质量标准	施工单位检验评定记录或结果	监理(建设)单位验收记录或结果	备注
1 基础验收	第10.2.1条 第10.2.2条 第10.2.3条 第10.2.4条			
2 构件验收	第10.3.1条			
3 顶紧接触面	第10.3.2条			
4 垂直度和侧弯曲	第10.3.3条			
5 主体结构尺寸	第10.3.4条			

续表

工程名称			检验批部位	
施工单位			项目经理	
监理单位			总监理工程师	
施工依据标准			分包单位负责人	
一般项目	合格质量标准	施工单位检验评定记录或结果	监理(建设)单位验收记录或结果	备注
1 地脚螺栓精度	第10.2.5条			
2 标记	第10.3.5条			
3 桁架、梁安装精度	第10.3.6条			
4 钢柱安装精度	第10.3.7条			
5 吊车梁安装精度	第10.3.8条			
6 檩条等安装精度	第10.3.9条			
7 平台等安装精度	第10.3.10条			
8 现场组对精度	第10.3.11条			
9 结构表面	第10.3.12条			

施工单位检验评定结果	班组长： 质检员： 或专业工长： 或项目技术负责人： 年 月 日 年 月 日
监理(建设单位)验收结论	监理工程师(建设单位项目技术人员)： 年 月 日

表6.48 钢结构(多层及高层结构安装)分项工程检验批质量验收记录

工程名称			检验批部位	
施工单位			项目经理	
监理单位			总监理工程师	
施工依据标准			分包单位负责人	
主控项目		合格质量标准	施工单位检验评定记录或结果	监理(建设)单位验收记录或结果	备注
1	基础验收	第11.2.1条 第11.2.2条 第11.2.3条 第11.2.4条			
2	构件验收	第11.3.1条			
3	钢柱安装精度	第11.3.2条			
4	顶紧接触面	第11.3.3条			
5	垂直度和侧弯曲	第11.3.4条			
6	主体结构尺寸	第10.3.4条			
一般项目		合格质量标准	施工单位检验评定记录或结果	监理(建设)单位验收记录或结果	备注
1	地脚螺栓精度	第11.2.5条			
2	标记	第11.3.7条			
3	构件安装精度	第11.3.8条 第11.3.10条			
4	主体结构高度	第11.3.9条			
5	吊车梁安装精度	第11.3.11条			
6	檩条等安装精度	第11.3.12条			
7	平台等安装精度	第11.3.13条			
8	现场组对精度	第11.3.14条			
9	结构表面	第11.3.6条			
施工单位检验 评定结果	班组长: 或专业工长: 　年　月　日		质检员: 或项目技术负责人: 　年　月　日		
监理(建设单位) 验收结论	监理工程师(建设单位项目技术人员): 　年　月　日				

表 6.49　钢结构(网架结构安装)分项工程检验批质量验收记录

工程名称			检验批部位	
施工单位			项目经理	
监理单位			总监理工程师	
施工依据标准	《钢结构工程施工质量验收标准》(GB 50205—2020)		分包单位负责人	
主控项目	合格质量标准	施工单位检验评定记录或结果	监理(建设)单位验收记录或结果	备注
1　焊接球	第4.5.1条 第4.5.2条			
2　螺栓球	第4.6.1条 第4.6.2条			
3　封板、锥头、套筒	第4.7.1条 第4.7.2条			
4　橡胶垫	第4.10.1条			
5　基础验收	第12.2.1条 第12.2.2条			
6　支座	第12.2.3条 第12.2.4条			
7　拼装精度	第12.3.1条 第12.3.2条			
8　节点承载力试验	第12.3.3条			
9　结构挠度	第12.3.4条			
一般项目	合格质量标准	施工单位检验评定记录或结果	监理(建设)单位验收记录或结果	备注
1　焊接球精度	第4.5.3条 第4.5.4条			
2　螺栓球精度	第4.6.4条			
3　螺栓球螺纹精度	第4.6.3条			
4　锚栓精度	第12.2.5条			
5　结构表面	第12.3.5条			
6　安装精度	第12.3.6条			
施工单位检验评定结果	班组长： 或专业工长： 　　　年　　月　　日		质检员： 或项目技术负责人： 　　　年　　月　　日	
监理(建设单位)验收结论	监理工程师(建设单位项目技术人员)： 　　　年　　月　　日			

表 6.50 钢结构(压型金属板)分项工程检验批质量验收记录

工程名称			检验批部位	
施工单位			项目经理	
监理单位			总监理工程师	
施工依据标准			分包单位负责人	
主控项目		合格质量标准	施工单位检验评定记录或结果	监理(建设)单位验收记录或结果	备注
1	压型金属板进场	第4.8.1条 第4.8.2条			
2	基板裂纹	第13.2.1条			
3	涂层缺陷	第13.2.2条			
4	现场安装	第13.3.1条			
5	搭接	第13.3.2条			
6	端部锚固	第13.3.3条			
一般项目		合格质量标准	施工单位检验评定记录或结果	监理(建设)单位验收记录或结果	备注
1	压型金属板精度	第4.8.3条			
2	轧制精度	第13.2.3条 第13.2.5条			
3	表面质量	第13.2.4条			
4	安装质量	第13.3.4条			
5	安装精度	第13.3.5条			
施工单位检验评定结果	班组长: 质检员: 或专业工长: 或项目技术负责人: 年 月 日 年 月 日				
监理(建设单位)验收结论	监理工程师(建设单位项目技术人员): 年 月 日				

表 6.51　钢结构(防腐涂料涂装)分项工程检验批质量验收记录

工程名称				检验批部位	
施工单位				项目经理	
监理单位				总监理工程师	
施工依据标准				分包单位负责人	
主控项目		合格质量标准	施工单位检验评定记录或结果	监理(建设)单位验收记录或结果	备注
1	产品进场	第 4.9.1 条			
2	表面处理	第 14.2.1 条			
3	涂层厚度	第 14.2.2 条			
一般项目		合格质量标准	施工单位检验评定记录或结果	监理(建设)单位验收记录或结果	备注
1	产品进场	第 4.9.3 条			
2	表面质量	第 14.2.3 条			
3	附着力测试	第 14.2.4 条			
4	标志	第 14.2.5 条			
施工单位检验评定结果	班组长： 或专业工长： 　年　月　日		质检员： 或项目技术负责人： 　年　月　日		
监理(建设单位)验收结论	监理工程师(建设单位项目技术人员)： 　年　月　日				

(2)分部工程验收

根据《建筑工程施工质量验收统一标准》(GB 50300—2013)的规定,钢结构作为主体结构之一,划分为分部(子分部)工程,因此分部工程验收实际上就是钢结构工程的竣工验收。分部工程的验收在其所含各分项工程验收的基础上进行,分部工程验收合格的条件主要有基本条件和附加条件两种:

首先分部工程的各分项工程必须验收合格且相应的质量控制资料完整,这是验收的基本条件。此外,由于各分项工程的性质不尽相同,因此作为分部工程不能简单地组合而加以验收,尚须增加两类检查,即附加条件。

①涉及安全和使用功能的主体结构、有关安全及重要使用功能的分项工程应进行有关见证取样送样试验或抽样检测。

表 6.52　钢结构(防火涂料涂装)分项工程检验批质量验收记录

工程名称				检验批部位	
施工单位				项目经理	
监理单位				总监理工程师	
施工依据标准				分包单位负责人	
主控项目		合格质量标准	施工单位检验评定记录或结果	监理(建设)单位验收记录或结果	备注
1	产品进场	第4.9.2条			
2	涂装基层验收	第14.3.1条			
3	强度试验	第14.3.2条			
4	涂层厚度	第14.3.3条			
5	表面裂纹	第14.3.4条			
一般项目		合格质量标准	施工单位检验评定记录或结果	监理(建设)单位验收记录或结果	备注
1	产品进场	第4.9.3条			
2	表面质量	第14.3.5条			
3	涂层表面质量	第14.3.6条			
施工单位检验评定结果		班组长:　　　　　　　　　　　质检员: 或专业工长:　　　　　　　　　或项目技术负责人: 　　　年　月　日　　　　　　　　年　月　日			
监理(建设单位)验收结论		监理工程师(建设单位项目技术人员): 　　　年　月　日			

②关于观感质量验收,这类检查往往难以定量,只能以观察、触摸或简单测量的方式进行,并由个人的主观印象判断,检查结果并不给出"合格"或"不合格",而是给出综合质量评价——好、一般、差。对于"差"的检查点应通过返修处理等措施补救。

钢结构(子)分部工程的验收由总监理工程师(建设单位项目负责人)组织施工单位项目、技术、质量负责人和设计、勘察单位项目负责人进行验收。

在钢结构分部工程质量验收记录中应由下列人员签字并负相应的责任:

①施工单位和分包单位项目经理,对施工及其质量负责;

②设计单位项目负责人,对设计负责,同时确认施工是否符合设计要求;

③监理单位总监理工程师或建设单位项目专业负责人,对验收结果负责。

表 6.53　___分部(子分部)工程质量验收记录

工程名称		结构类型		层数	
施工单位		技术部门负责人		质量部门负责人	
分包单位		分包单位负责人		分包技术负责人	
序号	分项工程名称	检验批数	施工单位检查评定	验收意见	
	质量控制资料				
	安全和功能检验(检测)报告				
	观感质量验收				
验收单位	分包单位	项目经理		年　月　日	
	施工单位	项目经理		年　月　日	
	勘察单位	项目负责人		年　月　日	
	设计单位	项目负责人		年　月　日	
	监理(建设单位)	总监理工程师: (建设单位项目专业负责人) 　年　月　日			

本章小结

1. 钢结构在制作安装前应认真做好相应的技术准备工作,材料的物理化学性能应符合设计文件与规范的要求,构件的制作安装质量应符合《钢结构工程施工质量验收标准》(GB 50205—2020)的规定。

2. 钢结构的防腐蚀处理的好坏关系到结构的使用年限,在钢结构施工过程中是重点工作内容。

3. 钢材是不耐火的建筑材料,高温作用下钢结构易失效,必须采取可靠的防火措施。

习　题

1. 简述钢结构制作的施工工序。
2. 简述网架结构的安装方法。
3. 简述钢结构腐蚀与防火防护的方法。
4. 简述扭剪型高强度螺栓的施工方法。
5. 网架节点有哪几种类型? 其特点如何?
6. 钢结构开始安装前,施工单位应作哪些方面的准备工作?
7. 钢结构分部工程验收应提供哪些质量保证资料?

附　录

附录1　设计指标和设计参数

附表1.1　钢材的设计强度指标(N/mm²)

钢材牌号		钢材厚度或直径/mm	强度设计值			屈服强度f_y	抗拉强度f_u
			抗拉、抗压、抗弯f	抗剪f_v	端面承压(刨平顶紧)f_{ce}		
碳素结构钢	Q235	≤16	215	125	320	235	370
		>16,≤40	205	120		225	
		>40,≤100	200	115		215	
低合金高强度结构钢	Q345	≤16	305	175	400	345	470
		>16,≤40	295	170		335	
		>40,≤63	290	165		325	
		>63,≤80	280	160		315	
		>80,≤100	270	155		305	
	Q390	≤16	345	200	415	390	490
		>16,≤40	330	190		370	
		>40,≤63	310	180		350	
		>63,≤100	295	170		330	
	Q420	≤16	375	215	440	420	520
		>16,≤40	355	205		400	
		>40,≤63	320	185		380	
		>63,≤100	305	175		360	
	Q460	≤16	410	235	470	460	550
		>16,≤40	390	225		440	
		>40,≤63	355	205		420	
		>63,≤100	340	195		400	

注:①表中直径指实芯棒材直径,厚度系指计算点的钢材或钢管壁厚度,对轴心受拉和轴心受压构件系指截面中较厚板件的厚度;
　②冷弯型材和冷弯钢管,其强度设计值应按现行有关国家标准的规定采用。

附表 1.2　建筑结构用钢板的设计用强度指标（N/mm²）

| 建筑结构用钢板 | 钢材厚度或直径/mm | 强度设计值 | | | 屈服强度 f_y | 抗拉强度 f_u |
		抗拉、抗压、抗弯 f	抗剪 f_v	端面承压（刨平顶紧）f_{ce}		
Q345GJ	>16, ≤50	325	190	415	345	490
	>50, ≤100	300	175		335	

附表 1.3　结构设计用无缝钢管的强度指标（N/mm²）

| 钢管钢材牌号 | 壁厚/mm | 强度设计值 | | | 屈服强度 f_y | 抗拉强度 f_u |
		抗拉、抗压、抗弯 f	抗剪 f_v	端面承压（刨平顶紧）f_{ce}		
Q235	≤16	215	125	320	235	375
	>16, ≤30	205	120		225	
	>30	195	115		215	
Q345	≤16	305	175	400	345	470
	>16, ≤30	290	170		325	
	>30	260	150		295	
Q390	≤16	345	200	415	390	490
	>16, ≤30	330	190		370	
	>30	310	180		350	
Q420	≤16	375	220	445	420	520
	>16, ≤30	355	205		400	
	>30	340	195		380	
Q460	≤16	410	240	470	460	550
	>16, ≤30	390	225		440	
	>30	355	205		420	

附表 1.4　钢铸件的强度设计值（N/mm²）

类别	钢号	铸件厚度/mm	抗拉、抗压、抗弯 f	抗剪 f_v	端面承压（刨平顶紧）f_{ce}
非焊接结构用铸钢件	ZG230-450	≤100	180	105	290
	ZG270-500		210	120	325
	ZG310-570		240	140	370

续表

类　　别	钢　号	铸件厚度/mm	抗拉、抗压和抗弯 f	抗剪 f_v	端面承压（刨平顶紧）f_{ce}
焊接结构用铸钢件	Z0230-450H	≤100	180	105	290
	Z0270-480H		210	120	310
	Z0300-500H		235	135	325
	Z0340-550H		265	150	355

注:表中强度设计值仅适用于本表规定的厚度。

附表 1.5　焊缝的强度指标(N/mm²)

焊接方法和焊条型号	构件钢材		对接焊缝强度设计值				角焊缝强度设计值	对接焊缝抗拉强度 f_u^w	角焊缝抗拉、抗压和抗剪强度 f_u^f
	牌号	厚度或直径/mm	抗压 f_c^w	焊缝质量为下列等级时,抗拉 f_t^w		抗剪 f_v^w	抗拉、抗压和抗剪		
				一级、二级	三级				
自动焊、半自动焊和E43型焊条手工焊	Q235	≤16	215	215	185	125	160	415	240
		>16,≤40	205	205	175	120			
		>40,≤100	200	200	170	115			
自动焊、半自动焊和E50、E55型焊条手工焊	Q345	≤16	305	305	260	175	200	480(E50) 540(E55)	280(E50) 315(E55)
		>16,≤40	295	295	250	170			
		>40,≤63	290	290	245	165			
		>63,≤80	280	280	240	160			
		>80,≤100	270	270	230	155			
	Q390	≤16	345	345	295	200	200(E50) 220(E55)		
		>16,≤40	330	330	280	190			
		>40,≤63	310	310	265	180			
		>63,≤100	295	295	250	170			
自动焊、半自动焊和E55、E60型焊条手工焊	Q420	≤16	375	375	320	215	220（E55) 240(E60)	540（E55) 590(E60)	315(E55) 340(E60)
		>16,≤40	355	355	300	205			
		>40,≤63	320	320	270	185			
		>63,≤100	305	305	260	175			

续表

焊接方法和焊条型号	构件钢材		对接焊缝强度设计值				角焊缝强度设计值	对接焊缝抗剪强度 f_u^w	角焊缝抗拉、抗压和抗剪强度 f_u^f
	牌号	厚度或直径/mm	抗压 f_c^w	焊缝质量为下列等级时,抗拉 f_t^w		抗剪 f_v^w	抗拉、抗压和抗剪		
				一级、二级	三级				
自动焊、半自动焊和E55、E60型焊条手工焊	Q460	≤16	410	410	350	235	220(E55) 240(E60)	540(E55) 590(E60)	315(E55) 340(E60)
		>16,≤40	390	390	330	225			
		>40,≤63	355	355	300	205			
		>63,≤100	340	340	290	195			
自动焊、半自动焊和E50、E55型焊条手工焊	Q345GJ	>16,≤35	310	310	265	180	200	480(E50) 540(E55)	280(E50) 315(E55)
		>35,≤50	290	290	245	170			
		>50,≤100	285	285	240	165			

注:表中厚度系指计算点的钢材厚度,对轴心受拉和轴心受压构件系指截面中较厚板件的厚度。

1.手工焊用焊条、自动焊和半自动焊所采用的焊丝和焊剂,应保证熔敷金属的力学性能不低于母材的性能。

2.焊缝质量等级应符合现行国家标准《钢结构焊接规范》(GB 50661—2011)的规定,其检验方法应符合现行国家标准《钢结构工程施工质量验收标准》(GB 50205—2020)的规定。其中厚度小于6 mm钢材的对接焊缝,不应采用超声波探伤确定焊缝质量等级。

3.对接焊缝在受压区的抗弯强度设计值取 f_c^w,在受拉区的抗弯强度设计值取 f_t^w。

4.计算下列情况的连接时,附表1.5规定的强度设计值应乘以相应的折减系数;几种情况同时存在时,其折减系数应连乘。

①施工条件较差的高空安装焊缝乘以折减系数0.9;

②进行无垫板的单面施焊对接焊缝的连接计算应乘折减系数0.85。

附表1.6 螺栓连接的强度指标/(N/mm²)

螺栓的性能等级、锚栓和构件钢材的牌号		强度设计值											高强度螺栓的抗拉强度 f_u^b
		普通螺栓						锚栓	承压型连接或网架用高强度螺栓				
		C级螺栓			A级、B级螺栓								
		抗拉 f_t^b	抗剪 f_v^b	承压 f_c^b	抗拉 f_t^b	抗剪 f_v^b	承压 f_c^b	抗拉 f_t^a	抗拉 f_t^b	抗剪 f_v^b	承压 f_c^b		
普通螺栓	4.6级、4.8级	170	140	—	—	—	—	—	—	—	—		—
	5.6级	—	—	—	210	190	—	—	—	—	—		—
	8.8级	—	—	—	400	320	—	—	—	—	—		—

螺栓的性能等级、锚栓和构件钢材的牌号		强度设计值										高强度螺栓的抗拉强度 f_u^b
		普通螺栓						锚栓	承压型连接或网架用高强度螺栓			
		C 级螺栓			A 级、B 级螺栓							
		抗拉 f_t^b	抗剪 f_v^b	承压 f_c^b	抗拉 f_t^b	抗剪 f_v^b	承压 f_c^b	抗拉 f_t^a	抗拉 f_t^b	抗剪 f_v^b	承压 f_c^b	
锚栓	Q235	—	—	—	—	—	—	140	—	—	—	—
	Q345	—	—	—	—	—	—	180	—	—	—	—
	Q390	—	—	—	—	—	—	185	—	—	—	—
承压型连接高强度螺栓	8.8 级	—	—	—	—	—	—	—	400	250	—	830
	10.9 级	—	—	—	—	—	—	—	500	310	—	1 040
螺栓球节点用高强度螺栓	9.8 级	—	—	—	—	—	—	—	385	—	—	—
	10.9 级	—	—	—	—	—	—	—	430	—	—	—
构件钢材牌号	Q235	—	—	305	—	—	405	—	—	—	470	—
	Q345	—	—	385	—	—	510	—	—	—	590	—
	Q390	—	—	400	—	—	530	—	—	—	615	—
	Q420	—	—	425	—	—	560	—	—	—	655	—
	Q460	—	—	450	—	—	595	—	—	—	695	—
	Q345GJ	—	—	400	—	—	530	—	—	—	615	—

注:①A 级螺栓用于 $d \leqslant 24$ mm 和 $L \leqslant 10d$ 或 $L \leqslant 150$ mm（按较小值）的螺栓；B 级螺栓用于 $d > 24$ mm 和 $L > 10d$ 或 $L > 150$ mm（按较小值）的螺栓；d 为公称直径，L 为螺栓公称长度。

②A、B 级螺栓孔的精度和孔壁表面粗糙度，C 级螺栓孔的允许偏差和孔壁表面粗糙度，均应符合现行国家标准《钢结构工程施工质量验收标准》(GB 50205—2020)的要求。

③用于螺栓球节点网架的高强度螺栓，M12 ~ M36 为 10.9 级，M39 ~ M64 为 9.8 级。

附表 1.7　铆钉连接的强度设计值(N/mm²)

铆钉钢号和构件钢材牌号		抗拉(钉头拉脱) f_t^r	抗剪 f_v^r		承压 f_c^r	
			Ⅰ 类孔	Ⅱ 类孔	Ⅰ 类孔	Ⅱ 类孔
铆钉	BL2 或 BL3	120	185	155	—	—
构件钢材牌号	Q235	—	—	—	450	365
	Q345	—	—	—	565	460
	Q390	—	—	—	590	480

注:①属于下列情况者为 Ⅰ 类孔:

　　a. 在装配好的构件上按设计孔径钻成的孔;

　　b. 在单个零件和构件上按设计孔径分别用钻模钻成的孔;

　　c. 在单个零件上先钻成或冲成较小的孔径,然后在装配好的构件上再扩钻至设计孔径的孔。

②在单个零件上一次冲成或不用钻模钻成设计孔径的孔属于 Ⅱ 类孔。

5.铆钉连接的强度设计值应按附表1.7采用,并应按下列规定乘以相应的折减系数,当下列几种情况同时存在时,其折减系数应连乘。

①施工条件较差的铆钉连接乘以系数0.9;

②沉头和半沉头铆钉连接乘以系数0.8。

附表1.8　钢材和钢铸件的物理性能指标

弹性模量 E /(N · mm^{-2})	剪变模量 G /(N · mm^{-2})	线膨胀系数 α （以每℃计）	质量密度 ρ /(kg · m^{-3})
206×10^3	79×10^3	12×10^{-6}	7 850

附录 2　轴心受压构件的截面分类

附表 2.1　轴心受压构件的截面分类(板厚 $t < 40$ mm)

截面形式		对 x 轴	对 y 轴
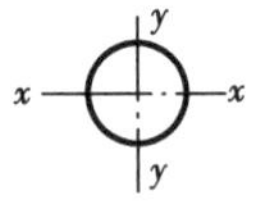 轧制（圆管）		a 类	a 类
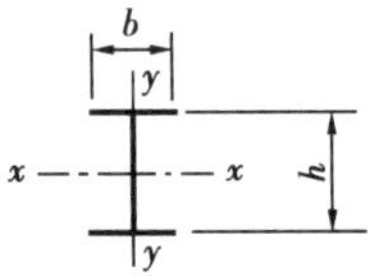 轧制（工字形）	$b/h \leqslant 0.8$	a 类	b 类
	$b/h \leqslant 0.8$	a* 类	b* 类
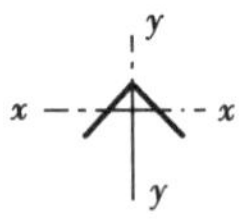 轧制等边角钢		a* 类	b* 类

续表

截面形式		对 x 轴	对 y 轴
焊接、翼缘为焰切边	焊接		
轧制		b 类	b 类
轧制、焊接 (板件宽厚比>20)	轧制或焊接		
焊接	轧制截面和翼缘为焰切边的焊接截面	b 类	b 类
格构式	焊接,板件边缘焰切		

续表

截面形式	对 x 轴	对 y 轴
焊接、翼缘为轧制或剪切边	b 类	c 类
焊接、板件边缘轧制或剪切	c 类	c 类
轧制、焊接(板件宽厚比≤20)		

注:①a*类含义为 Q235 钢取 b 类,Q345、Q390、Q420 和 Q460 钢取 a 类;b*类含义为 Q235 钢取 c 类,Q345、Q390、Q420 和 Q460 钢取 b 类。

②无对称轴且剪心和形心不重合的截面,其截面分类可按有对称轴的类似截面确定,如不等边角钢采用等边角钢的类别;当无类似截面时,可取 c 类。

附表 2.2　轴心受压构件的截面分类(板厚 $t \geqslant 40$ mm)

截面形式		对 x 轴	对 y 轴
轧制工字形或 H 形截面	$t < 80$ mm	b 类	c 类
	$t \geqslant 80$ mm	c 类	d 类
焊接工字形截面	翼缘为焰切边	b 类	b 类
	翼缘为轧制或剪切边	c 类	d 类
焊接箱形截面	板件宽厚比 > 20	b 类	b 类
	板件宽厚比≤20	c 类	c 类

附录 3　截面塑性发展系数

附表 3　截面塑性发展系数 γ_x、γ_y

项次	截面形式	γ_x	γ_y
1			1.2
2		1.05	1.05
3		$\gamma_{x1}=1.05$ $\gamma_{x2}=1.2$	1.2
4			1.05
5		1.2	1.2
6		1.15	1.15

续表

项次	截面形式	γ_x	γ_y
7	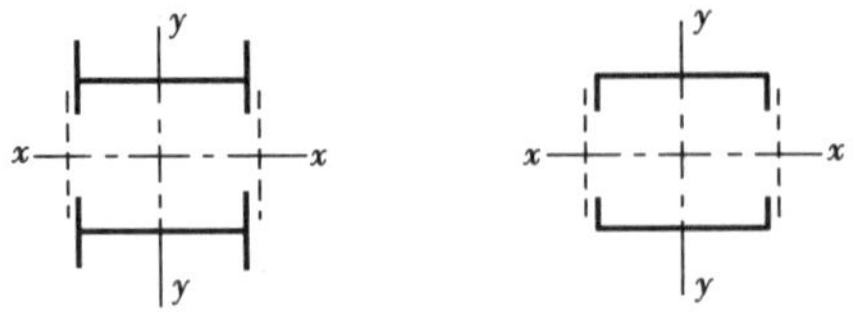	1.0	1.05
8	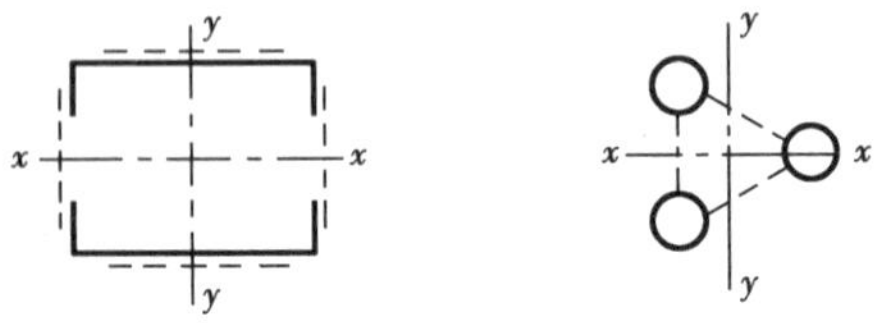	1.0	1.0

附录 4　结构或构件的变形容许值

4.1　受弯构件的挠度容许值

1)吊车梁、楼盖梁、屋盖梁、工作平台梁以及墙架构件的挠度不宜超过附表 4.1 所列的允许值。

2)冶金工厂或类似车间中设有工作级别为 A7、A8 级吊车的车间,其跨间每侧吊车梁或吊车桁架的制动结构,由一台最大吊车横向水平荷载(按荷载规范取值)所产生的挠度不宜超过制动结构跨度的 1/2 200。

附表 4.1　受弯构件挠度容许值

项次	构件类别	挠度允许值	
		$[\nu_T]$	$[\nu_Q]$
1	吊车梁和吊车桁架(按自重和起重量最大的一台吊车计算挠度) (1)手动吊车和单梁吊车(含悬挂吊车) (2)轻级工作制桥式吊车 (3)中级工作台制桥式吊车 (4)重级工作台制桥式吊车	$l/500$ $l/800$ $l/1\,000$ $l/1\,200$	—
2	手动或电动葫芦的轨道梁	$l/400$	—
3	有重轨(重量等于或大于 38 kg/m)轨道的工作台平台梁 有轻轨(重量等于或小于 24 kg/m)轨道的工作台平台梁	$l/600$ $l/400$	—

250

续表

项次	构件类别	挠度允许值	
		$[\nu_T]$	$[\nu_Q]$
4	楼(屋)盖梁或桁架、工作平台梁(第3项除外)和平台板		
	(1)主梁或桁架(包括设有悬挂起重设备的梁和桁架)	$l/400$	$l/500$
	(2)抹灰顶棚的次梁	$l/250$	$l/350$
	(3)除(1)、(2)款外的其他梁(包括楼梯梁)	$l/250$	$l/300$
	(4)屋盖檩条		
	支承无积灰的瓦楞铁和石棉瓦屋面者	$l/150$	—
	支承压型金属板、有积灰的瓦楞铁和石棉瓦等屋面者	$l/200$	—
	支承其他屋面材料者	$l/200$	—
	(5)平台板	$l/150$	—
5	墙架构件(风荷载不考虑阵风系数)		
	(1)支柱	—	$l/400$
	(2)抗风桁架(作为连续支柱的支承时)	—	$l/1\,000$
	(3)砌体墙的横梁(水平方向)	—	$l/300$
	(4)支承压型金属板、瓦楞铁和石棉瓦墙面的横梁(水平方向)	—	$l/200$
	(5)带有玻璃窗的横梁(竖直和水平方向)	$l/200$	$l/200$

注:①l 为受弯构件的跨度(对悬臂梁和伸臂梁为悬伸长度的2倍)。

　　②$[\nu_T]$为永久和可变荷载标准值产生的挠度(如有起拱应减去拱度)的容许值;$[\nu_Q]$为可变荷载标准值产生的挠度的容许值。

4.2　框架结构的水平位移容许值

1)在风荷载标准值作用下,框架柱顶水平位移和层间相对位移不宜超过下列数值:

1　无桥式吊车的单层框架的柱顶位移　　　　　　　　　　　　　　　　　　　　$H/150$

2　有桥式吊车的单层框架的柱顶位移　　　　　　　　　　　　　　　　　　　　$H/400$

3　多层框架的柱顶位移　　　　　　　　　　　　　　　　　　　　　　　　　　$H/500$

4　多层框架的层间相对位移　　　　　　　　　　　　　　　　　　　　　　　　$h/400$

H 为自基础顶面至柱顶的总高度;h 为层高。

注:①对室内装修要求较高的民用建筑多层框架结构,层间相对位移宜适当减小。无墙壁的多层框架结构,层间相对位移可适当放宽。

　　②对轻型框架结构的柱顶水平位移和层间位移均可适当放宽。

2)在冶金工厂或类似车间中设有 A7、A8 级吊车的厂房柱和设有中级和重级工作制吊车的露天栈桥柱,在吊车梁或吊车桁架的顶面标高处,由一台最大吊车水平荷载(按荷载规范取值)所产生的计算变形值,不宜超过附表4.2所列的容许值。

附表 4.2　柱水平位移(计算值)的容许值

项次	位移的种类	按平面结构图形计算	按空间结构图形计算
1	厂房柱的横向位移	$H_e/1\,250$	$H_e/2\,000$
2	露天栈桥柱的横向位移	$H_e/2\,500$	—
3	厂房和露天栈桥柱的纵向位移	$H_e/4\,000$	—

注:①H_e 为基础顶面至吊车梁或吊车桁架顶面的高度。
②计算厂房或露天栈桥柱的纵向位移时,可假定吊车的纵向水平制动力分配在温度区段内所有柱间支撑或纵向框架上。
③在设有 A8 级吊车的厂房中,厂房柱的水平位移容许值宜减小10%。
④在设有 A6 级吊车的厂房柱的纵向位移宜符合表中的要求。

附录 5　轴心受压构件的稳定系数

附表 5.1　a 类截面轴心受压构件的稳定系数 φ

$\lambda\sqrt{\dfrac{f_y}{235}}$	0	1	2	3	4	5	6	7	8	9
0	1.000	1.000	1.000	1.000	0.999	0.999	0.998	0.998	0.997	0.996
10	0.995	0.994	0.993	0.992	0.991	0.989	0.988	0.986	0.985	0.983
20	0.981	0.979	0.977	0.976	0.974	0.972	0.970	0.968	0.966	0.964
30	0.963	0.961	0.959	0.957	0.955	0.952	0.950	0.948	0.946	0.944
40	0.941	0.939	0.937	0.934	0.932	0.929	0.927	0.924	0.921	0.919
50	0.916	0.913	0.910	0.907	0.904	0.900	0.897	0.894	0.890	0.886
60	0.883	0.879	0.875	0.871	0.867	0.863	0.858	0.854	0.849	0.844
70	0.839	0.834	0.829	0.824	0.818	0.813	0.807	0.801	0.795	0.789
80	0.783	0.776	0.770	0.763	0.757	0.750	0.743	0.736	0.728	0.721
90	0.714	0.706	0.699	0.691	0.684	0.676	0.668	0.661	0.653	0.645
100	0.638	0.630	0.622	0.615	0.607	0.600	0.592	0.585	0.577	0.570
110	0.563	0.555	0.548	0.541	0.534	0.527	0.520	0.514	0.507	0.500
120	0.494	0.488	0.481	0.475	0.469	0.463	0.457	0.451	0.445	0.440
130	0.434	0.429	0.423	0.418	0.412	0.407	0.402	0.397	0.392	0.387
140	0.383	0.378	0.373	0.369	0.364	0.360	0.356	0.351	0.347	0.343
150	0.339	0.335	0.331	0.327	0.323	0.320	0.316	0.312	0.309	0.305

续表

$\lambda\sqrt{\dfrac{f_y}{235}}$	0	1	2	3	4	5	6	7	8	9
160	0.302	0.298	0.295	0.292	0.289	0.285	0.282	0.279	0.276	0.273
170	0.270	0.267	0.294	0.262	0.259	0.256	0.253	0.251	0.248	0.246
180	0.243	0.241	0.238	0.236	0.233	0.231	0.229	0.226	0.224	0.222
190	0.220	0.218	0.215	0.213	0.211	0.209	0.207	0.225	0.203	0.201
200	0.199	0.198	0.196	0.194	0.192	0.190	0.189	0.187	0.185	0.183
210	0.182	0.180	0.179	0.177	0.175	0.174	0.172	0.171	0.169	0.168
220	0.166	0.165	0.164	0.162	0.161	0.159	0.158	0.157	0.155	0.154
230	0.153	0.152	0.150	0.149	0.148	0.147	0.146	0.144	0.143	0.142
240	0.141	0.140	0.139	0.138	0.136	0.135	0.134	0.133	0.132	0.131
250	0.130	—	—	—	—	—	—	—	—	—

注:见附表5.4注。

附表5.2　b类截面轴心受压构件的稳定系数 φ

$\lambda\sqrt{\dfrac{f_y}{235}}$	0	1	2	3	4	5	6	7	8	9
0	1.000	1.000	1.000	0.999	0.999	0.998	0.997	0.996	0.995	0.994
10	0.992	0.991	0.989	0.987	0.985	0.983	0.981	0.978	0.976	0.973
20	0.970	0.967	0.963	0.960	0.957	0.953	0.950	0.946	0.943	0.939
30	0.936	0.932	0.929	0.925	0.922	0.918	0.914	0.910	0.906	0.903
40	0.899	0.895	0.891	0.887	0.882	0.878	0.874	0.870	0.865	0.861
50	0.856	0.852	0.847	0.842	0.838	0.833	0.828	0.823	0.818	0.813
60	0.807	0.802	0.797	0.791	0.786	0.780	0.774	0.769	0.763	0.757
70	0.751	0.745	0.739	0.732	0.726	0.720	0.714	0.707	0.701	0.694
80	0.688	0.681	0.675	0.668	0.661	0.655	0.648	0.641	0.635	0.628
90	0.621	0.614	0.608	0.601	0.594	0.588	0.581	0.575	0.568	0.561
100	0.555	0.549	0.542	0.536	0.529	0.523	0.517	0.511	0.505	0.499
110	0.493	0.487	0.481	0.475	0.470	0.464	0.458	0.453	0.447	0.442
120	0.437	0.432	0.426	0.421	0.416	0.411	0.406	0.402	0.397	0.392

续表

$\lambda\sqrt{\frac{f_y}{235}}$	0	1	2	3	4	5	6	7	8	9
130	0.387	0.383	0.378	0.374	0.370	0.365	0.361	0.357	0.353	0.349
140	0.345	0.341	0.337	0.333	0.329	0.326	0.322	0.318	0.315	0.311
150	0.308	0.304	0.301	0.298	0.295	0.291	0.288	0.285	0.282	0.279
160	0.276	0.273	0.270	0.267	0.265	0.262	0.259	0.256	0.254	0.251
170	0.249	0.246	0.244	0.241	0.239	0.236	0.234	0.232	0.229	0.227
180	0.225	0.223	0.220	0.218	0.216	0.214	0.212	0.210	0.208	0.206
190	0.204	0.202	0.200	0.198	0.197	0.195	0.193	0.191	0.190	0.188
200	0.186	0.184	0.183	0.181	0.180	0.178	0.176	0.175	0.173	0.172
210	0.170	0.169	0.167	0.166	0.165	0.163	0.162	0.160	0.159	0.158
220	0.156	0.155	0.154	0.153	0.151	0.150	0.149	0.148	0.146	0.145
230	0.144	0.143	0.142	0.141	0.140	0.138	0.137	0.136	0.135	0.134
240	0.133	0.132	0.131	0.130	0.129	0.128	0.127	0.126	0.125	0.124
250	0.123	—	—	—	—	—	—	—	—	—

注：见附表5.4注。

附表5.3　c类截面轴心受压构件的稳定系数 φ

$\lambda\sqrt{\frac{f_y}{235}}$	0	1	2	3	4	5	6	7	8	9
0	1.000	1.000	1.000	0.999	0.999	0.998	0.997	0.996	0.995	0.993
10	0.992	0.990	0.988	0.986	0.983	0.981	0.978	0.976	0.973	0.970
20	0.966	0.959	0.953	0.947	0.940	0.934	0.928	0.921	0.915	0.909
30	0.902	0.896	0.890	0.884	0.877	0.871	0.865	0.858	0.852	0.846
40	0.839	0.833	9.826	0.820	0.814	0.807	0.801	0.794	0.788	0.781
50	0.775	0.768	0.762	0.755	0.748	0.742	0.735	0.729	0.722	0.715
60	0.709	0.702	0.695	0.689	0.682	0.676	0.669	0.662	0.656	0.649
70	0.643	0.636	0.629	0.623	0.616	0.610	0.604	0.597	0.591	0.584
80	0.578	0.572	0.566	0.559	0.553	0.547	0.541	0.535	0.529	0.523

续表

$\lambda\sqrt{\dfrac{f_y}{235}}$	0	1	2	3	4	5	6	7	8	9
90	0.517	0.511	0.505	0.500	0.494	0.488	0.483	0.477	0.472	0.467
100	0.463	0.458	0.454	0.449	0.445	0.441	0.436	0.432	0.428	0.423
110	0.419	0.415	0.411	0.407	0.403	0.399	0.395	0.391	0.387	0.383
120	0.379	0.375	0.371	0.367	0.364	0.360	0.356	0.353	0.349	0.346
130	0.342	0.339	0.335	0.332	0.328	0.325	0.322	0.319	0.315	0.312
140	0.309	0.306	0.303	0.300	0.297	0.294	0.291	0.288	0.285	0.282
150	0.280	0.277	0.274	0.271	0.269	0.266	0.264	0.261	0.258	0.256
160	0.254	0.251	0.249	0.246	0.244	0.242	0.239	0.237	0.235	0.233
170	0.230	0.228	0.226	0.224	0.222	0.220	0.218	0.216	0.214	0.212
180	0.210	0.208	0.206	0.205	0.203	0.201	0.199	0.197	0.196	0.194
190	0.192	0.190	0.189	0.187	0.186	0.184	0.182	0.181	0.179	0.178
200	0.176	0.175	0.173	0.172	0.170	0.169	0.168	0.166	0.165	0.163
210	0.162	0.161	0.159	0.158	0.157	0.156	0.154	0.153	0.152	0.151
220	0.150	0.148	0.147	0.146	0.145	0.144	0.143	0.142	0.140	0.139
230	0.138	0.137	0.136	0.135	0.134	0.133	0.132	0.131	0.130	0.129
240	0.128	0.127	0.126	0.125	0.124	0.124	0.123	0.122	0.121	0.120
250	0.119	—	—	—	—	—	—	—	—	—

注:见附表5.4注。

附表 5.4　d 类截面轴心受压构件的稳定系数 φ

$\lambda\sqrt{\dfrac{f_y}{235}}$	0	1	2	3	4	5	6	7	8	9
0	1.000	1.000	0.999	0.999	0.998	0.996	0.994	0.992	0.990	0.987
10	0.984	0.981	0.978	0.974	0.969	0.965	0.960	0.955	0.949	0.944
20	0.937	0.927	0.918	0.909	0.900	0.891	0.883	0.874	0.865	0.857
30	0.848	0.840	0.831	0.823	0.815	0.807	0.799	0.790	0.782	0.774
40	0.766	0.759	0.751	0.743	0.735	0.728	0.720	0.712	0.705	0.697
50	0.690	0.683	0.675	0.668	0.661	0.654	0.646	0.639	0.632	0.625

续表

$\lambda\sqrt{\dfrac{f_y}{235}}$	0	1	2	3	4	5	6	7	8	9
60	0.618	0.612	0.605	0.598	0.591	0.585	0.578	0.572	0.565	0.559
70	0.552	0.546	0.540	0.534	0.528	0.522	0.516	0.510	0.504	0.498
80	0.493	0.487	0.481	0.476	0.470	0.465	0.460	0.454	0.449	0.444
90	0.439	0.434	0.429	0.424	0.419	0.414	0.410	0.405	0.401	0.397
100	0.394	0.390	0.387	0.383	0.380	0.376	0.373	0.370	0.366	0.363
110	0.359	0.356	0.353	0.350	0.346	0.343	0.340	0.337	0.334	0.331
120	0.328	0.325	0.322	0.319	0.316	0.313	0.310	0.307	0.304	0.301
130	0.299	0.296	0.293	0.290	0.288	0.285	0.282	0.280	0.277	0.275
140	0.272	0.270	0.267	0.265	0.262	0.260	0.258	0.255	0.253	0.251
150	0.248	0.246	0.244	0.242	0.240	0.237	0.235	0.233	0.231	0.229
160	0.227	0.225	0.223	0.221	0.219	0.217	0.215	0.213	0.212	0.210
170	0.208	0.206	0.204	0.203	0.201	0.199	0.197	0.196	0.194	0.192
180	0.191	0.189	0.188	0.186	0.184	0.183	0.181	0.180	0.178	0.177
190	0.176	0.174	0.173	0.171	0.170	0.168	0.167	0.166	0.164	0.163
200	0.162	—	—	—	—	—	—	—	—	—

注:①附表5.1至表5.4中的 φ 值系按下列公式算得:

当 $\lambda_n = \dfrac{\lambda}{\pi}\sqrt{f_y/E} \leqslant 0.215$ 时:

$$\varphi = 1 - \alpha_1 \lambda_n^2$$

当 $\lambda_n > 0.215$ 时:

$$\varphi = \frac{1}{2\lambda_n^2}\left[(\alpha_2 + \alpha_3\lambda_n + \lambda_n^2) - \sqrt{(\alpha_2 + \alpha_3\lambda_n + \lambda_n^2)^2 - 4\lambda_n^2}\right]$$

式中,α_1、α_2、α_3 为系数,根据本规范表5.1.2的截面分类,按附表18采用。

②当构件的 $\lambda\sqrt{f_y/235}$ 值超出附表5.1至附表5.4的范围时,则 φ 值按注①所列的公式计算。

附表5.5 系数 α_1、α_2、α_3

截面类别		α_1	α_2	α_3
a 类		0.41	0.986	0.152
b 类		0.65	0.965	0.300
c 类	$\lambda_n \leqslant 1.05$	0.73	0.906	0.595
	$\lambda_n > 1.05$		1.216	0.302
d 类	$\lambda_n \leqslant 1.05$	1.35	0.868	0.915
	$\lambda_n > 1.05$		1.375	0.432

附录 6　柱的计算长度系数

附表 6.1　无侧移框架柱的计算长度系数 μ

K_1 / K_2	0	0.05	0.1	0.2	0.3	0.4	0.5	1	2	3	4	5	$\geqslant 10$
0	1.000	0.990	0.981	0.964	0.949	0.935	0.922	0.875	0.820	0.791	0.773	0.760	0.732
0.05	0.990	0.981	0.971	0.955	0.940	0.926	0.914	0.867	0.814	0.784	0.766	0.754	0.726
0.1	0.981	0.971	0.962	0.946	0.931	0.918	0.906	0.860	0.807	0.778	0.760	0.748	0.721
0.2	0.964	0.955	0.946	0.930	0.916	0.903	0.891	0.846	0.795	0.767	0.749	0.737	0.711
0.3	0.949	0.940	0.931	0.916	0.902	0.889	0.878	0.834	0.784	0.756	0.739	0.728	0.701
0.4	0.935	0.926	0.918	0.903	0.889	0.877	0.866	0.823	0.774	0.747	0.730	0.719	0.693
0.5	0.922	0.914	0.906	0.891	0.878	0.866	0.855	0.813	0.765	0.738	0.721	0.710	0.685
1	0.875	0.867	0.860	0.846	0.834	0.823	0.813	0.774	0.729	0.704	0.688	0.677	0.654
2	0.820	0.814	0.807	0.795	0.784	0.774	0.765	0.729	0.686	0.663	0.648	0.638	0.615
3	0.791	0.784	0.778	0.767	0.756	0.747	0.738	0.704	0.663	0.640	0.625	0.616	0.593
4	0.773	0.766	0.760	0.749	0.739	0.730	0.721	0.688	0.648	0.625	0.611	0.601	0.580
5	0.760	0.754	0.748	0.737	0.728	0.719	0.710	0.677	0.638	0.616	0.601	0.592	0.570
$\geqslant 10$	0.732	0.726	0.721	0.711	0.701	0.693	0.685	0.654	0.615	0.593	0.580	0.570	0.549

注：①表中的计算长度系数 μ 值系按下式算得：

$$\left[\left(\frac{\pi}{\mu}\right)^2 + 2(K_1 + K_2) - 4K_1K_2\right]\frac{\pi}{\mu}\cdot\sin\frac{\pi}{\mu} - 2\left[(K_1 + K_2)\left(\frac{\pi}{\mu}\right)^2 + 4K_1K_2\right]\cos\frac{\pi}{\mu} + 8K_1K_2 = 0$$

式中，K_1、K_2 分别为相交于柱上端、柱下端的横梁线刚度之各与柱线刚度之和的比值。当梁远端为铰接时，应将横梁线刚度乘以 1.5；当横梁远端为嵌固时，则将横梁线刚度乘以 2。

②当横梁与柱铰接时，取横梁线刚度为零。

③对底层框架柱：当柱与基础铰接时，取 $K_2 = 0$（对平板支座可取 $K_2 = 0.1$）；当柱与基础刚接时，取 $K_2 = 10$。

④当与柱刚性连接的横梁所受轴心压力 N_b 较大时，横梁线刚度应乘以折减系数 α_N，

横梁远端与柱刚接和横梁远端铰支时：$\alpha_N = 1 - N_b/N_{Eb}$

横梁远端嵌固时：$\alpha_N = 1 - N_b/(2N_{Eb})$

式中，$N_{Eb} = \pi^2 EI_b/l^2$，I_b 为横梁截面惯性矩，l 为横梁长度。

附表 6.2　有侧移框架柱的计算长度系数 μ

K_1 $\diagdown$ K_2	0	0.05	0.1	0.2	0.3	0.4	0.5	1	2	3	4	5	≥10
0	∞	6.02	4.46	3.42	3.01	2.78	2.64	2.33	2.17	2.11	2.08	2.07	2.03
0.05	6.02	4.16	3.47	2.86	2.58	2.42	2.31	2.07	1.94	1.90	1.87	1.86	1.83
0.1	4.46	3.47	3.01	2.56	2.33	2.20	2.11	1.90	1.79	1.75	1.73	1.72	1.70
0.2	3.42	2.86	2.56	2.23	2.05	1.94	1.87	1.70	1.60	1.57	1.55	1.54	1.52
0.3	3.01	2.58	2.33	2.05	1.90	1.80	1.74	1.58	1.49	1.46	1.45	1.44	1.42
0.4	2.78	2.42	2.20	1.94	1.80	1.71	1.65	1.50	1.42	1.39	1.37	1.37	1.35
0.5	2.64	2.31	2.11	1.87	1.74	1.65	1.59	1.45	1.37	1.34	1.32	1.32	1.30
1	2.33	2.07	1.90	1.70	1.58	1.50	1.45	1.32	1.24	1.21	1.20	1.19	1.17
2	2.17	1.94	1.79	1.60	1.49	1.42	1.37	1.24	1.16	1.14	1.12	1.12	1.10
3	2.11	1.90	1.75	1.57	1.46	1.39	1.34	1.21	1.14	1.11	1.10	1.09	1.07
4	2.08	1.87	1.73	1.55	1.45	1.37	1.32	1.20	1.12	1.10	1.08	1.08	1.06
5	2.07	1.86	1.72	1.54	1.44	1.37	1.32	1.19	1.12	1.09	1.08	1.07	1.05
≥10	2.03	1.83	1.70	1.52	1.42	1.35	1.30	1.17	1.10	1.07	1.06	1.05	1.03

注:①表中的计算长度系数 μ 值系按下式算得:

$$\left[36K_1K_2-\left(\frac{\pi}{\mu}\right)^2\right]\sin\frac{\pi}{\mu}+6(K_1+K_2)\frac{\pi}{\mu}\cdot\cos\frac{\pi}{\mu}=0$$

式中,K_1、K_2 分别为相交于柱上端、柱下端的横梁线刚度之和与柱线刚度之和的比值。当横梁远端为铰接时,应将横梁线刚度乘以 0.5;当横梁远端为嵌固时,则应乘以 2/3。

②当横梁与柱铰接时,取横梁线刚度为零。

③对底层框架柱:当柱与基础铰接时,取 $K_2=0$(对平板支座可取 $K_2=0.1$);当柱与基础刚接时,取 $K_2=10$。

④当与柱刚性连接的横梁所受轴心压力 N_b 较大时,横梁线刚度应乘以折减系数 α_N:

横梁远端与柱刚接时:　　　　　　　$\alpha_N=1-N_b/(4N_{Eb})$

横梁远端铰支时:　　　　　　　　$\alpha_N=1-N_b/N_{Eb}$

横梁远端嵌固时:　　　　　　　　$\alpha_N=1-N_b/(2N_{Eb})$

N_{Eb} 的计算式见附表 6.1 注④。

附录7　疲劳计算的构件和连接分类

附表7　构件和连接分类

项次	简图	说明	类别
1	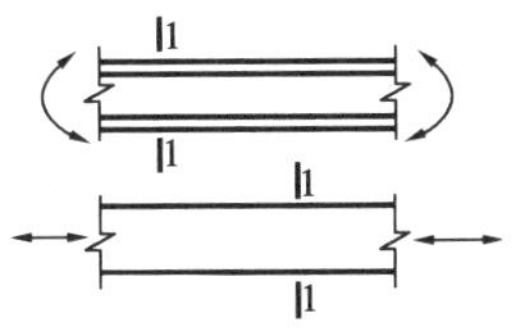	无连接处的主体金属 （1）轧制型钢 （2）钢板 　　a. 两边为轧制边或刨边 　　b. 两侧为自动、半自动切割边（切割质量标准应符合现行国家标准《钢结构工程施工质量验收标准》GB 50205—2020）	1 1 2
2	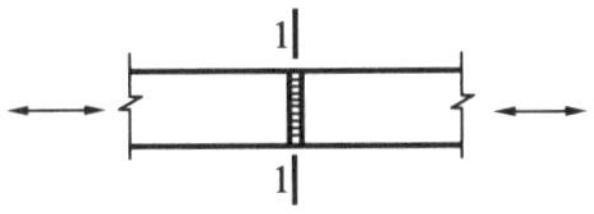	横向对接焊缝附近的主体金属 （1）符合现行国家标准《钢结构工程施工质量验收标准》（GB 50205—2020）的一级焊缝 （2）经加工、磨平的一级焊缝	3 2
3	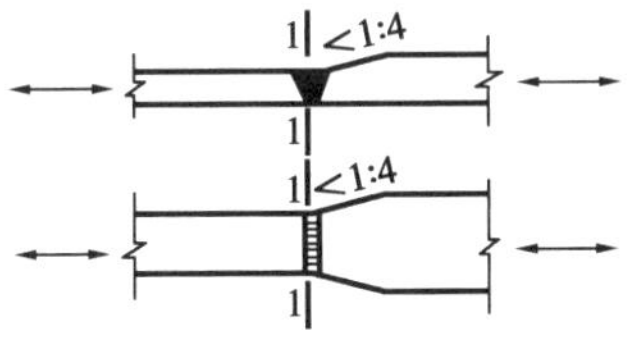	不同厚度（或宽度）横向对接焊缝附近的主体金属，焊缝加工成平滑过渡并符合一级焊缝标准	2
4	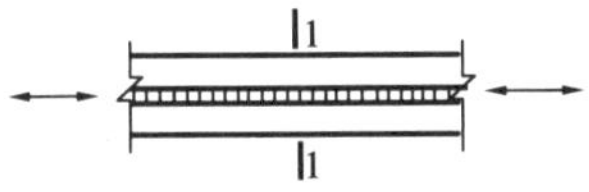	纵向对接焊缝附近的主体金属，焊缝符合二级焊缝标准	2
5	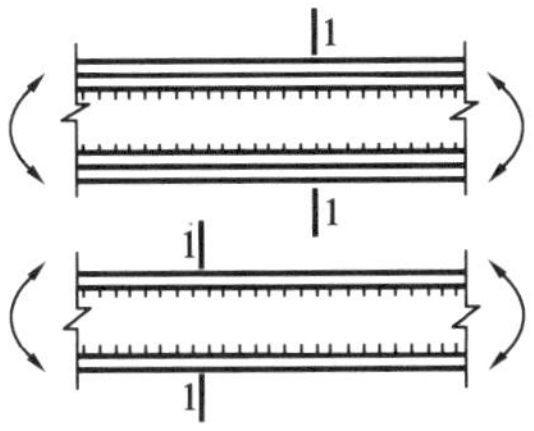	翼缘连接焊缝附近的主体金属 （1）翼缘板与腹板的连接焊接 　　a. 自动焊，二级T形对接和角接组合焊缝 　　b. 自动焊，角焊缝，外观质量标准符合二级 　　c. 手工焊，角焊缝，外观质量标准符合二级 （2）双层翼缘板之间的连接焊接 　　a. 自动焊，角焊缝，外观质量标准符合二级 　　b. 手工焊，角焊缝，外观质量标准符合二级	 2 3 4 3 4

259

续表

项次	简图	说明	类别
6		横向加劲肋端部附近的主体金属 （1）肋端不断弧（采用回焊） （2）肋端断弧	4 5
7		梯形节点板用对接焊缝焊于梁翼缘、腹板以及桁架构件处的主体金属，过渡处在焊后铲平、磨光、圆滑过渡，不得有焊接起弧、灭弧缺陷	5
8		矩形节点板焊接于构件翼缘或腹板处的主体金属，$l > 150$ mm	7
9		翼缘板中断处的主体金属（板端有正面焊缝）	7
10		向正面角焊缝过渡处的主体金属	6
11		两侧面角焊缝连接端部的主体金属	8
12		三角围焊的角焊缝端部主体金属	7

项次	简图	说明	类别
13		三面围焊或两侧面角焊缝连接的节点板主体金属(节点板计算宽度按应力扩散角 θ 等于 $30°$ 考虑)	7
14		K形坡口T形对接与角接组合焊缝处的主体金属,两板轴线偏离小于 $0.15t$,焊缝为二级,焊趾角 $\alpha \leqslant 45°$	5
15		十字接头角焊缝处的主体金属,两板轴线偏离小于 $0.15t$	7
16	角焊缝	按有效面确定的前应力幅计算	8
17		铆钉连接处的主体金属	3
18		连系螺栓和虚孔处的主体金属	3
19		高强度螺栓摩擦型连接处的主体金属	2

附录8 截面回转半径

附表8 各种截面回转半径的近似值

$i_x=0.30h$ $i_y=0.30b$ $i_z=0.195h$	$i_x=0.40h$ $i_y=0.21b$	$i_x=0.38h$ $i_y=0.60b$	$i_x=0.41h$ $i_y=0.22b$
$i_x=0.32h$ $i_y=0.28b$ $i_x=0.18\dfrac{h+b}{2}$	$i_x=0.45h$ $i_y=0.235b$	$i_x=0.38h$ $i_y=0.44b$	$i_x=0.32h$ $i_y=0.49b$
$i_x=0.30h$ $i_y=0.215b$	$i_x=0.44h$ $i_y=0.28b$	$i_x=0.32h$ $i_y=0.58b$	$i_x=0.29h$ $i_y=0.50b$
$i_x=0.32h$ $i_y=0.20b$	$i_x=0.43h$ $i_y=0.43b$	$i_x=0.32h$ $i_y=0.40b$	$i_x=0.29h$ $i_y=0.45b$
$i_x=0.28h$ $i_y=0.24b$	$i_x=0.39h$ $i_y=0.20b$	$i_x=0.32h$ $i_y=0.12b$	$i_x=0.29h$ $i_y=0.29b$
$i_x=0.30h$ $i_y=0.17b$	$i_x=0.42h$ $i_y=0.22b$	$i_x=0.44h$ $i_y=0.32b$	$i_x=0.24h_平$ $i_y=0.41b_平$
$i_x=0.28h$ $i_y=0.21b$	$i_x=0.43h$ $i_y=0.24b$	$i_x=0.44h$ $i_y=0.38b$	$i=0.25d$
$i_x=0.21h$ $i_y=0.21b$ $i_z=0.185h$	$i_x=0.365h$ $i_y=0.275b$	$i_x=0.37h$ $i_y=0.54b$	$i=0.35d_平$
$i_x=0.21h$ $i_y=0.21b$	$i_x=0.35h$ $i_y=0.56b$	$i_x=0.37h$ $i_y=0.45b$	$i_x=0.39h$ $i_y=0.53b$
$i_x=0.45h$ $i_y=0.24b$	$i_x=0.39h$ $i_y=0.29b$	$i_x=0.40h$ $i_y=0.24b$	$i_x=0.40h$ $i_y=0.50b$

附录 9　型钢规格表

附表 9　热轧等边角钢截面尺寸、截面面积、理论重量及截面特性（GB/T 706—2016 热轧型钢）

b——边宽度；
d——边厚度；
r——内圆弧半径；
r_1——边端圆弧半径；
Z_0——重心距离。

| 型号 | 截面尺寸/mm | | | 截面面积/cm² | 理论重量/(kg·m⁻¹) | 外表面积/(m²·m⁻¹) | 惯性矩/cm⁴ | | | | 惯性半径/cm | | | 截面模数/cm³ | | | 重心距离/cm |
	b	d	r				I_x	I_{x1}	I_{x0}	I_{y0}	i_x	i_{x0}	i_{y0}	W_x	W_{x0}	W_{y0}	Z_0
2	20	3	3.5	1.132	0.89	0.078	0.40	0.81	0.63	0.17	0.59	0.75	0.39	0.29	0.45	0.20	0.60
		4		1.459	1.15	0.077	0.50	1.09	0.78	0.22	0.58	0.73	0.38	0.36	0.55	0.24	0.64
2.5	25	3		1.432	1.12	0.098	0.82	1.57	1.29	0.34	0.76	0.95	0.49	0.46	0.73	0.33	0.73
		4		1.859	1.46	0.097	1.03	2.11	1.62	0.43	0.74	0.93	0.48	0.59	0.92	0.40	0.76
3.0	30	3		1.749	1.37	0.117	1.46	2.21	2.31	0.61	0.91	1.15	0.59	0.68	1.09	0.51	0.85
		4	4.5	2.276	1.79	0.117	1.84	3.63	2.92	0.77	0.90	1.13	0.58	0.87	1.37	0.62	0.89
3.6	36	3		2.109	1.66	0.141	2.58	4.58	4.09	1.07	1.11	1.39	0.71	0.99	1.61	0.76	1.00
		4		2.756	2.16	0.141	3.29	6.25	5.22	1.37	1.09	1.38	0.70	1.28	2.05	0.93	1.04
		5		3.382	2.65	0.141	3.95	7.84	6.24	1.85	1.08	1.36	0.70	1.56	2.45	1.00	1.07
4	40	3		2.359	1.85	0.157	3.59	6.41	5.69	1.49	1.23	1.55	0.79	1.23	2.01	0.96	1.09
		4	5	3.086	2.42	0.157	4.60	8.56	7.29	1.91	1.22	1.54	0.79	1.60	2.58	1.19	1.13
		5		3.792	2.98	0.156	5.53	10.74	8.76	2.30	1.21	1.52	0.78	1.96	3.10	1.39	1.17
4.5	45	3		2.659	2.09	0.177	5.17	9.12	8.20	2.14	1.40	1.76	0.89	1.58	2.58	1.24	1.22
		4		3.486	2.74	0.177	6.65	12.18	10.56	2.75	1.38	1.74	0.89	2.05	3.32	1.54	1.26
		5		4.292	3.37	0.176	8.04	15.2	12.74	3.33	1.37	1.72	0.88	2.51	4.00	1.81	1.30
		6		5.077	3.99	0.176	9.33	18.36	14.76	3.89	1.36	1.70	0.8	2.95	4.64	2.05	1.33

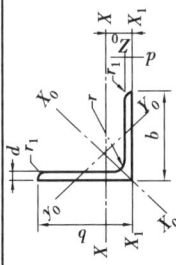

续表

型号	截面尺寸/mm			截面面积/cm²	理论重量/(kg·m⁻¹)	外表面积/(m²·m⁻¹)	惯性矩/cm⁴				惯性半径/cm			截面模数/cm³			重心距离/cm
	b	d	r				I_x	I_{x1}	I_{x0}	I_{y0}	i_x	i_{x0}	i_{y0}	W_x	W_{x0}	W_{y0}	Z_0
5	50	3	5.5	2.971	2.33	0.197	7.18	12.5	11.37	2.98	1.55	1.96	1.00	1.96	3.22	1.27	1.34
		4		3.897	3.06	0.197	9.26	16.69	14.70	3.82	1.54	1.94	0.99	2.56	4.16	1.96	1.38
		5		4.803	3.77	0.196	11.21	20.90	17.79	4.64	1.53	1.92	0.98	3.13	5.03	2.31	1.42
		8		5.688	4.46	0.196	13.05	25.14	20.68	5.42	1.52	1.91	0.98	3.68	5.85	2.63	1.46
5.6	56	3	6	3.343	2.62	0.221	10.19	17.56	16.14	4.24	1.75	2.20	1.13	2.48	4.08	2.02	1.48
		4		4.39	3.45	0.220	13.18	23.43	20.92	5.46	1.73	2.18	1.11	3.24	5.28	2.52	1.53
		5		5.415	4.25	0.220	16.02	29.33	25.48	6.61	1.72	2.17	1.10	3.97	5.42	2.98	1.57
		6		6.42	5.04	0.220	18.69	35.26	29.66	7.73	1.71	2.15	1.10	4.68	7.49	3.40	1.61
		7		7.404	5.81	0.219	21.23	41.23	33.63	8.82	1.69	2.13	1.09	5.36	8.49	3.80	1.64
		8		8.367	6.57	0.219	23.63	47.24	37.37	9.89	1.68	2.11	1.09	6.03	9.44	4.16	1.68
6	60	5	6.5	5.829	4.58	0.236	19.89	36.05	31.57	8.21	1.85	2.33	1.19	4.59	7.44	3.48	1.70
		6		6.914	5.43	0.235	23.25	43.93	36.89	9.80	1.83	2.31	1.18	5.41	8.70	3.98	1.74
		7		7.977	6.26	0.235	26.44	50.65	41.92	10.96	1.82	2.29	1.17	6.21	9.88	4.45	1.78
		8		9.02	7.08	0.235	29.47	58.02	46.66	12.28	1.81	2.27	1.17	6.98	11.00	4.88	1.82
6.3	63	4	7	4.978	3.91	0.248	19.03	33.35	30.17	7.89	1.96	2.46	1.26	4.13	6.78	3.29	1.70
		5		6.143	4.82	0.248	23.17	41.73	36.77	9.57	1.94	2.45	1.25	5.08	8.25	3.90	1.74
		6		7.288	5.72	0.247	27.12	50.14	48.03	11.20	1.93	2.43	1.24	6.00	9.66	4.45	1.78
		7		8.412	6.60	0.247	30.87	58.60	48.96	12.76	1.92	2.41	1.23	6.88	10.99	4.98	1.82
		8		9.515	7.47	0.247	34.46	67.11	54.56	14.33	1.90	2.40	1.22	7.75	12.25	5.47	1.85
		10		11.66	9.15	0.246	41.09	84.31	64.85	17.83	1.88	2.36	1.10	9.39	14.56	6.36	1.93
7	70	4	8	5.570	4.37	0.275	26.39	45.74	41.80	10.99	2.18	2.74	1.39	5.14	8.44	4.17	1.86
		5		6.876	5.40	0.275	32.21	57.21	51.08	13.31	2.16	2.73	1.38	5.32	10.32	4.95	1.91
		6		8.160	5.41	0.275	37.77	68.73	59.93	15.61	2.15	2.71	1.38	7.48	12.11	5.67	1.95
		7		9.424	7.40	0.275	43.09	80.29	68.35	17.82	2.14	2.69	1.37	8.59	13.81	6.34	1.99
		8		10.67	8.37	0.274	48.17	91.92	76.37	19.98	2.12	2.68	1.37	9.68	15.43	6.98	2.03

型号	b	r	d	7.412...	5.82...	0.295...	39.97...	70.56...	63.30...	16.63...	2.33...	2.92...	1.250...	7.32...	11.94...	5.77...	2.04...
7.5	75	9	5	7.412	5.82	0.295	39.97	70.56	63.30	16.63	2.33	2.92	1.250	7.32	11.94	5.77	2.04
			6	8.797	6.91	0.294	46.96	84.55	74.38	19.51	2.31	2.90	1.49	8.64	14.02	6.67	2.07
			7	10.16	7.98	0.294	53.57	98.71	84.96	22.18	2.30	2.89	1.48	9.93	16.02	7.44	2.11
			8	11.50	9.03	0.294	59.96	112.97	95.07	24.86	2.28	2.88	1.47	11.20	17.93	8.19	2.15
			9	12.83	10.1	0.294	66.10	127.30	104.71	27.48	2.27	2.86	1.46	12.43	19.75	8.89	2.18
			10	14.13	11.1	0.293	71.98	141.71	113.92	30.05	2.26	2.84	1.46	13.64	21.48	9.56	2.22
8	80	9	5	7.912	6.21	0.315	48.79	85.36	77.33	20.25	2.48	3.13	1.60	8.34	13.67	6.66	2.15
			6	9.397	7.38	0.314	57.35	102.50	90.98	23.72	2.47	3.11	1.59	9.87	16.08	7.65	2.19
			7	10.86	8.53	0.314	65.58	119.70	104.70	27.09	2.46	3.10	1.58	11.37	18.40	8.58	2.23
			8	12.30	9.66	0.314	73.49	136.97	116.60	30.39	2.44	3.08	1.57	12.83	20.61	9.46	2.27
			9	13.73	10.8	0.314	81.11	154.31	128.60	33.61	2.43	3.06	1.56	14.25	22.73	10.29	2.31
			10	15.13	11.9	0.313	88.43	171.74	140.09	39.77	2.42	3.04	1.56	15.64	24.76	11.08	2.35
9	90	10	6	10.64	8.35	0.354	82.77	145.87	131.26	34.28	2.79	3.51	1.80	12.61	20.63	9.95	2.44
			7	12.30	9.66	0.354	94.83	170.30	150.47	39.18	2.78	3.50	1.78	14.54	23.64	11.19	2.48
			8	13.94	10.9	0.353	106.47	194.80	168.97	43.97	2.75	3.48	1.78	16.42	26.55	12.35	2.52
			9	15.57	12.2	0.353	117.22	219.39	186.77	48.66	2.75	3.46	1.77	18.27	29.35	13.46	2.56
			10	17.17	13.5	0.353	128.58	244.07	203.90	53.26	2.74	3.45	1.76	20.07	32.04	14.52	2.59
			12	20.31	15.9	0.352	149.22	293.76	236.21	62.22	2.71	3.41	1.75	23.57	37.12	16.49	2.67
10	100	12	6	11.93	9.37	0.393	114.95	200.07	181.98	47.92	3.10	3.90	2.00	15.68	25.74	12.69	2.67
			7	13.80	10.8	0.393	131.86	233.54	208.97	54.74	3.09	3.89	1.99	18.10	29.55	14.26	2.71
			8	15.64	12.3	0.393	148.24	267.09	235.07	54.41	3.08	3.88	1.98	20.47	33.24	15.75	2.76
			9	17.46	13.7	0.392	164.12	300.73	260.30	67.95	3.07	3.86	1.97	22.79	36.81	17.18	2.80
			10	19.26	15.1	0.392	179.51	334.48	284.68	74.35	3.05	3.84	1.96	25.06	40.26	18.54	2.84
			12	22.80	17.9	0.391	208.90	402.34	330.95	86.34	3.03	3.81	1.95	29.48	46.80	21.08	2.91
			14	26.26	20.6	0.391	236.53	470.75	374.06	99.00	3.00	3.77	1.94	33.73	52.90	23.44	2.99
			16	29.63	23.3	0.390	262.53	539.80	414.16	110.89	2.98	3.74	1.94	37.82	58.57	25.63	3.06

钢结构基础

续表

型号	b	d	r	截面面积/cm²	理论重量/(kg·m⁻¹)	外表面积/(m²·m⁻¹)	I_x	I_{x1}	I_{x0}	I_{y0}	i_x	i_{x0}	i_{y0}	W_x	W_{x0}	W_{y0}	Z_0
11	110	7	12	15.20	11.9	0.433	177.16	310.64	280.94	73.38	3.41	4.30	2.20	22.05	36.12	17.51	2.96
		8		17.24	13.5	0.433	199.46	355.20	316.49	82.42	3.40	4.28	2.19	24.95	40.69	19.39	3.01
		10		21.26	16.7	0.432	242.19	444.65	384.39	99.98	3.38	4.25	2.17	30.60	49.42	22.91	3.09
		12		25.20	19.8	0.431	282.55	534.60	448.17	116.93	3.35	4.22	2.15	36.05	57.62	26.15	3.16
		14		29.06	22.8	0.431	320.71	625.16	508.01	133.40	3.32	4.18	2.14	41.31	65.31	29.14	3.24
12.5	125	8	14	19.75	15.5	0.492	297.03	521.01	470.89	123.16	3.68	4.88	2.50	32.52	53.28	25.86	3.37
		10		24.37	19.1	0.491	361.67	651.93	573.89	149.46	3.85	4.85	2.48	39.97	64.93	30.62	3.45
		12		28.91	22.7	0.491	423.16	783.42	671.44	174.88	3.83	4.82	2.46	41.17	75.96	35.03	3.53
		14		33.37	26.2	0.490	481.65	915.61	763.73	199.57	3.80	4.78	2.45	54.16	86.41	39.13	3.61
		16		37.74	29.6	0.489	537.31	1048.62	850.98	223.65	3.77	4.75	2.43	60.93	96.28	42.96	3.68
14	140	10	14	27.37	21.5	0.551	514.65	915.11	817.27	212.04	4.34	5.46	2.78	50.58	82.56	39.20	3.82
		12		32.51	25.5	0.551	603.68	1099.28	958.79	248.57	4.31	5.43	2.76	59.80	96.85	45.02	3.90
		14		37.57	29.5	0.550	688.81	1284.22	1093.56	284.06	4.18	5.40	2.75	68.75	110.47	50.45	3.98
		16		42.54	33.4	0.549	770.24	1470.07	1221.81	318.57	4.26	5.36	2.74	77.46	123.42	55.55	4.06
15	150	8	16	23.75	18.6	0.592	521.37	899.55	527.40	215.25	4.69	5.90	3.01	47.36	78.02	38.14	3.99
		10		29.37	23.1	0.591	637.50	1125.09	1012.79	262.21	4.66	5.87	2.99	58.35	95.49	45.51	4.08
		12		34.91	27.4	0.591	748.85	1351.26	1189.97	307.73	4.63	5.84	2.97	69.04	112.19	52.38	4.15
		14		40.37	31.7	0.590	856.64	1578.25	1359.30	351.98	4.60	5.80	2.95	79.45	128.16	58.83	4.23
		15		43.06	33.8	0.590	907.39	1592.10	1441.09	373.69	4.59	5.78	2.95	84.56	135.87	61.90	4.27
		16		45.74	35.9	0.589	958.08	1806.21	1521.02	395.14	4.58	5.77	2.94	89.59	143.40	64.89	4.31
16	160	10	16	31.50	24.7	0.630	779.53	1365.33	1237.30	321.76	4.98	6.27	3.20	66.70	109.36	52.76	4.31
		12		37.44	29.4	0.630	916.58	1639.57	1455.68	377.40	4.95	6.24	3.18	78.98	128.67	60.74	4.39
		14		43.30	34.0	0.629	1048.36	1914.68	1665.02	431.70	4.92	6.20	3.16	90.95	147.17	68.24	4.47
		16		49.07	38.5	0.629	1175.05	2190.82	1865.57	484.59	4.89	6.17	3.14	102.63	164.89	75.31	4.55
18	180	12	16	42.24	33.2	0.710	1321.35	2332.80	2100.10	542.61	5.59	7.05	3.58	100.82	165.00	78.41	4.89
		14		48.90	38.4	0.703	1514.48	2723.48	2407.42	621.53	5.56	7.02	3.56	116.25	189.14	88.38	4.97
		16		55.47	43.5	0.709	1700.99	3115.29	2703.37	696.60	5.54	6.98	3.55	131.13	212.40	97.83	5.05
		18		61.96	48.6	0.708	1875.12	3502.43	2988.24	762.01	5.50	6.94	3.51	145.64	234.78	105.14	5.13

号数	d	r	A (cm²)	理论重量 (kg/m)	外表面积 (m²/m)	I_x	I_{x1}	I_{x0}	I_{y0}	i_x	i_{x0}	i_{y0}	W_x	W_{x0}	W_{y0}	z_0
20 (200)	14	18	54.64	42.9	0.788	2 103.55	3 734.10	3 343.26	863.83	6.20	7.82	3.98	144.70	236.40	111.82	5.46
	15		62.01	48.7	0.788	2 366.15	4 270.39	3 760.89	971.41	6.18	7.79	3.96	163.65	265.93	123.96	5.54
	18		69.30	54.4	0.787	2 620.64	4 808.13	4 164.54	1 076.74	6.15	7.75	3.94	182.22	294.48	135.52	5.62
	20		76.51	60.1	0.787	2 867.30	5 347.51	4 554.55	1 180.04	6.12	7.72	3.93	200.42	322.06	146.55	5.69
	24		90.66	71.2	0.785	3 333.25	6 457.16	5 294.97	1 381.53	6.07	7.64	3.90	236.17	374.41	166.65	5.87
22 (220)	16	21	68.67	53.9	0.856	3 187.36	5 681.62	5 063.73	1 310.99	6.81	8.59	4.37	199.55	325.51	153.81	6.03
	18		76.75	60.3	0.866	3 534.30	6 395.95	5 615.32	1 453.27	6.79	8.55	4.35	222.37	360.97	168.29	6.11
	20		84.76	66.5	0.865	3 871.49	7 112.04	6 150.08	1 592.90	6.76	8.52	4.34	244.77	395.34	182.16	6.18
	22		92.68	72.8	0.865	4 199.23	7 830.19	6 668.37	1 730.10	6.73	8.48	4.32	266.75	428.66	195.45	6.25
	24		100.5	78.9	0.864	4 517.83	8 550.57	7 170.55	1 865.11	6.70	8.45	4.31	288.33	460.94	208.21	6.33
	26		108.3	85.0	0.864	4 827.58	9 273.36	7 656.98	1 998.17	6.68	8.41	4.30	309.62	492.21	220.49	6.41
25 (250)	18	24	87.84	69.0	0.985	5 268.22	9 379.11	8 369.04	2 167.41	7.74	9.76	4.97	290.12	473.42	224.03	6.84
	20		97.05	76.2	0.984	5 779.31	10 426.97	9 181.94	2 376.74	7.72	9.73	4.95	319.66	519.41	242.85	6.92
	22		106.2	83.3	0.983	6 280	11 500	9 970	2 580	7.69	9.69	4.93	349	564	261	7.00
	24		115.2	90.4	0.983	6 763.93	12 592.74	10 742.67	2 785.19	7.66	9.66	4.92	377.34	607.70	278.38	7.07
	26		124.2	97.5	0.982	7 238.06	13 585.18	11 491.33	2 984.84	7.63	9.62	4.90	405.50	650.50	295.19	7.15
	28		133.0	104	0.982	7 700.60	14 643.62	12 219.39	3 181.81	7.61	9.58	4.89	433.22	691.23	311.42	7.22
	30		141.8	111	0.981	8 151.80	15 705.30	12 927.26	3 376.34	7.58	9.55	4.83	460.51	731.28	327.12	7.30
	32		150.5	118	0.981	8 592.01	16 770.40	13 615.32	3 568.71	7.56	9.51	4.87	487.39	770.20	342.33	7.37
	35		163.4	128	0.980	9 237.41	18 374.96	14 611.15	3 853.72	7.52	9.46	4.86	526.97	825.53	364.30	7.48

注：截面图中的 $r_1 = 1/3 d$ 及表中 r 的数据用于孔型设计，不做交货条件。

附录 10　热轧不等边角钢

附表 10　热轧不等边角钢截面尺寸、截面面积、理论重量及截面特性（GB/T 706—2016 热轧型钢）

B——长边宽度;
b——短边宽度;
d——边厚度;
r——内圆弧半径;
r_1——边端圆弧半径;
X_0——重心距离;
Y_0——重心距离。

型号	截面尺寸/mm B	b	d	r	截面面积/cm²	理论重量/(kg·m⁻¹)	外表面积/(m²·m⁻¹)	惯性矩/cm⁴ I_x	I_{x1}	I_y	I_{y1}	I_u	惯性半径/cm i_x	i_y	i_u	截面模数/cm³ W_x	W_y	W_u	tga	重心距离/cm X_0	Y_0
2.5/1.6	25	16	3	3.5	1.162	0.91	0.080	0.70	1.56	0.22	0.43	0.14	0.78	0.44	0.34	0.43	0.19	0.16	0.392	0.42	0.86
			4		1.499	1.18	0.079	0.88	2.09	0.27	0.59	0.17	0.77	0.43	0.34	0.55	0.24	0.20	0.381	0.46	1.86
3.2/2	32	20	3	3.5	1.492	1.17	0.102	1.53	3.27	0.46	0.82	0.28	1.01	0.55	0.43	0.72	0.30	0.25	0.382	0.49	0.90
			4		1.939	1.52	0.101	1.93	4.37	0.57	1.12	0.35	1.00	0.54	0.42	0.93	0.39	0.32	0.374	0.53	1.08
4/2.5	40	25	3	4	1.890	1.48	0.127	3.08	5.39	0.93	1.59	0.56	1.28	0.70	0.54	1.15	0.49	0.40	0.385	0.59	1.12
			4		2.467	1.94	0.127	3.93	8.53	1.18	2.14	0.71	1.36	0.69	0.54	1.49	0.63	0.52	0.381	0.63	1.32
4.5/2.8	45	28	3	5	2.149	1.69	0.143	4.45	9.10	1.34	2.23	0.80	1.44	0.79	0.61	1.47	0.62	0.51	0.383	0.64	1.37
			4		2.806	2.20	0.143	5.69	12.13	1.70	3.00	1.02	1.42	0.78	0.60	1.91	0.80	0.66	0.380	0.68	1.47
5/3.2	50	32	3	5.5	2.431	1.91	0.161	6.24	12.49	2.02	3.31	1.20	1.60	0.91	0.70	1.84	0.82	0.68	0.404	0.73	1.51
			4		3.177	2.49	0.160	8.02	16.65	2.58	4.45	1.53	1.59	0.90	0.69	2.39	1.06	0.87	0.402	0.77	1.60
5.6/3.6	56	36	3	6	2.743	2.15	0.181	8.88	17.54	2.92	4.70	1.73	1.80	1.03	0.79	2.32	1.05	0.87	0.408	0.80	1.65
			4		3.590	2.82	0.180	11.45	23.39	3.76	6.33	2.23	1.79	1.02	0.79	3.03	1.37	1.13	0.408	0.85	1.78
			5		4.415	3.47	0.180	13.86	29.25	4.49	7.94	2.67	1.77	1.01	0.78	3.71	1.65	1.36	0.404	0.88	1.82

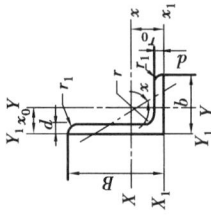

型号	B	b	d	A	理论重量	外表面积	I_x	I_{x1}	I_y	I_{y1}	I_u	i_x	i_y	i_u	W_x	W_y	W_u	$\tan\alpha$	X_0	Y_0
6.3/4	63	40	4	4.058	3.19	0.202	16.49	33.30	5.23	8.63	3.12	2.02	1.14	0.88	3.87	1.70	1.40	0.398	0.92	1.87
6.3/4	63	40	5	4.993	3.92	0.202	20.02	41.63	6.31	10.86	3.76	2.00	1.12	0.87	4.74	2.07	1.71	0.396	0.95	2.04
6.3/4	63	40	6	5.908	4.64	0.201	23.36	49.98	7.29	13.12	4.34	1.96	1.11	0.86	5.59	2.43	1.99	0.393	0.99	2.08
6.3/4	63	40	7	6.802	5.34	0.201	26.53	58.07	8.24	15.47	4.97	1.98	1.10	0.86	6.40	2.78	2.29	0.389	1.03	2.12
7/4.5	70	45	4	4.553	3.57	0.226	23.17	45.92	7.55	12.26	4.40	2.26	1.29	0.98	4.86	2.17	1.77	0.410	1.02	2.15
7/4.5	70	45	5	5.609	4.40	0.225	27.95	57.10	9.13	15.39	5.40	2.23	1.28	0.98	5.92	2.65	2.19	0.407	1.06	2.24
7/4.5	70	45	6	6.644	5.22	0.255	32.54	68.35	10.62	18.58	6.35	2.21	1.26	0.98	6.95	3.12	2.59	0.404	1.09	2.28
7/4.5	70	45	7	7.658	6.01	0.225	37.22	79.99	12.01	21.84	7.16	2.20	1.25	0.97	8.03	3.57	2.94	0.402	1.13	2.32
7.5/5	75	50	5	6.126	4.81	0.245	34.86	70.00	12.61	21.04	7.41	2.39	1.44	1.10	6.83	3.30	2.74	0.435	1.17	2.36
7.5/5	75	50	6	7.260	5.70	0.245	41.12	84.30	14.70	25.37	8.54	2.38	1.42	1.08	8.12	3.88	3.19	0.435	1.21	2.40
7.5/5	75	50	8	9.467	7.43	0.244	52.39	112.50	18.53	34.23	10.87	2.35	1.40	1.07	10.52	4.99	4.10	0.429	1.29	2.44
7.5/5	75	50	10	11.59	9.10	0.244	62.71	140.80	21.96	43.43	13.10	2.33	1.38	1.06	12.79	6.04	4.99	0.423	1.36	2.52
8/5	80	50	5	6.376	5.00	0.255	41.96	85.21	12.82	21.06	7.66	2.56	1.42	1.10	7.78	3.32	2.74	0.388	1.14	2.60
8/5	80	50	6	7.560	5.93	0.255	49.49	102.53	14.95	25.41	8.85	2.56	1.41	1.08	9.25	3.91	3.20	0.387	1.18	2.65
8/5	80	50	7	8.724	6.85	0.255	56.16	119.33	16.96	29.82	10.18	2.54	1.39	1.08	10.58	4.48	3.70	0.384	1.21	2.69
8/5	80	50	8	9.867	7.75	0.254	62.83	136.41	18.85	34.32	11.38	2.52	1.38	1.07	11.92	5.03	4.16	0.381	1.25	2.73
9/5.6	90	56	5	7.212	5.66	0.287	60.45	121.32	18.32	29.53	10.98	2.90	1.59	1.23	9.92	4.21	3.49	0.385	1.25	2.91
9/5.6	90	56	6	8.557	6.72	0.286	71.03	145.59	21.42	35.58	12.90	2.88	1.58	1.23	11.74	4.96	4.13	0.384	1.29	2.95
9/5.6	90	56	7	9.881	7.76	0.286	81.01	169.60	24.36	41.71	14.67	2.86	1.57	1.22	13.49	5.70	4.72	0.382	1.33	3.00
9/5.6	90	56	8	11.18	8.78	0.286	91.03	194.17	27.15	47.93	16.34	2.85	1.56	1.21	15.27	6.41	5.29	0.380	1.36	3.04
10/6.3	100	63	6	9.618	7.55	0.320	99.06	199.71	30.94	50.50	18.42	3.21	1.79	1.38	14.64	6.35	5.25	0.394	1.43	3.24
10/6.3	100	63	7	11.11	8.72	0.320	113.45	233.00	35.26	59.14	21.00	3.20	1.78	1.38	16.88	7.29	6.02	0.394	1.47	3.28
10/6.3	100	63	8	12.58	9.88	0.319	127.37	266.32	39.39	67.88	23.50	3.18	1.77	1.37	19.08	8.21	6.78	0.391	1.50	3.32
10/6.3	100	63	10	15.47	12.1	0.319	153.81	333.06	47.12	85.73	28.33	3.15	1.74	1.35	23.32	9.98	8.24	0.387	1.58	3.40
10/8	100	80	6	10.64	8.35	0.354	107.04	199.83	61.24	102.68	31.65	3.17	2.40	1.72	15.19	10.16	8.37	0.627	1.97	2.95
10/8	100	80	7	12.30	9.66	0.354	122.73	233.20	70.08	119.98	36.17	3.16	2.39	1.72	17.52	11.71	9.60	0.626	2.01	3.0
10/8	100	80	8	13.94	10.9	0.353	137.92	266.61	78.58	137.37	40.58	3.14	2.37	1.71	19.81	13.21	10.80	0.625	2.05	3.04
10/8	100	80	10	17.17	13.5	0.353	166.87	333.63	94.65	172.48	49.10	3.12	2.35	1.69	24.24	16.12	13.12	0.622	2.13	3.12

续表

型号	截面尺寸/mm				截面面积/cm²	理论重量/(kg·m⁻¹)	外表面积/(m²·m⁻¹)	惯性矩/cm⁴					惯性半径/cm			截面模数/cm³			tga	重心距离/cm	
	B	b	d	r				I_x	I_{x1}	I_y	I_{y1}	I_u	i_x	i_y	i_u	W_x	W_y	W_u		X_0	Y_0
11/7	110	70	6	10	10.64	8.35	0.354	133.37	265.78	42.92	69.08	25.36	3.54	2.01	1.54	17.85	7.90	6.53	0.403	1.57	3.53
			7		12.30	9.66	0.354	153.00	310.07	49.01	80.82	28.95	3.53	2.00	1.53	20.60	9.09	7.50	0.402	1.61	3.57
			8		13.94	10.9	0.353	172.04	354.39	54.87	92.70	32.45	3.51	1.98	1.53	23.30	10.25	8.45	0.401	1.65	3.62
			10		17.17	13.5	0.353	208.39	443.13	65.88	116.83	39.20	3.48	1.96	1.51	28.54	12.48	10.29	0.397	1.72	3.70
12.5/8	125	80	7	11	14.10	11.1	0.403	227.98	454.99	74.42	120.32	43.81	4.02	2.30	1.76	26.86	12.01	9.92	0.408	1.80	4.01
			8		15.99	12.6	0.403	256.77	519.99	83.49	137.85	49.15	4.01	2.28	1.75	30.41	13.56	11.18	0.407	1.84	4.06
			10		19.71	15.5	0.402	312.04	650.09	100.67	173.40	59.45	3.98	2.26	1.74	37.33	16.56	13.64	0.404	1.92	4.14
			12		23.35	18.3	0.402	364.41	780.39	116.67	209.67	69.35	3.95	2.24	1.72	44.01	19.43	16.01	0.400	2.00	4.22
14/9	140	90	8	12	18.04	14.2	0.453	365.64	730.53	120.69	195.79	70.83	4.50	2.59	1.98	38.48	17.34	14.31	0.411	2.04	4.05
			10		22.26	17.5	0.452	445.50	913.20	140.03	245.92	85.82	4.47	2.56	1.96	47.31	21.22	17.48	0.409	2.12	4.58
			12		26.40	20.7	0.451	521.59	1 096.09	169.79	296.89	100.21	4.44	2.54	1.95	55.87	24.95	20.54	0.406	2.19	4.66
			14		30.46	23.9	0.451	594.10	1 279.26	192.10	348.82	114.13	4.42	2.51	1.94	64.18	28.54	23.52	0.403	2.27	4.74
15/9	150	90	8	12	18.84	14.8	0.473	442.05	898.35	122.80	195.96	74.14	4.84	2.55	1.98	43.86	14.47	14.48	0.364	1.97	4.92
			10		23.26	18.3	0.472	539.24	1 122.85	148.62	246.26	89.86	4.81	2.53	1.97	53.97	21.38	17.69	0.362	2.05	5.01
			12		27.60	21.7	0.471	632.08	1 347.50	172.85	297.46	104.95	4.79	2.50	1.95	63.79	25.14	20.80	0.359	2.12	5.09
			14		31.86	25.0	0.471	720.77	1 572.38	195.62	349.74	119.53	4.76	2.48	1.94	73.33	28.77	23.84	0.356	2.20	5.17
			15		33.95	26.7	0.471	763.62	1 684.93	206.50	376.33	126.67	4.74	2.47	1.93	77.99	30.53	25.33	0.354	2.24	5.21
			16		36.03	28.3	0.470	805.51	1 797.55	217.07	403.24	133.72	4.73	2.45	1.93	82.60	32.27	26.82	0.352	2.27	5.25
16/10	160	100	10	13	25.32	19.9	0.512	668.69	1 362.89	205.03	336.59	121.74	5.14	2.85	2.19	62.13	26.56	21.92	0.390	2.28	5.24
			12		30.05	23.6	0.511	784.91	1 635.56	239.06	405.94	142.33	5.11	2.82	2.17	73.49	31.28	25.79	0.388	2.36	5.32
			14		34.71	27.2	0.510	896.30	1 908.50	271.20	476.42	162.23	5.08	2.80	2.16	84.56	35.83	29.56	0.385	0.43	5.40
			16		39.28	30.8	0.510	1 003.04	2 181.79	301.60	548.22	182.57	5.05	2.77	2.16	95.33	40.24	33.44	0.382	2.51	5.48

型号			d	r																	
18/11	180	110	10	14	28.37	22.3	0.571	956.25	1 940.40	278.11	447.22	166.50	5.80	3.13	2.42	78.96	32.49	26.88	0.376	2.44	5.89
			12		33.71	26.5	0.571	1 124.72	2 328.38	325.03	538.94	194.87	5.78	3.10	2.40	93.53	38.32	31.66	0.374	2.52	5.98
			14		38.97	30.6	0.570	1 286.91	2 716.60	369.55	631.95	222.30	5.75	3.08	2.39	107.76	43.97	36.32	0.372	2.59	6.06
			16		44.14	34.6	0.569	1 443.06	3 105.15	411.85	726.46	248.94	5.72	3.06	2.38	121.64	49.44	40.87	0.369	2.67	6.14
20/12.5	200	125	12	14	37.91	29.8	0.641	1 570.90	3 193.85	483.16	787.74	285.79	6.44	3.57	2.74	116.73	49.99	41.23	0.392	2.83	6.54
			14		43.87	34.4	0.640	1 800.97	3 726.17	550.83	922.47	326.58	6.41	3.54	2.73	134.65	57.44	47.34	0.390	2.91	6.62
			16		49.74	39.0	0.639	2 023.35	4 258.88	615.44	1 058.86	366.21	6.38	3.52	2.71	152.18	64.89	53.32	0.388	2.99	6.70
			18		55.53	43.6	0.639	2 238.30	4 792.00	677.19	1 197.13	404.83	6.35	3.49	2.70	169.33	71.74	59.18	0.385	3.06	6.78

注：截面图中 $r_1 = 1/3d$ 及表中 r 的数据用于孔型设计，不做交货条件。

附录 11 热轧普通工字钢

附表 11 工字钢截面尺寸、截面积、理论重量及截面特性(GB/T 706—2016 热轧型钢)

h——高度;
b——腿宽度;
t_w——腰厚度;
t——平均腿厚度;
r——内圆弧半径;
r_1——腿端圆弧半径。

型号	截面尺寸/mm						截面面积/cm²	理论重量/(kg·m⁻¹)	惯性矩/cm⁴		惯性半径/cm		截面模数/cm³	
	h	b	t_w	t	r	r_1			I_x	I_y	i_x	i_y	W_x	W_y
10	100	68	4.5	7.6	6.5	3.3	14.33	11.3	245	33.0	4.14	1.52	49.0	9.72
12	120	74	5.0	8.4	7.0	3.5	17.80	14.0	436	46.9	4.95	1.62	72.7	12.7
12.6	126	74	5.0	8.4	7.0	3.5	18.10	14.2	488	46.9	5.20	1.61	77.5	12.7
14	140	80	5.5	9.1	7.5	3.8	21.50	16.9	712	64.4	5.76	1.73	102	16.1
16	160	88	6.0	9.9	8.0	4.0	26.11	20.5	1 130	93.1	6.58	1.89	141	21.2
18	180	94	6.5	10.7	8.5	4.3	30.74	24.1	1 660	122	7.26	2.00	185	26.0
20a	200	100	7.0	11.4	9.0	4.5	35.55	27.9	2 370	158	8.15	2.12	237	31.5
20b	200	102	9.0	11.4	9.0	4.5	39.55	31.1	2 500	169	7.96	2.06	250	33.1

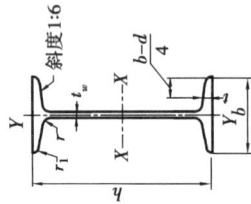

22a	200	110	7.5	12.3	9.5	4.8	42.10	33.1	3 400	225	8.99	2.31	309	40.9
22b		112	9.5				46.50	36.5	3 570	239	8.78	2.27	325	42.7
24a	240	116	8.0	13.0	10.0	5.0	47.71	37.5	4 570	280	9.77	2.42	381	48.4
24b		118	10.0				52.51	41.2	4 800	297	9.57	2.38	400	50.4
25a	250	116	8.0				48.51	38.1	5 020	280	10.2	2.40	402	48.3
25b		118	10.0				53.51	42.0	5 280	309	9.94	2.40	423	52.4
27a	270	122	8.5	13.7	10.5	5.3	54.52	42.8	6 550	345	10.9	2.51	485	56.6
27b		124	10.5				59.92	47.0	6 870	366	10.7	2.47	509	58.9
28a	280	122	8.5				55.37	43.5	7 110	345	11.3	2.50	508	56.6
28b		124	10.5				60.97	47.9	7 480	379	11.1	2.49	534	61.2
30a	300	126	9.0	14.4	11.0	5.5	61.22	48.1	8 950	400	12.1	2.55	597	63.5
30b		128	11.0				67.22	52.8	9 400	422	11.8	2.50	627	65.9
30c		130	13.0				73.22	57.5	9 850	445	11.6	2.46	657	68.5
32a	320	130	9.5	15.0	11.5	5.8	67.12	52.7	11 100	460	12.8	2.62	692	70.8
32b		132	11.5				73.52	57.7	11 600	502	12.6	2.61	726	76.0
32c		134	13.5				79.92	62.7	12 200	544	12.3	2.61	760	81.2
36a	360	136	10.0	15.8	12.0	6.0	76.44	60.0	15 800	552	14.4	2.69	875	81.2
36b		138	12.0				83.64	65.7	16 500	582	14.1	2.64	919	84.3
36c		140	14.0				90.84	71.3	17 300	612	13.8	2.60	962	87.4
40a	400	142	10.5	16.5	12.5	6.3	86.07	67.6	21 700	660	15.9	2.77	1 090	93.2
40b		144	12.5				94.07	73.8	22 800	692	15.6	2.71	1 140	96.2
40c		146	14.5				102.1	80.1	23 900	727	15.2	2.65	1 190	99.6

型号	截面尺寸/mm						截面面积/cm²	理论重量/(kg·m⁻¹)	惯性矩/cm⁴		惯性半径/cm		截面模数/cm³	
	h	b	t_w	t	r	r_1			I_x	I_y	i_x	i_y	W_x	W_y
45a	450	150	11.5	18.0	13.5	6.8	102.4	80.4	32 000	855	17.7	2.89	1 430	114
45b	450	152	13.5	18.0	13.5	6.8	111.4	87.4	33 800	894	17.4	2.84	1 500	118
45c	450	154	15.5	18.0	13.5	6.8	120.4	94.5	35 300	938	17.1	2.79	1 570	122
50a	500	158	12.0	20.0	14.0	7.0	119.2	93.6	46 500	1 120	19.7	3.07	1 860	142
50b	500	160	14.0	20.0	14.0	7.0	129.2	101	48 600	1 170	19.4	3.01	1 940	146
50c	500	162	16.0	20.0	14.0	7.0	139.2	109	50 600	1 220	19.0	2.96	2 080	151
55a	550	166	12.5	21.0	14.5	7.3	134.1	105	62 900	1 370	21.6	3.19	2 290	164
55b	550	168	14.5	21.0	14.5	7.3	145.1	114	65 600	1 420	21.2	3.14	2 390	170
55c	550	170	16.5	21.0	14.5	7.3	156.1	123	68 400	1 480	20.9	3.08	2 490	175
56a	560	166	12.5	21.0	14.5	7.3	135.4	106	65 600	1 370	22.0	3.18	2 340	165
56b	560	168	14.5	21.0	14.5	7.3	146.6	115	68 500	1 490	21.6	3.16	2 450	174
56c	560	170	16.5	21.0	14.5	7.3	157.8	124	71 400	1 560	21.3	3.16	2 550	183
63a	630	176	13.0	22.0	15.0	7.5	154.6	121	93 900	1 700	24.5	3.31	2 980	193
63b	630	178	15.0	22.0	15.0	7.5	167.2	131	98 100	1 810	24.2	3.29	3 160	204
63c	630	180	17.0	22.0	15.0	7.5	179.8	141	102 000	1 920	23.8	3.27	3 300	214

注：表中 r、r_1 的数据用于孔型设计，不做交货条件。

附录 12 热轧普通槽钢

附表 12　热轧槽钢截面尺寸、截面面积、理论重量及截面特性（GB/T 706—2016 热轧型钢）

h—高度；
b—腿宽度；
t_w—腰厚度；
t—腿中间厚度；
r—内圆弧半径；
r_1—腿端圆弧半径；
Z_0—重心距离。

斜度1:10

型号	截面尺寸/mm						截面面积/cm²	理论重量/(kg·m⁻¹)	惯性矩/cm⁴			惯性半径/cm		截面模数/cm³		重心距离/cm
	h	b	t_w	t	r	r_1			I_x	I_y	I_{y1}	i_x	i_y	W_x	W_y	Z_0
5	50	37	4.5	7.0	7.0	3.5	6.925	5.44	26.0	8.30	20.9	1.94	1.10	10.4	3.55	1.35
6.3	63	40	4.8	7.5	7.5	3.8	8.446	6.63	50.8	11.9	28.4	2.45	1.19	16.1	4.50	1.36
6.5	65	40	4.3	7.5	7.5	3.8	8.292	6.51	55.2	12.0	28.3	2.54	1.19	17.0	4.59	1.38
8	80	43	5.0	8.0	8.0	4.0	10.24	8.04	101	16.6	37.4	3.15	1.27	25.3	5.79	1.43
10	100	48	5.3	8.5	8.5	4.2	12.74	10.0	198	25.6	54.9	3.95	1.41	39.7	7.80	1.52
12	120	53	6.5	9.0	9.0	4.5	15.36	12.1	346	37.4	77.7	4.75	1.56	57.7	10.2	1.62
12.6	126	53	5.5	9.0	9.0	4.5	15.69	12.3	391	38.0	77.1	4.95	1.57	62.1	10.2	1.59

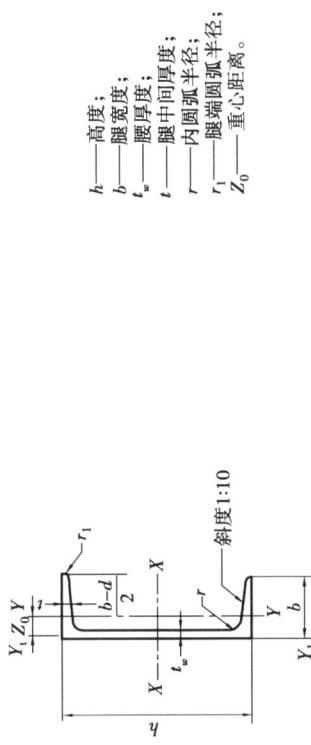

续表

型号	截面尺寸/mm						截面面积/cm²	理论重量/(kg·m⁻¹)	惯性矩/cm⁴			惯性半径/cm		截面模数/cm³		重心距离/cm
	h	b	t_w	t	r	r_1			I_x	I_y	I_{y1}	i_x	i_y	W_x	W_y	
14a	140	58	6.0	9.5	9.5	4.8	18.51	14.5	564	53.2	107	5.52	1.70	80.5	13.0	1.71
14b	140	60	8.0	9.5	9.5	4.8	21.31	16.7	609	61.1	121	5.35	1.69	87.1	14.1	1.67
16a	160	63	6.5	10.0	10.0	5.0	21.95	17.2	866	73.3	144	6.28	1.83	108	16.3	1.80
16b	160	65	8.5	10.0	10.0	5.0	25.15	19.8	935	83.4	161	6.10	1.82	117	17.6	1.75
18a	180	68	7.0	10.5	10.5	5.2	25.69	20.2	1 270	98.6	190	7.04	1.96	141	20.0	1.88
18b	180	70	9.0	10.5	10.5	5.2	29.29	23.0	1 370	111	210	6.84	1.95	152	21.5	1.84
20a	200	73	7.0	11.0	11.0	5.5	28.83	22.6	1 780	128	244	7.86	2.11	178	24.2	2.01
20b	200	75	9.0	11.0	11.0	5.5	32.83	25.8	1 910	144	268	7.64	2.09	191	25.9	1.95
22a	220	77	7.0	11.5	11.5	5.8	31.83	25.0	2 390	158	298	8.67	2.23	218	28.2	2.10
22b	220	79	9.0	11.5	11.5	5.8	36.23	28.5	2 570	176	326	8.42	2.21	234	30.1	2.03
24a	240	78	7.0	12.0	12.0	6.0	34.21	26.9	3 050	174	325	9.45	2.25	354	30.5	2.10
24b	240	80	9.0	12.0	12.0	6.0	39.01	30.6	3 280	194	355	9.17	2.23	274	32.5	2.03
24c	240	82	11.0	12.0	12.0	6.0	43.81	34.4	3 510	213	388	8.98	2.21	293	34.4	2.00
25a	250	78	7.0	12.0	12.0	6.0	34.91	27.4	3 370	176	322	9.82	2.24	270	30.6	2.07
25b	250	80	9.0	12.0	12.0	6.0	39.91	31.3	3 530	196	353	9.41	2.22	282	32.7	1.98
25c	250	82	11.0	12.0	12.0	6.0	44.91	35.3	3 690	218	384	9.07	2.21	295	35.9	1.92

型号	h/mm	b/mm	d/mm	t/mm	r/mm	r_1/mm	A/cm²	理论重量/(kg·m⁻¹)	I_x/cm⁴	I_y/cm⁴	I_{y1}/cm⁴	i_x/cm	i_y/cm	W_x/cm³	W_y/cm³	Z_0/cm
27a	270	82	7.5	12.5	12.5	6.2	39.27	30.8	4360	216	393	10.5	2.34	323	35.5	2.13
27b	270	84	9.5	12.5	12.5	6.2	44.67	35.1	4690	269	428	10.3	2.31	347	37.7	2.06
27c	270	86	11.5	12.5	12.5	6.2	50.07	39.3	5020	261	467	10.1	2.28	372	39.8	2.03
28a	280	82	7.5	12.5	12.5	6.2	40.02	31.4	4760	218	388	10.9	2.33	340	35.7	2.10
28b	280	84	9.5	12.5	12.5	6.2	45.62	35.8	5130	242	428	10.6	2.30	366	37.9	2.02
28c	280	86	11.5	12.5	12.5	6.2	51.22	40.2	5500	268	463	10.4	2.29	393	40.3	1.95
30a	300	85	7.5	13.5	13.5	6.8	43.89	34.5	6050	260	467	11.7	2.43	403	41.1	2.17
30b	300	87	9.5	13.5	13.5	6.8	49.89	39.2	6500	289	515	11.4	2.41	433	44.0	2.13
30c	300	89	11.5	13.5	13.5	6.8	55.89	43.9	6950	316	560	11.2	2.38	463	46.4	2.09
32a	320	88	8.0	14.0	14.0	7.0	48.50	38.1	7600	305	552	12.5	2.50	475	46.5	2.24
32b	320	90	10.0	14.0	14.0	7.0	54.90	43.1	8140	336	593	12.2	2.47	509	49.2	2.16
32c	320	92	12.0	14.0	14.0	7.0	61.30	48.1	8690	374	643	11.9	2.47	543	52.6	2.09
36a	360	96	9.0	16.0	16.0	8.0	60.89	47.8	11900	455	818	14.0	2.73	660	63.5	2.44
36b	360	98	11.0	16.0	16.0	8.0	68.09	53.5	12700	497	880	13.6	2.70	703	66.9	2.37
36c	360	100	13.0	16.0	16.0	8.0	75.29	59.1	13400	536	948	13.4	2.67	746	70.0	2.34
40a	400	100	10.5	18.0	18.0	9.0	75.04	58.9	17600	592	1070	15.3	2.81	879	78.8	2.49
40b	400	102	12.5	18.0	18.0	9.0	83.04	65.2	18600	640	114	15.0	2.78	932	82.5	2.44
40c	400	104	14.5	18.0	18.0	9.0	91.04	71.5	19700	688	1220	14.7	2.75	986	86.2	2.42

注：表中 r、r_1 的数据用于孔型设计，不做交货条件。

附录 13 热轧宽翼缘 H 型钢截面性(GB/T 11263—2017)

附表 13 热轧 H 型钢截面尺寸、截面面积、理论重量及截面特性
（GB/T 11263—2017 热轧 H 型钢剖分 T 型钢）

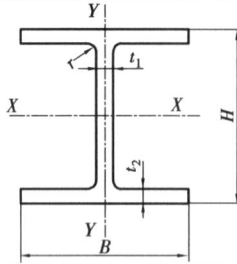

H——高度；
B——宽度；
t_1——腹板厚度；
t_2——翼缘厚度；
r——圆角半径。

类别	型号(高度×宽度)/(mm×mm)	截面尺寸/mm					截面面积/cm²	理论重量/(kg·m⁻¹)	惯性矩/cm⁴		惯性半径/cm		截面模数/cm³	
		H	B	t_1	t_2	r			I_x	I_y	i_x	i_y	W_x	W_y
HW	100×100	100	100	6	8	8	21.58	16.9	378	134	4.18	2.48	75.6	26.7
	125×125	125	125	6.5	9	8	30.00	23.6	839	293	5.28	3.12	134	46.9
	150×150	150	150	7	10	8	39.64	31.1	1 620	563	6.39	3.76	216	75.1
	175×175	175	175	7.5	11	13	51.42	40.4	2 900	984	7.50	4.37	331	112
	200×200	200	200	8	12	13	63.53	49.9	4 720	1 600	8.61	5.02	472	160
		*200	204	12	12	13	71.53	56.2	4 980	1 700	8.34	4.87	498	167
HW	250×250	*244	252	11	11	13	81.31	63.8	8 700	2 940	10.3	6.01	713	233
		250	250	9	14	13	91.43	71.8	10 700	3 650	10.8	6.31	860	292
		*250	255	14	14	13	103.9	81.6	11 400	3 880	10.5	6.10	912	304
	300×300	*294	302	12	12	13	106.3	83.5	16 600	5 510	12.5	7.20	1 130	365
		300	300	10	15	13	118.5	93.0	20 200	6 750	13.1	7.55	1 350	450
		*300	305	15	15	13	133.5	105	21 300	7 100	12.6	7.29	1 420	466
	350×350	*338	351	13	13	13	133.3	105	27 700	9 380	14.4	8.38	1 640	534
		*344	348	10	16	13	144.0	113	32 800	11 200	15.1	8.83	1 910	646
		*344	354	16	16	13	164.7	129	34 900	11 800	14.6	8.48	2 030	669
		350	350	12	19	13	171.9	135	39 800	13 600	15.2	8.88	2 280	776
		*350	357	19	19	13	196.4	154	42 300	14 400	14.7	8.57	2 420	808
	400×400	*388	402	15	15	22	178.5	140	49 000	16 300	16.6	9.54	2 520	809
		*394	398	11	18	22	186.8	147	56 100	18 900	17.3	10.1	2 850	951
		*394	405	18	18	22	214.4	168	59 700	20 000	16.7	9.64	3 030	985
		400	400	13	21	22	218.7	172	66 600	22 400	17.5	10.1	3 330	1 120
		*400	408	21	21	22	250.7	197	70 900	23 800	16.8	9.74	3 540	1 170
		*414	405	18	28	22	295.4	232	92 800	31 000	17.7	10.2	4 480	1 530
		*428	407	20	35	22	360.7	283	119 000	39 400	18.2	10.4	5 570	1 930
		*458	417	30	50	22	528.6	415	187 000	60 500	18.8	10.7	8 170	2 900
		*498	432	45	70	22	770.1	604	298 000	94 400	19.7	11.1	12 000	4 370
	500×500	*492	465	15	20	22	258.0	202	117 000	33 500	21.3	11.4	4 770	1 440
		*502	465	15	25	22	304.5	239	146 000	41 900	21.9	11.7	5 810	1 800
		*502	470	20	25	22	329.6	259	151 000	43 300	21.4	11.5	6 020	1 840

类别	型号 (高度×宽度) /(mm×mm)	截面尺寸 /mm					截面 面积/ cm²	理论 重量/ (kg·m⁻¹)	惯性矩/cm⁴		惯性半径 /cm		截面模数 /cm³	
		H	B	t_1	t_2	r	cm²	(kg·m⁻¹)	I_x	I_y	i_x	i_y	W_x	W_y
HM	150×100	148	100	6	9	8	26.34	20.7	1 000	150	6.16	2.38	135	30.1
	200×150	194	150	6	9	8	38.10	29.9	2 630	507	8.30	3.64	271	67.6
	250×175	244	175	7	11	13	55.49	43.6	6 040	984	10.4	4.21	495	112
	300×200	294	200	8	12	13	71.05	55.8	11 100	1 600	12.5	4.74	756	160
		*298	201	9	14	13	82.03	64.4	13 100	1 900	12.6	4.80	878	189
	350×250	340	250	9	14	13	99.53	78.1	21 200	3 650	14.6	6.05	1 250	292
	400×300	390	300	10	16	13	133.3	105	37 900	7 200	16.9	7.35	1 940	480
HM	450×300	440	300	11	18	13	153.9	121	54 700	8 110	18.9	7.25	2 490	540
	500×300	*482	300	11	15	13	141.2	111	58 300	6 760	20.3	6.91	2 420	450
		488	300	11	18	13	159.2	125	68 900	8 110	20.8	7.13	2 820	540
	550×300	*544	300	11	15	13	148.0	116	76 400	6 760	22.7	6.75	2 810	450
		*550	300	11	18	13	166.0	130	89 800	8 110	23.3	6.98	3 270	540
	600×300	*582	300	12	17	13	169.2	133	98 900	7 660	24.2	6.72	3 400	511
		588	300	12	20	13	187	147	114 000	9 010	24.7	6.93	3 890	601
		*594	302	14	23	13	217.1	170	134 000	10 600	24.8	6.97	4 500	700
HN	*100×50	100	50	5	7	8	11.84	9.30	187	14.8	3.97	1.11	37.5	5.91
	*125×60	125	60	6	8	8	16.68	13.1	409	29.1	4.95	1.32	65.4	9.71
	150×75	150	75	5	7	8	17.84	14.0	666	49.5	6.10	1.66	88.8	13.2
	175×90	175	90	5	8	8	22.89	18.0	1 210	97.5	7.25	2.06	138	21.7
	200×100	*198	99	4.5	7	8	22.68	17.8	1 540	113	8.24	2.23	156	22.9
		200	100	5.5	8	8	26.66	20.9	1 810	134	8.22	2.23	181	26.7
	250×125	*248	124	5	8	8	31.98	25.1	3 450	255	10.4	2.82	278	41.1
		250	125	6	9	8	36.96	29.0	3 960	294	10.4	2.81	317	47.0
	300×150	*298	149	5.5	8	13	40.80	32.0	6 320	442	12.4	3.29	424	59.3
		300	150	6.5	9	13	46.78	36.7	7 210	508	12.4	3.29	481	67.7
	350×175	*346	174	6	9	13	52.45	41.2	11 000	791	14.5	3.88	638	91.0
		350	175	7	11	13	62.91	49.4	13 500	984	14.6	3.95	771	112
	400×150	400	150	8	13	13	7 037	55.2	18 600	734	16.3	3.22	929	97.8
	400×200	*396	199	7	11	13	71.41	56.1	19 800	1 450	16.6	4.50	999	145
		400	200	8	13	13	83.37	65.4	23 500	1 740	16.8	4.56	1 170	174
	450×150	*446	150	7	12	13	66.99	52.6	22 000	677	18.1	3.17	985	90.3
		450	151	8	14	13	77.49	60.8	25 700	806	18.2	3.22	1 140	107
	450×200	*446	199	8	12	13	82.97	65.1	28 100	1 580	18.4	4.36	1 260	159
		450	200	9	14	13	95.43	74.9	32 900	1 870	18.6	4.42	1 460	187
	475×150	*470	150	7	13	13	71.53	56.2	26 200	733	19.1	3.20	1 110	97.8
		*475	151.5	8.5	15.5	13	86.15	67.6	31 700	901	19.2	3.23	1 330	119

附录 14　锚栓规格

附表 14　锚栓规格

型式	Ⅰ				Ⅱ				Ⅲ		
锚栓直径 d/mm	20	24	30	36	42	48	56	64	72	80	90
锚栓有效面积/cm²	2.45	3.53	5.61	8.17	11.20	14.70	20.30	26.80	34.60	43.44	55.91
锚栓拉力设计值/kN（Q235）	34.3	49.4	78.5	114.4	156.9	206.2	284.2	375.2	484.4	608.2	782.7
Ⅱ型锚栓　锚板宽度 c/mm					140	200	200	240	280	350	400
Ⅱ型锚栓　锚板厚度 I/mm					20	20	20	25	30	40	40

附录 15　螺栓的有效面积

附表 15　螺栓的有效面积

螺栓直径 d/mm	16	18	20	22	24	27	30
螺距 p/mm	2	2.5	2.5	2.5	3	3	3.5
螺栓有效直径 d_e/mm	14.123 6	15.654 5	17.654 5	19.654 5	21.185 4	24.185 4	26.716 3
螺栓有效面积 A_e/mm²	156.7	192.5	244.8	303.4	352.5	459.4	560.6

注:表中的螺栓有效面积 A_e 值系按下式算得: $A_e = \dfrac{\pi}{A}\left(d - \dfrac{13}{24}\sqrt{3}p\right)^2$。

参考文献

［1］魏明钟.钢结构［M］.2 版.武汉:武汉理工大学出版社,2002.

［2］董卫华.钢结构［M］.北京:高等教育出版社,2003.

［3］何敏娟.钢结构复习与习题［M］.上海:同济大学出版社,2002.

［4］徐占发,王茹.建筑钢结构与构件设计［M］.北京:中国建材工业出版社,2003.

［5］黄呈伟.钢结构基本原理［M］.4 版.重庆:重庆大学出版社,2011.

［6］汪一骏.轻型钢结构设计手册［M］.3 版.北京:中国建筑工业出版社,2018.

［7］侯兆欣,何奋韬,何乔生,等.钢结构施工质量验收规范实施指南［M］.北京:中国建筑工业出版社,2002.

［8］杜绍堂.钢结构工程施工［M］.4 版.北京:高等教育出版社,2018.